动力气象学

（第二版）

贺海晏　简茂球　乔云亭　杜　宇　编著

U0247913

气象出版社
China Meteorological Press

内容简介

本书主要介绍大气动力学的基础理论、方法及有关新进展，是作者在数十年从事相关教学与科学研究的基础上总结、编写而成。本书是在2010年第一版的基础上修订而成，增加了第5.3节有关位势涡度的部分内容以及第12章中尺度大气动力学内容。本书特别注重气象与数学、物理学和流体力学的有机结合，力求深入浅出，简明扼要，通俗易懂，便于自学。

本书可作为高等院校大气科学专业及相关学科本科生教材或教学参考书，亦可供研究生、有关青年科研工作者和业务人员阅读、参考。

图书在版编目（CIP）数据

动力气象学 / 贺海晏等编著. -- 2版. -- 北京 : 气象出版社, 2022.9
ISBN 978-7-5029-7766-5

Ⅰ. ①动… Ⅱ. ①贺… Ⅲ. ①理论气象学－高等学校－教材 Ⅳ. ①P43

中国版本图书馆CIP数据核字(2022)第132964号

Dongli Qixiangxue (Di-er Ban)
动力气象学(第二版)
贺海晏　简茂球　乔云亭　杜　宇　编著

出版发行：气象出版社
地　　址：北京市海淀区中关村南大街46号　　邮政编码：100081
电　　话：010-68407112(总编室)　010-68408042(发行部)
网　　址：http://www.qxcbs.com　　E-mail：qxcbs@cma.gov.cn
责任编辑：林雨晨　　终　　审：吴晓鹏
责任校对：张硕杰　　责任技编：赵相宁
封面设计：地大彩印设计中心
印　　刷：北京中石油彩色印刷有限责任公司
开　　本：720 mm×960 mm　1/16　　印　　张：16.5
字　　数：345千字
版　　次：2022年9月第2版　　印　　次：2022年9月第1次印刷
定　　价：88.00元

本书如存在文字不清、漏印以及缺页、倒页、脱页等，请与本社发行部联系调换。

前　言

动力气象学是大气科学(即传统的气象学)的一个分支学科。它利用数学、物理学和流体力学原理,着重从理论分析的角度研究大气运动的基本规律,是大气科学和相关专业的重要基础理论;动力气象学一直是高等院校大气科学和相关专业本科生的一门必修专业基础课。根据高校教育改革与实践的需要,作者在几十年教学和研究成果积累的基础上,参考、吸收国内外相关教材和论著的精华,将多年的讲稿加以整理、编写成了本书,主要目的是为大气科学及相关专业的本科教学提供一本动力气象学基础的教材或教学参考书。

从知识覆盖面来说,动力气象学是一门涉及多个学科、综合性较强的科目。要学好动力气象学,要求学生有较好的数学、物理学、流体力学和气象学的基础知识和技能,绝大多数初学者都会感到学习这门课程有相当的难度。难在哪里呢? 主要有两个:一难在于不仅要有上述各先行课程的有关基础知识,更重要的是要能在本课程的学习过程中将数学、物理、流体力学和气象学中所学到的看似彼此独立、不相关联的知识有机地结合起来,并灵活地运用于分析和解决本学科的问题,即难在“有机结合”与“灵活运用”上。二难在于要能在思维和意识中牢固地建立起“场变量”及其时、空变化的概念,明确相关概念的数学表述、物理含义和气象应用等。本课程教学的主要目的是,培养和训练学生能将数学、物理学、流体力学和气象学等多方面的知识有机地结合起来,灵活运用于分析、阐明和理解大气运动的基本特征、性质及其机理。为此,本书编写中力求简明扼要,深入浅出,便于自学,注重阐述数学语言(公式)背后的物理的和气象上的意义。此外,为了帮助初学者尽早建立起“场变量”及其时、空变化的概念,能更快地将先行课程中的分散知识联系起来,顺利过渡、进入本课程的学习,特在本书第1章开头增加了运动学基础一节。

动力气象学是一门多分支的学科,随着科学与技术的进步,其中有的分支,例如“数值天气预报”已迅速发展成熟,成为了大气科学领域中的重要学科,并已开出了相应独立的专业课程。本书将不包含这类内容,而是着重于大气动力学的基础部分。

本书是在 2010 年 2 月第一版基础上修订而成,增加了第 5.3 节有关位势涡度的部分内容以及第 12 章中尺度大气动力学内容。

本书第 5 章、第 6 章和第 10 章由简茂球编写;第 9 章由乔云亭编写;第 12 章由杜宇编写;其他各章及绪论等均由贺海晏编写。由于作者水平所限,本书错漏之处在所难免,诚请诸位批评指正。

作者

2022 年 2 月

目　录

绪 论

动力气象学是利用物理学原理和数学方法研究大气运动的动力过程和热力过程及其相互关系，从理论上探讨大气运动特别是与天气和气候变化紧密关联的大气运动演变规律的学科，它是大气科学的一个分支学科。大气科学是研究大气的各种现象、这些现象的演变规律以及如何利用这些规律为人类服务的科学。它是在传统的“气象学”的基础上拓展形成的。早期的气象学是以气候学、天气学、大气热力学、大气动力学以及大气中的物理现象和一般化学现象等为主要研究内容的。随着社会、经济和科技的发展，现代技术在气象上的应用日益广泛，气象学的研究领域不断迅速扩大。例如，气象卫星探测的发展与天气学的结合逐渐形成了卫星气象学；气象雷达探测的发展与云和降水物理学相结合形成了雷达气象学；酸雨及其他大气污染现象日趋严重，有力地促进了大气环境科学的发展。从 20 世纪 60 年代开始，“大气科学”一词的应用日益广泛，以至于现在几乎取代了传统“气象学”的位置。从学科的性质说来，动力气象学是许多其他大气科学分支学科(例如，天气学、大气环流、数值天气预报和动力气候学等)的理论基础。

通常，地球大气被假定是一种理想气体，它当然也是一种流体。因此，流体力学中的“连续介质假设”和物理学中的“理想气体假设”是动力气象学中的两个基本的前提性假设。应该说动力气象学与流体力学有着很深的历史渊源和千丝万缕的联系。如果说流体力学研究的是流体运动的一般规律，那么，动力气象学研究的则是旋转地球上大气运动的特殊规律。所以，动力气象学又可视为流体力学的一个分支。但是，同时应当强调指出的是，由于地球大气有许多不同于一般流体的特征，在研究大气运动时，必须考虑一些特定因素的作用。例如，第一，地球旋转的影响。地球旋转效应是影响大气运动的重要因子之一，尤其是对于大尺度运动。在地球旋转效应不能忽略的大尺度大气运动中，人们通常认定的所谓“水往低处流”的“真理”将完全失效，取而代之的则是白贝罗(C. H. D. Buys Ballot)风压定律所描述的“风沿等压线吹”的事实。这是大气运动与一般流体运动最显著的、最本质性的差异。第二，层结效应。大气密度通常随高度升高而显著减小，是一种典型的层结流体。在大气中，重力与浮力失衡所产生的“层结内力”(净浮力)可能会导致空气的铅直对流和水汽凝结,这是成云致雨等天气现象形成的基本条件,也是大气中运动中的独特现象。第三,非绝热加热的作用。大气可视为一部由多种非绝热过程驱动的“热机”,这些过程主要包括辐射、热传导和水汽相变加热等。第四,复杂边界的影响。包围地球的大气层不可避免地要受复杂边界的动力或热力的影响,可能的边界包括陆圈、水圈、冰雪圈、岩石圈和生物圈等。

近代动力气象学起源于北欧,它是在物理学、流体力学、大气探测和天气学等相关学科发展的基础上发展起来的。牛顿力学三大定律和微积分学的创立(17 世纪—19 世纪初)、连续方程(1752)和理想流体动力方程组(1755)的提出、地转偏向力(1835)的发现和热力学第一定律的建立(1842—1848)等为动力气象学奠定了理论基础。1897 年,近代天气学和大气动力学的主要创始人之一的挪威气象学家和物理学家——V. 皮叶克尼斯(V. Bjerknes)将流体力学和热力学应用于大气和海洋的大尺度运动研究中,提出了著名的环流定理。从此,动力气象学逐步从流体力学中分离出来、发展成为一门独立的学科。20 世纪初,英国气象学家 L. F. 里查森(L. F. Richardson)利用支配大气运动的原始方程模式,进行了定量数值天气预报的尝试;20 世纪 20—30 年代,以 V. 皮耶克尼斯为首的挪威学派提出了锋面气旋学说,奠定了现代天气学原理、天气分析和预报的基础;30—40 年代,随着高空探测的发展,以罗斯贝(C. G. Rossby)为代表的芝加哥学派发现了高空大气长波,并提出一系列有关大气长波的理论;这些进展对于近代动力气象学的发展都是具有里程碑意义的。50 年代以来,由于计算技术的发展和高新技术(地基与空基遥测或遥感)在大气探测中的广泛应用,数值天气预报、中小尺度动力学和热带大气动力学等都取得了显著进展。而且,这些仍将是动力气象学研究有待继续深入和发展的方向。同时,学科的发展将会更多地涉及多圈层的相互作用,与其他学科的渗透和交叉也会更趋深入和广泛。

第 1 章　大气运动的基本方程组

大气动力学是利用数学、物理学和流体力学方法研究大气运动和变化规律的学科。类似于流体力学，在大气动力学中，大气被假定是一种连续介质。表征大气状态的物理量（或气象要素）如空气的气压（p）、气温（T）、密度（ρ）、比湿（q）和风速矢量（$\boldsymbol{V}$）等都假定为时间和空间上的连续函数，这样的物理量称为场变量。在任一指定时刻，一个物理量在空间上的连续分布就构成了一个“物理量场”，如气压场、温度场、湿度场、风场……。气象学中的场变量又可分为两大类，一类是标量场，如气压场、温度场、密度场和湿度场等；另一类是矢量场（或向量场），如风场。联系这些物理量场、支配大气运动的基本物理原理（定律）有：动量守恒原理（牛顿第二运动定律）、能量守恒原理（热力学第一定律）、质量守恒原理和状态方程等。本章的主要任务是，利用这些物理原理和数学方法，建立描述大气运动的基本方程组。

1.1　运动学基础

大气动力学要研究的是地球大气运动及其变化的规律。实质上，就是要研究表征大气状态的各场变量随时间和空间变化的规律。虽然大气动力学所关注的核心问题是运动与作用力的关系，但是，事先掌握一些必要的运动学基础知识，清晰牢固地确立起时间上和空间上的物理量场的概念，熟悉场变量时、空变化的定量表示和分析方法等是非常必要的。本节将从运动学角度出发，简明扼要地讲述场变量时、空变化的种类、数学表示及其相互关系等，以利于初学者能更好地过渡到大气动力学的深入讨论。

1.1.1　标量场的空间变化

1.1.1.1　位置矢量

任一场变量都可表示为空间上点的位置和时间 t 的函数。空间上的任一点 $M(x,y,z)$ 的位置则可用一个位置矢量来表示

$$\boldsymbol{r}=x\boldsymbol{i}+y\boldsymbol{j}+z\boldsymbol{k} \tag{1.1}$$

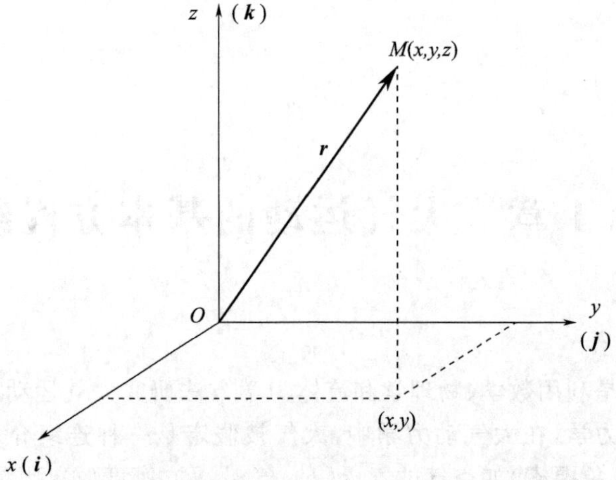

图 1.1　位置矢量

式中，x，y 和 z 是点 M 在直角坐标系中的坐标(图 1.1)，$\boldsymbol{i}$，$\boldsymbol{j}$ 和 $\boldsymbol{k}$ 分别是 x，y 和 z 轴方向的单位矢量。在气象上，通常取 z 轴指向铅直向上的方向，x 和 y 轴位于水平面内。空间位置的变化则可用位置矢量的改变量(或位移矢量)表示为

$$\delta\boldsymbol{r}=\delta x\boldsymbol{i}+\delta y\boldsymbol{j}+\delta z\boldsymbol{k} \tag{1.2}$$

1.1.1.2　标量场的梯度

任一标量场(以气压场 p 为例)可表示为空间点和时间的函数

$$p=p(x,y,z,t)=p(\boldsymbol{r},t) \tag{1.3}$$

考虑某一指定时刻($t=t_0$)气压 p 的空间变化，则 p 可视为只是空间变量的函数，其空间微分可表示为

$$\delta p=\frac{\partial p}{\partial x}\delta x+\frac{\partial p}{\partial y}\delta y+\frac{\partial p}{\partial z}\partial z \tag{1.4}$$

式中，用 δ 表示空间微分，以别于包含时间变化的全微分。不计高阶小量，δp 就是 p 从一点 $M(\boldsymbol{r})$ 到另一充分靠近的相邻点 $N(\boldsymbol{r}+\delta\boldsymbol{r})$ 的改变量。定义如下向量

$$\nabla p=\frac{\partial p}{\partial x}\boldsymbol{i}+\frac{\partial p}{\partial y}\boldsymbol{j}+\frac{\partial p}{\partial z}\boldsymbol{k} \tag{1.5}$$

称之为气压梯度。其中，符号∇代表如下的矢量微分算子（符）

$$\nabla\equiv\boldsymbol{i}\frac{\partial}{\partial x}+\boldsymbol{j}\frac{\partial}{\partial y}+\boldsymbol{k}\frac{\partial}{\partial z} \tag{1.6}$$

可称之为梯度算子。于是，式(1.4)可表示为气压梯度与位移矢量的点积

$$\delta p=\nabla p\cdot\delta\boldsymbol{r} \tag{1.7}$$

式中，符号“·”代表矢量的数性积(点积或点乘)运算。若记

$$\nabla p = |\nabla p| \boldsymbol{n} \tag{1.8}$$

及

$$\boldsymbol{l} = \frac{\delta \boldsymbol{r}}{|\delta \boldsymbol{r}|} \tag{1.9}$$

式中，$\boldsymbol{n}$ 和 $\boldsymbol{l}$ 分别是向量 ∇p 和 $\delta \boldsymbol{r}$ 方向的单位向量；$|\nabla p|$ 和 $|\delta \boldsymbol{r}|$ 分别为这两个向量的模。则式(1.7)可改写为

$$\delta p = |\nabla p| |\delta \boldsymbol{r}| (\boldsymbol{n} \cdot \boldsymbol{l}) = |\nabla p| |\delta \boldsymbol{r}| \cos\alpha \tag{1.10}$$

式中，α 为单位向量 $\boldsymbol{n}$ 与 $\boldsymbol{l}$ 的夹角。气压 p 沿 $\delta \boldsymbol{r}$（或 $\boldsymbol{l}$）方向的方向导数可表示为

$$\frac{\partial p}{\partial l} \equiv \lim_{|\delta r| \to 0} \frac{\delta p}{|\delta \boldsymbol{r}|} = |\nabla p| (\boldsymbol{n} \cdot \boldsymbol{l}) = |\nabla p| \cos\alpha \tag{1.11}$$

式(1.11)清楚地表明了气压空间变化与气压梯度的关系。

当 $\alpha=0$ 时，$\boldsymbol{l}$ 指向气压梯度的方向时，$\partial p/\partial l = \partial p/\partial n = |\nabla p|$，即 p 的方向导数取得最大正值，由此可以推断：气压梯度的方向($\boldsymbol{n}$)应该就是气压增大最快的方向；当 $\alpha=\pi/2$ 时，$\boldsymbol{l}$ 与气压梯度方向垂直，$\partial p/\partial l=0$，即气压沿 $\boldsymbol{l}$ 方向的方向导数为零，可见，$\boldsymbol{l}$ 的方向与等压面平行，气压梯度的方向则必定是与等压面垂直的。综合说来，空间任意一点的气压梯度是这样一个矢量，其方向与局地等压面垂直、指向气压增大最快的方向(图 1.2)，其大小就是气压在该方向上的方向导数。注意，一旦给定了气压场，气压梯度场就由式(1.5)唯一确定了，而气压沿任一指定方向($\boldsymbol{l}$)的变化特征(方向导数)都可由式(1.11)确定。因此，一般说来，在某指定时刻，任一标量场都存在一个类似于式(1.5)所定义的梯度场；梯度场是一个矢量场，这个矢量场决定了该物理量的空间分布(变化)特征。

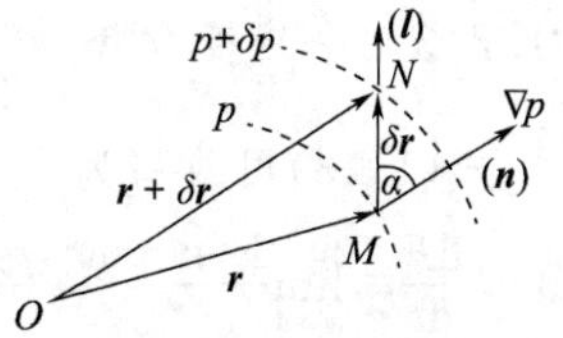

图 1.2　气压梯度与气压空间变化的关系

在三维空间，一个矢量包含有三个分量，即一个矢量场可由三个标量场决定。所以，关于矢量场的问题原则上可归结为三个标量场的问题。然而，矢量场也有其特有的性质，例如，描述一个矢量场的空间变化的特性量有散度(标量场)及涡度(矢量场)等，都是标量场所没有的，我们将在本节后面讨论这些量。下面先讨论场变量的时间变化。

1.1.2　场变量的时间变化

以上我们讨论了场变量的空间变化，现在来讨论场变量的时间变化。场变量的时间变化有两种，一种是“局地变化”，另一种称为“随体变化”或“个别变化”。下面分别说明这两种变化。

1.1.2.1　局地变化率

当我们在空间某个固定点(位置矢为 $\boldsymbol{r}$)上考察一个场变量随时间 t 的变化时，我们所测得(或观测到)的变化称为该场变量在该地点上的局地变化。按定义，场变量

$F(\boldsymbol{r},t)$在点 $\boldsymbol{r}$ 上的局地变化率(单位时间内的变化量)可定量地表示为

$$\frac{\partial F}{\partial t}\equiv\lim_{\delta t\to 0}\frac{F(\boldsymbol{r},t_0+\delta t)-F(\boldsymbol{r},t_0)}{\delta t} \tag{1.12}$$

它是物理量在同一地点、不同时刻的变化率。

1.1.2.2　个别变化率

个别变化率是指跟随某个“动点”(如移动的飞机、车、船、空气质点或天气系统中的特性点等)在运动过程中所历经(或测得)某物理量 $F(\boldsymbol{r},t)$随时间的变化率,其数学表达式可写为

$$\frac{\mathrm{d}F}{\mathrm{d}t}\equiv\lim_{\delta t\to 0}\frac{F(\boldsymbol{r}_0+\delta\boldsymbol{r},t_0+\delta t)-F(\boldsymbol{r}_0,t_0)}{\delta t} \tag{1.13}$$

与局地变化率不同,它是物理量在不同地点、不同时刻的变化率。

1.1.2.3　平流变化率

式(1.13)可改写为

$$\frac{\mathrm{d}F}{\mathrm{d}t}\equiv\lim_{\delta t\to 0}\frac{F(\boldsymbol{r}_0+\delta\boldsymbol{r},t_0+\delta t)-F(\boldsymbol{r}_0+\delta\boldsymbol{r},t_0)}{\delta t}+\lim_{\delta t\to 0}\frac{F(\boldsymbol{r}_0+\delta\boldsymbol{r},t_0)-F(\boldsymbol{r}_0,t_0)}{\delta t} \tag{1.14}$$

上式右边第一项就是由式(1.12)所定义 F 的局地变化率$\partial F/\partial t$,而右边第二项的分子可表示为

$$\delta F\equiv F(\boldsymbol{r}_0+\delta\boldsymbol{r},t_0)-F(\boldsymbol{r}_0,t_0)=\delta\boldsymbol{r}\cdot\nabla F \tag{1.15}$$

取 $\delta t\to 0$(同时有 $\delta\boldsymbol{r}\to 0$)的极限,则式(1.14)可表示为

$$\frac{\mathrm{d}F}{\mathrm{d}t}=\frac{\partial F}{\partial t}+\frac{\mathrm{d}\boldsymbol{r}}{\mathrm{d}t}\cdot\nabla F \tag{1.16}$$

其中

$$\frac{\mathrm{d}\boldsymbol{r}}{\mathrm{d}t}\equiv\lim_{\delta t\to 0}\frac{\delta\boldsymbol{r}}{\delta t} \tag{1.17}$$

代表“动点”的位置矢的时间变化率,即该动点的运动速度。式(1.16)右边第二项称为场变量 F 的平流变化率,$\mathrm{d}\boldsymbol{r}/\mathrm{d}t$ 则称为平流速度。式(1.16)是联系任一场变量 F 的个别(或随体)变化率、局地变化率和平流变化率的基本关系式。由式(1.16)可见,F 的个别变化率等于其局地变化率与平流变化率之和。当动点就是空气质点时,气象上通常用 $\boldsymbol{V}$ 表示空气运动的速度

$$\boldsymbol{V}\equiv\frac{\mathrm{d}\boldsymbol{r}}{\mathrm{d}t}\equiv u\boldsymbol{i}+v\boldsymbol{j}+w\boldsymbol{k} \tag{1.18}$$

式中

$$u\equiv\frac{\mathrm{d}x}{\mathrm{d}t} \tag{1.19}$$

$$v\equiv\frac{\mathrm{d}y}{\mathrm{d}t} \tag{1.20}$$

$$w \equiv \frac{\mathrm{d}z}{\mathrm{d}t} \tag{1.21}$$

分别是风速矢 $\boldsymbol{V}$ 在笛卡儿坐标系中沿 x、y 和 z 轴(单位矢分别为 $\boldsymbol{i}$,$\boldsymbol{j}$ 和 $\boldsymbol{k}$)方向的分量。气象上,通常取 z 轴指向天顶,x 与 y 轴位于水平面内。这时,u 和 v 代表水平风速分量,而 w 则代表铅直速度分量。式(1.16)可改写为

$$\frac{\mathrm{d}F}{\mathrm{d}t} = \frac{\partial F}{\partial t} + \boldsymbol{V} \cdot \nabla F = \frac{\partial F}{\partial t} + u\frac{\partial F}{\partial x} + v\frac{\partial F}{\partial y} + w\frac{\partial F}{\partial z} \tag{1.22}$$

上式可视为微分算子

$$\frac{\mathrm{d}}{\mathrm{d}t} \equiv \frac{\partial}{\partial t} + \boldsymbol{V} \cdot \nabla \tag{1.23}$$

或

$$\frac{\mathrm{d}}{\mathrm{d}t} \equiv \frac{\partial}{\partial t} + u\frac{\partial}{\partial x} + v\frac{\partial}{\partial y} + w\frac{\partial}{\partial z} \tag{1.24}$$

作用于场变量 F 的结果。在气象学中,上述微分算子称为“个别微分算子”或“欧拉算符”。

若令 $F=T$,T 为气温,则由式(1.22),有

$$\frac{\partial T}{\partial t} = \frac{\mathrm{d}T}{\mathrm{d}t} - \boldsymbol{V} \cdot \nabla T \tag{1.25}$$

这是局地气温的预报方程。式(1.25)左边代表指定地点(局地)的气温变化率,或称为局地气温倾向;右边的项可视为影响局地气温变化的强迫因子(或影响因子)。分析这些影响因子有助于我们理解局地气温变化的物理机制。

式(1.25)右边第一项为气温的个别变化率,由热力学第一定律,它可表示为

$$\frac{\mathrm{d}T}{\mathrm{d}t} = \frac{1}{c_v}\frac{\delta Q}{\delta t} - \frac{p}{c_v}\frac{\mathrm{d}\alpha}{\mathrm{d}t} \tag{1.26}$$

式中,p,α 和 c_v 分别为空气的压力称为气压、比容和比定容热容;$\delta Q/\delta t$ 为非绝热加热率,它包括辐射加热、相变加热、热传导、湍流热交换等物理过程产生的加热率。上式右边第二项代表空气微团膨胀($\mathrm{d}\alpha/\mathrm{d}t>0$)或收缩($\mathrm{d}\alpha/\mathrm{d}t<0$)对温度变化的影响。

式(1.25)右边第二项($-\boldsymbol{V} \cdot \nabla T$)称为温度平流。当 $-\boldsymbol{V} \cdot \nabla T<0$ 时,称为冷平流,如果没有其他影响,冷平流将导致局地降温 ($\partial T/\partial t<0$);当 $-\boldsymbol{V} \cdot \nabla T>0$ 时,对应为暖平流,暖平流将导致局地升温($\partial T/\partial t>0$)。

1.1.3　矢量场的空间变化 · 速度场的散度和涡度

1.1.3.1　速度散度与质量连续方程

1. 速度散度

考虑表面积为 S、体积为 τ 的空气块(图 1.3),由于其表面上各点的速度分布不均匀而引起的体积变化率可表示为

$$\frac{\mathrm{d}\tau}{\mathrm{d}t} = \oint\!\!\oint_S V_n \mathrm{d}s \tag{1.27}$$

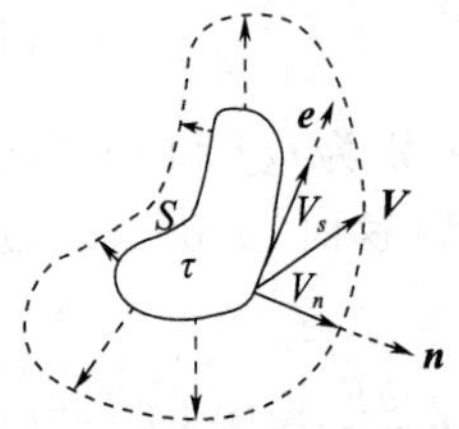

图 1.3　速度场分布不均匀与流体微团的体积变化

式中，V_n为沿流体块表面的外法线方向的速度分量。注意，沿表面切线方向的速度分量 V_s 对气块体积变化无贡献。利用曲面积分转换为体积分的积分公式(高斯公式)，式(1.27)可表示为

$$\frac{\mathrm{d}\tau}{\mathrm{d}t}=\iiint_{\tau}\nabla\cdot\boldsymbol{V}\mathrm{d}\tau \tag{1.28}$$

式中，$\nabla\cdot\boldsymbol{V}$ 称为速度场 $\boldsymbol{V}$ 的散度，在直角坐标系中，它可表示为

$$\nabla\cdot\boldsymbol{V}=\frac{\partial u}{\partial x}+\frac{\partial v}{\partial y}+\frac{\partial w}{\partial z} \tag{1.29}$$

现在考虑气块体积趋于零的情形，这时式(1.28)右边的积分将趋于 $\tau\nabla\cdot\boldsymbol{V}$。于是，式(1.28)可表示为

$$\frac{1}{\tau}\frac{\mathrm{d}\tau}{\mathrm{d}t}=\nabla\cdot\boldsymbol{V} \tag{1.30}$$

上式表明，速度散度具有清晰、直观的物理意义，它就是空气微团体积的相对变化率。

当垂直速度为零时，空气运动为水平运动，空气微团的体积变化率退化为水平面积(A)的变化率。这时，式(1.29)和式(1.30)分别简化为

$$\nabla_{\mathrm{h}}\cdot\boldsymbol{V}_{\mathrm{h}}=\frac{\partial u}{\partial x}+\frac{\partial v}{\partial y} \tag{1.31}$$

和

$$\nabla_{\mathrm{h}}\cdot\boldsymbol{V}_{\mathrm{h}}=\frac{1}{A}\frac{\mathrm{d}A}{\mathrm{d}t} \tag{1.32}$$

其中

$$\boldsymbol{V}_{\mathrm{h}}\equiv u\boldsymbol{i}+v\boldsymbol{j} \tag{1.33}$$

$$\nabla_{\mathrm{h}}\equiv\boldsymbol{i}\frac{\partial}{\partial x}+\boldsymbol{j}\frac{\partial}{\partial y} \tag{1.34}$$

分别为水平风速矢和水平梯度算子。式中，下标 h 表示水平算子。由式(1.32)可知，当$\nabla_{\mathrm{h}}\cdot\boldsymbol{V}_{\mathrm{h}}>0$ 时，对应空气微团的水平面积趋于增大($\mathrm{d}A/\mathrm{d}t>0$)，气象学上称之为水平辐散(图 1.4a)；当$\nabla_{\mathrm{h}}\cdot\boldsymbol{V}_{\mathrm{h}}<0$ 时，空气微团的水平面积趋于缩小($\mathrm{d}A/\mathrm{d}t<0$)，称之为水平辐合(图 1.4b)。

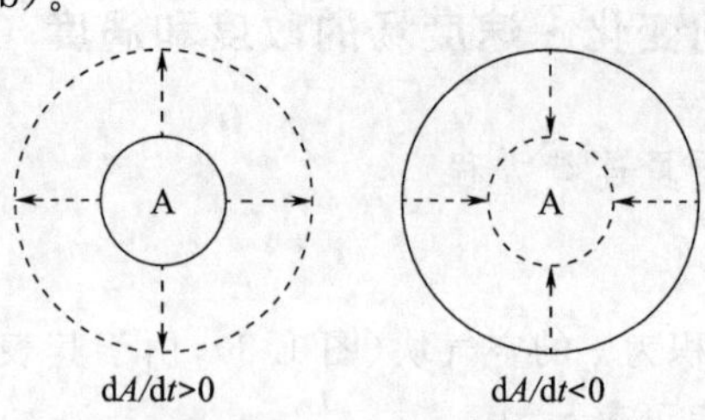

(a) 水平辐散　　(b) 水平辐合

图 1.4　水平辐散、辐合与水平面积的变化

2. 连续方程

设空气微团的密度、体积和质量分别为 ρ,τ 和 M,则有

$$M=\tau\rho,\text{或 }\tau=\frac{M}{\rho} \tag{1.35}$$

空气微团在运动过程中必须遵守质量守恒原理,也就是在运动过程中须保持其质量守恒

$$\frac{\mathrm{d}M}{\mathrm{d}t}=0 \tag{1.36}$$

利用式(1.35)和式(1.36),式(1.30)可改写为

$$\frac{1}{\rho}\frac{\mathrm{d}\rho}{\mathrm{d}t}+\nabla\cdot\boldsymbol{V}=0 \tag{1.37}$$

这就是所谓的质量连续方程,常简称为连续方程。式(1.37)表明,在质量守恒的条件下,跟随一个空气微团所观测到的它的密度变化率($\mathrm{d}\rho/\mathrm{d}t\neq0$)是该空气微团的体积膨胀或收缩(即辐散或辐合)的结果。利用式(1.22),式(1.37)可改写为

$$\frac{\partial\rho}{\partial t}+\nabla\cdot(\rho\boldsymbol{V})=0 \tag{1.38}$$

式(1.38)表明,在质量守恒的前提下,某指定地点(局地)所测得的空气密度变化率($\partial\rho/\partial t\neq0$)是由于该地的空气质量通量($\rho\boldsymbol{V}$)散度不为零的结果,即有净的空气质量流入或流出。

3. 气压倾向方程

作为连续方程的一个简单应用,我们在静力平衡的条件下,建立一个支配气压变化的基本方程,即气压倾向方程。对气压倾向方程的分析和讨论,有助于初学者理解局地气压变化的物理机制。

以后(参见第 2 章)将会看到,在一般情况下,静力平衡近似是一个高度准确的近似。静力学方程可表示为

$$\frac{\partial p}{\partial z}=-\rho g \tag{1.39}$$

式中,p 和 ρ 分别为气压和空气密度,g 为重力加速度。从任一高度 z 到大气层顶积分上式,并假定在大气顶处($z=\infty$)气压为零,可得

$$p(z)=g\int_z^{\infty}\rho\mathrm{d}z \tag{1.40}$$

式(1.40)表明,在静力平衡条件下,指定高度上的气压等于该高度以上直至大气层顶、单位水平截面积的大气柱的重量。式(1.40)对时间 t 求偏导数,得

$$\frac{\partial p(z)}{\partial t}=g\int_z^{\infty}\frac{\partial\rho}{\partial t}\mathrm{d}z \tag{1.41}$$

连续方程式(1.38)可改写为

$$\frac{\partial \rho}{\partial t}=-\nabla_h \cdot (\rho \boldsymbol{V}_h)-\frac{\partial \rho w}{\partial z} \tag{1.42}$$

代入式(1.41)右边,积分得

$$\frac{\partial p(z)}{\partial t}=-g\int_z^{\infty} \nabla_h \cdot (\rho \boldsymbol{V}_h) \mathrm{d}z + g\rho w \mid_z \tag{1.43}$$

得到上式时已假定:在大气柱顶部($z=\infty$),空气运动的垂直速度为零($w=0$)。式(1.43)就是任一高度 z 上的气压倾向方程。右边第一项是 z 高度以上的气柱中水平质量通量散度的垂直积分,代表 z 高度以上的气柱中净的空气质量流入或流出对局地气压变化的贡献。当整个气柱中有净的空气质量辐合,该项为正,它将导致 z 高度上的气压升高($\partial p(z)/\partial t>0$),相反,若有净质量辐散,则将导致局地降压($\partial p(z)/\partial t<0$)。式(1.43)右边第二项代表通过 z 高度上的空气质量的垂直通量对局地气压变化的贡献。当 z 高度上有由下向上的质量通量($\rho w|_z>0$)时,将会导致 z 高度上局地气压升高,相反,当质量通量向下时,将导致 z 高度上局地降压。总而言之,在静力平衡的条件下,局地气压的变化取决于该地以上的整个空气柱中的空气质量的收、支平衡情况。

1.1.3.2 速度场的涡度与速度环流

1. 速度场的涡度

向量 $\nabla \times \boldsymbol{V}$ 称为速度场的涡度。在直角坐标系中,它可表示为

$$\nabla \times \boldsymbol{V}=\boldsymbol{i}\xi+\boldsymbol{j}\eta+\boldsymbol{k}\zeta \tag{1.44}$$

式中,符号"×"代表向量的矢性积(又称为叉乘)的运算

$$\xi \equiv \frac{\partial w}{\partial y}-\frac{\partial v}{\partial z} \tag{1.45}$$

$$\eta \equiv \frac{\partial u}{\partial z}-\frac{\partial w}{\partial x} \tag{1.46}$$

$$\zeta \equiv \frac{\partial v}{\partial x}-\frac{\partial u}{\partial y} \tag{1.47}$$

分别为速度场的涡度沿 x,y 和 z 方向的分量。

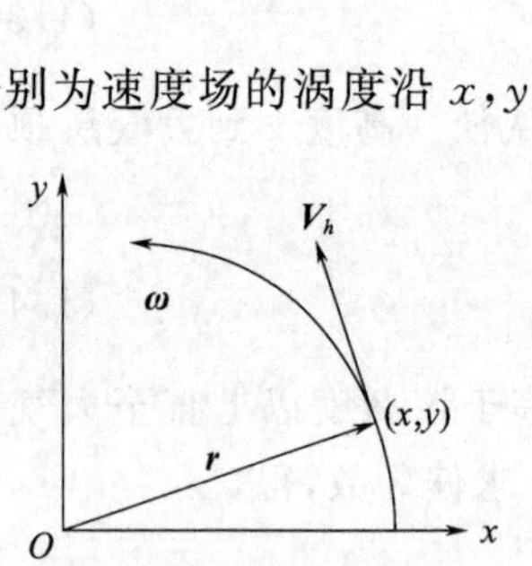

图 1.5 涡度与气块的旋转角速度的关系

为了说明涡度的物理意义,我们以铅直涡度分量 ζ 为例。考虑 xy 平面内的一个空气块,假定它像刚体一样绕过极点 O 的铅直轴以常角速度 $\boldsymbol{\omega}$ 作匀速旋转。该气块上的任一点 $\boldsymbol{r}(x,y)$ 的线速度(图 1.5)$\boldsymbol{V}_h$ 可表示为

$$\boldsymbol{V}_h=-\boldsymbol{r}\times\boldsymbol{\omega}=-\omega y\boldsymbol{i}+\omega x\boldsymbol{j} \tag{1.48}$$

水平速度分量可分别表示为

$$u=-\omega y \tag{1.49}$$

$$v = \omega x \tag{1.50}$$

于是,铅直涡度分量 ζ 为

$$\zeta \equiv \frac{\partial v}{\partial x} - \frac{\partial u}{\partial y} = 2\omega \tag{1.51}$$

可见,铅直涡度分量 ζ 等于水平面内的气块绕铅直轴旋转的角速度 ω 的两倍。

由于大气中的大尺度运动具有准水平的特征(参见第 2 章),因此,气象上一般主要考虑由式(1.47)给定的铅直涡度分量,并且约定:在北半球,当 $\zeta>0$ 时,称之为气旋式涡度,而当 $\zeta<0$ 时,称之为反气旋式涡度。对于南半球,情况则相反,当 $\zeta>0$ $(\zeta<0)$ 时,称之为反气旋式(气旋式)涡度。

2. 速度环流

为便于直观理解和简化叙述,仍考虑水平面内的运动。设 L 为水平面(xy 平面)内、水平速度场 $\mathbf{V}_\mathrm{h}$ 中的一条有向闭合曲线(或围线)。曲线 L 的正向是这样规定的:在北半球,当沿着 L 的正向(图 1.6 中箭头所指方向)前进时,L 所围的区域内部始终位于观察者的左方。沿闭合曲线 L 的速度环流定义为

$$C \equiv \oint_L \mathbf{V}_\mathrm{h} \cdot \mathrm{d}\boldsymbol{r} = \oint_L V_s \mathrm{d}r \tag{1.52}$$

式中,$\mathrm{d}\boldsymbol{r}$ 为曲线 L 上的向量元弧,其方向与 L 的正向一致;V_s 为水平速度矢 $\mathbf{V}_\mathrm{h}$ 沿围线 L 的切线方向的速度分量。速度环流是围线 L 上的一群空气质点沿 L 方向运动的总体(积分)趋势的一种定量量度。在北半球,当 $C>0$ $(C<0)$ 时,气象上称之为气旋式(反气旋式)环流。

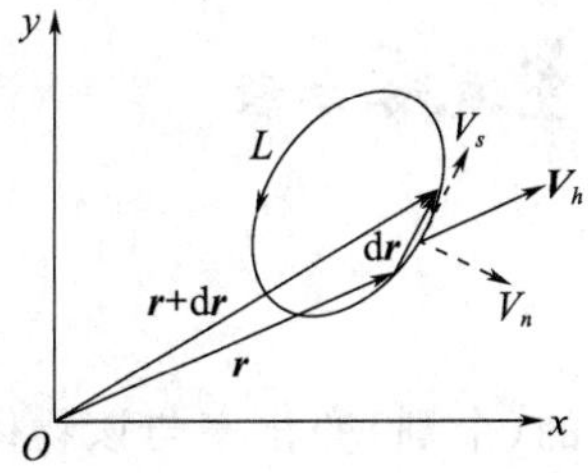

图 1.6　速度环流

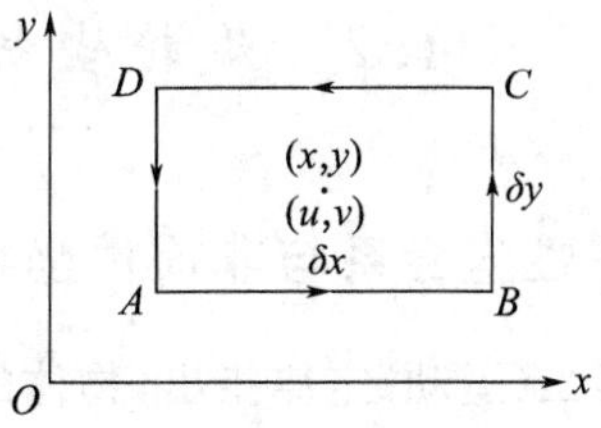

图 1.7　环流与涡度的关系

3. 速度环流与涡度的关系

在给定时刻,速度场中的任一点都可定义其涡度,它是度量位于该点的空气微团绕其瞬时旋转轴旋转特性的一个物理量。而速度环流则是围线上的一群空气微团(或质点)绕该围线运动的总体趋势的量度。二者有着明显的区别。但是,它们都与空气的旋转运动有关,所以,二者又是有密切关系的。为了说明它们的关系,考虑水平面中一个边长为 δx 和 δy 的矩形闭合围线 $ABCD$(图 1.7)。我们来计算沿围线 $ABCD$ 的速度环流。假定,矩形充分小,以致于在每条边上,各点的切向速度近似地

可视为相同;在矩形中心(x,y)处,水平速度分量分别为u和v。于是,沿围线的速度环流等于围线各路段上环流(等于有向路段长度与该路段上的切向速度的乘积)的总和。各路段上的环流分别近似为:

$$AB\text{ 段}:C_{AB}\equiv\left[u+\frac{\partial u}{\partial y}\left(-\frac{\delta y}{2}\right)\right]\delta x,\ BC\text{ 段}:C_{BC}\equiv\left(v+\frac{\partial v}{\partial x}\frac{\delta x}{2}\right)\delta y$$

$$CD\text{ 段}:C_{CD}\equiv\left(u+\frac{\partial u}{\partial y}\frac{\delta y}{2}\right)(-\delta x),DA\text{ 段}:C_{DA}\equiv\left[v+\frac{\partial v}{\partial x}\left(-\frac{\delta x}{2}\right)\right](-\delta y)$$

沿围线$ABCD$的总速度环流则为

$$C\approx C_{AB}+C_{BC}+C_{CD}+C_{DA}=\left(\frac{\partial v}{\partial x}-\frac{\partial u}{\partial y}\right)\delta x\delta y=\zeta\sigma$$

由此有

$$\zeta\approx\frac{C}{\sigma}$$

式中,ζ为矩形中心点处的铅直涡度分量,$\sigma\equiv\delta x\delta y$为矩形$ABCD$的面积。当矩形面积趋于零,取极限则有

$$\zeta=\lim_{\sigma\to 0}\frac{\oint_{ABCD}\boldsymbol{V}_{\mathrm{h}}\cdot\mathrm{d}\boldsymbol{r}}{\sigma}\tag{1.53}$$

可见,铅直涡度分量ζ可解释为水平围线上的速度环流在面积趋于零时的极限,或者说是单位面积上的速度环流。实际上,式(1.53)可作为铅直涡度分量的定义式。由此可见,涡度与环流是两个概念不完全相同但有着密切关系的、表征空气运动旋转特性的物理量。

1.2 旋转坐标系中的大气运动方程

1.2.1 惯性坐标系与非惯性坐标系

牛顿第二(运动)定律指出,物体的动量对时间的(个别)变化率与该物体所受的力成正比,并与力的方向相同。简而言之,单位质量物体的运动加速度等于它所受到的外力。物体所受的真实外力是与坐标的选取无关的,但是,物体的加速度则可随所选坐标的不同而不同,因此,牛顿第二定律只适用于某种特定的坐标系(或参照系)。能使牛顿第二定律成立的坐标系称为绝对(静止)坐标系。在这种坐标系中,牛顿惯性定律亦成立,故又称之为惯性坐标系。相对于惯性坐标系做匀速直线运动的坐标系仍是惯性坐标系;而相对于惯性坐标系作加速运动的坐标系则是非惯性坐标系或相对坐标系。根据物理学上的研究推算,恒星参照系是一个相当精确的惯性参照系。

地球是一个绕太阳转动(公转)的行星,同时,它还以准常角速度$\boldsymbol{\Omega}$绕地轴旋转

(自转),正所谓“坐地日行八万里,巡天遥看一千河”。地球自转角速度的大小 $\Omega(\equiv|\boldsymbol{\Omega}|)$ 为

$$\Omega=\frac{2\pi}{1\text{恒星日}}\approx\frac{2\pi}{86164\text{s}}\approx 7.29\times10^{-5}\text{s}^{-1} \tag{1.54}$$

其方向沿地轴(与赤道平面垂直)指向北极(图 1.8a)。在气象学上,通常将相对于恒星静止、不随地球自转的坐标系称为绝对坐标系(惯性坐标系或“静止”坐标系),在绝对坐标系中观测到的大气运动称为绝对运动;并且,通常略去地球绕太阳公转引起的加速度($\approx 6\times10^{-3}\text{m/s}^2$),将固定于地球上、跟随地球自转一起转动的坐标系称为相对坐标系(旋转坐标系),它是一种非惯性坐标系,在此坐标系中观测到的大气运动称为相对运动。

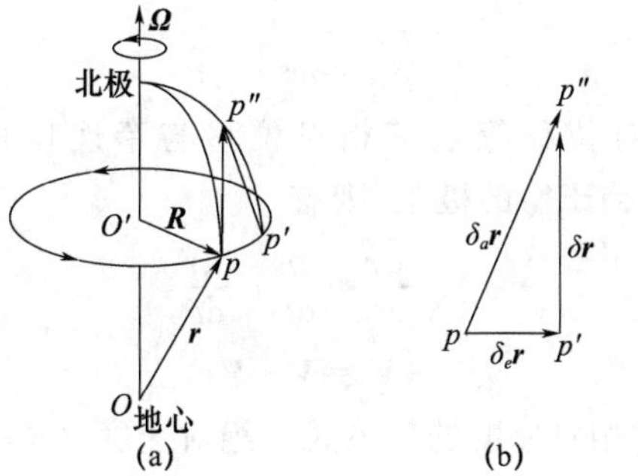

图 1.8　绝对位移、相对位移与牵连位移

1.2.2　惯性坐标系中的运动方程

在惯性坐标系中,按牛顿第二运动定律,单位质量空气微团的运动方程可表示为

$$\frac{\mathrm{d_a}\boldsymbol{V}_\mathrm{a}}{\mathrm{d}t}=-\frac{1}{\rho}\nabla p+\boldsymbol{g}_\mathrm{a}+\boldsymbol{N} \tag{1.55}$$

式中,左边一项中的下标“a”表示绝对坐标系中的物理量,$\boldsymbol{V}_\mathrm{a}$ 为空气运动的绝对速度,$\mathrm{d_a}\boldsymbol{V}_\mathrm{a}/\mathrm{d}t$ 是单位质量空气运动的绝对加速度;右边的 $-(1/\rho)\nabla p$、$\boldsymbol{g}_\mathrm{a}$ 和 $\boldsymbol{N}$ 分别为单位质量空气微团所受的气压梯度力、地心(万有)引力和分子黏性力。式(1.55)是在绝对坐标系中,单位质量空气微团所遵从的运动方程,有时称为绝对运动方程。但是,由于在地球坐标系中(例如地球上的测站)无法直接观测到绝对速度 $\boldsymbol{V}_\mathrm{a}$ 和绝对加速度 $\mathrm{d_a}\boldsymbol{V}_\mathrm{a}/\mathrm{d}t$,只能观测到相对速度 $\boldsymbol{V}$ 和相对加速度 $\mathrm{d}\boldsymbol{V}/\mathrm{d}t$。因此,上式并不能直接用于研究地球大气运动。要导出一个能直接用于描述地球大气运动的方程,必须首先设法找出绝对速度与相对速度以及绝对加速度与相对加速度的关系。

1.2.3　两种坐标系中的速度和加速度的关系

现在,我们来建立静止坐标系与旋转坐标系中的速度和加速度之间的关系。假设

一个空气微团(或称为空气质点)起始位于地球上的 p 点(图 1.8),其位置矢为 $\boldsymbol{r}$,经过 δt 时间后,该空气微团移动到了点 p'';与此同时,地球上的 p 点跟随地球自转而移动到了 p' 点。这时,在静止坐标系和旋转坐标系中所观测到的该空气微团的位移分别为

$$\delta_{\mathrm{a}}\boldsymbol{r} \equiv \overrightarrow{pp''} = \boldsymbol{V}_{\mathrm{a}}\delta t \qquad (\text{绝对位移})$$

和

$$\delta\boldsymbol{r} \equiv \overrightarrow{p'p''} = \boldsymbol{V}\delta t \qquad (\text{相对位移}) \tag{1.56}$$

若将由于地球自转引起 p 点的移动速度(称为牵连速度)记为 $\boldsymbol{V}_{\mathrm{e}}$,则 p 点的牵连位移为

$$\delta_{\mathrm{e}}\boldsymbol{r} \equiv \overrightarrow{pp'} = \boldsymbol{V}_{\mathrm{e}}\delta t$$

$\delta_{\mathrm{e}}\boldsymbol{r}$ 表示由于地球自转引起牵连位移。根据图 1.8b 所示的向量三角形,可得如下向量恒等式

$$\delta_{\mathrm{a}}\boldsymbol{r} = \delta\boldsymbol{r} + \delta_{\mathrm{e}}\boldsymbol{r} \tag{1.57}$$

即任一空气微团的绝对位移等于其相对位移与牵连位移之向量和。若用 δt 除式(1.57)两端,并取 δt 趋于零的极限,则有

$$\frac{\mathrm{d}_{\mathrm{a}}\boldsymbol{r}}{\mathrm{d}t} = \frac{\mathrm{d}\boldsymbol{r}}{\mathrm{d}t} + \frac{\mathrm{d}_{\mathrm{e}}\boldsymbol{r}}{\mathrm{d}t} \tag{1.58}$$

或

$$\boldsymbol{V}_{\mathrm{a}} = \boldsymbol{V} + \boldsymbol{V}_{\mathrm{e}} \tag{1.59}$$

这就是联系绝对速度与相对速度的关系式。绝对速度 $\boldsymbol{V}_{\mathrm{a}}(\equiv \mathrm{d}_{\mathrm{a}}\boldsymbol{r}/\mathrm{d}t)$ 等于相对速度 $\boldsymbol{V}(\equiv \mathrm{d}\boldsymbol{r}/\mathrm{d}t)$ 加上一个由于坐标系旋转而引起的附加速度(牵连速度)$\boldsymbol{V}_{\mathrm{e}}(\equiv \mathrm{d}_{\mathrm{e}}\boldsymbol{r}/\mathrm{d}t)$。位于纬度 φ 处的空气质点的牵连速度就是该质点随地球自转时在纬圈平面上以角速度 $\boldsymbol{\Omega}$ 作匀速圆周运动的线速度(图 1.9b),因此,有

$$\boldsymbol{V}_{\mathrm{e}} = \boldsymbol{\Omega} \times \boldsymbol{R} = \boldsymbol{\Omega} \times \boldsymbol{r} \tag{1.60}$$

式中,$\boldsymbol{R}$ 为 p 点所在纬圈平面内、从地轴到 p 点的径向矢(图 1.9a)。

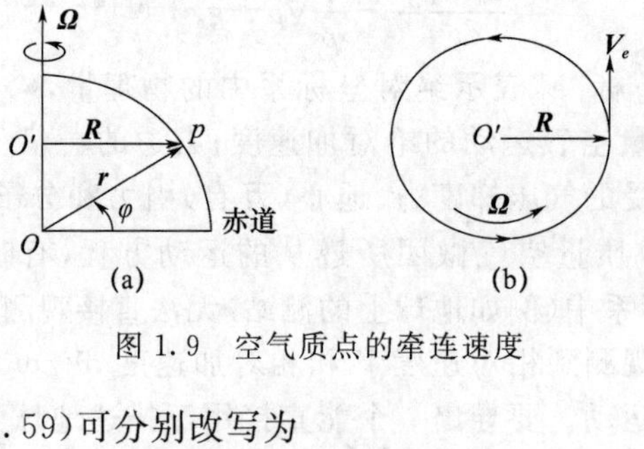

图 1.9　空气质点的牵连速度

于是,式(1.58)和式(1.59)可分别改写为

$$\frac{\mathrm{d}_{\mathrm{a}}\boldsymbol{r}}{\mathrm{d}t} = \frac{\mathrm{d}\boldsymbol{r}}{\mathrm{d}t} + \boldsymbol{\Omega} \times \boldsymbol{r} \tag{1.61}$$

和

$$\boldsymbol{V}_{\mathrm{a}} = \boldsymbol{V} + \boldsymbol{\Omega} \times \boldsymbol{r} \tag{1.62}$$

从个别变化率的定义出发,可直接证明,对于任一标量 F,其个别变化率与坐标

无关。即其绝对坐标系中的个别变化率等于相对坐标系中的个别变化率

$$\frac{\mathrm{d_a}F}{\mathrm{d}t}=\frac{\mathrm{d}F}{\mathrm{d}t} \tag{1.63}$$

设 $\boldsymbol{A}$ 为任一向量，在一个固定在地球上、随地球一起旋转的直角坐标系 (x,y,z) 中，向量 $\boldsymbol{A}$ 可表示为

$$\boldsymbol{A}=A_x\boldsymbol{i}+A_y\boldsymbol{j}+A_z\boldsymbol{k} \tag{1.64}$$

式中，$\boldsymbol{i}$，$\boldsymbol{j}$ 和 $\boldsymbol{k}$ 分别为 x，y 和 z 轴方向的单位向量。式(1.64)两边同时对 t 求导数，有

$$\frac{\mathrm{d_a}\boldsymbol{A}}{\mathrm{d}t}=\frac{\mathrm{d_a}A_x}{\mathrm{d}t}\boldsymbol{i}+\frac{\mathrm{d_a}A_y}{\mathrm{d}t}\boldsymbol{j}+\frac{\mathrm{d_a}A_z}{\mathrm{d}t}\boldsymbol{k}+A_x\frac{\mathrm{d_a}\boldsymbol{i}}{\mathrm{d}t}+A_y\frac{\mathrm{d_a}\boldsymbol{j}}{\mathrm{d}t}+A_z\frac{\mathrm{d_a}\boldsymbol{k}}{\mathrm{d}t} \tag{1.65}$$

因 $\boldsymbol{i}$，$\boldsymbol{j}$ 和 $\boldsymbol{k}$ 在绝对坐标系中可看作位置矢量，利用关系式(1.63)，并注意到式(1.61)对于旋转坐标系中的单位向量 $\boldsymbol{i}$，$\boldsymbol{j}$ 和 $\boldsymbol{k}$ 亦成立，且在旋转的直角坐标系 (x,y,z) 中，$\boldsymbol{i}$，$\boldsymbol{j}$ 和 $\boldsymbol{k}$ 是不随时间变化的，即 $\frac{\mathrm{d}\boldsymbol{i}}{\mathrm{d}t}=\frac{\mathrm{d}\boldsymbol{j}}{\mathrm{d}t}=\frac{\mathrm{d}\boldsymbol{k}}{\mathrm{d}t}=0$，则有

$$\frac{\mathrm{d_a}\boldsymbol{i}}{\mathrm{d}t}=\boldsymbol{\Omega}\times\boldsymbol{i},\qquad \frac{\mathrm{d_a}\boldsymbol{j}}{\mathrm{d}t}=\boldsymbol{\Omega}\times\boldsymbol{j},\qquad \frac{\mathrm{d_a}\boldsymbol{k}}{\mathrm{d}t}=\boldsymbol{\Omega}\times\boldsymbol{k}$$

则式(1.65)可改写为

$$\frac{\mathrm{d_a}\boldsymbol{A}}{\mathrm{d}t}=\frac{\mathrm{d}\boldsymbol{A}}{\mathrm{d}t}+\boldsymbol{\Omega}\times\boldsymbol{A} \tag{1.66}$$

这就证明了式(1.61)对于任一向量 $\boldsymbol{A}$ 也成立。若在式(1.66)中令 $\boldsymbol{A}=\boldsymbol{V}_\mathrm{a}$，并利用式(1.62)，可得

$$\frac{\mathrm{d_a}\boldsymbol{V}_\mathrm{a}}{\mathrm{d}t}=\frac{\mathrm{d}\boldsymbol{V}}{\mathrm{d}t}+2\boldsymbol{\Omega}\times\boldsymbol{V}-\Omega^2\boldsymbol{R} \tag{1.67}$$

此即表述绝对加速度与相对加速度关系的定量关系式。绝对加速度 $\mathrm{d_a}\boldsymbol{V}_\mathrm{a}/\mathrm{d}t$ 等于相对加速度 $\mathrm{d}\boldsymbol{V}/\mathrm{d}t$ 加上两个由于坐标系旋转而引起的附加加速度。附加加速度 $2\boldsymbol{\Omega}\times\boldsymbol{V}$ 称为科里奥利(Coriolis)加速度，而 $-\Omega^2\boldsymbol{R}$ 称为向心加速度。虽然，在地球上的测站无法直接观测到空气微团运动的绝对速度和绝对加速度，但是现在，通过式(1.62)和式(1.67)，我们已经确定了旋转坐标系中的相对速度与绝对速度以及相对加速度与绝对加速度的定量关系，那么我们就完全可以通过地球上探测到的风速(相对速度)来定量地表述绝对速度和绝对加速度。因而，我们可以进一步导出便于直接用于研究地球大气运动规律的运动方程——旋转坐标系中的运动方程(相对运动方程)。

1.2.4　相对运动方程与空气微团所受作用力

将式(1.67)代入绝对运动方程式(1.55)，得

$$\frac{\mathrm{d}\boldsymbol{V}}{\mathrm{d}t}+2\boldsymbol{\Omega}\times\boldsymbol{V}-\Omega^2\boldsymbol{R}=-\frac{1}{\rho}\nabla p+\boldsymbol{g}_\mathrm{a}+\boldsymbol{N} \tag{1.68a}$$

此即旋转坐标系中单位质量空气的运动方程，称为相对运动方程。其中已不显含地球上无法直接观测到的空气运动的绝对速度($\boldsymbol{V}_a$)和加速度($\mathrm{d}_a\boldsymbol{V}_a/\mathrm{d}t$)，因此可直接用于研究地球大气运动。

按照达朗贝尔(d' Alembert)原理，上式左边除了相对加速度项外其他的加速度项都可移到方程的右边，当作"作用力"来看待，即所谓的"惯性力"。通常，方程(1.68a)被表示为如下更常用的形式

$$\frac{\mathrm{d}\boldsymbol{V}}{\mathrm{d}t}=-\frac{1}{\rho}\nabla p-2\boldsymbol{\Omega}\times\boldsymbol{V}+\boldsymbol{g}_a+\Omega^2\boldsymbol{R}+\boldsymbol{N} \tag{1.68b}$$

方程右边的项$-2\boldsymbol{\Omega}\times\boldsymbol{V}$和$\Omega^2\boldsymbol{R}$分别称为科里奥利(Coriolis)力(或简称为科氏力)和惯性离心力。方程(1.68b)右边的每一项都代表作用于单位质量空气微团上的某种力。不同种类的作用力源于不同的产生机制，而且性质也各不相同。下面将分别讨论这些力的由来和性质。

1. 气压梯度力

方程(1.68b)右边第一项为气压梯度力，它是作用于空气微团表面上的压力p的合力。空气微团表面所受的压力是其外围空气通过表面接触相互作用而产生的作用力，它总是与空气微团表面垂直、指向其内部的。考虑一个中心位于点(x_0，y_0，z_0)、侧面与坐标面平行、体积为$\delta\tau=\delta x\delta y\delta z$的空气小立方体(图1.10)。设小空气块体中心点处的气压为p_0，则小空气块在与x轴垂直的两个侧面上受到周围空气施加的压力可分别表示为

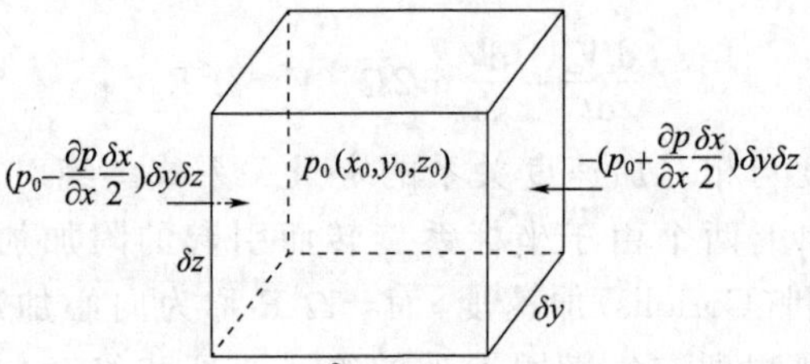

图1.10　气压梯度力

在$x_0+\frac{\delta x}{2}$处：　　$\left(p_0+\frac{\partial p}{\partial x}\frac{\delta x}{2}\right)\delta y\delta z(-\boldsymbol{i})$

在$x_0-\frac{\delta x}{2}$处：　　$\left(p_0-\frac{\partial p}{\partial x}\frac{\delta x}{2}\right)\delta y\delta z\boldsymbol{i}$

式中，$\boldsymbol{i}$为x方向的单位向量。于是，对单位质量的空气小立方体而言，在x方向上所受压力的合力为$-(1/\rho)(\partial p/\partial x)\boldsymbol{i}$，$\rho$为空气密度。类似地，可算出单位质量空气小立方体在$y$方向和$z$方向上所受压力的合力分别为$-(1/\rho)(\partial p/\partial y)\boldsymbol{j}$和$-(1/\rho)(\partial p/\partial z)\boldsymbol{k}$，$\boldsymbol{j}$和$\boldsymbol{k}$分别为$y$方向和$z$方向的单位向量。综合起来，单位质量空气小立

方体所受总的压力合力即气压梯度力为

$$-\frac{1}{\rho}\nabla p=-\frac{1}{\rho}\left(\frac{\partial p}{\partial x}\boldsymbol{i}+\frac{\partial p}{\partial y}\boldsymbol{j}+\frac{\partial p}{\partial z}\boldsymbol{k}\right) \tag{1.69}$$

气压(或压强)是单位面积上所受的压力,它是一种“表面力”。从上面的讨论可见,气压梯度力是压力的合力,它是一种“体积力”。由定义式(1.69)可见,气压梯度力的方向与气压梯度的方向相反,即与等压面(线)垂直、指向气压降低的方向;气压梯度力的大小与气压梯度的大小成正比,与空气密度成反比。

2. 科里奥利力

方程(1.68 b)右边第二项代表科里奥利力($\boldsymbol{C}$)

$$\boldsymbol{C}=-2\boldsymbol{\Omega}\times\boldsymbol{V} \tag{1.70}$$

它是法国力学家 G. G. 科里奥利(Gustanve Gaspard Coriolis)于 1835 年在他的《物体系统相对运动方程》一文中提出的,当时他称之为“复合离心力”,后来被称之为科里奥利力或简称为“科氏力”。由于自转地球($\boldsymbol{\Omega}\neq0$)上的空气微团有相对于地球的运动($\boldsymbol{V}\neq0$)时,具有与运动方向垂直的附加加速度,即科里奥利加速度,于是就出现了与这一附加加速度大小相等、方向相反的惯性力——科氏力。由式(1.70)可知,科氏力的大小等于由向量 $\boldsymbol{\Omega}$ 与 $\boldsymbol{V}$ 所确定的平行四边形面积的 2 倍。科氏力垂直于地转角速度矢 $\boldsymbol{\Omega}$,即垂直于地轴,故必位于纬圈平面内;同时,科氏力还垂直于相对运动速度矢 $\boldsymbol{V}$,因此,它只改变相对运动的方向,不改变相对速度的大小,故科氏力有时又称为“折向力”或“偏向力”。科氏力的方向一般可根据式(1.70)按向量叉乘运算的右手螺旋法则确定。对于北半球的水平运动,科氏力总是指向运动前进方向的右方(观测者面向运动前进方向),南半球的情形则相反,指向运动前进方向的左方。例如,在北半球,向南(北)流的水流会受到指向西(东)的科氏力的作用,引起水流向南(北)流的河床的西(东)岸受到更为严重的冲刷。又如,在北半球运行的远程火箭,当它铅直上升(下降)时,其轨道要向西(东)偏移;当它在水平面方向向东(西)飞行时,其轨道要向南并向上(向北并向下)偏移。

3. 重力

在随地球一起旋转的坐标系中,空气块所受重力定义为地心引力与惯性离心力的合力(图 1.11)。单位质量空气微团所受重力即重力加速度为

$$\boldsymbol{g}\equiv\boldsymbol{g}_{\mathrm{a}}+\Omega^2\boldsymbol{R} \tag{1.71}$$

单位质量空气微团所受地心引力可表示为

$$\boldsymbol{g}_{\mathrm{a}}=-\frac{GM}{r^2}\left(\frac{\boldsymbol{r}}{r}\right) \tag{1.72}$$

式中,$G(=6.672\times10^{-8}\,\mathrm{cm^3/(g\cdot s^2)})$为万有引力常数,$M(=5.976\times10^{27}\,\mathrm{g})$为地球质量,$\boldsymbol{r}$ 为空气微团相对地心的位置矢量,其大小为 $r=a+z$,$a\approx6371\times10^3\,\mathrm{m}$ 为地球的平均半径,z 为空气微团的海拔高度。地心引力是指向地心的有势力,设 ϕ_{a} 为地

心引力势,则 $\boldsymbol{g}_a$ 可表示为

$$\boldsymbol{g}_a = -\nabla\phi_a \tag{1.73}$$

若假定极地海平面($r=r_p$)上的地心引力势为零($\phi_a=0$),则可以求得地心引力势 ϕ_a 为

$$\phi_a = GM\left(\frac{1}{r_p}-\frac{1}{r}\right) \tag{1.74}$$

可见,地心引力的等势面为以地心为球心的同心球面族。

惯性离心力垂直于地轴、从地轴指向外,也是一种有势力。设其势函数为 ϕ_e,则可将惯性离心力表示为

$$\Omega^2\boldsymbol{R} = -\nabla\phi_e \tag{1.75}$$

若假设地轴上($R=0$)的惯性离心力势为零($\phi_e=0$),则可求得

$$\phi_e = -\frac{1}{2}\Omega^2R^2 \tag{1.76}$$

可见,惯性离心力的等势面为以地轴为轴的同轴圆柱面族。

重力加速度可表示为

$$\boldsymbol{g} = -\nabla\Phi \tag{1.77}$$

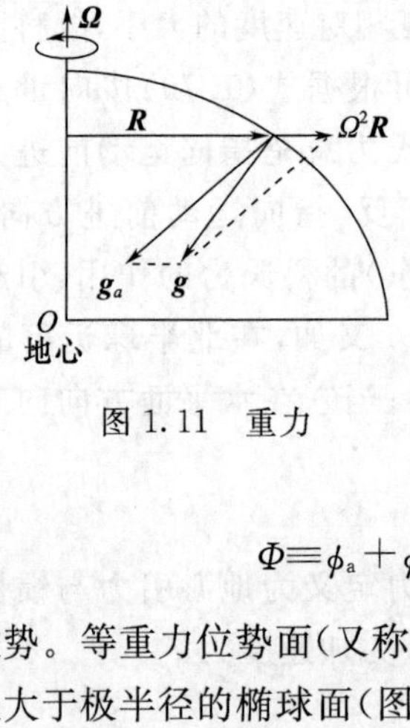

图 1.11 重力

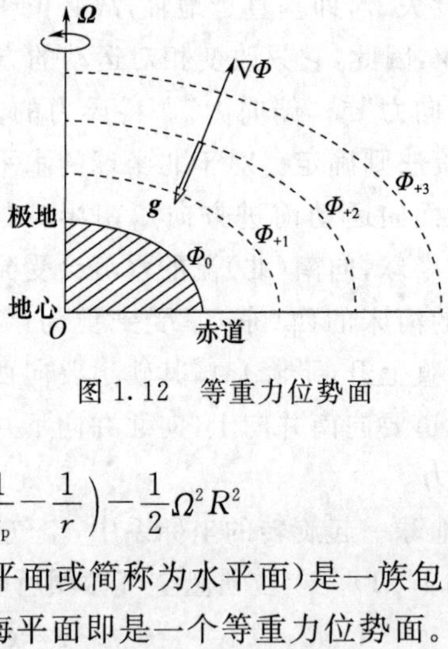

图 1.12 等重力位势面

其中
$$\Phi \equiv \phi_a + \phi_e = GM\left(\frac{1}{r_p}-\frac{1}{r}\right) - \frac{1}{2}\Omega^2R^2 \tag{1.78}$$

为重力位势。等重力位势面(又称为重力水平面或简称为水平面)是一族包围地球的、赤道半径大于极半径的椭球面(图 1.12)。海平面即是一个等重力位势面。等重力位势面之间互不平行,间隔疏密不等,纬度愈高、海拔愈低则愈密集。由地心引力和惯性离心力的性质可知,重力的大小随所处的纬度和高度不同而不同。在同一海拔高度上,重力加速度随纬度增大而增大,赤道上最小,极地最大;在同一纬度,重力加速度随海拔高度增大而减小。计算重力的近似公式(1930 年国际重力公式)可表示为

$$g = 978.049(1+0.005288\sin^2\varphi - 0.000006\sin^2 2\varphi - 0.0003086z)(\mathrm{cm/s^2}) \tag{1.79}$$

式中，φ 为纬度，z 为海拔高度(以 m 为单位)。由于重力加速度随纬度和高度的变化很小，它与地心引力的夹角也很小，故气象上一般将重力加速度视为常数，取 $g\approx 9.81\mathrm{m/s^2}$；并近似地视地球为半径 $a\approx 6371\mathrm{km}$ 的球形，视等重力位势面为同心球面族；于是，重力加速度指向地心，局地铅直轴(z 轴)与重力加速度方向相反、指向天顶。重力位势则可近似估算为(假定 $\Phi|_{z=0}=0$)

$$\Phi=\int_0^z g\mathrm{d}z \tag{1.80}$$

4. 分子黏性力

式(1.68b)右边最后一项代表空气分子黏性力。这是周围空气通过空气微团表面上的分子相互作用而产生的内摩擦力。假定大气满足牛顿流体假设，则分子黏性力可表示为

$$\boldsymbol{N}=\frac{\upsilon}{3}\nabla(\nabla\cdot\boldsymbol{V})+\upsilon\,\nabla^2\boldsymbol{V} \tag{1.81}$$

式中，$\upsilon\equiv\mu/\rho$ 为运动学黏性系数；μ 为动力黏性系数；对于近地层大气，$\upsilon\approx 1.34\times10^{-5}(\mathrm{m^2\cdot s^{-1}})$，$\mu\approx 1.72\times10^{-5}(\mathrm{kg\cdot m^{-1}\cdot s^{-1}})$；$\nabla^2$ 为如下式定义的三维拉普拉斯算子

$$\nabla^2\equiv\nabla\cdot\nabla=\frac{\partial^2}{\partial x^2}+\frac{\partial^2}{\partial y^2}+\frac{\partial^2}{\partial z^2}$$

大气是一种低黏性流体，除了贴近地面几厘米厚度的薄层，因为空气运动速度垂直梯度很大，必须考虑分子黏性作用的影响外，一般都可忽略分子黏性力的作用。

最后，矢量形式的相对运动方程可改写为

$$\frac{\mathrm{d}\boldsymbol{V}}{\mathrm{d}t}=-\frac{1}{\rho}\nabla p-2\boldsymbol{\Omega}\times\boldsymbol{V}+\boldsymbol{g}_{\mathrm{a}}+\Omega^2\boldsymbol{R}+\boldsymbol{N} \tag{1.82}$$

1.3　运动方程的分量形式

描述大气运动的方程有向量式和分量(标量)式两种形式。向量方程具有形式简单、物理意义清楚而且与坐标选取无关等优点，但是不便直接用于定量计算。要进行定量计算，通常须将向量方程写为分量(标量)形式。但是分量方程的具体形式与所选用的坐标系(如球坐标或柱坐标等)有关，本节将讨论球坐标系和局地直角坐标系中运动方程的分量形式及连续方程。

1.3.1　球坐标系中的运动方程和连续方程

1.3.1.1　球坐标系

地球可近似地视为球形，采用球坐标系描述地球大气运动应是最自然也是最精确的。取球坐标系 $O(\lambda,\varphi,r)$ 的坐标原点位于地心(图 1.13)，λ，φ 和 r 分别代表

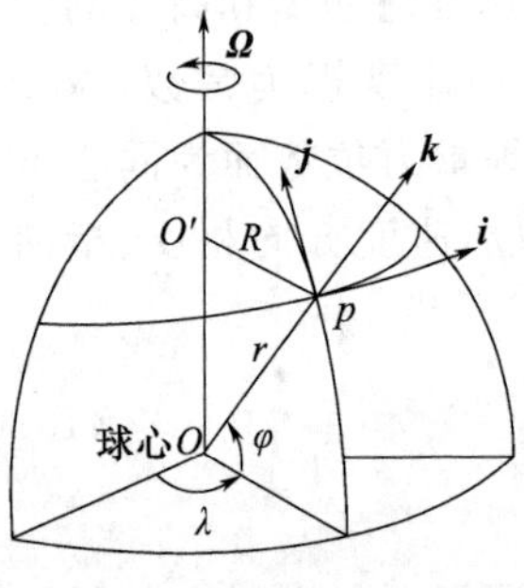

图 1.13 球坐标系

任一点 p 的经度、纬度和该点至地心的距离;$\boldsymbol{i},\boldsymbol{j}$ 和 $\boldsymbol{k}$ 分别为沿纬圈指向东、沿经圈指向北和沿径向(p 点相对地心的位置矢的方向)指向天顶的单位向量。显然,对于地球上不同的地点,$\boldsymbol{i},\boldsymbol{j}$ 和 $\boldsymbol{k}$ 的指向是不同的。设 p 点处、沿 $\boldsymbol{i},\boldsymbol{j}$ 和 $\boldsymbol{k}$ 方向的微小线元分别为 $\delta x,\delta y$ 和 δz,则有

$$\begin{cases}\delta x=r\cos\varphi\delta\lambda\\ \delta y=r\delta\varphi\\ \delta z=\delta r\end{cases}\tag{1.83}$$

在球坐标中,若将空气微团的运动速度矢表示为

$$\boldsymbol{V}=u\boldsymbol{i}+v\boldsymbol{j}+w\boldsymbol{k}\tag{1.84}$$

则有

$$\begin{cases}u\equiv\dfrac{\mathrm{d}x}{\mathrm{d}t}=r\cos\varphi\dfrac{\mathrm{d}\lambda}{\mathrm{d}t}\\ v\equiv\dfrac{\mathrm{d}y}{\mathrm{d}t}=r\dfrac{\mathrm{d}\varphi}{\mathrm{d}t}\\ w\equiv\dfrac{\mathrm{d}z}{\mathrm{d}t}=\dfrac{\mathrm{d}r}{\mathrm{d}t}\end{cases}\tag{1.85}$$

分别为沿 $\boldsymbol{i},\boldsymbol{j}$ 和 $\boldsymbol{k}$ 方向的速度分量。

设 $A(\lambda,\varphi,r,t)$ 为任一场变量,则有

$$\frac{\mathrm{d}A}{\mathrm{d}t}=\frac{\partial A}{\partial t}+\frac{\partial A}{\partial\lambda}\frac{\mathrm{d}\lambda}{\mathrm{d}t}+\frac{\partial A}{\partial\varphi}\frac{\mathrm{d}\varphi}{\mathrm{d}t}+\frac{\partial A}{\partial r}\frac{\mathrm{d}r}{\mathrm{d}t}=\frac{\partial A}{\partial t}+\frac{u}{r\cos\varphi}\frac{\partial A}{\partial\lambda}+\frac{v}{r}\frac{\partial A}{\partial\varphi}+w\frac{\partial A}{\partial r}\tag{1.86}$$

由此可得球坐标系中的欧拉算子可表示为

$$\frac{\mathrm{d}}{\mathrm{d}t}=\frac{\partial}{\partial t}+\frac{u}{r\cos\varphi}\frac{\partial}{\partial\lambda}+\frac{v}{r}\frac{\partial}{\partial\varphi}+w\frac{\partial}{\partial r}\tag{1.87}$$

梯度算子则可表示为

$$\nabla\equiv\boldsymbol{i}\,\frac{1}{r\cos\varphi}\frac{\partial}{\partial\lambda}+\boldsymbol{j}\,\frac{1}{r}\frac{\partial}{\partial\varphi}+\boldsymbol{k}\,\frac{\partial}{\partial r}\tag{1.88}$$

1.3.1.2 球坐标系中运动方程的分量方程

要求得运动方程在球坐标系中的分量方程,就得先将运动方程中向量形式的各项分别分解到球坐标系的各个方向上,即求出各项的分量式。

1. 加速度在球坐标系中的分量式

加速度可写为

$$\frac{\mathrm{d}\boldsymbol{V}}{\mathrm{d}t}=\frac{\mathrm{d}u}{\mathrm{d}t}\boldsymbol{i}+\frac{\mathrm{d}v}{\mathrm{d}t}\boldsymbol{j}+\frac{\mathrm{d}w}{\mathrm{d}t}\boldsymbol{k}+u\,\frac{\mathrm{d}\boldsymbol{i}}{\mathrm{d}t}+v\,\frac{\mathrm{d}\boldsymbol{j}}{\mathrm{d}t}+w\,\frac{\mathrm{d}\boldsymbol{k}}{\mathrm{d}t}\tag{1.89}$$

问题归结为求单位向量 $\boldsymbol{i},\boldsymbol{j}$ 和 $\boldsymbol{k}$ 的个别变化率的分量表达式。

(1) $\mathrm{d}\boldsymbol{i}/\mathrm{d}t$

利用欧拉算子式(1.87)，$\mathrm{d}\boldsymbol{i}/\mathrm{d}t$ 可表示为

$$\frac{\mathrm{d}\boldsymbol{i}}{\mathrm{d}t}=\frac{\partial \boldsymbol{i}}{\partial t}+\frac{u}{r\cos\varphi}\frac{\partial \boldsymbol{i}}{\partial \lambda}+\frac{v}{r}\frac{\partial \boldsymbol{i}}{\partial \varphi}+w\frac{\partial \boldsymbol{i}}{\partial r}$$

由于

$$\frac{\partial \boldsymbol{i}}{\partial t}=\frac{\partial \boldsymbol{i}}{\partial \varphi}=\frac{\partial \boldsymbol{i}}{\partial r}=0$$

所以

$$\frac{\mathrm{d}\boldsymbol{i}}{\mathrm{d}t}=\frac{u}{r\cos\varphi}\frac{\partial \boldsymbol{i}}{\partial \lambda}$$

考虑单位矢量 $\boldsymbol{i}$ 随经度 λ 的变化，如图 1.14a 所示，$|\Delta \boldsymbol{i}|\approx\Delta\lambda\cdot 1=\Delta\lambda$，于是，$\partial \boldsymbol{i}/\partial\lambda$ 的大小可估算为

$$\left|\frac{\partial \boldsymbol{i}}{\partial \lambda}\right|\equiv\lim_{\Delta\lambda\to 0}\frac{|\Delta \boldsymbol{i}|}{\Delta\lambda}=1$$

同时，$\partial \boldsymbol{i}/\partial\lambda$ 的方向(即 $\Delta\boldsymbol{i}$ 的方向)与 $\boldsymbol{R}$ 方向相反，指向地轴。由图 1.14b 可知

$$\boldsymbol{R}=R(-\boldsymbol{j}\sin\varphi+\boldsymbol{k}\cos\varphi)$$

于是，有 $\partial \boldsymbol{i}/\partial\lambda=-(\boldsymbol{R}/R)=\boldsymbol{j}\sin\varphi-\boldsymbol{k}\cos\varphi$，及

$$\frac{\mathrm{d}\boldsymbol{i}}{\mathrm{d}t}=\frac{u}{r\cos\varphi}(\boldsymbol{j}\sin\varphi-\boldsymbol{k}\cos\varphi) \tag{1.90}$$

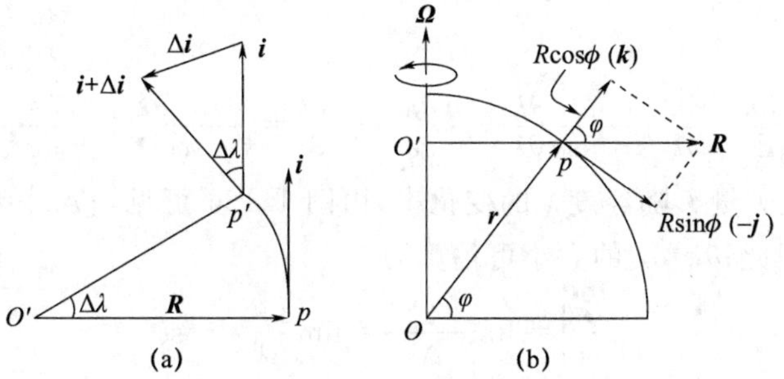

图 1.14　单位矢量 $\boldsymbol{i}$ 随经度 λ 的变化

(2) $\mathrm{d}\boldsymbol{j}/\mathrm{d}t$

$$\frac{\mathrm{d}\boldsymbol{j}}{\mathrm{d}t}=\frac{\partial \boldsymbol{j}}{\partial t}+\frac{u}{r\cos\varphi}\frac{\partial \boldsymbol{j}}{\partial \lambda}+\frac{v}{r}\frac{\partial \boldsymbol{j}}{\partial \varphi}+w\frac{\partial \boldsymbol{j}}{\partial r}=\frac{u}{r\cos\varphi}\frac{\partial \boldsymbol{j}}{\partial \lambda}+\frac{v}{r}\frac{\partial \boldsymbol{j}}{\partial \varphi}$$

先考虑单位矢量 $\boldsymbol{j}$ 随经度 λ 的变化率，由图 1.15a 可知，$|\Delta\boldsymbol{j}|\approx\Delta\alpha\cdot 1=\Delta\alpha$；同时又有，$\Delta\alpha\cdot\overline{PQ}=R\cdot\Delta\lambda$，及 $\overline{PQ}=R/\sin\varphi$，因此，$\partial\boldsymbol{j}/\partial\lambda$ 的大小可表示为

$$\left|\frac{\partial \boldsymbol{j}}{\partial \lambda}\right|=\lim_{\Delta\lambda\to 0}\frac{|\Delta \boldsymbol{j}|}{\Delta\lambda}=\lim_{\Delta\lambda\to 0}\frac{\Delta\alpha}{\Delta\lambda}=\sin\varphi$$

另一方面，由图 1.15a 可见，$\partial\boldsymbol{j}/\partial\lambda$ 的方向应为 $-\boldsymbol{i}$，因此，有 $\partial\boldsymbol{j}/\partial\lambda=-\boldsymbol{i}\sin\varphi$。

再考虑单位矢量 $\boldsymbol{j}$ 随纬度 φ 的变化率，由图 1.15b 可见，$|\Delta\boldsymbol{j}|\approx\Delta\varphi\cdot 1=\Delta\varphi$，于是，$\partial\boldsymbol{j}/\partial\varphi$ 的大小可表示为

$$\left|\frac{\partial \boldsymbol{j}}{\partial \varphi}\right| = \lim_{\Delta\varphi\to 0}\frac{|\Delta \boldsymbol{j}|}{\Delta\varphi} = 1$$

而$\partial \boldsymbol{j}/\partial\varphi$ 方向应为$-\boldsymbol{k}$,因此,有$\partial \boldsymbol{j}/\partial\varphi = -\boldsymbol{k}$。综合可得

$$\frac{\mathrm{d}\boldsymbol{j}}{\mathrm{d}t} = -\boldsymbol{i}\,\frac{u}{r}\tan\varphi - \boldsymbol{k}\,\frac{v}{r} \tag{1.91}$$

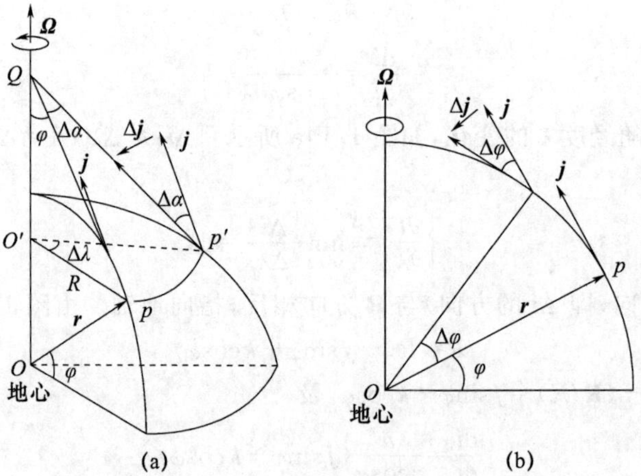

图 1.15 单位矢量 $\boldsymbol{j}$ 随经度 λ 和纬度 φ 的变化

(3)$\mathrm{d}\boldsymbol{k}/\mathrm{d}t$

$$\frac{\mathrm{d}\boldsymbol{k}}{\mathrm{d}t} = \frac{\partial \boldsymbol{k}}{\partial t} + \frac{u}{r\cos\varphi}\frac{\partial \boldsymbol{k}}{\partial \lambda} + \frac{v}{r}\frac{\partial \boldsymbol{k}}{\partial \varphi} + w\,\frac{\partial \boldsymbol{k}}{\partial r} = \frac{u}{r\cos\varphi}\frac{\partial \boldsymbol{k}}{\partial \lambda} + \frac{v}{r}\frac{\partial \boldsymbol{k}}{\partial \varphi},$$

先考虑单位矢量 $\boldsymbol{k}$ 随经度 λ 的变化率,由图 1.16a 可见,$|\Delta\boldsymbol{k}| = \Delta\beta \cdot 1 = \Delta\beta$,且有 $r\Delta\beta = R\Delta\lambda$,因此,$\partial\boldsymbol{k}/\partial\lambda$ 的大小可估算为

$$\left|\frac{\partial \boldsymbol{k}}{\partial \lambda}\right| = \lim_{\Delta\lambda\to 0}\frac{|\Delta \boldsymbol{k}|}{\Delta\lambda} = \lim_{\Delta\lambda\to 0}\frac{\Delta\beta}{\Delta\lambda} = \cos\varphi$$

同时,考虑到$\partial\boldsymbol{k}/\partial\lambda$ 的方向与 $\boldsymbol{i}$ 的方向一致。因此有$\partial\boldsymbol{k}/\partial\lambda = \boldsymbol{i}\cos\varphi$。

类似地,参照图 1.16b,可估算出 $\partial\boldsymbol{k}/\partial\varphi = \boldsymbol{j}$。于是,综合可得

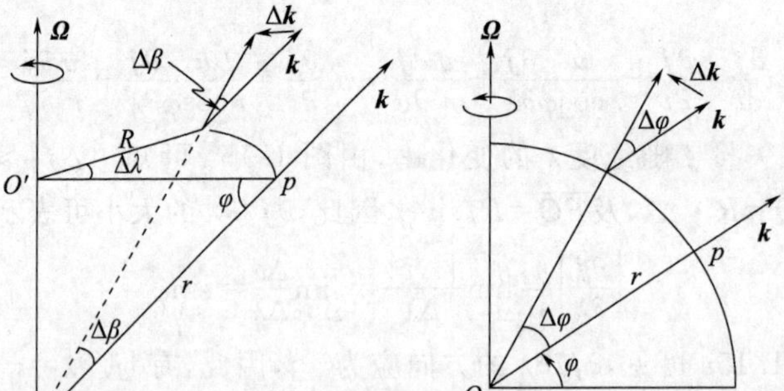

图 1.16 单位矢量 $\boldsymbol{k}$ 随经度 λ 和纬度 φ 的变化

$$\frac{\mathrm{d}\boldsymbol{k}}{\mathrm{d}t}=\frac{u}{r}\boldsymbol{i}+\frac{v}{r}\boldsymbol{j} \tag{1.92}$$

将式(1.90)—(1.92)代入(1.89)，整理可得

$$\frac{\mathrm{d}\boldsymbol{V}}{\mathrm{d}t}=\left(\frac{\mathrm{d}u}{\mathrm{d}t}-\frac{uv}{r}\tan\varphi+\frac{uw}{r}\right)\boldsymbol{i}+\left(\frac{\mathrm{d}v}{\mathrm{d}t}+\frac{u^2}{r}\tan\varphi+\frac{vw}{r}\right)\boldsymbol{j}+\left(\frac{\mathrm{d}w}{\mathrm{d}t}-\frac{u^2+v^2}{r}\right)\boldsymbol{k} \tag{1.93}$$

式中，包含因子 $1/r$ 的项是由于地球的球面性引起的曲率项，称为“曲率加速度”。

2. 各作用力在球坐标系中的分量式

(1)气压梯度力

利用球坐标系中的梯度算子式(1.88)，可得气压梯度力在球坐标系中分解式为

$$-\frac{1}{\rho}\nabla p\equiv-\frac{1}{\rho}\left(\boldsymbol{i}\,\frac{1}{r\cos\varphi}\frac{\partial p}{\partial\lambda}+\boldsymbol{j}\,\frac{1}{r}\frac{\partial p}{\partial\varphi}+\boldsymbol{k}\,\frac{\partial p}{\partial r}\right) \tag{1.94}$$

(2)科氏力

科氏力定义为

$$\boldsymbol{C}=-2\boldsymbol{\Omega}\times\boldsymbol{V}$$

式中

$$\boldsymbol{\Omega}=\Omega_\lambda\boldsymbol{i}+\Omega_\varphi\boldsymbol{j}+\Omega_r\boldsymbol{k}$$

各分量如图1.17所示。

$$\Omega_\lambda=0,\Omega_\varphi\equiv\Omega\cos\varphi,\Omega_r\equiv\Omega\sin\varphi$$

于是，在球坐标系中，科氏力可表示为

$$-2\boldsymbol{\Omega}\times\boldsymbol{V}=-2\begin{vmatrix}\boldsymbol{i} & \boldsymbol{j} & \boldsymbol{k}\\ 0 & \Omega\cos\varphi & \Omega\sin\varphi\\ u & v & w\end{vmatrix}$$

$$=(fv-\tilde{f}w)\boldsymbol{i}-fu\boldsymbol{j}+\tilde{f}u\boldsymbol{k} \tag{1.95}$$

其中

$$f\equiv2\Omega\sin\varphi \tag{1.96}$$

$$\tilde{f}\equiv2\Omega\cos\varphi \tag{1.97}$$

称为科氏参数。

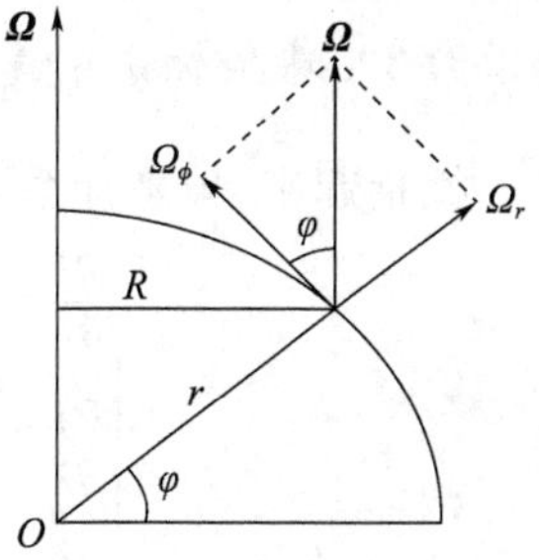

图1.17　地球旋转角速度 **Ω** 的分量

(3)重力和分子黏性力

重力只在铅直方向上有分量，即

$$\boldsymbol{g}=-g\boldsymbol{k} \tag{1.98}$$

分子黏性力可形式上表示为

$$\boldsymbol{N}=N_\lambda\boldsymbol{i}+N_\varphi\boldsymbol{j}+N_r\boldsymbol{k} \tag{1.99}$$

式中，N_λ，N_φ 和 N_r 分别为分子黏性力沿经向(**i**)、纬向(**j**)和径向(**k**)方向的分量。

3. 球坐标系中运动方程的分量形式

根据如上所得的加速度和各种作用力的分量式，球坐标系中的运动方程的分量式可表示为

$$\frac{\mathrm{d}u}{\mathrm{d}t}=-\frac{1}{\rho}\frac{1}{r\cos\varphi}\frac{\partial p}{\partial\lambda}+fv-\tilde{f}w+\frac{uv}{r}\tan\varphi-\frac{uw}{r}+N_\lambda \tag{1.100}$$

$$\frac{\mathrm{d}v}{\mathrm{d}t}=-\frac{1}{\rho}\frac{1}{r}\frac{\partial p}{\partial\varphi}-fu-\frac{u^2}{r}\tan\varphi-\frac{vw}{r}+N_\varphi \tag{1.101}$$

$$\frac{\mathrm{d}w}{\mathrm{d}t}=-\frac{1}{\rho}\frac{\partial p}{\partial r}+\tilde{f}u-g-\frac{u^2+v^2}{r}+N_r \tag{1.102}$$

式中,等式右边的含因子 $1/r$ 的项源于球坐标系中的“曲率加速度”,可称为“曲率惯性力”。由于90%以上的大气都集中在离地面 20 km 以下的薄层内,有时采用“薄层近似”,即在上述方程中,当 r 作为系数出现时,近似地取 $r=a+z\approx a$。于是薄层近似下的运动方程可表示为

$$\begin{cases}\dfrac{\mathrm{d}u}{\mathrm{d}t}=-\dfrac{1}{\rho}\dfrac{1}{a\cos\varphi}\dfrac{\partial p}{\partial\lambda}+fv-\tilde{f}w+\dfrac{uv}{a}\tan\varphi-\dfrac{uw}{a}+N_\lambda\\ \dfrac{\mathrm{d}v}{\mathrm{d}t}=-\dfrac{1}{\rho}\dfrac{1}{a}\dfrac{\partial p}{\partial\varphi}-fu-\dfrac{u^2}{a}\tan\varphi-\dfrac{vw}{a}+N_\varphi\\ \dfrac{\mathrm{d}w}{\mathrm{d}t}=-\dfrac{1}{\rho}\dfrac{\partial p}{\partial r}+\tilde{f}u-g+\dfrac{u^2+v^2}{a}+N_r\end{cases} \tag{1.103}$$

1.3.1.3 球坐标系中速度场的散度与涡度

概括起来,球坐标系中的单位向量的基本微分公式可表示为

$$\begin{cases}\dfrac{\partial \boldsymbol{i}}{\partial\lambda}=\boldsymbol{j}\sin\varphi-\boldsymbol{k}\cos\varphi, & \dfrac{\partial \boldsymbol{i}}{\partial\varphi}=0, & \dfrac{\partial \boldsymbol{i}}{\partial r}=0\\ \dfrac{\partial \boldsymbol{j}}{\partial\lambda}=-\boldsymbol{i}\sin\varphi, & \dfrac{\partial \boldsymbol{j}}{\partial\varphi}=-\boldsymbol{k}, & \dfrac{\partial \boldsymbol{j}}{\partial r}=0\\ \dfrac{\partial \boldsymbol{k}}{\partial\lambda}=\boldsymbol{i}\cos\varphi, & \dfrac{\partial \boldsymbol{k}}{\partial\varphi}=\boldsymbol{j}, & \dfrac{\partial \boldsymbol{k}}{\partial r}=0\end{cases} \tag{1.104}$$

根据球坐标系中的梯度算子的定义(见(1.88)式)和上述单位向量的基本微分关系,可进一步导出球坐标系中单位向量场的如下微分关系

$$\begin{cases}\nabla\cdot\boldsymbol{i}\equiv\left(\boldsymbol{i}\dfrac{1}{r\cos\varphi}\dfrac{\partial}{\partial\lambda}+\boldsymbol{j}\dfrac{1}{r}\dfrac{\partial}{\partial\varphi}+\boldsymbol{k}\dfrac{\partial}{\partial r}\right)\cdot\boldsymbol{i}=0\\ \nabla\cdot\boldsymbol{j}=-\dfrac{\tan\varphi}{r},\quad \nabla\cdot\boldsymbol{k}=\dfrac{2}{r}\\ \nabla\times\boldsymbol{i}=\dfrac{1}{r}\boldsymbol{j}+\dfrac{\tan\varphi}{r}\boldsymbol{k},\quad \nabla\times\boldsymbol{j}=-\dfrac{1}{r}\boldsymbol{i},\quad \nabla\times\boldsymbol{k}=0\end{cases} \tag{1.105}$$

利用这些微分关系,不难得到球坐标系中速度场的散度

$$\begin{aligned}\nabla\cdot\boldsymbol{V}&=\nabla\cdot(u\boldsymbol{i}+v\boldsymbol{j}+w\boldsymbol{k})\\&=(\nabla u)\cdot\boldsymbol{i}+(\nabla v)\cdot\boldsymbol{j}+(\nabla w)\cdot\boldsymbol{k}+u\,\nabla\cdot\boldsymbol{i}+v\,\nabla\cdot\boldsymbol{j}+w\,\nabla\cdot\boldsymbol{k}\\&=\frac{1}{r\cos\varphi}\frac{\partial u}{\partial\lambda}+\frac{1}{r\cos\varphi}\frac{\partial v\cos\varphi}{\partial\varphi}+\frac{1}{r^2}\frac{\partial wr^2}{\partial r}\end{aligned} \tag{1.106a}$$

或
$$\nabla \cdot \boldsymbol{V}=\frac{1}{r\cos\varphi}\frac{\partial u}{\partial \lambda}+\frac{1}{r}\frac{\partial v}{\partial \varphi}+\frac{\partial w}{\partial r}-\frac{v}{r}\tan\varphi+\frac{2w}{r} \tag{1.106b}$$

类似地，速度场的涡度可表示为

$$\nabla\times\boldsymbol{V}=\boldsymbol{i}\,\frac{1}{r}\left(\frac{\partial w}{\partial \varphi}-\frac{\partial rv}{\partial r}\right)+\boldsymbol{j}\,\frac{1}{r}\left(\frac{\partial ur}{\partial r}-\frac{1}{\cos\varphi}\frac{\partial w}{\partial \lambda}\right)$$
$$+\boldsymbol{k}\,\frac{1}{r\cos\varphi}\left(\frac{\partial v}{\partial \lambda}-\frac{\partial u\cos\varphi}{\partial \varphi}\right) \tag{1.107a}$$

或
$$\nabla\times\boldsymbol{V}=\boldsymbol{i}\left(\frac{1}{r}\frac{\partial w}{\partial \varphi}-\frac{\partial v}{\partial r}\right)+\boldsymbol{j}\left(\frac{\partial u}{\partial r}-\frac{1}{r\cos\varphi}\frac{\partial w}{\partial \lambda}\right)+\boldsymbol{k}\left(\frac{1}{r\cos\varphi}\frac{\partial v}{\partial \lambda}-\frac{1}{r}\frac{\partial u}{\partial \varphi}\right)$$
$$-\frac{v}{r}\boldsymbol{i}+\frac{u}{r}\boldsymbol{j}+\frac{u}{r}\tan\varphi\boldsymbol{k} \tag{1.107b}$$

类似于运动方程，在式(1.106b)和式(1.107b)的右边也出现了包含因子 $1/r$ 的项，它们也是由于地球的球面性所引起的曲率项。

球坐标系中的拉普拉斯算子可表示为

$$\nabla^2=\frac{1}{r^2}\left[\frac{1}{(\cos\varphi)^2}\frac{\partial^2}{\partial \lambda^2}+\frac{1}{\cos\varphi}\frac{\partial}{\partial \varphi}\left(\cos\varphi\frac{\partial}{\partial \varphi}\right)+\frac{\partial}{\partial r}\left(r^2\frac{\partial}{\partial r}\right)\right] \tag{1.108}$$

1.3.1.4　球坐标系中的连续方程

将球坐标系中的散度表达式(1.106)代入连续方程(1.37)，可将球坐标系中的质量连续方程写为

$$\frac{\mathrm{d}\rho}{\mathrm{d}t}+\rho\left(\frac{1}{r\cos\varphi}\frac{\partial u}{\partial \lambda}+\frac{1}{r\cos\varphi}\frac{\partial v\cos\varphi}{\partial \varphi}+\frac{1}{r^2}\frac{\partial wr^2}{\partial r}\right)=0 \tag{1.109a}$$

或
$$\frac{\mathrm{d}\rho}{\mathrm{d}t}+\rho\left(\frac{1}{r\cos\varphi}\frac{\partial u}{\partial \lambda}+\frac{1}{r}\frac{\partial v}{\partial \varphi}+\frac{\partial w}{\partial r}-\frac{v}{r}\tan\varphi+\frac{2w}{r}\right)=0 \tag{1.109b}$$

1.3.2　局地直角坐标系中的运动方程与连续方程

球坐标系充分考虑了地球的球面性，对应的运动方程和连续方程等比较精确，适合于研究全球大气运动，但是它们的形式非常复杂。当我们研究的不是全球问题，而是一个不包括极地、水平范围不太大的区域时，可以略去地球球面性所产生的“曲率项”，使问题得到一定的简化。这时，可把球面近似地视为平面，引入局地直角坐标系。

1.3.2.1　局地直角坐标系

局地直角坐标系 $O'(x,y,z)$的坐标原点 O'位于海平面上指定地点，x 轴沿纬线指向东，y 轴沿经线指向北，z 轴指向天顶(图 1.18)；三个坐标轴向的单位向量分别为 $\boldsymbol{i}$,$\boldsymbol{j}$ 和 $\boldsymbol{k}$，它们与球坐标系中沿 λ,φ 和 r 方向的单位矢的指向完全相同，所不同的是，在坐标原点附近的“局部地区”(研究问题的区域)，单位矢 $\boldsymbol{i}$,$\boldsymbol{j}$ 和 $\boldsymbol{k}$ 将视为不随地

点的改变而改变的单位矢量。因此,在局地直角坐标系中的梯度、散度、涡度和个别微分算子等的表达式都与普通笛卡儿直角坐标中的完全相同(参见图 1.1)。

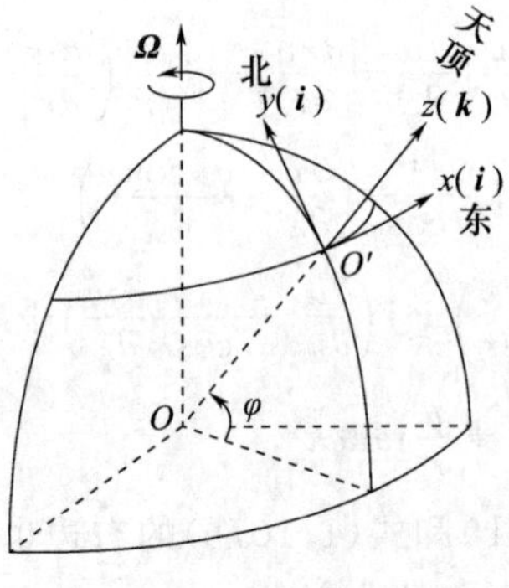

图 1.18 局地直角坐标系

1.3.2.2 局地直角坐标系中的运动方程与连续方程

在球坐标系的基础上,假定:

(1)略去球面性所产生的曲率项。

(2)形式上,令

$$\begin{cases}\delta x = a\cos\varphi\delta\lambda \\ \delta y = a\delta\varphi \\ \delta z = \delta r\end{cases} \tag{1.110}$$

则空气运动的速度分量可表示为

$$\begin{cases}u \equiv \dfrac{\mathrm{d}x}{\mathrm{d}t} \\ v \equiv \dfrac{\mathrm{d}y}{\mathrm{d}t} \\ w \equiv \dfrac{\mathrm{d}z}{\mathrm{d}t}\end{cases} \tag{1.111}$$

局地直角坐标系中的运动方程可表示为(参见式(1.103))

$$\begin{cases}\dfrac{\mathrm{d}u}{\mathrm{d}t} = -\dfrac{1}{\rho}\dfrac{\partial p}{\partial x} + fv - \tilde{f}w + N_x \\ \dfrac{\mathrm{d}v}{\mathrm{d}t} = -\dfrac{1}{\rho}\dfrac{\partial p}{\partial y} - fu + N_y \\ \dfrac{\mathrm{d}w}{\mathrm{d}t} = -\dfrac{1}{\rho}\dfrac{\partial p}{\partial z} + \tilde{f}u - g + N_z\end{cases} \tag{1.112}$$

类似地,略去式(1.109b)中的曲率项并利用式(1.110),可得局地直角坐标系中的连续方程为

$$\frac{\mathrm{d}\rho}{\mathrm{d}t}+\rho\left(\frac{\partial u}{\partial x}+\frac{\partial v}{\partial y}+\frac{\partial w}{\partial z}\right)=0 \tag{1.113}$$

或

$$\frac{\partial\rho}{\partial t}+\frac{\partial\rho u}{\partial x}+\frac{\partial\rho v}{\partial y}+\frac{\partial\rho w}{\partial z}=0 \tag{1.114}$$

1.3.2.3　β平面近似

采用局地直角坐标系，忽略地球的球面性，可以使方程形式变得简单，但是，以后将会看到，如果完全略去地球的球面性，取科氏参数为常数（即所谓的 f 平面近似），除了精度降低外，还会带来一个严重的动力学缺陷，即消除了气象学中非常重要的一种波动——罗斯贝波（Rossby wave）的生存条件。为了弥补这种缺陷，可采用所谓的β平面近似，部分地保留地球球面性的影响。

设局地直角坐标系原点所在纬度为 φ_0，科氏参数 $f=2\Omega\sin\varphi$ 可在 φ_0 的邻域展为如下泰勒级数

$$f=f_0+\left(\frac{\partial f}{\partial\varphi}\right)_{\varphi_0}(\varphi-\varphi_0)+\frac{1}{2!}\left(\frac{\partial^2 f}{\partial\varphi^2}\right)_{\varphi_0}(\varphi-\varphi_0)^2+\cdots\cdots \tag{1.115}$$

其中

$$f_0\equiv 2\Omega\sin\varphi_0 \tag{1.116}$$

为原点纬度的科氏参数。令

$$\beta\equiv\frac{1}{a}\left(\frac{\partial f}{\partial\varphi}\right)_{\varphi_0}=\frac{2\Omega\cos\varphi_0}{a} \tag{1.117}$$

称为罗斯贝参数（Rossby parameter）。若只保留式（1.115）右边第一项，略去其他项，则得如下最低阶近似

$$f\approx f_0=\text{常数} \tag{1.118}$$

此近似称为“f 平面近似”。当取式（1.115）中右边第一和第二项，略去其他项时，有

$$f\approx f_0+\beta y \tag{1.119}$$

式中，$y\equiv a(\varphi-\varphi_0)$。近似式（1.119）即所谓的“$\beta$平面近似”。

1.4　大气运动的闭合方程组与初始、边界条件

1.4.1　闭合方程组

独立方程的个数与未知函数的个数相同的方程组称为闭合方程组。描述大气运动的基本方程有：运动方程（含三个分量方程）、连续方程、热力学方程、状态方程和水分守恒方程等共 7 个方程，即

$$\frac{\mathrm{d}\mathbf{V}}{\mathrm{d}t}=-\frac{1}{\rho}\nabla p-2\boldsymbol{\Omega}\times\mathbf{V}+\mathbf{g}+\mathbf{N}\qquad\text{（运动方程）} \tag{1.120}$$

$$\frac{\partial \rho}{\partial t}+\nabla \cdot \rho \boldsymbol{V}=0 \quad \text{(连续方程)} \tag{1.121}$$

$$c_p \frac{\mathrm{d}T}{\mathrm{d}t}-\frac{RT}{p}\frac{\mathrm{d}p}{\mathrm{d}t}=\frac{\delta Q}{\delta t} \quad \text{(热力学方程)} \tag{1.122}$$

$$p=\rho RT \quad \text{(状态方程)} \tag{1.123}$$

$$\frac{\mathrm{d}q}{\mathrm{d}t}=S_{\mathrm{w}} \quad \text{(水分守恒方程)} \tag{1.124}$$

式中,q 为比湿;S_{w}为水汽的源或汇,它与水的相变及水汽扩散的复杂过程有关,除了未饱和过程($S_{\mathrm{w}}=0$)外,S_{w}并非是一个精确的已知量;$\delta Q/\delta t$ 为对单位质量空气的非绝热加热率,包括辐射加热、水的相变加热和分子的或湍流的热传导等。每一种非绝热过程都是非常复杂的过程,至少目前人们还不能用严格而精确的解析式来表达它们,即这一项也并不是严格意义上的已知函数,往往或者考虑绝热($\delta Q/\delta t=0$)情形,或者用某些已知量将它近似地表达出来(参数化)。所以,要闭合上述方程组的主要困难是缺乏精确的表达式来描述大气中的重要源、汇项 $\delta Q/\delta t$ 和 S_{w}等。在本课程范围内,我们将主要考虑干空气($S_{\mathrm{w}}=0$)的绝热($\delta Q/\delta t=0$)过程,这时,上述方程组变为包含六个方程和六个未知函数 $\boldsymbol{V}(u,v,w)$,p,T,和 ρ 的闭合方程组。

1.4.2　初始条件与边界条件

作为一个完整的定解问题,除了方程组须闭合外,还必须有适当的初始条件和边界条件。初始条件即未知函数 $\boldsymbol{V}(u,v,w)$,p,T,和 ρ 等在初始时刻($t=0$)的值

$$\begin{cases} \boldsymbol{V}=\boldsymbol{V}(x,y,z,0) \\ p=p(x,y,z,0) \\ T=T(x,y,z,0) \\ \rho=\rho(x,y,z,0) \end{cases} \tag{1.125}$$

边界条件则比较复杂,与边界的几何与物理性质有关。对于全球大气,主要是考虑铅直方向上的上、下边界条件。

1.4.2.1　下边界条件

当下边界是无地形的水平面($z=0$)时,黏性大气与理想大气的运动学边界条件可分别表示为

$$\boldsymbol{V}|_{z=0}=\boldsymbol{V}(x,y,0,t)=0 \quad \text{(黏性条件)} \tag{1.126}$$

和

$$w|_{z=0}=w(x,y,0,t)=0 \quad \text{(法向速度为零)} \tag{1.127}$$

动力学边界条件可表示为

$$p|_{z=0}=p(x,y,0,t) \tag{1.128}$$

当下边界有地形时,若设地形高度可表示为 $Z=Z_{\mathrm{s}}(x,y)$,则运动学和动力学下边界

条件可分别表示为

$$w|_{z=z_s}=\frac{\mathrm{d}Z_s}{\mathrm{d}t}=\boldsymbol{V}_{hs}\cdot\nabla_h Z_s \tag{1.129}$$

和

$$p|_{z=z_s}=p(x,y,z_s,t) \tag{1.130}$$

式中，$\boldsymbol{V}_{hs}\equiv u_s\boldsymbol{i}+v_s\boldsymbol{j}$ 为下边界上的水平风速矢，$\nabla_h\equiv\boldsymbol{i}\partial/\partial x+\boldsymbol{j}\partial/\partial y$ 为水平梯度算子。

1.4.2.2　上边界条件

在大气上边界处($z\to\infty$)，任一物理量(气象要素)都应有界。常见的条件有：假定在大气上界处，空气密度(ρ)、风速($\boldsymbol{V}$)、大气压力(p)等为零及大气与外界没有动量和动能的交换。

1.4.2.3　自由面条件

如果假定大气是均质(密度为常数)大气，则模式大气顶是一个自由面

$$z=h(x,y,t) \tag{1.131}$$

式中，$h(x,y,t)$是自由面高度。假定在自由面上的压力为常数(p_0)，则自由面条件可表示为

$$w|_{z=h}=\frac{\mathrm{d}h}{\mathrm{d}t}=\frac{\partial h}{\partial t}+u\frac{\partial h}{\partial x}+v\frac{\partial h}{\partial y} \tag{1.132}$$

和

$$p|_{z=h}=p_0 \tag{1.133}$$

如果研究的不是全球大气，而是某个有限区域，则还须适当给定区域侧边界上的条件，称为侧边界条件。

1.5　大气湍流和平均运动方程

1.5.1　湍流

湍流是指局部速度、压力等物理量在时间和空间中发生不规则脉动的流体运动，又称为乱流。由于湍流是自然界与各种技术过程中普遍存在的流体运动现象，而且这种随机乱流运动会引起非常显著的质量、动量、热量、水汽或污染物等各种物理属性量的输送，所以，研究、预测和控制湍流已成为包括大气科学、环境科学、海洋科学在内的许多相关学科和技术领域的重要课题之一。

关于湍流的研究主要包括阐明湍流如何发生和了解湍流特性两类基本问题。流体力学实验表明，湍流是在大雷诺数下，层流不稳定演变的结果，当雷诺数(Reynolds number)Re 大于某个临界值(在 $2\times10^3\sim5\times10^4$ 之间)时，层流极易变为湍流。尽管关于湍流的研究已有一百多年的历史，而且20世纪60年代以来，关于湍流如何

由层流演变而来的非线性理论，如分岔、混沌和奇异吸引子等理论有了重要进展，但人们对湍流这个十分复杂的运动现象的认识还很不充分，至今仍然没有成熟精确的湍流理论。为了研究湍流的性质，英国科学家雷诺(Osborne Reynolds)于 1895 年首先采用将湍流瞬时运动速度和压力等平均化的方法，从纳维－斯托克斯方程导出了平均运动方程——雷诺方程，奠定了湍流理论的基础。

1.5.2 雷诺平均

大气运动的雷诺数一般大于 10^{10}，具有显著的湍流运动特征，尤其是在边界附近。图 1.19 是大气运动速度分量 u 的演变曲线示意图。在某个时段上，大气运动有一定的总体趋势(图 1.19 中虚线所示的平均值)，但是，在某一瞬时，运动却具有明显的随机性。尽管这种瞬时量也满足运动的基本方程，但求解及其结果会是非常复杂的，而且即使能求得这样的解也未必有实际意义，因为我们感兴趣的往往只是运动的平均趋势。此外，实际上，观测到的物理量并不是瞬时值，而是一定时段和空间上的平均值。

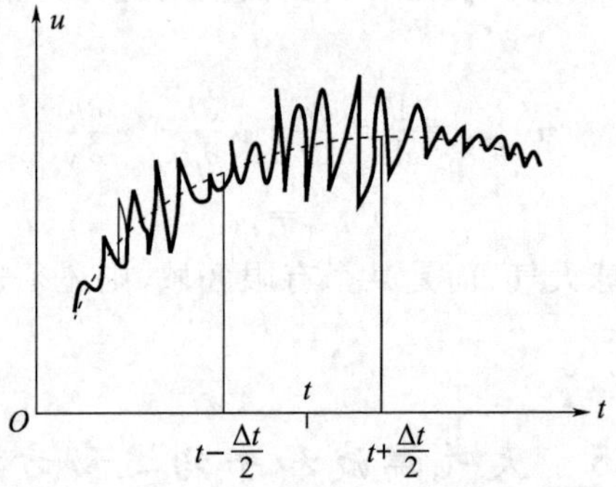

图 1.19 大气运动速度分量 u 的演变曲线示意图

按照雷诺的平均化方法，可将湍流运动的任一物理量 F(场变量)分解为平均部分 $\overline{F}$ 和脉动部分 F'之和，即

$$F=\overline{F}+F' \tag{1.134}$$

平均值定义为

$$\overline{F}(x,y,z,t)\equiv\frac{1}{\Delta t}\int_{t-\frac{\Delta t}{2}}^{t+\frac{\Delta t}{2}}F(x,y,z,\tau)\mathrm{d}\tau \tag{1.135}$$

式中，Δt 为以 t 为中心的、求平均的时段。Δt 必须选得足够长，以消除脉动性，使平均值具有应有的代表性；同时，Δt 又必须足够短，以使平均运算不致于破坏平均运动的特征。在气象上，Δt 一般取为 1～2 min。雷诺平均的一个重要假定是

$$\overline{\overline{F}}=\overline{F},\overline{F'}=0 \tag{1.136}$$

设 ϕ 为另一场变量，根据平均值的定义式(1.135)及上述假定，不难证明下述平均运算规则成立

(1) $\overline{F\pm\phi}=\overline{F}\pm\overline{\phi}$ (1.137)

(2) $\overline{cF}=c\,\overline{F}$（$c$ 为常数） (1.138)

(3) $\overline{\dfrac{\partial F}{\partial t}}=\dfrac{\partial \overline{F}}{\partial t},\overline{\dfrac{\partial F}{\partial x}}=\dfrac{\partial \overline{F}}{\partial x},\overline{\dfrac{\partial F}{\partial y}}=\dfrac{\partial \overline{F}}{\partial y},\overline{\dfrac{\partial F}{\partial z}}=\dfrac{\partial \overline{F}}{\partial z}$ (1.139)

(4) $\overline{F\phi}=\overline{F}\cdot\overline{\phi}+\overline{F'\phi'}$ (1.140)

1.5.3　方程的平均化

忽略空气密度的脉动，即假定 $\rho'=0,\rho=\overline{\rho}$，对局地直角坐标系中的连续方程取平均运算，可求得平均运动的连续方程为

$$\frac{\partial\overline{\rho}}{\partial t}+\frac{\partial\rho\overline{u}}{\partial x}+\frac{\partial\rho\overline{v}}{\partial y}+\frac{\partial\rho\overline{w}}{\partial z}=0 \tag{1.141}$$

用瞬时连续方程减去上式(平均连续方程)，可得脉动连续方程为

$$\frac{\partial\rho u'}{\partial x}+\frac{\partial\rho v'}{\partial y}+\frac{\partial\rho w'}{\partial z}=0 \tag{1.142}$$

将局地直角坐标系的运动方程中的物理量都表示为平均量与脉动量之和，即

$$u=\overline{u}+u',v=\overline{v}+v',w=\overline{w}+w',p=\overline{p}+p',\cdots$$

对方程进行平均，并利用上述连续方程，可得如下平均运动方程

$$\frac{\mathrm{d}\overline{u}}{\mathrm{d}t}=-\frac{1}{\rho}\frac{\partial\overline{p}}{\partial x}+f\overline{v}-\tilde{f}\overline{w}+\overline{N}_x-\frac{1}{\rho}\left(\frac{\partial\rho\overline{u'^2}}{\partial x}+\frac{\partial\rho\overline{u'v'}}{\partial y}+\frac{\partial\rho\overline{u'w'}}{\partial z}\right) \tag{1.143}$$

$$\frac{\mathrm{d}\overline{v}}{\mathrm{d}t}=-\frac{1}{\rho}\frac{\partial\overline{p}}{\partial y}-f\overline{u}+\overline{N}_y-\frac{1}{\rho}\left(\frac{\partial\rho\overline{v'u'}}{\partial x}+\frac{\partial\rho\overline{v'^2}}{\partial y}+\frac{\partial\rho\overline{v'w'}}{\partial z}\right) \tag{1.144}$$

$$\frac{\mathrm{d}\overline{w}}{\mathrm{d}t}=-\frac{1}{\rho}\frac{\partial\overline{p}}{\partial z}+\tilde{f}\overline{u}-g+\overline{N}_z-\frac{1}{\rho}\left(\frac{\partial\rho\overline{w'u'}}{\partial x}+\frac{\partial\rho\overline{w'v'}}{\partial y}+\frac{\partial\rho\overline{w'^2}}{\partial z}\right) \tag{1.145}$$

而个别微分算子定义为

$$\frac{\mathrm{d}}{\mathrm{d}t}\equiv\frac{\partial}{\partial t}+\overline{u}\frac{\partial}{\partial x}+\overline{v}\frac{\partial}{\partial y}+\overline{w}\frac{\partial}{\partial z} \tag{1.146}$$

平均运动方程(1.143)—(1.145)右边出现了九个含有脉动速度乘积的项，这些脉动量可汇集成如下

$$\begin{pmatrix}-\rho\overline{u'^2} & -\rho\overline{u'v'} & -\rho\overline{u'w'}\\ -\rho\overline{v'u'} & -\rho\overline{v'^2} & -\rho\overline{v'w'}\\ -\rho\overline{w'u'} & -\rho\overline{w'v'} & -\rho\overline{w'^2}\end{pmatrix}\equiv\begin{pmatrix}T_{xx} & T_{yx} & T_{zx}\\ T_{xy} & T_{yy} & T_{zy}\\ T_{xz} & T_{yz} & T_{zz}\end{pmatrix} \tag{1.147}$$

称为应力张量，其中的每一个成员代表一个湍流应力，又称雷诺应力。例如

$$T_{zx}\equiv-\rho\overline{u'w'}$$

是作用于与 z 轴垂直的表面上、沿 x 方向的雷诺应力。u' 可视为单位质量空气所具有的 x 方向的脉动动量，$\rho w'$ 为通过单位水平面积、铅直向上的脉动空气质量通量，T_{zx} 则是通过单位水平面积、铅直向下输送的 x 方向的脉动动量的平均值。这种动量输送将引起下层空气动量的改变，按照牛顿运动第二定律，动量的改变等价于受到一定量的外力作用。所以，T_{zx} 就是由于湍流引起的脉动动量交换所产生的作用于空气微团表面上湍流应力(雷诺应力)，它是一种表面力。在平均运动方程中出现的诸项则代表湍流应力的合力(体积力)。

若进一步略去气压脉动，将热力学方程平均化，得

$$c_p\frac{\mathrm{d}\overline{T}}{\mathrm{d}t}-\frac{1}{\rho}\frac{\mathrm{d}\overline{p}}{\mathrm{d}t}=\frac{\delta\overline{Q}}{\delta t}-\frac{1}{\rho}\left(\frac{\partial\rho c_p\overline{T'u'}}{\partial x}+\frac{\partial\rho c_p\overline{T'v'}}{\partial y}+\frac{\partial\rho c_p\overline{T'w'}}{\partial z}\right)\tag{1.148}$$

右边最后三项是由于湍流运动引起的脉动感热通量散度。

最后，状态方程平均化后，形式不变，即

$$\overline{p}=\overline{\rho}R\overline{T}\tag{1.149}$$

方程(1.141)、(1.143)—(1.145)、(1.148)和(1.149)构成了考虑湍流运动时的平均化方程组。与瞬时方程相比，平均方程有两个显著特征：(1)平均量取代了瞬时量。常规气象探测所得到的要素值即可当作平均值。应当注意的是，为了书写简便，变量上方表示平均的短横“—”常被去略。(2)平均方程中出现了包含由脉动量乘积组成的、代表物理属性量(如动量、热量等)湍流输送的项。这些脉动项的出现使方程组增加了新的未知函数，要使方程组闭合，必须或者设法增加新的方程或者设法用现有的已知量来表达这些与雷诺应力有关的未知函数(如混合长理论)，这是边界层理论要进一步讨论的重要课题，本章不做更详细说明。

习　题

1. 什么样的变量叫作场变量？描述大气热力和动力过程有哪些基本场变量？

2. 说明标量场梯度的定义和性质。

3. 什么叫局地变率、个别变率和平流变率？它们彼此有何区别和联系？

4. 以温度的平流变化为例，说明平流变化的性质和大小分别取决于哪些物理因素？

5. 试述速度散度、涡度和环流的定义和物理意义。

6. 对于北半球，说明水平运动的辐合、辐散、气旋式与反气旋式涡度，气旋式与反气旋式环流等名词的物理含义。

7. 分别解释拉格朗日型和欧拉型连续方程的物理意义：

$$\frac{\mathrm{d}\rho}{\mathrm{d}t}=-\rho\,\nabla\cdot\boldsymbol{V}\qquad(拉格朗日型)$$

$$\frac{\partial\rho}{\partial t}=-\nabla\cdot(\rho\boldsymbol{V})\qquad(欧拉型)$$

8. 假定空气是不可压缩的，地面是水平的(不计地形)，根据连续方程说明，当近地层空气有水平辐合或辐散时，必然伴随有何种垂直运动？

9. 绝对坐标系和相对坐标系是如何定义的？气象上如何选定这两种坐标系？

10. 气象上为什么要采用相对坐标系？说明建立相对运动方程思路？

11. 绝对速度和绝对加速度与相对速度和相对加速度的关系如何？

12. 比较说明绝对运动方程和相对运动方程的差异及产生的物理原因？

13. 分别说明气压梯度力、科氏力和重力的定义、性质及它们存在的物理条件？

14. 在球坐标系中，运动方程分量式中哪些项反映了地球曲率(球面性)的影响？试阐述曲率惯性力(与曲率加速度对应的)与相对运动速度 $\boldsymbol{V}$ 的关系，并说明其物理意义？

15. 局地直角坐标系是如何定义的？比较说明球坐标系与局地直角坐标系的特点及各自的优、缺点？

16. 什么叫作 β 平面近似？为什么要用 β 平面近似取代 f 平面近似？

17. 什么叫闭合方程组？大气运动方程组由哪些方程构成，包含哪些未知函数？方程组闭合的困难是什么？

18. 设地球上一个坐标系 (O', x', y', z') 以速度 $\boldsymbol{C}$ 随某运动系统(如气旋或反气旋或其他动点)相对于固定座标系 (O, x, y, z) 移动(如图 1)，试从定义出发证明：

(1) $\dfrac{\partial F}{\partial t}=\dfrac{\delta F}{\delta t}-\boldsymbol{C}\cdot\nabla F$

(2) $\dfrac{\mathrm{d}F}{\mathrm{d}t}=\dfrac{\delta F}{\delta t}+(\boldsymbol{V}-\boldsymbol{C})\cdot\nabla F$

式中，F 为任一场变量；$\boldsymbol{V}$ 为空气运动速度；$\dfrac{\delta}{\delta t}$ 代表运动系统中的“局地时间变化率”。

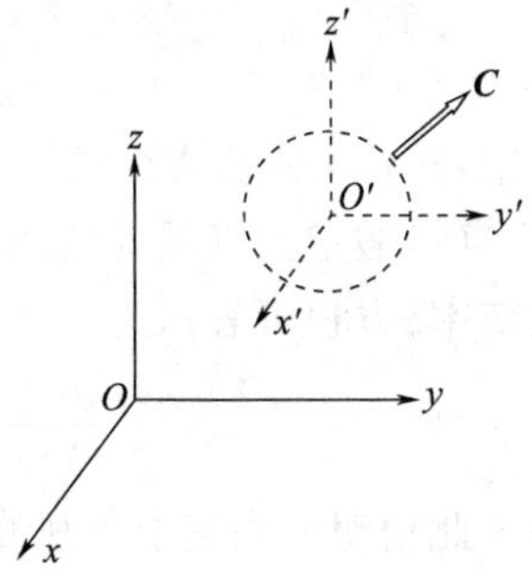

图 1

19. 某天低空空气湿度场呈南湿北干的空间分布，一个以 10 km/h 的速度向东偏北 30°方向随风水平漂移的气球测得空气比湿的变化率为每 5 h 减少 0.002 g/kg；当气球经过某城市时，该城市观测站测得比湿的变化为每小时增加 0.001 g/kg，问空气比湿的南北递减率为多少？

20. 设某岛屿的地面气温以 0.3 ℃/180 km 的速率向东减小，气温的南北分布均匀；在一艘以 10 km/h 的速度向东行驶、经过该岛的汽船上测得的气温下降率为 0.1 ℃/3 h，试计算该汽艇驶过该岛时，岛上测得的气温变化率是多少？

21. 在距某测站 250 km、位于其正东、正北、正西和正南方的四点上，测得的风向角(β)和风速(V)记录分别为：90°，10 m/s；120°，4 m/s；90°，8 m/s；60°，4 m/s

(图 2)。计算该测站水平速度散度和铅直涡度分量的近似值。[提示]:风速分量的计算公式为:$u=-V\sin\beta$(东西风分量),$v=-V\cos\beta$(南北风分量)。

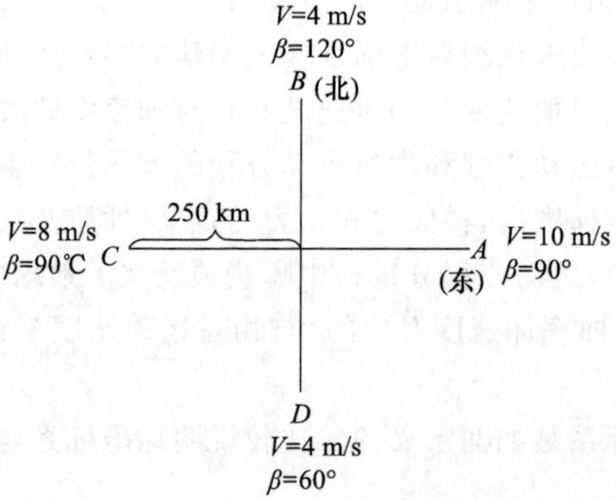

图 2

22. 假定

(1)静力平衡近似成立,即有

$$\frac{\partial p}{\partial z}=-\rho g$$

式中,p 和 ρ 分别为空气压力和密度,g 为重力加速度(设为常数)。

(2)假定大气顶处的压力为零,即 $p|_{z=\infty}=0$,证明任一高度 z 处的气压倾向(局地变率)方程可表示为

$$\frac{\partial p(z)}{\partial t}=-g\int_z^{\infty}\nabla_h\cdot(\rho\boldsymbol{V}_h)\mathrm{d}z+\rho g w|_z$$

并由此说明 z 高度上气压变化的物理机制。

23. 一人造地球卫星经过赤道时,飞行方向与赤道平面成 60°角,设其相对速度(设为水平速度)为 8 km/s,试求通过赤道上空时的科氏加速度。

24. 证明恒等式:

$$\boldsymbol{\Omega}\times(\boldsymbol{\Omega}\times\boldsymbol{r})=-\Omega^2\boldsymbol{R}$$

25. 设地轴上的惯性离心力位势为零,证明惯性离心力位势函数 ϕ_e 可表示为

$$\phi_e=-\frac{1}{2}\Omega^2R^2$$

式中,Ω 为地球坐标系的旋转角速度,R 为离地轴的距离。

26. 设地球为球状,试计算平均海平面上地心引力与重力之间的夹角,求夹角的最大可能值?

27. 证明引力位势 ϕ_a 离心力位势 ϕ_e 及重力位势 ϕ 分别满足

$$\nabla^2\phi_a=0\ ;\nabla^2\phi_e=-2\Omega^2;\nabla^2\phi=-2\Omega^2$$

28. 计算在赤道上空运行的人造地球同步卫星离地面的高度。取地球半径 $a=6371\ \text{km}$；地球质量 $M=5.974\times10^{27}\text{g}$；万有引力常数 $G=6.672\times10^{-8}\text{cm}^3/(\text{g}\cdot\text{s}^2)$。

29. 对于任一标量场 F，证明：

$$\left(\frac{\partial F}{\partial t}\right)_{\mathrm{I}}=\left(\frac{\partial F}{\partial t}\right)_{\mathrm{R}}-(\boldsymbol{\Omega}\times\boldsymbol{r})\cdot\nabla F$$

及

$$\left(\frac{\mathrm{d}F}{\mathrm{d}t}\right)_{\mathrm{I}}=\left(\frac{\mathrm{d}F}{\mathrm{d}t}\right)_{\mathrm{R}}$$

式中，$\boldsymbol{r}$ 为位置矢，$\boldsymbol{\Omega}$ 为坐标系的旋转角速度，下标 I 和 R 分别表示惯性坐标系和旋转坐标系中的导数。

30. 在球坐标系中，设点的位置矢为 $\boldsymbol{r}$，纬圈平面上的径向量为 $\boldsymbol{R}$。试求：

(1)$\boldsymbol{r}$，$\boldsymbol{R}$，地球旋转角速度 $\boldsymbol{\Omega}$ 的散度和涡度。

(2)计算空气运动的牵连速度场的散度和涡度。

第2章 运动方程组的简化

大气中的运动形式在时间和空间上都是极其多样的,从个别分子的随机运动、高频声波、重力波直至包括整个地球大气在内的行星波,都是可能发生的大气运动形式。不同形式的运动具有不同的特征和性质,运动过程中起支配作用的物理因子(对应于支配方程中的大项)也可能各不相同。例如,科氏力在大范围的运动中,是起关键性作用的因子之一,但是对于空间范围很小的运动而言,它是可以略而不计的。认识和把握大气运动的规律往往是从个别特定形式的运动入手的,为此,必须将特定形式的运动与其他形式的运动分离开来。我们只有抓住了影响这种运动的"主要因素"(方程中的主要项),排除(略去)其他"次要因素"(方程中的次要项)的干扰,才能把握住特定运动的物理本质。这就是说,必须有针对性地对方程进行适当简化。另一方面,描述大气运动的基本方程组是涉及许多复杂物理过程的非线性偏微分方程组。至少目前,数学上还无法求得非线性方程的解析解,即便是可求得完整方程组的解析解,它也很可能是形式非常复杂、物理意义模糊不清的解,对我们未必真有实用价值。因此,针对具体问题,略去方程中的次要(数量相对较小的)项,保留主要项,适当简化方程,从简单模型入手,既简化了数学求解,也便于阐明解的物理本质及其应用。

2.1 尺度分析方法与大气运动的分类

2.1.1 尺度与尺度分析方法

2.1.1.1 物理量的尺度

简而言之,物理量的尺度指它的"一般大小"或"概量"。在任何大气运动中,各物理量都随时间和空间而变化,但是,它们的变动总有一定的变化范围。例如,某地地面气温的变动范围落在273～313 K之间,我们可用最接近的10的幂次将这个变动区间表示为2.73×10^2～3.13×10^2 K,这个"10的幂次"即所谓的"数量级"。在此例中，我们可认为该地地面气温的数量级为 10^2 K。这是一具有代表意义的数量，它代表了该地地面气温的“一般大小”或“概量”。气象上称这种具有代表意义的值为物理量的“特征值”或“特征尺度”，又简称为“尺度”。若用某个物理量的尺度去量度它，结果应是一个接近于“1”(10^0)的无量纲数，如本例中的 2.73 或 3.13。应注意的是，这里的所谓“大小”是量级意义下的大小。大气运动的水平速度、垂直速度、气压、温度和密度的尺度可分别标记为 U,W,P,T_* 和 Π。

在大气运动中，物理量发生变化所历经的特征水平距离、铅直厚度和时间间隔分别称为运动的水平尺度(L)、垂直尺度(D)和时间尺度(τ)。在气象上，人们常根据物理量(或要素)场的空间分布特征将大气运动划分为一些比较容易理解和研究的部分，即所谓的运动(或天气)系统，如西风带的槽、脊和高、低压系统等。对于波状运动系统，可取水平尺度为其波长的 1/4，即 $L=\lambda/4$(图 2.1a)，在图 2.1a 中，F 为运动系统的某物理量，横坐标为某一空间水平坐标变量，λ 为 F 的波长；对于圆形涡旋系统，则可取其半径为水平尺度，即 $L=R$ (图 2.1b)。运动的垂直尺度即运动系统在铅直方向上伸展的高度，一般可取为对流层厚度。运动系统的时间尺度指系统的寿命或生命期，即它由发生到消亡所经历的时间。

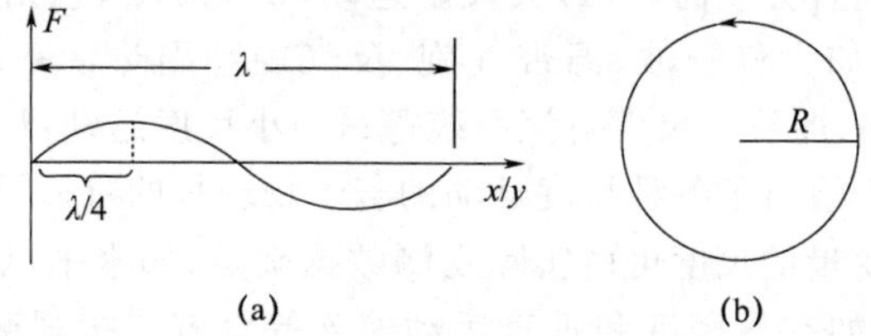

图 2.1　运动的水平尺度

2.1.1.2　尺度分析方法

尺度分析方法是根据运动各要素本身及其导数的特征尺度估计方程中各项的相对大小，并据此简化方程的方法。用尺度分析方法简化方程的步骤可概括为：(1)适当选择、确定场变量及其改变量的特征尺度；(2)分析、估计方程中各项的尺度；(3)比较方程中各项的相对大小，略去小项，保留大项，求得简化方程。

根据经验事实，在传统的尺度分析中，一般对场变量的改变量做如下假定。

(1)经过水平特征距离 L 或垂直特征距离 D，速度场的改变量可达到其本身的大小。例如(以水平速度分量 u 为例)

$$\frac{\partial u}{\partial x}\approx\frac{\Delta_h u}{\Delta x}\sim\frac{U}{L},\quad \frac{\partial u}{\partial z}\approx\frac{\Delta_z u}{\Delta z}\sim\frac{U}{D}$$

式中，$\Delta_h u$ 和 $\Delta_z u$ 分别为 u 在水平和铅直方向上的改变量，符号“～”表示数量级相等。

(2)经过垂直特征距离 D，压力、温度和密度的改变量也可达到其本身的大小，但

是,在水平特征距离 L 上,它们都达不到其本身的大小。即

$$\frac{\partial p}{\partial z}\approx\frac{\Delta_z p}{\Delta z}\sim\frac{P}{D},\quad \frac{\partial T}{\partial z}\approx\frac{\Delta_z T}{\Delta z}\sim\frac{T_*}{D},\quad \frac{\partial \rho}{\partial z}\approx\frac{\Delta_z \rho}{\Delta z}\sim\frac{\Pi}{D}$$

但

$$\frac{\partial p}{\partial x}\approx\frac{\Delta_h p}{\Delta x}\sim\frac{\Delta_h P}{L},\frac{\partial T}{\partial x}\approx\frac{\Delta_h T}{\Delta x}\sim\frac{\Delta_h T_*}{L},\frac{\partial \rho}{\partial x}\approx\frac{\Delta_h \rho}{\Delta x}\sim\frac{\Delta_h \Pi}{L}$$

式中,$\Delta_z p$、$\Delta_z T$ 和 $\Delta_z \rho$ 分别为空气压力、温度和密度的铅直方向的改变量;$\Delta_h P$,$\Delta_h T_*$,$\Delta_h \Pi$ 分别为空气压力、温度和密度的水平改变量的尺度。

(3)在时间尺度 τ 上,各物理量的改变量均与它们经过水平特征距离 L 时的改变量有相同的大小。若以气压 p 和水平速度分量 u 为例,则有

$$\frac{\partial p}{\partial t}\approx\frac{\Delta p}{\Delta t}\sim\frac{\Delta_h P}{\tau},\qquad \frac{\partial u}{\partial t}\approx\frac{\Delta u}{\Delta t}\sim\frac{\Delta_h U}{\tau}\sim\frac{U}{\tau}$$

2.1.2 大气运动的分类

尽管不同国家的学者在对大气运动进行分类时,有不同的标准和划分,但是,有一个共同点,即都是按照运动水平尺度的大小来进行分类。观测和理论分析(见本章 2.4 节)表明,在动力学上,按照运动水平尺度的大小将它们分为大、中、小尺度运动三种类型是合理而且方便的。(1)大尺度运动:$L\geqslant 10^6$ m,包括影响大范围天气变化的主要天气系统,如大气长波、温带气旋、反气旋和副热带高压等;(2)中尺度运动:$L\approx 10^5$ m,如低涡、飑线中尺度对流系统等;(3)小尺度运动:$L\leqslant 10^4$ m,如龙卷风、对流单体等。表 2.1 给出了各种尺度运动的若干物理量的特征尺度的参考值。有些物理量本身及其改变量的尺度可由实际观测数据确定,如水平风速、气压和气温等;但是,另一些物理量如空气密度和垂直运动速度等没有直接观测数据,其尺度则须由基本方程如状态方程或连续方程导出。

表 2.1 各类运动的特征尺度

	L (m)	D (m)	τ (s)	U (m/s)	W (m/s)	P (kg·m^{-1}·s^{-2})	$\Delta_h P$	T_* (K)	$\Delta_h T_*$ (K)	Π (kg·m^{-3})	$\Delta_h \Pi$
大尺度	$\geqslant 10^6$	10^4	10^5	10^1	10^{-2}	10^5	10^3	10^2	10^1	10^0	10^{-2}
中尺度	10^5	10^4	10^5	10^1	10^{-1}	10^5	10^2	10^2	10^0	10^0	10^{-2}
小尺度	$\leqslant 10^4$	$10^3\sim 10^4$	10^4	10^1	$10^0\sim 10^1$	10^5	10^2	10^2	10^0	10^0	10^{-2}

2.2 运动方程的尺度分析和简化

2.2.1 运动方程的简化

适当确定了各物理量的尺度之后,任一物理量都可表示为它的尺度与一个接近

于"1"的无量纲量(用带撇号"′"的量表示)的乘积

$$\begin{cases}(x,y)=L(x',y'),z=Dz',t=\tau t'\\(u,v)=U(u',v'),w=Ww'\\p=Pp',T=T_*T',\rho=\Pi\rho'\\\Delta_h p=\Delta_h P\Delta_h p',\Delta_h T=\Delta_h T_*\Delta_h T',\Delta_h\rho=\Delta_h\Pi\Delta_h\rho',\cdots\cdots\end{cases}\tag{2.1}$$

于是,不计湍流和分子黏性的作用,考虑局地直角坐标系中 x 方向的运动方程,它可作为水平方向运动方程的代表,并可写为

$$\frac{U}{\tau}\frac{\partial u'}{\partial t'}+\frac{U^2}{L}\left(u'\frac{\partial u'}{\partial x'}+v'\frac{\partial u'}{\partial y'}\right)+\frac{UW}{D}w'\frac{\partial u'}{\partial z'}=-\frac{\Delta_h P}{\Pi L}\frac{1}{\rho'}\frac{\partial p'}{\partial x'}+fUv'-\tilde{f}Ww'$$

式中,每一项都是两部分的乘积。一部分由带"′"的量组成,它是无量纲量,其大小接近于"1";另一部分由物理量的尺度组成,它的大小代表了该项的大小或尺度,故又称之为"作用力尺度"。若把这些代表各项大小的作用力尺度单列出来,则原方程可表示为

$$\frac{\partial u}{\partial t}+\left(u\frac{\partial u}{\partial x}+v\frac{\partial u}{\partial y}\right)+w\frac{\partial u}{\partial z}=-\frac{1}{\rho}\frac{\partial p}{\partial x}+fv-\tilde{f}w\tag{2.2}$$

$$\frac{U}{\tau}\qquad\frac{U^2}{L}\qquad\frac{UW}{D}\qquad\frac{\Delta_h P}{\Pi L}\qquad fU\qquad\tilde{f}W$$

大尺度：　10^{-4}　10^{-4}　10^{-5}　10^{-3}　10^{-3}　10^{-6}

最下面的一行是大尺度运动中各作用力尺度的数量级。据此,可对方程式(2.2)进行简化。若只保留方程中量级最大的项,略去其他各项,所得结果则称为原方程的零级(阶)简化或零级(阶)近似;如果除了最大项外,还保留比最大项小一个量级的项,略去其他项,则所得简化结果称为原方程的一级简化或一级近似,其余照此类推。对于大尺度运动,式(2.2)的零级和一级近似分别为

$$0=-\frac{1}{\rho}\frac{\partial p}{\partial x}+fv\tag{2.3}$$

$$\frac{\partial u}{\partial t}+u\frac{\partial u}{\partial x}+v\frac{\partial u}{\partial y}=-\frac{1}{\rho}\frac{\partial p}{\partial x}+fv\tag{2.4}$$

类似于式(2.2),铅直方向的运动方程可表示为

$$\frac{\partial w}{\partial t}+\left(u\frac{\partial w}{\partial x}+v\frac{\partial w}{\partial y}\right)+w\frac{\partial w}{\partial z}=-\frac{1}{\rho}\frac{\partial p}{\partial z}+\tilde{f}u-g\tag{2.5}$$

$$\frac{W}{\tau}\qquad\frac{UW}{L}\qquad\frac{W^2}{D}\qquad\frac{\Delta_z P}{\Pi D}\qquad\tilde{f}U\qquad g$$

大尺度：　10^{-7}　10^{-7}　10^{-8}　10^{1}　10^{-3}　10^{1}

由此可见,在铅直方向上,大尺度运动的零级简化与一级简化形式相同

$$0=-\frac{1}{\rho}\frac{\partial p}{\partial z}-g$$

对于中尺度和小尺度运动,可进行类似的尺度分析和简化。归纳起来,大尺度运动的运动方程的零级简化可表示为

$$\begin{cases} 0=-\dfrac{1}{\rho}\dfrac{\partial p}{\partial x}+fv \\ 0=-\dfrac{1}{\rho}\dfrac{\partial p}{\partial y}-fu \\ 0=-\dfrac{1}{\rho}\dfrac{\partial p}{\partial z}-g \end{cases} \tag{2.6}$$

中尺度运动的零级简化可表示为

$$\begin{cases} u\dfrac{\partial u}{\partial x}+v\dfrac{\partial u}{\partial y}=-\dfrac{1}{\rho}\dfrac{\partial p}{\partial x}+fv \\ u\dfrac{\partial v}{\partial x}+v\dfrac{\partial v}{\partial y}=-\dfrac{1}{\rho}\dfrac{\partial p}{\partial y}-fu \\ 0=-\dfrac{1}{\rho}\dfrac{\partial p}{\partial z}-g \end{cases} \tag{2.7}$$

小尺度运动的零级近似可表示为

$$\begin{cases} u\dfrac{\partial u}{\partial x}+v\dfrac{\partial u}{\partial y}=-\dfrac{1}{\rho}\dfrac{\partial p}{\partial x} \\ u\dfrac{\partial v}{\partial x}+v\dfrac{\partial v}{\partial y}=-\dfrac{1}{\rho}\dfrac{\partial p}{\partial y} \\ 0=-\dfrac{1}{\rho}\dfrac{\partial p}{\partial z}-g \end{cases} \tag{2.8}$$

2.2.2 最低阶近似下的大气运动基本性质

式(2.6)—(2.8)分别是大、中、小尺度大气运动的最低阶近似。据此,我们可以推断,在最低阶近似下,大气运动具有下列基本性质。

(1)准静力平衡。静力平衡关系

$$0=-\frac{1}{\rho}\frac{\partial p}{\partial z}-g$$

对各类运动均成立,表明在最低阶近似下,静力平衡近似是一个相当精确的近似。但应注意,在水平尺度很小(例如 $L\leqslant 10^1$ m)的情况下,静力平衡近似可能不再是一个可靠的近似。

(2) 准定常。各类运动的零阶近似中,含时间偏导数($\partial/\partial t$)的项都不出现,这表明,大气运动随时间的演变是缓慢的,即具有准定常的特征。但是,这些零阶近似方程都只是物理量之间的诊断关系,或称为诊断方程,它们不能用于物理量的预报。要考虑预报问题,必须利用形如式(2.4)、包含时间导数的方程——预报方程。换言之,要处理预报问题,至少必须考虑原方程的一阶或更高阶近似。

(3)准水平。各类运动的零阶简化中都不包括$\partial w/\partial z$这种项。表明大气运动基本上可视为准水平运动。但是,大气的垂直运动 w 对于天气(如成云致雨)具有十分重要的意义。在中、小尺度运动中，有时垂直运动 w 会很大，甚至可以达到与水平风速同样的大小，以致于破坏静力平衡。这时，垂直运动的影响是不可忽略的。

(4)在不同尺度的运动中，零阶近似下水平方向上力的平衡关系有显著差异。在大尺度运动中，水平方向呈现气压梯度力与科氏力两个力的平衡，称为"地转平衡"；对于中尺度运动，水平方向表现为气压梯度力、科氏力和惯性力(源于平流加速度)三个力之间的平衡，可称之为"梯度风平衡"；在小尺度运动中，水平方向上变为气压梯度力与惯性力两个力的平衡，可之称为"旋转风平衡"。

尺度分析方法是一种半经验半理论的方法。由此所得结果是否合理，还要看它是否符合基本数学和物理原则，是否符合观测事实。例如，一个合理的简化方程中至少应有两个大项，如果只保留一个大项，则会得出一个不可能平衡的矛盾结果。从物理上说，科氏力不会做功，因此，它不应影响运动的能量平衡性质，合理的简化就必须保证"科氏力不做功"这一物理原则。比如，若忽略了水平运动方程中的 $\tilde{f}w$ 项，则必须同时略去铅直运动方程中的 $\tilde{f}u$ 项，否则，将导致简化模式中有虚假的能量制造，破坏能量守恒原理。除了数学和物理上必须合理外，简化的结果还必须符合观测事实，经得起实践的检验。否则，如果简化的结果不合理，应修正有关的前提性假定，重新进行分析。

以上是对局地直角坐标系中的运动方程进行的尺度分析和简化。局地直角坐标系中的运动方程可视为是球坐标系中的运动方程略去地球球面性引起的曲率项之后的一种简化形式。由上述尺度分析结果可知，除了水平尺度很大(须考虑地球的球面性)或很小(须考虑非静力平衡)的运动和包括极地的情形之外，局地直角坐标系中的运动方程通常可近似地表示为

$$\begin{cases}\dfrac{\partial u}{\partial t}+u\dfrac{\partial u}{\partial x}+v\dfrac{\partial u}{\partial y}+w\dfrac{\partial u}{\partial z}=-\dfrac{1}{\rho}\dfrac{\partial p}{\partial x}+fv+D_x \\ \dfrac{\partial v}{\partial t}+u\dfrac{\partial v}{\partial x}+v\dfrac{\partial v}{\partial y}+w\dfrac{\partial v}{\partial z}=-\dfrac{1}{\rho}\dfrac{\partial p}{\partial y}-fu+D_y \\ 0=-\dfrac{1}{\rho}\dfrac{\partial p}{\partial z}-g\end{cases} \tag{2.9}$$

式中，D_x 和 D_y 代表由于空气湍流运动引起的湍流摩擦力分量。矢量形式的水平运动方程可表示为

$$\frac{\mathrm{d}\boldsymbol{V}_{\mathrm{h}}}{\mathrm{d}t}=-\frac{1}{\rho}\nabla_{\mathrm{h}}p-f\boldsymbol{k}\times\boldsymbol{V}_{\mathrm{h}}+\boldsymbol{D}_{\mathrm{h}} \tag{2.10}$$

2.3　连续方程和热力学方程的简化

2.3.1　连续方程的简化

在局地直角坐标系中，对大尺度运动而言，连续方程中各项的尺度及其数量级

可表示为

$$\frac{\partial \rho}{\partial t}+\boldsymbol{V}_{\mathrm{h}} \cdot \nabla_{\mathrm{h}} \rho+w \frac{\partial \rho}{\partial z}+\rho\left(\frac{\partial u}{\partial x}+\frac{\partial v}{\partial y}\right)+\rho \frac{\partial w}{\partial z}=0 \tag{2.11}$$

$$\frac{\Delta_{\mathrm{h}} \Pi}{\tau} \quad \frac{U \Delta_{\mathrm{h}} \Pi}{L} \quad \frac{W \Pi}{D} \quad \frac{\Pi U}{L} \quad \frac{W \Pi}{D}$$

$$10^{-7} \quad 10^{-7} \quad 10^{-6} \quad 10^{-5} \quad 10^{-6}$$

式中,$\boldsymbol{V}_{\mathrm{h}}$ 和∇_{h}分别为水平风速矢和梯度算子。大尺度运动的连续方程的零级简化为

$$\frac{\partial u}{\partial x}+\frac{\partial v}{\partial y}=0 \tag{2.12}$$

对中尺度运动,式(2.11)的零级简化与大尺度零级近似式(2.12)相同。小尺度的零级简化则可表示为

$$\frac{\partial u}{\partial x}+\frac{\partial v}{\partial y}+\frac{1}{\rho} \frac{\partial \rho w}{\partial z}=0 \tag{2.13}$$

各种尺度运动的一级简化都与小尺度运动的零级简化相同。

从连续方程的简化结果可见大气运动的另外两个基本特征:(1)零到一级简化中都不包含密度的局地变化项,即密度是准定常的;(2)在最低阶近似下,大、中尺度运动均具有准水平无辐散的特征。在实际应用中,考虑到相对于垂直运动 w 的垂直变化而言,密度 ρ 的垂直变化是比较小的,式(2.13)还可进一步简化为

$$\frac{\partial u}{\partial x}+\frac{\partial v}{\partial y}+\frac{\partial w}{\partial z}=0 \tag{2.14}$$

此即所谓的不可压缩连续方程,又称为布西内斯克近似(Boussinesq approximation)下的连续方程。

2.3.2 热力学方程的简化

在局地直角坐标系中,绝热运动的热力学方程可表示为

$$\frac{1}{T}\left(\frac{\partial T}{\partial t}+\boldsymbol{V}_{\mathrm{h}} \cdot \nabla_{\mathrm{h}} T\right)+\frac{w}{T}(\gamma_{\mathrm{d}}-\gamma)-\frac{R}{p c_{p}}\left(\frac{\partial p}{\partial t}+\boldsymbol{V}_{\mathrm{h}} \cdot \nabla_{\mathrm{h}} p\right)=0 \tag{2.15}$$

$$\frac{\Delta_{\mathrm{h}} T_{*}}{T_{*} \tau} \quad \frac{U \Delta_{\mathrm{h}} T_{*}}{L T_{*}} \quad \frac{W}{T_{*}}(\gamma_{\mathrm{d}}-\gamma) \quad \frac{R \Delta_{\mathrm{h}} p}{p c_{p} \tau} \quad \frac{R U \Delta_{\mathrm{h}} p}{p c_{p} L}$$

大尺度: $10^{-6} \quad 10^{-6} \quad 10^{-7} \quad 10^{-8} \quad 10^{-8}$

式中,$(\gamma_{\mathrm{d}}-\gamma)$为静力稳定度参数,$\gamma=-\partial T/\partial z$ 和 $\gamma_{\mathrm{d}}=g/c_p$ 分别为空气的铅直层结减温率和干绝热减温率。对于大尺度运动,取$(\gamma_{\mathrm{d}}-\gamma)\sim10^{-3}$℃/m,各项的数量级列在式(2.15)的下方。大尺度运动的零级简化和一级简化可分别表示为

$$\frac{\partial T}{\partial t}+\boldsymbol{V}_{\mathrm{h}} \cdot \nabla_{\mathrm{h}} T=0 \tag{2.16}$$

$$\frac{\partial T}{\partial t}+\boldsymbol{V}_{\mathrm{h}} \cdot \nabla_{\mathrm{h}} T+w(\gamma_{\mathrm{d}}-\gamma)=0 \tag{2.17}$$

中尺度和小尺度运动的热力学方程零级简化形式相同，都可表示为

$$\mathbf{V}_\mathrm{h} \cdot \nabla_\mathrm{h} T + w(\gamma_\mathrm{d} - \gamma) = 0 \tag{2.18}$$

可见，在最低阶近似下，大气运动的热力平衡有如下基本特征：(1)在大尺度运动中，温度的局地变化完全由水平温度平流$(-\mathbf{V}_\mathrm{h} \cdot \nabla_\mathrm{h} T)$所致；(2)在中、小尺度运动中，水平温度平流与温度的垂直绝热变化相平衡，以致于温度维持准定常。一般，各类绝热运动的热力学方程可近似地用式(2.17)表示。

2.4　无量纲动力学参数与大气运动的动力学分类

在任意直角坐标系 $O(x,y,z)$ 中，考虑无辐散情形的分子应力，则 x 方向的运动方程(用以为例)可表示为

$$\frac{\partial u}{\partial t} + u\frac{\partial u}{\partial x} + v\frac{\partial u}{\partial y} + w\frac{\partial u}{\partial z} = -\frac{1}{\rho}\frac{\partial p}{\partial x} + 2\Omega_z v - 2\Omega_y w + g_x + \nu\nabla^2 u \tag{2.19}$$

仿照式(2.1)，引入无量纲变量，但是，由于现在坐标轴的指向是任意的，故不再有水平与垂直轴向之分，三个空间方向的特征距离尺度都用 L 表示，三个速度分量的特征尺度都记为 U。式(2.19)可改写为

$$\frac{U}{\tau}\frac{\partial u'}{\partial t'} + \frac{U^2}{L}\left(u'\frac{\partial u'}{\partial x'} + v'\frac{\partial u'}{\partial y'} + w'\frac{\partial u'}{\partial z'}\right) = -\frac{\Delta P}{\Pi L}\frac{1}{\rho'}\frac{\partial p'}{\partial x'} + 2\Omega U[v'\cos(\boldsymbol{\Omega},z) - w'\cos(\boldsymbol{\Omega},y)] + g\cos(\boldsymbol{g},x) + \frac{\nu U}{L^2}\nabla'^2 u' \tag{2.20}$$

式中，带“′”的量为无量纲量；ν 为空气运动学黏性系数；$(\boldsymbol{\Omega},y)$与$(\boldsymbol{\Omega},z)$分别代表地球旋转角速度矢 $\boldsymbol{\Omega}$ 与 y 轴和 z 轴的夹角，ΔP 为气压在特征距离 L 上的改变量，$(\boldsymbol{g},x)$表示重力加速度 $\boldsymbol{g}$ 与 x 轴的夹角。用平流惯性力(左边第二项)的尺度 U^2/L 除全式，则(2.20)式可改写为

$$\frac{1}{H_0}\frac{\partial u'}{\partial t'} + \left(u'\frac{\partial u'}{\partial x'} + v'\frac{\partial u'}{\partial y'} + w'\frac{\partial u'}{\partial z'}\right) = -Eu\,\frac{1}{\rho'}\frac{\partial p'}{\partial x'} + \frac{1}{Ro}[v'\cos(\boldsymbol{\Omega},z) - w'\cos(\boldsymbol{\Omega},y)] + \frac{1}{Fr}\cos(\boldsymbol{\Omega},x) + \frac{1}{Re}\left(\frac{\partial^2 u'}{\partial x'^2} + \frac{\partial^2 u'}{\partial y'^2} + \frac{\partial^2 u'}{\partial z'^2}\right) \tag{2.21}$$

式(2.21)中出现了五个无量纲参数，它们的定义与含意可分别说明如下。

(1) $H_0 \equiv U\tau/L$，称为单时数。它代表了“平流惯性力”与“局地惯性力”之比。当 $H_0 \sim 1$，即运动的时间尺度(τ)与“平流时间”尺度(L/U)相等时，平流惯性力与局地惯性力有相同的大小，运动是非定常且非线性的；当 $H_0 > 1$ 时，局地惯性力相对于平流惯性力为小量，可以略而不计，运动具有准定常的特征；当 $H_0 < 1$ 时，则相反，平流惯性力可略去，运动具有准线性的特征。

(2) $Eu \equiv \dfrac{\Delta P}{\Pi U^2}$，称为欧拉(Euler)数，表示气压梯度力与平流惯性力的比。大气中

欧拉数总是较大,即气压梯度力总是重要的。

(3)$Fr\equiv\frac{U^2}{gL}$,称为弗劳德(Froude)数,它是平流惯性力与重力之比。大气中,弗劳德数通常较小,即重力相对较重要,但它只在铅直方向上起作用。

(4)$Ro\equiv\frac{U}{2\Omega L}$,称为罗斯贝(Rossby)数,代表惯性力与科氏力之比。其大小主要取决于运动速度尺度 U 和空间尺度 L 的大小。

(5)$Re\equiv\frac{UL}{\nu}$,称为雷诺(Reynolds)数,表示惯性力与分子黏性力之比。对于大尺度高速流,Re 较大。除了贴近地面的薄层外,大气中 Re 通常总是很大,即分子黏性力一般不重要。

方程(2.21)中各项的大小取决于上述五个无量纲参数的大小。换言之,这五个无量纲参数的大小与运动的动力性质密切相关。在大气中,弗劳德数(Fr)一般总是较小,雷诺数(Re)和欧拉数(Eu)一般总是较大,只有罗斯贝数(Ro)变化范围较大。因此,运动的动力学差异主要取决于罗斯贝数的大小。罗斯贝数的大小由运动的速度尺度 U 和空间尺度 L 决定,在实际大气中,运动速度(水平速度分量占优)U 的变化范围不大($1.0\times10^1\sim5.0\times10^1$ m/s),但是,水平空间尺度 L 则可有很大的变化范围。所以,罗斯贝数的大小主要是由运动的空间尺度 L 决定。于是,动力学上可将大气运动按照罗斯贝数的大小(也即是按照运动的水平尺度的大小)分为三类:

$$\text{当 } Ro \begin{cases} <1 \\ =1 \\ >1 \end{cases} \text{时,} \quad \text{对应为} \begin{cases} \text{大尺度运动} \\ \text{中尺度运动} \\ \text{小尺度运动} \end{cases} \tag{2.22}$$

正如前面讨论运动方程的零级简化时指出的一样,三种类型的运动中,力的平衡关系很不相同。大尺度运动中,$Ro<1$,说明惯性力相对于科氏力而言不重要,主要是气压梯度力与科氏力的平衡;中尺度运动中,$Ro=1$,表明惯性力与科氏力同等重要,力的平衡主要是气压梯度力、科氏力和惯性力三个力平衡;小尺度运动中,$Ro>1$,意味着科氏力相对于惯性力较不重要,主要是气压梯度力与惯性力的平衡。

习 题

1. 为什么要简化大气运动方程组?

2. 什么是物理量的特征尺度?气象上如何选取运动的空间尺度和时间尺度?在水平、垂直和时间尺度上各气象要素变化的尺度如何选定?

3. 简述何谓尺度分析及用尺度分析简化方程的步骤。

4. 何为零级简化方程和一级简化方程?说明在最低阶近似下,大气运动的基本特征。

5. 如何将运动方程无量纲化？解释动力学参数 H_0，Eu，Fr，Re 和 Ro 的物理意义。

6. 说明气象上为什么可按 Ro 数的大小对运动进行分类？为什么大气运动可按其水平空间尺度 L 进行分类？

7. 边界层内，湍流摩擦力与科氏力有相同大小，设 x 方向的湍流摩擦力表示为

$$N_x \approx K \frac{\partial^2 u}{\partial z^2}$$

式中，K（$=10\ \mathrm{m^2/s}$）为湍流摩擦系数。试估计边界层的特征厚度。

8. 估计大尺度运动中等压面坡度和等温面坡度的量级。

9. 表 2.2 给出的是典型的龙卷、台风的特征尺度，用尺度分析的方法分别求这两种系统的零级近似铅直运动方程，并说明在最低阶近似下静力平衡关系是否成立？

表 2.2

系统	尺度				
	水平速度 U(m/s)	铅直速度 W(m/s)	水平长度 L(m)	垂直厚度 D(m)	气压水平改变量 $\Delta_h P$(hPa)
龙卷	10^2	10	10^2	10^4	40
台风	50	1	10^5	10^4	40

10. 利用表 2.2 中的数据，分别估计龙卷风和台风系统中水平气压梯度力与水平折向力的相对大小。

第3章　p坐标系和广义垂直坐标

3.1 p坐标系

在局地直角坐标系 $O(x,y,z,t)$ 中，z＝常数的面称为等高面或水平面(等重力位势面)。要了解和分析场变量的时、空变化特征，可通过制作和分析一组(族)等高面图来实现。在某个等高面图上，可看到场变量在该高度上的水平变化特征，通过不同高度的等高面图可了解场变量随高度的变化，通过不同时刻的等高面图可进一步追踪物理量随时间变化的规律。习惯上称这种分析为"等高面分析"，这是一种比较直观、容易理解的分析手段。但是，在气象上日常业务工作中，除了地面天气图外，更多使用的是所谓的"等压面分析"。这时，我们利用某一个等压面(气压 p＝常数)图分析物理量的"水平"变化，通过不同气压值的等压面图可分析物理量的铅直变化，通过不同时刻的等压面图则可了解物理量的时间演变。在等压面分析中，铅直坐标不再是海拔高度 z，而是气压 p，这种坐标系称为"p 坐标系"，即坐标系 $O(x,y,p,t)$。相应地，以海拔高度 z 为铅直坐标的坐标系则称为"z 坐标系"。之所以可以用气压 p 替代 z 作为铅直坐标变量，其前提条件或者说理论基础是"静力平衡"近似

$$\frac{\partial p}{\partial z}=-\rho g \tag{3.1}$$

能够成立。式(3.1)表明，在静力平衡条件下，压力 p 随高度的变化率恒小于零($\partial p/\partial z<0$)，即气压 p 是高度 z 的单调降函数，二者间存在一一对应关系。换言之，p 在 z 坐标系中可表示为 z 的单值函数

$$p=p(x,y,z,t) \tag{3.2}$$

z 在 p 坐标系也可表示为 p 的单值函数

$$z=z(x,y,p,t) \tag{3.3}$$

因此，在静力平衡的条件下，采用 p 坐标系是完全合理的，而且，后面将会看到，它有许多自身特有的优点，所以得到了较为广泛的应用。

在上一章，我们已建立了 z 坐标系(如局地直角坐标系)中的大气运动基本方程

组。与等压面分析对应，必须建立一套适用于 p 坐标系的大气运动基本方程组。为此，我们先讨论上述两种坐标系之间的转换关系。

3.1.1　z 坐标系与 p 坐标系间的转换关系

设 F 为任一场变量，它在 z 坐标和 p 坐标系中可表示为

$$F(x,y,p,t)=F[x,y,p(x,y,z,t),t]=G(x,y,z,t) \tag{3.4}$$

下面分别讨论两种坐标系中的各种转换关系。

3.1.1.1　铅直导数

在给定时刻（t 固定）、指定水平位置（x 和 y 固定）上，物理量 F 在铅直方向上的改变量 δF 可表示为

$$\delta F\equiv\frac{\partial F}{\partial z}\delta z=\frac{\partial F}{\partial p}\delta p$$

因此，在 δz 和 δp 趋于零的极限情形下，由上式可得

$$\frac{\partial F}{\partial z}=\frac{\partial F}{\partial p}\frac{\partial p}{\partial z}=-\rho g\frac{\partial F}{\partial p} \tag{3.5}$$

3.1.1.2　水平导数

如图 3.1 所示，按照水平导数的定义（以 x 方向的偏导数为例），在 A 点，F 在 z 坐标系和 p 坐标系中的水平导数可分别表示为

$$\left(\frac{\partial F}{\partial x}\right)_z\equiv\lim_{\delta x\to 0}\frac{F_B-F_A}{\delta x} \tag{3.6}$$

$$\left(\frac{\partial F}{\partial x}\right)_p\equiv\lim_{\delta x\to 0}\frac{F_C-F_A}{\delta x} \tag{3.7}$$

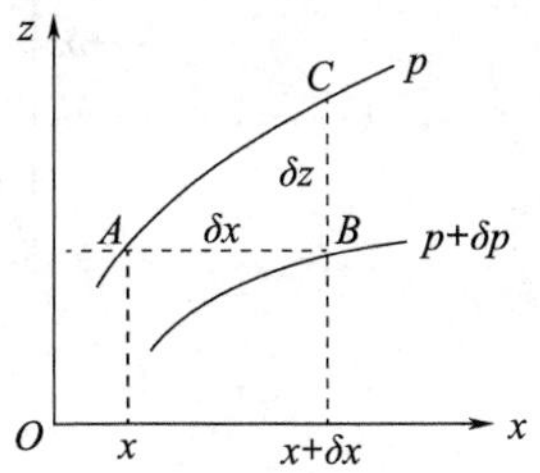

图 3.1　水平导数转换关系

式中，下标"z"和"p"分别表示 z 坐标系和 p 坐标系中的导数；下标"A""B"和"C"分别表示物理量 F 在 A、B 和 C 点的值。因为

$$\frac{F_B-F_A}{\delta x}=\frac{F_C-F_A}{\delta x}+\frac{F_B-F_C}{\delta p}\frac{\delta p}{\delta x} \tag{3.8}$$

令 $\delta x\to 0$，上式取极限，并利用式(3.6)和式(3.7)，可得如下转换关系

$$\left(\frac{\partial F}{\partial x}\right)_z=\left(\frac{\partial F}{\partial x}\right)_p+\frac{\partial F}{\partial p}\left(\frac{\partial p}{\partial x}\right)_z \tag{3.9}$$

类似地，y 方向的水平导数转换关系可表示为

$$\left(\frac{\partial F}{\partial y}\right)_z=\left(\frac{\partial F}{\partial y}\right)_p+\frac{\partial F}{\partial p}\left(\frac{\partial p}{\partial y}\right)_z \tag{3.10}$$

在式(3.9)和式(3.10)中，令 $F\equiv z$，得

$$\left(\frac{\partial p}{\partial x}\right)_z=-\left(\frac{\partial z}{\partial p}\right)^{-1}\left(\frac{\partial z}{\partial x}\right)_p=\rho\left(\frac{\partial \phi}{\partial x}\right)_p \tag{3.11}$$

$$\left(\frac{\partial p}{\partial y}\right)_z=-\left(\frac{\partial z}{\partial p}\right)^{-1}\left(\frac{\partial z}{\partial y}\right)_p=\rho\left(\frac{\partial \phi}{\partial y}\right)_p \tag{3.12}$$

或用矢量形式表示为

$$\nabla_z p=\rho\,\nabla_p\phi \tag{3.13}$$

式中，$\phi\equiv gz$ 为重力位势，g 为重力加速度。∇_z 和 ∇_p 分别为 z 坐标系和 p 坐标系中的水平梯度算子

$$\nabla_z\equiv \boldsymbol{i}\left(\frac{\partial}{\partial x}\right)_z+\boldsymbol{j}\left(\frac{\partial}{\partial y}\right)_z \tag{3.14}$$

$$\nabla_p\equiv \boldsymbol{i}\left(\frac{\partial}{\partial x}\right)_p+\boldsymbol{j}\left(\frac{\partial}{\partial y}\right)_p \tag{3.15}$$

$(\partial z/\partial x)_p$ 和 $(\partial z/\partial y)_p$ 分别为等压面在 x 方向和 y 方向的坡度。通常，$\nabla_p\phi$ 也称为等压面坡度。式(3.13)表明，当空气密度一定时，等高面上的气压梯度正比于等压面的坡度。在等高面分析中，气压形势是通过等高面上的等压线分布来体现的。当等高面上的等压线(空心圆圈所示)较密集，则水平气压梯度较大(图 3.2a)，对应的等压面坡度也较大(等压面与水平面的夹角 δ 较大)；若等高面上的等压线较稀疏，水平气压梯度较小(图 3.2b)，则相应的等压面坡度较小(δ 较小)。注意，在静力平衡条件下，密度一定时，相同的气压差对应的高度差也应相同，因此，在图 3.2a 和 3.2b 中，两等压面间的高度差(δz)是相同的。

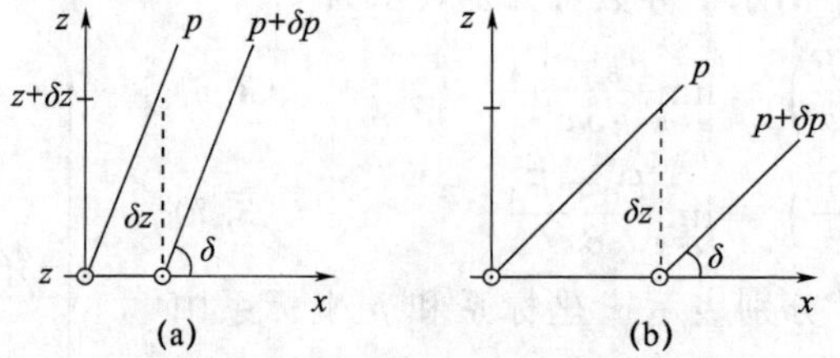

图 3.2　气压梯度与等压面坡度

在等压面分析中，气压形势是通过等压面上的等高线分布来表现的。气象上，通常采用"位势高度"(H) 代替几何高度(z)，位势高度定义为

$$H\equiv\frac{\phi}{9.8} \tag{3.16}$$

位势高度具有比能的量纲，为 m^2/s^2。为应用方便，称之为位势米(gpm)，也常用位势什米(dagpm)表示。由于重力加速度 g 通常很接近于 9.8 m/s^2，所以，位势高度 H 在数值上非常接近几何高度 z。

等压面上等高线的疏密实质上反映了等压面坡度(亦即水平气压梯度)的大小。一般说来，当等压面上等高线较密集(稀疏)时，对应等压面坡度较大(小)，不计密度的

变化,则水平气压梯度也应较大(小)。图 3.3 是一个铅直剖面(x-z 平面)图,它给出了同一个等压面(以 500 hPa 等压面为例)由于坡度不同导致等压面上等高线间隔(疏密)不同的示意图。图中两条水平实线表示高度分别为 5840 gpm 和 5880 gpm 的两个等高面;实斜线代表坡度较大时的 500 hPa 等压面(用 p 标示),δx 代表该等压面上两相邻等高线(5840 gpm 线与 5880 gpm 线)之间的距离;虚斜线和 $\delta x'$ 分别表示坡度较小时的 500 hPa 等压面(用 p' 标示)和该等压面上等高线 5840 gpm 与 5880 gpm 之间的距离。图示清楚地显示出,当等压面坡度较小时,等高线间隔较稀疏($\delta x'>\delta x$)。可见,在等压面上分析等高线与在等高面上分析等压线是等效的,通过等高线的分布同样可了解气压形势(气压水平变化)的特征。而且,由式(3.13)可见,虽然 z 坐标系中的气压梯度力与空气密度有关,但是,在 p 坐标系中,气压梯度力则完全由等压面坡度(位势梯度)决定,与空气密度无关。所以,等压面上等高线的疏密完全决定了水平气压梯度力的大小。

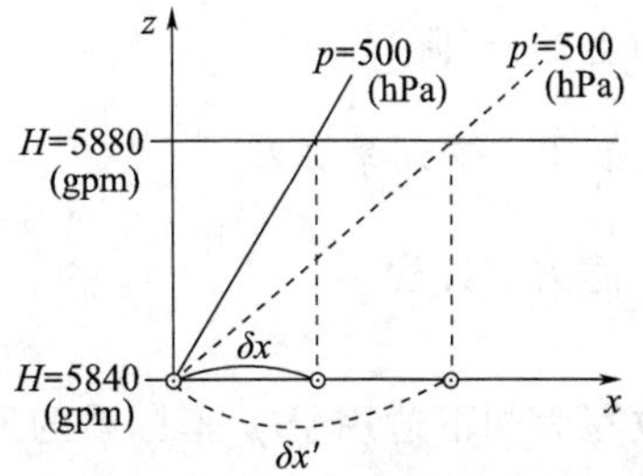

图 3.3　等压面坡度与等高线疏密的关系

利用关系式(3.11)和(3.12),可将水平导数转换关系式(3.9)和式(3.10)改写为

$$\left(\frac{\partial F}{\partial x}\right)_z=\left(\frac{\partial F}{\partial x}\right)_p+\rho\frac{\partial F}{\partial p}\left(\frac{\partial \phi}{\partial x}\right)_p \tag{3.17}$$

$$\left(\frac{\partial F}{\partial y}\right)_z=\left(\frac{\partial F}{\partial y}\right)_p+\rho\frac{\partial F}{\partial p}\left(\frac{\partial \phi}{\partial y}\right)_p \tag{3.18}$$

或用矢量形式表示为

$$\nabla_z F=\nabla_p F+\rho\frac{\partial F}{\partial p}\nabla_p\phi \tag{3.19}$$

3.1.1.3　时间导数

如图 3.4 所示,假定经过 δt 时间后,起始时刻 t 位于点 $M(x,y,z)$ 的等压面 $p(t)$ 上升到了经过点 $N(x,y,z+\delta z)$ 的位置[虚线所示,$p(t+\delta t)$]。根据 p 坐标和 z 坐标系中时间偏导数(局地时间变化率)的定义,有

$$\left(\frac{\partial F}{\partial t}\right)_p\equiv\lim_{\delta t\to 0}\frac{F(N,t+\delta t)-F(M,t)}{\delta t} \tag{3.20}$$

$$\left(\frac{\partial F}{\partial t}\right)_z\equiv\lim_{\delta t\to 0}\frac{F(M,t+\delta t)-F(M,t)}{\delta t} \tag{3.21}$$

注意到,有如下恒等式成立

$$\frac{F(M,t+\delta t)-F(M,t)}{\delta t}=\frac{F(N,t+\delta t)-F(M,t)}{\delta t}-\frac{F(N,t+\delta t)-F(M,t+\delta t)}{\delta z}\frac{\delta z}{\delta t}$$

取 $\delta t\to 0$ 的极限,并利用式(3.20)、式(3.21)和静力平衡关系,可由上式得

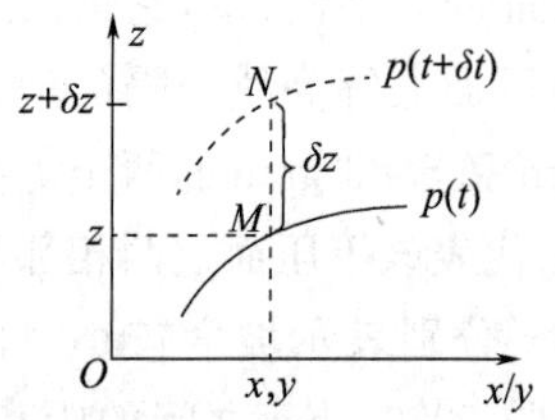

图 3.4　等压面升降

$$\left(\frac{\partial F}{\partial t}\right)_z=\left(\frac{\partial F}{\partial t}\right)_p+\rho\frac{\partial F}{\partial p}\left(\frac{\partial \phi}{\partial t}\right)_p \tag{3.22}$$

式中,$(\partial\phi/\partial t)_p$ 正比于等压面高度的局地变化率,又称之为等压面的升降速率。若令 $F\equiv p$,则由式(3.22)可得

$$\left(\frac{\partial p}{\partial t}\right)_z=\rho\left(\frac{\partial \phi}{\partial t}\right)_p \tag{3.23}$$

即等高面上的气压升、降速率与等压面高度的升、降速率成正比。具体说来,即等压面上的正(负)变高对应于等高面上的升(降)压。

3.1.1.4　静力学方程

静力学方程

$$\delta p=-\rho g\delta z=-\rho\delta\phi$$

可改写为如下适用于 p 坐标系的形式

$$\frac{\partial\phi}{\partial p}=-\frac{1}{\rho}=-\alpha \tag{3.24}$$

式中,$\alpha\equiv 1/\rho$ 为空气的比容。

3.1.1.5　个别微分的欧拉(Euler)算子

由于 z 坐标系与 p 坐标系中的水平坐标是一致的,故两个坐标系中的水平速度分量也相同。利用前面导出的 z 坐标与 p 坐标系之间的转换关系,可证明 z 坐标系中的个别微分算子可表示为

$$\left(\frac{\mathrm{d}F}{\mathrm{d}t}\right)_z=\left(\frac{\partial F}{\partial t}\right)_p+u\left(\frac{\partial F}{\partial x}\right)_p+v\left(\frac{\partial F}{\partial y}\right)_p+\omega\frac{\partial F}{\partial p}\equiv\left(\frac{\mathrm{d}F}{\mathrm{d}t}\right)_p \tag{3.25}$$

其中

$$\omega\equiv\left(\frac{\partial p}{\partial t}\right)_z+u\left(\frac{\partial p}{\partial x}\right)_z+v\left(\frac{\partial p}{\partial y}\right)_z+w\frac{\partial p}{\partial z} \tag{3.26}$$

为 p 坐标系中"铅直速度",简称为"p 铅直速度"。微分算子

$$\left(\frac{\mathrm{d}}{\mathrm{d}t}\right)_p\equiv\left(\frac{\partial}{\partial t}\right)_p+u\left(\frac{\partial}{\partial x}\right)_p+v\left(\frac{\partial}{\partial y}\right)_p+\omega\frac{\partial}{\partial p} \tag{3.27}$$

称为 p 坐标系中的个别微分算子。值得注意的是,场变量的个别微分(对时间的全微分)应与坐标无关[式(3.25)],但是,欧拉算子的表达形式随坐标不同而不同。与 z 坐标系中的欧拉算子相比,式(3.27)在形式上有两点不同:一是时间和水平偏导数的定义不同,它们现在都定义在等压面上;二是垂直导数项(对流项)的变化:垂直坐标变量用气压 p 取代了几何高度 z,而且,平流速度由"p 铅直速度"ω 取代了实际的铅直速度 w。

"p 铅直速度"ω 与实际的铅直速度 w 既有联系又有区别。按定义,w 可表示为

$$w\equiv\frac{\mathrm{d}z}{\mathrm{d}t}=\frac{1}{g}\frac{\mathrm{d}\phi}{\mathrm{d}t}=\frac{1}{g}\left[\left(\frac{\partial\phi}{\partial t}\right)_p+\boldsymbol{V}_{\mathrm{h}}\cdot\nabla_p\phi-\frac{\omega}{\rho}\right] \tag{3.28}$$

式中，$\boldsymbol{V}_h$ 为 p 坐标系中的水平风速矢。由式(3.28)可见，铅直速度 w 可分解为三部分(图 3.5)：(1) $w_1 \equiv g^{-1}(\partial\phi/\partial t)_p$，代表空气质点跟随等压面一起升、降时所产生的部分铅直速度；(2) $w_2 \equiv g^{-1}\boldsymbol{V}_h \cdot \nabla_p \phi$，这是空气质点沿着它所在的等压面爬坡时所引起的部分铅直速度；(3) $w_3 \equiv -(\rho g)^{-1}\omega$，它表示空气质点穿越等压面、从一个等压面跳到另一个等压面上时所产生的部分铅直速度。对于大尺度运动而言，式(3.28)的零级近似可表示为

$$\omega \approx -\rho g w \tag{3.29}$$

应当注意，p 铅直速度 ω 与实际的铅直速度 w 异号，即当 $w>0$(上升运动)时，有 $\omega<0$；反之，若 $w<0$(对应有下沉运动)，则应有 $\omega>0$。

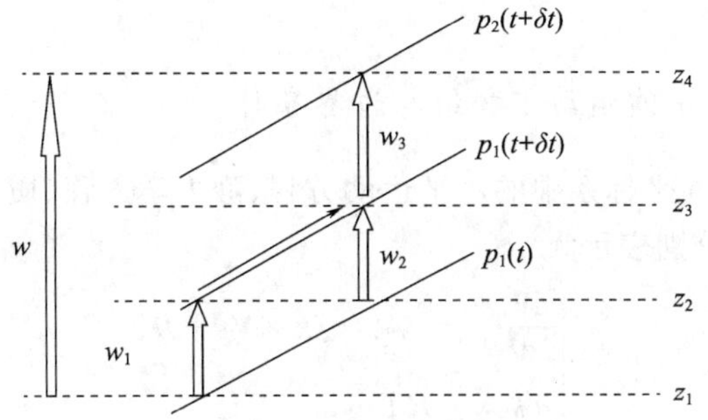

图 3.5　w 与 ω 的关系

3.1.2　p 坐标系中的运动方程组

3.1.2.1　p 坐标系中连续方程和热力学方程

z 坐标系中的连续方程(1.113)式可表示为

$$\frac{\mathrm{d}\rho}{\mathrm{d}t}+\rho\left(\frac{\partial u}{\partial x}+\frac{\partial v}{\partial y}+\frac{\partial w}{\partial z}\right)_z=0 \tag{3.30}$$

利用静力学方程和前述坐标转换关系可证明如下关系成立

$$\begin{aligned}\frac{\mathrm{d}\rho}{\mathrm{d}t}&=\left(\frac{\partial}{\partial t}+u\frac{\partial}{\partial x}+v\frac{\partial}{\partial y}+w\frac{\partial}{\partial z}\right)_z\left(-\frac{1}{g}\frac{\partial p}{\partial z}\right)\\&=\rho\frac{\partial\omega}{\partial p}-\rho\left[\left(\frac{\partial u}{\partial x}\right)_z-\left(\frac{\partial u}{\partial x}\right)_p+\left(\frac{\partial v}{\partial y}\right)_z-\left(\frac{\partial v}{\partial y}\right)_p+\frac{\partial w}{\partial z}\right]\end{aligned} \tag{3.31}$$

代入式(3.30)，得 p 坐标系中的连续方程可表示为

$$\left(\frac{\partial u}{\partial x}\right)_p+\left(\frac{\partial v}{\partial y}\right)_p+\frac{\partial\omega}{\partial p}=0 \tag{3.32}$$

式(3.32)中不再显含密度 ρ，形式上类似于 z 坐标系中的不可压缩条件下的连续方程。由此可见，p 坐标系中的连续方程形式上比 z 坐标系中的连续方程简单得多。

热力学第一定律式(1.122)可表示为

$$c_p\frac{\mathrm{d}T}{\mathrm{d}t}-\alpha\frac{\mathrm{d}p}{\mathrm{d}t}=\frac{\delta Q}{\delta t} \tag{3.33}$$

式中,T 为气温(K),c_p 为比定压热容,$\delta Q/\delta t$ 为对单位质量空气的加热率。在 p 坐标系中,上式可改写为

$$\left(\frac{\partial T}{\partial t}\right)_p+\boldsymbol{V}_\mathrm{h}\cdot\nabla_p T-\hat{\sigma}\omega=\frac{1}{c_p}\frac{\delta Q}{\delta t} \tag{3.34}$$

其中

$$\hat{\sigma}\equiv\frac{\alpha}{c_p}-\frac{\partial T}{\partial p}=\frac{1}{\rho g}(\gamma_\mathrm{d}-\gamma) \tag{3.35}$$

为 p 坐标系中的静力稳定度参数。$\gamma_\mathrm{d}\equiv g/c_p$ 为空气的干绝热减温率,$\gamma\equiv-\partial T/\partial z$ 为空气层结减温率。

3.1.2.2 p 坐标系中的运动方程组与边界条件

综合以上讨论,p 坐标系中的水平运动方程、静力学方程、质量连续方程、热力学方程和状态方程可分别表示为

$$\begin{cases}\dfrac{\mathrm{d}\boldsymbol{V}_\mathrm{h}}{\mathrm{d}t}=-\nabla\phi-f\boldsymbol{k}\times\boldsymbol{V}_\mathrm{h}+\boldsymbol{D}_\mathrm{h}\\ \dfrac{\partial\phi}{\partial p}=-\dfrac{RT}{p}\\ \nabla\cdot\boldsymbol{V}_\mathrm{h}+\dfrac{\partial\omega}{\partial p}=0\\ \dfrac{\partial T}{\partial t}+\boldsymbol{V}_\mathrm{h}\cdot\nabla T-\hat{\sigma}\omega=\dfrac{1}{c_p}\dfrac{\delta Q}{\delta t}\\ p=\rho RT\end{cases} \tag{3.36}$$

水平运动方程中的 $\boldsymbol{D}_\mathrm{h}$ 代表由于空气湍流所引起的水平湍流摩擦力。为了书写简便起见,上式中已略去了表示 p 坐标系的下标"p"。

在大气上边界(大气顶)$p=p_\mathrm{t}$ 处的条件可取为

$$(\omega)_{p=p_\mathrm{t}}=0 \tag{3.37}$$

在下边界 $p=p_\mathrm{s}(z=z_\mathrm{s})$上,一般情况(有地形、无黏性)下的边界条件可表示为

$$\omega_\mathrm{s}=\frac{\partial p_\mathrm{s}}{\partial t}+\boldsymbol{V}_\mathrm{h}\cdot\nabla_\mathrm{h}p_\mathrm{s}-\rho g w_\mathrm{s} \tag{3.38}$$

在无地形($w_\mathrm{s}=0$)时,上式可简化为

$$\omega_\mathrm{s}=\left(\frac{\partial p_\mathrm{s}}{\partial t}+\boldsymbol{V}_\mathrm{h}\cdot\nabla_\mathrm{h}p_\mathrm{s}\right) \tag{3.39}$$

如果无地形但有黏性($\boldsymbol{V}_\mathrm{h}=0$),则边界条件可进一步简化为

$$\omega_\mathrm{s}=\frac{\partial p_\mathrm{s}}{\partial t} \tag{3.40}$$

由于 p 坐标系中的气压梯度力不显含空气密度，因此，运动方程和地转风公式的形式都变得较简单，同时，连续方程中亦不显含密度，其形式也变得非常简单，这是 p 坐标系的优点。但是，由于 p 坐标系中的下边界面（$p=p_s$）不是一个坐标面，而且会随时间而变动，因此，边界条件的形式变得较为复杂。

3.2 广义垂直坐标系

在气象上，采用气压 p 作为铅直坐标并不是唯一可能的选择，有时尤其是在数值模拟与预报中还可能采用其他物理量作为铅直坐标变量，例如，θ（位温）坐标系、σ（地形）坐标系等。因此，为了适应更普遍的需要，本节将建立广义垂直坐标系及其转换关系。

3.2.1 广义垂直坐标系及其与 z 坐标系的基本转换关系

设 s 为某物理量，它与几何高度 z 互为单值函数，即可表示为

$$s=s(x,y,z,t),及\ z=z(x,y,s,t) \tag{3.41}$$

以物理量 s 作为垂直坐标变量的坐标系 $O(x,y,s,t)$ 是一种广义垂直坐标系，简称为 s 坐标系。设 F 为任一场变量，类似于式(3.4)，它可表示为

$$F(x,y,z,t)=F[x,y,z(x,y,s,t),t]\equiv G(x,y,s,t) \tag{3.42}$$

于是，s 坐标系与 z 坐标系之间的时、空导数转换关系可分别表示为

$$\left(\frac{\partial F}{\partial x}\right)_s=\left(\frac{\partial F}{\partial x}\right)_z+\frac{\partial F}{\partial z}\left(\frac{\partial z}{\partial x}\right)_s \tag{3.43}$$

$$\left(\frac{\partial F}{\partial y}\right)_s=\left(\frac{\partial F}{\partial y}\right)_z+\frac{\partial F}{\partial z}\left(\frac{\partial z}{\partial y}\right)_s \tag{3.44}$$

$$\left(\frac{\partial F}{\partial t}\right)_s=\left(\frac{\partial F}{\partial t}\right)_z+\frac{\partial F}{\partial z}\left(\frac{\partial z}{\partial t}\right)_s \tag{3.45}$$

$$\frac{\partial F}{\partial s}=\frac{\partial F}{\partial z}\frac{\partial z}{\partial s} \tag{3.46}$$

3.2.2 个别微分的欧拉算子

在广义垂直坐标系中，水平速度分量(u,v)与 z 坐标系中相同

$$u\equiv\frac{\mathrm{d}x}{\mathrm{d}t},v\equiv\frac{\mathrm{d}y}{\mathrm{d}t} \tag{3.47}$$

铅直速度分量可表示为

$$\dot{s}\equiv\frac{\mathrm{d}s}{\mathrm{d}t} \tag{3.48}$$

s 坐标系中个别微分的欧拉算子可表示为

$$\left(\frac{\mathrm{d}}{\mathrm{d}t}\right)_s=\left(\frac{\partial}{\partial t}\right)_s+u\left(\frac{\partial}{\partial x}\right)_s+v\left(\frac{\partial}{\partial y}\right)_s+\dot{s}\frac{\partial}{\partial s} \tag{3.49}$$

3.2.3 静力学方程

在式(3.46)中,令 $F\equiv p$,可得 s 坐标系中的静力学方程为

$$\frac{\partial p}{\partial s}=-\rho\frac{\partial \phi}{\partial s} \tag{3.50}$$

3.2.4 水平压梯度力

由式(3.43)和式(3.44)可得水平梯度算子的转换为

$$\nabla_s F=\nabla_z F+\frac{1}{g}\nabla_s\phi\frac{\partial F}{\partial z} \tag{3.51}$$

其中

$$\nabla_s\equiv \boldsymbol{i}\left(\frac{\partial}{\partial x}\right)_s+\boldsymbol{j}\left(\frac{\partial}{\partial y}\right)_s \tag{3.52}$$

为 s 坐标系中的水平梯度算子。式(3.51)中的 ϕ 和 $\nabla_s\phi$ 分别为等 s 面的重力位势及其坡度。在式(3.51)中,令 $F\equiv p$,可得水平气压梯度力的转换关系为

$$-\frac{1}{\rho}\nabla_z p=-\frac{1}{\rho}\nabla_s p-\nabla_s\phi \tag{3.53}$$

3.2.5 连续方程

考虑如图 3.6a 所示的一个介于等 s 面与等 $s+\delta s$ 面之的微小气柱,其高度为 δz,底面积为 $\delta x\delta y$,质量(m)为

$$m=\rho\delta x\delta y\delta z=\rho\frac{\partial z}{\partial s}\delta x\delta y\delta s \tag{3.54}$$

式中,ρ 为空气密度。在上式中,用了关系式 $\delta z=(\partial z/\partial s)\delta s$。为了区分起见,我们在本小节将用符号"$\delta$"表示空间微分,而符号"d"则表示对时间的微分。对该小气柱而言,质量守恒原理可表示为

$$\frac{\mathrm{d}m}{\mathrm{d}t}=\frac{\mathrm{d}}{\mathrm{d}t}\left(\rho\frac{\partial z}{\partial s}\delta x\delta y\delta s\right)=0 \tag{3.55}$$

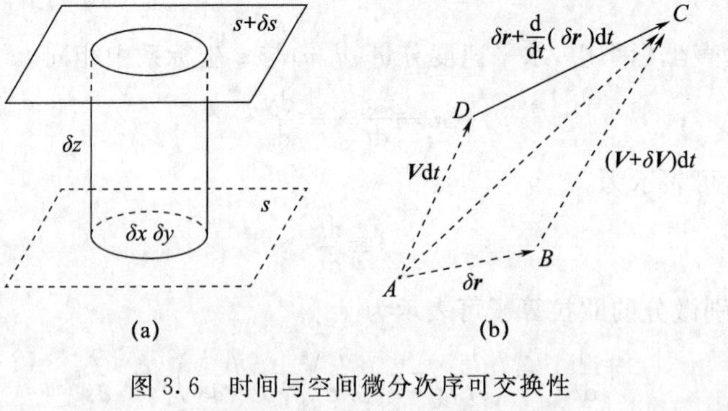

图 3.6 时间与空间微分次序可交换性

将上式展开，有

$$\frac{\mathrm{d}}{\mathrm{d}t}\left(\rho\frac{\partial z}{\partial s}\right)+\rho\frac{\partial z}{\partial s}\left(\frac{1}{\delta x}\frac{\mathrm{d}\delta x}{\mathrm{d}t}+\frac{1}{\delta y}\frac{\mathrm{d}\delta y}{\mathrm{d}t}+\frac{1}{\delta s}\frac{\mathrm{d}\delta s}{\mathrm{d}t}\right)=0 \tag{3.56}$$

可以证明，式(3.56)中对时间的微分与对空间的微分次序可以调换。如图 3.6b 所示，经过 $\mathrm{d}t$ 时间后，起始位于$\overrightarrow{AB}$(即 $\delta\boldsymbol{r}$)处的空气移动到了$\overrightarrow{DC}$[即 $\delta\boldsymbol{r}+(\mathrm{d}\delta\boldsymbol{r}/\mathrm{d}t)\mathrm{d}t$]所在位置。$A$ 点的位移为$\overrightarrow{AD}$(即 $\boldsymbol{V}\mathrm{d}t$)，$B$ 点的位移为$\overrightarrow{BC}$[即$(\boldsymbol{V}+\delta\boldsymbol{V})\mathrm{d}t$]。显然，在矢量四边形 $ABCD$ 中，有如下矢量恒等式成立

$$\boldsymbol{V}\mathrm{d}t+\delta\boldsymbol{r}+\frac{\mathrm{d}}{\mathrm{d}t}(\delta\boldsymbol{r})\mathrm{d}t=\delta\boldsymbol{r}+(\boldsymbol{V}+\delta\boldsymbol{V})\mathrm{d}t \tag{3.57}$$

整理可得

$$\frac{\mathrm{d}}{\mathrm{d}t}(\delta\boldsymbol{r})=\delta\boldsymbol{V}=\delta\frac{\mathrm{d}\boldsymbol{r}}{\mathrm{d}t} \tag{3.58}$$

即时间微分与空间微分次序可以交换。在式(3.56)中，交换微分次序之后，得

$$\frac{\mathrm{d}}{\mathrm{d}t}\left(\rho\frac{\partial z}{\partial s}\right)+\rho\frac{\partial z}{\partial s}\left(\frac{\delta u}{\delta x}+\frac{\delta v}{\delta y}+\frac{\delta\dot{s}}{\delta s}\right)=0 \tag{3.59}$$

令 $\delta x,\delta y,\delta s\rightarrow 0$，取极限得 s 坐标系中的连续方程可表示为

$$\frac{\mathrm{d}}{\mathrm{d}t}\left(\rho\frac{\partial z}{\partial s}\right)+\rho\frac{\partial z}{\partial s}\left(\frac{\partial u}{\partial x}+\frac{\partial v}{\partial y}+\frac{\partial\dot{s}}{\partial s}\right)=0 \tag{3.60}$$

3.3　θ 坐标系

θ 坐标系指以位温 θ 作为铅直坐标变量的坐标系 $O(x,y,\theta,t)$。位温 θ 定义为

$$\theta\equiv T\left(\frac{1000}{p}\right)^{\frac{R}{c_p}} \tag{3.61}$$

$\theta=$常数的面称为等位温面或等熵面。

在 θ 坐标系中，“铅直速度”分量为

$$\dot{\theta}\equiv\frac{\mathrm{d}\theta}{\mathrm{d}t} \tag{3.62}$$

利用位温 θ，可将热力学第一定律式(3.33)改写为

$$\frac{\mathrm{d}\ln\theta}{\mathrm{d}t}=\frac{1}{c_pT}\frac{\delta Q}{\delta t} \tag{3.63a}$$

或

$$\dot{\theta}=\frac{\theta}{c_pT}\frac{\delta Q}{\delta t} \tag{3.63b}$$

“铅直速度”正比于非绝热加热率是 θ 坐标系的一个显著特点。对于干绝热运动，由于 $\delta Q/\delta t=0$，故 θ 坐标系中铅直速度分量为零

$$\dot{\theta}=0 \tag{3.64}$$

θ 坐标系中的个别微分的欧拉算子则可表示为

$$\left(\frac{\mathrm{d}}{\mathrm{d}t}\right)_\theta=\left(\frac{\partial}{\partial t}\right)_\theta+u\left(\frac{\partial}{\partial x}\right)_\theta+v\left(\frac{\partial}{\partial y}\right)_\theta \tag{3.65}$$

可见,对于干绝热运动,采用θ坐标系比较方便。在此坐标系中,可通过等θ面分析(又称“等熵面分析”)了解场变量的时、空变化规律。

在式(3.53)中,令$s\equiv\theta$,则θ坐标系中的水平气压梯度力可表示为

$$-\frac{1}{\rho}\nabla_z p=-\frac{1}{\rho}\nabla_\theta p-\nabla_\theta\phi \tag{3.66}$$

式中

$$\nabla_\theta\equiv\boldsymbol{i}\left(\frac{\partial}{\partial x}\right)_\theta+\boldsymbol{j}\left(\frac{\partial}{\partial y}\right)_\theta \tag{3.67}$$

为θ坐标系中的水平梯度算子。对式(3.61)取对数微分得

$$\frac{1}{\rho}\nabla_\theta p=\nabla_\theta(c_pT) \tag{3.68}$$

代入式(3.66),可将水平气压梯度力改写为

$$-\frac{1}{\rho}\nabla_z p=-\nabla_\theta\Psi \tag{3.69}$$

其中

$$\Psi\equiv c_pT+\phi \tag{3.70}$$

称为蒙哥马利(Montgomery)流函数。在等θ面上,$\Psi=$常数的线就是地转风的流线;Ψ是单位质量空气的感热(c_pT)和重力位势(ϕ)之和,故又称为干静力能。

分别在式(3.50)和式(3.60)中令$s\equiv\theta$,则θ坐标系中的静力学方程和质量连续方程可分别写为

$$\frac{\partial p}{\partial\theta}=-\rho\frac{\partial\phi}{\partial\theta} \tag{3.71}$$

和

$$\frac{\mathrm{d}}{\mathrm{d}t}\left(\rho\frac{\partial z}{\partial\theta}\right)+\rho\frac{\partial z}{\partial\theta}\left(\frac{\partial u}{\partial x}+\frac{\partial v}{\partial y}\right)_\theta=0 \tag{3.72}$$

利用式(3.71),上式又可改写为

$$\frac{\mathrm{d}}{\mathrm{d}t}\left(\frac{\partial p}{\partial\theta}\right)+\frac{\partial p}{\partial\theta}\left(\frac{\partial u}{\partial x}+\frac{\partial v}{\partial y}\right)_\theta=0 \tag{3.73}$$

综合上述讨论,θ坐标系中运动的基本方程组可写为

$$\begin{cases}\dfrac{\mathrm{d}\boldsymbol{V}_\mathrm{h}}{\mathrm{d}t}=-\nabla_\theta\Psi-f\boldsymbol{k}\times\boldsymbol{V}_\mathrm{h}+\boldsymbol{D}_\mathrm{h}\\[2ex]\dfrac{\partial p}{\partial\theta}=-\rho\dfrac{\partial\phi}{\partial\theta}\\[2ex]\dfrac{\mathrm{d}}{\mathrm{d}t}\left(\dfrac{\partial p}{\partial\theta}\right)+\dfrac{\partial p}{\partial\theta}\nabla_\theta\cdot\boldsymbol{V}_\mathrm{h}=0\\[2ex]\dot{\theta}=0,\text{或 }\theta\equiv T\left(\dfrac{1000}{p}\right)^{\frac{R}{c_p}}\\[2ex]p=\rho RT\\\Psi\equiv c_pT+\phi\end{cases} \tag{3.74}$$

式中，d/dt 为式(3.65)定义的个别微分算子。

3.4　地形(σ)坐标系

由于大气的下边界面是一个有海陆差异、地形起伏非常复杂的下垫面，它在上述几种坐标系中都不是一个坐标面，因此，上述几种坐标系中的下边界条件都比较复杂。为了满足处理与地形有关的问题的需要，菲利浦斯(N. A. Phillips) 于 1957 年设计了一种所谓的“地形坐标系”，即本节将要讨论的“σ 坐标系”。

令

$$\sigma \equiv \frac{p}{p_0} \tag{3.75}$$

式中，p_0 为下垫面上的气压，p 为任一高度的气压。以 σ 为铅直坐标变量的坐标系称为 σ 坐标系。显然，在下垫面($p=p_0$)上，$\sigma=1$；在大气顶($p=0$)处，有 $\sigma=0$。可见，无论下垫面多么复杂，地形高度有多高，上、下边界面都是一个坐标面($\sigma=$常数，图 3.7)，因此，σ 坐标系又称为“地形坐标系”。它克服了 p 坐标系和 θ 坐标系中下垫面不是坐标面而导致边界条件复杂的缺陷，特别适用于考虑地形的情形。这时，在上、下边界处，可取边界条件为

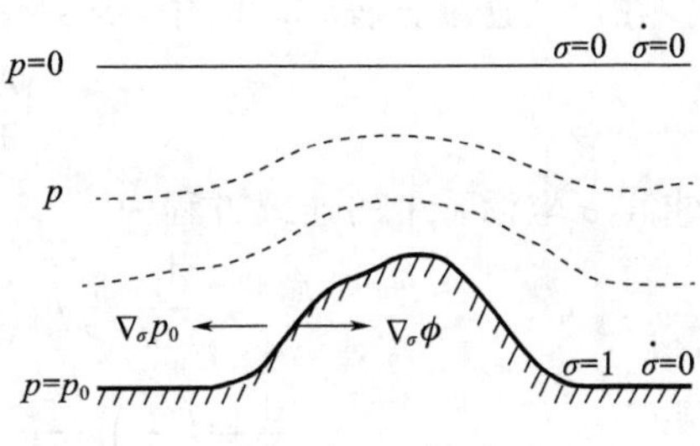

图 3.7　σ 坐标系

$$\dot{\sigma} \equiv \frac{\mathrm{d}\sigma}{\mathrm{d}t} = 0, \qquad \text{当 } \sigma=1 \text{ 或 } \sigma=0 \tag{3.76}$$

在式(3.50)中，令 $s \equiv \sigma$，得

$$\frac{\partial p}{\partial \sigma} = -\rho \frac{\partial \phi}{\partial \sigma} \tag{3.77}$$

式中，ϕ 为重力位势。根据式(3.75)，应有

$$p = \sigma p_0 \tag{3.78}$$

及

$$\frac{\partial p}{\partial \sigma} = p_0 = \frac{p}{\sigma} \tag{3.79}$$

代入式(3.77)，则 σ 坐标系中的静力学方程可改写为

$$\frac{\partial \phi}{\partial \sigma} = -\frac{p_0}{\rho} = -\frac{RT}{\sigma} \tag{3.80}$$

根据广义垂直坐标中的微分关系，可得水平气压梯度力在 σ 坐标系中的表达式为

$$-\frac{1}{\rho}\nabla_z p = -\frac{1}{\rho}\nabla_\sigma p - \nabla_\sigma \phi \tag{3.81}$$

其中
$$\nabla_\sigma \equiv \boldsymbol{i}\left(\frac{\partial}{\partial x}\right)_\sigma + \boldsymbol{j}\left(\frac{\partial}{\partial y}\right)_\sigma \tag{3.82}$$
为 σ 坐标系中的水平梯度算子。$\nabla_\sigma \phi$ 为等 σ 面的位势梯度，或等 σ 面的“坡度”。由式(3.78)可得
$$\nabla_\sigma p = \sigma \nabla_\sigma p_0 \tag{3.83}$$
于是，式(3.81)可改写为
$$-\frac{1}{\rho}\nabla_z p = -\nabla_\sigma \phi - RT\,\nabla_\sigma \ln p_0 \tag{3.84}$$
可见 σ 坐标系中的水平气压梯度力的形式比较复杂，而且，在大地形附近，水平气压梯度 $\nabla_\sigma p_0$ 与地形位势梯度 $\nabla_\sigma \phi$ 往往是大小相当，但方向相反(图 3.7)，这就使得 σ 坐标系中的水平气压梯度力变成两个大量间的小差，难以准确定量估算。

在广义连续方程(3.60)中，令 $s=\sigma$，并注意利用静力学关系式(3.80)，有
$$\frac{\partial z}{\partial \sigma} = -\frac{p_0}{\rho g} \tag{3.85}$$
可求得 σ 坐标系中的连续方程为
$$\frac{\mathrm{d}p_0}{\mathrm{d}t} + p_0\left(\frac{\partial u}{\partial x} + \frac{\partial v}{\partial y} + \frac{\partial \dot{\sigma}}{\partial \sigma}\right) = 0 \tag{3.86}$$
其中
$$\frac{\mathrm{d}}{\mathrm{d}t} \equiv \left(\frac{\partial}{\partial t}\right)_\sigma + u\left(\frac{\partial}{\partial x}\right)_\sigma + v\left(\frac{\partial}{\partial y}\right)_\sigma + \dot{\sigma}\frac{\partial}{\partial \sigma} \tag{3.87}$$
为 σ 坐标系中个别微分算子的欧拉展式。连续方程式(3.86)还可改写为
$$\left(\frac{\partial p_0}{\partial t}\right)_\sigma + \nabla_\sigma \cdot (p_0 \boldsymbol{V}_\mathrm{h}) + \frac{\partial p_0 \dot{\sigma}}{\partial \sigma} = 0 \tag{3.88}$$

最后，综合起来，可将 σ 坐标系中的运动方程组表示为
$$\begin{cases} \dfrac{\mathrm{d}\boldsymbol{V}_\mathrm{h}}{\mathrm{d}t} = -\nabla_\sigma \phi - RT\,\nabla_\sigma \ln p_0 - f\boldsymbol{k}\times\boldsymbol{V}_\mathrm{h} + \boldsymbol{D}_\mathrm{h} \\ \dfrac{\partial \phi}{\partial \sigma} = -\dfrac{p_0}{\rho} = -\dfrac{RT}{\sigma} \\ \left(\dfrac{\partial p_0}{\partial t}\right)_\sigma + \nabla_\sigma \cdot (p_0 \boldsymbol{V}_\mathrm{h}) + \dfrac{\partial p_0 \dot{\sigma}}{\partial \sigma} = 0 \\ \dfrac{\partial \theta}{\partial t} + \boldsymbol{V}_\mathrm{h}\cdot\nabla_\sigma \theta + \dot{\sigma}\dfrac{\partial \theta}{\partial \sigma} = \dfrac{\theta}{c_p T}\dfrac{\delta Q}{\delta t} \\ p = \rho RT \\ \sigma \equiv \dfrac{p}{p_0} \end{cases} \tag{3.89}$$

σ 坐标系把复杂的边界面变为简单的坐标面，因而使边界条件变得简单，克服了其他坐标系处理边界问题的困难。但是，应该注意到，在 σ 坐标系中，水平气压梯度力和连续方程的形式都变得更复杂了，须小心处理。

习　题

1. 说明位势高度的定义及其与几何高度的区别和联系。

2. 什么叫等高面分析，什么叫等压面分析？

3. p 坐标系的基础是什么，有何优缺点？

4. 等压面坡度与水平气压梯度的关系如何？在天气图上如何判断等压面坡度的大小和方向？

5. 说明大尺度运动中 p 铅直速度 ω 与实际上升运动和下沉运动的关系。

6. 气压局地变化与等压面升降有何关系？

7. 比较说明 p 坐标，θ 坐标和 σ 坐标系的优缺点及适用性。

8. 利用广义垂直坐标系与 z 坐标系的转换关系导出 p 坐标，θ 坐标及 σ 坐标系中的水平气压梯度，静力平衡关系及连续方程的表达式。

9. 令 $Z^* = -H\ \ln(p/p_0)$，其中，$H = RT_0/g$ 为均质大气高度，取常数，$p_0 =$ 1000 hPa。试导出以 Z^* 为垂直坐标的水平运动方程。

10. 证明 p 坐标系中的静力稳定度参数

$$\hat{\sigma} \equiv -\alpha \frac{\partial \ln\theta}{\partial p}$$

可表示为

$$\hat{\sigma} = \frac{R}{p}\sigma^*$$

其中，p,α,θ，和 R 分别为空气的压力，比容，位温和比气体常数；$\sigma^* \equiv \alpha(\gamma_d - \gamma)/g$，$\gamma_d \equiv g/c_p$ 为空气的绝热减温率，$\gamma \equiv -\dfrac{\partial T}{\partial z}$ 为大气层结减温率，T, c_p 和 g 分别为气温，比定压热容和重力加速度。

11. 证明 p 坐标系的热力学方程可写作

$$\left(\frac{\partial}{\partial t} + u\frac{\partial}{\partial x} + v\frac{\partial}{\partial y}\right)_p \left(-\frac{\partial \Phi}{\partial p}\right) - \hat{\sigma}\omega = \frac{\alpha}{c_p}\frac{\mathrm{d}s}{\mathrm{d}t}$$

式中，$\hat{\sigma} = -\alpha(\partial \ln\theta/\partial p)$ 为静力稳定度参数，α 为比容，$\mathrm{d}s/\mathrm{d}t \equiv (1/T)(\delta Q/\delta t)$，$s$ 为比熵，$\delta Q/\delta t$ 为对单位质量空气的加热率。

12. 利用广义铅直坐标系中的连续方程，证明 θ 坐标系和 σ 坐标系中的连续方程可分别表示为

$$\frac{\mathrm{d}}{\mathrm{d}t}\left(\frac{\partial p}{\partial \theta}\right) + \frac{\partial p}{\partial \theta}\nabla_\theta \cdot \boldsymbol{V}_\mathrm{h} = 0$$

$$\left(\frac{\partial p_0}{\partial t}\right)_\sigma + \nabla_\sigma \cdot (p_0 \boldsymbol{V}_\mathrm{h}) + \frac{\partial p_0 \dot{\sigma}}{\partial \sigma} = 0$$

式中，θ 为位温；$\sigma \equiv p/p_0$，p 为气压，p_0 为地面气压；还有

$$\nabla_\theta \equiv \boldsymbol{i}\left(\frac{\partial}{\partial x}\right)_\theta + \boldsymbol{j}\left(\frac{\partial}{\partial y}\right)_\theta$$

$$\nabla_\sigma \equiv \boldsymbol{i}\left(\frac{\partial}{\partial x}\right)_\sigma + \boldsymbol{j}\left(\frac{\partial}{\partial y}\right)_\sigma$$

13. 同一气压系统在各高度上的中心的连线称为该气压系统的中心轴线(图 1),假定大气满足静力平衡条件。

(1)证明热力不对称的气压系统的中心轴线对铅直方向的倾角 β 满足

$$\tan\beta = \frac{\delta x}{\delta z} = -\frac{1}{T}\left(\frac{\partial T}{\partial x}\right)_p \Big/ \left(\frac{\partial^2 z}{\partial x^2}\right)_p$$

并由此分别说明高、低压系统中心轴线随高度倾斜的特征(向冷区倾斜还是向暖区倾斜)。(提示:轴线上 $\left(\frac{\partial z}{\partial x}\right)_p = 0$)

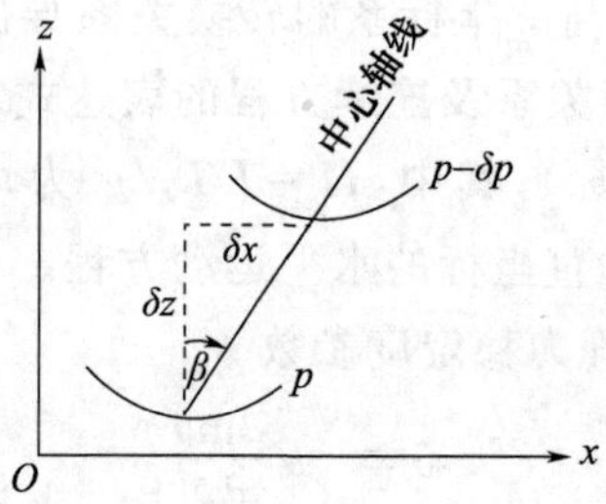

图 1

(2)证明对于热力对称的气压系统,等压面坡度随高度的变化满足

$$\frac{\partial}{\partial z}\left(\frac{\partial z}{\partial x}\right)_p = \frac{1}{T}\left(\frac{\partial T}{\partial x}\right)_p$$

并由此说明:冷低压和暖高压是铅直方向的深厚系统;而暖低压和冷高压则是浅薄系统。

第 4 章　自由大气中的平衡运动

作为大气运动方程的简单应用，本章将讨论自由大气（远离大气边界层、摩擦力可略而不计）中、两个或两个以上的作用力平衡条件下的大气运动——平衡运动。一方面，正如用尺度分析方法简化方程得到的结果所表明的一样，在低阶近似上，它们可视为是实际大气运动的近似代表，因此，对它们的研究具有重要的实际意义；另一方面，支配简单平衡运动的力的平衡关系（如地转风平衡）常可作为气象学理论分析或实际计算中的近似关系。了解和掌握一些简单平衡运动的特征和基本性质，也是深入认识更复杂大气运动的必要基础。

4.1　自然坐标系中的运动方程

4.1.1　自然坐标系

如图 4.1a 所示，曲线 s 为某一空气质点的水平轨迹线，我们将这样选取轨迹线上任一点 P 处的自然坐标系 (s,n,z,t)：s 轴位于水平面内，指向与该点的空气微团的水平速度矢($\mathbf{V}_\mathrm{h}$)的方向一致，该方向的单位矢量记为 $\boldsymbol{\tau}$；n 轴亦位于水平面内，与 s 轴垂直，指向其左方，单位矢量为 $\boldsymbol{n}$；z 轴与水平面垂直，指向天顶，单位矢量为 $\boldsymbol{k}$。图 4.1 中，x 轴为某参考坐标轴，β 为相对于参考坐标轴的水平风向角。显然，对于曲线运动，自然坐标系的水平坐标轴 (s,n) 的指向是随空气微团运动的方向变化而改变的，即轨迹线上不同点处的坐标轴指向可能是不同的。在自然坐标系中，水平速度矢可表示为

$$\mathbf{V}_\mathrm{h}=V_\mathrm{h}\boldsymbol{\tau} \tag{4.1}$$

式中，V_h 是水平风速的大小，它应是一个非负数。自然坐标系中的水平梯度算子可表示为

$$\nabla_\mathrm{h}\equiv\boldsymbol{\tau}\frac{\partial}{\partial s}+\boldsymbol{n}\frac{\partial}{\partial n} \tag{4.2}$$

个别微分的欧拉算式可写为

$$\frac{\mathrm{d}}{\mathrm{d}t}=\frac{\partial}{\partial t}+V_{\mathrm{h}}\frac{\partial}{\partial s}+V_{z}\frac{\partial}{\partial z} \tag{4.3}$$

式中,V_z 为空气微团的垂直速度。若运动是纯水平运动($V_z=0$),则上式进一步简化为

$$\frac{\mathrm{d}}{\mathrm{d}t}=\frac{\partial}{\partial t}+V_{\mathrm{h}}\frac{\partial}{\partial s} \tag{4.4}$$

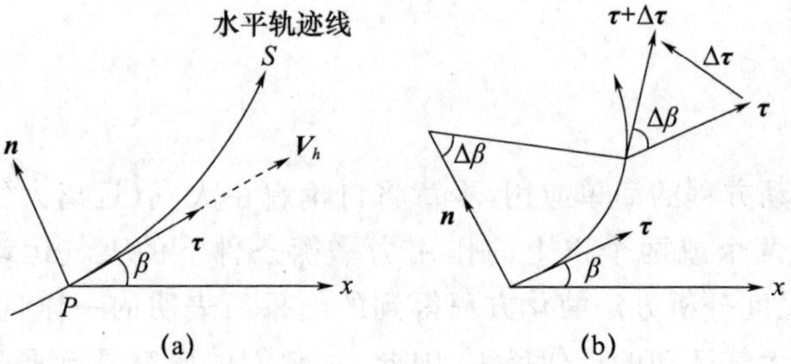

图 4.1　自然坐标系

4.1.2　自然坐标系中的运动方程

不计摩擦,水平运动的支配方程可表示为

$$\frac{\mathrm{d}\boldsymbol{V}_{\mathrm{h}}}{\mathrm{d}t}=-\frac{1}{\rho}\nabla_{\mathrm{h}}p-f\boldsymbol{k}\times\boldsymbol{V}_{\mathrm{h}} \tag{4.5}$$

要求得自然坐标系中的运动方程,须导出上式中各项在自然坐标系中的分量形式。左边的加速度项可表示为

$$\frac{\mathrm{d}\boldsymbol{V}_{\mathrm{h}}}{\mathrm{d}t}=\boldsymbol{\tau}\frac{\mathrm{d}V_{\mathrm{h}}}{\mathrm{d}t}+V_{\mathrm{h}}\frac{\mathrm{d}\boldsymbol{\tau}}{\mathrm{d}t} \tag{4.6}$$

右边第二项中的切向单位矢 $\boldsymbol{\tau}$ 的变化率可按下式计算(参见图 4.1b)

$$\frac{\mathrm{d}\boldsymbol{\tau}}{\mathrm{d}t}=\lim_{\Delta t\to 0}\frac{\Delta\boldsymbol{\tau}}{\Delta t}=\boldsymbol{n}\lim_{\Delta t\to 0}\frac{\Delta\beta}{\Delta t}=V_{\mathrm{h}}K_{\mathrm{T}}\boldsymbol{n} \tag{4.7}$$

其中

$$K_{\mathrm{T}}\equiv\frac{\mathrm{d}\beta}{\mathrm{d}s} \tag{4.8}$$

为空气微团运动轨迹的曲率,其倒数 $R_{\mathrm{T}}\equiv 1/K_{\mathrm{T}}$ 称为轨迹的曲率半径。气象上约定,在北半球,当 $K_{\mathrm{T}}>0$ 时,称之为气旋式曲率;当 $K_{\mathrm{T}}<0$ 时,称为反气旋式曲率。$V_{\mathrm{h}}\equiv \mathrm{d}s/\mathrm{d}t$ 为空气微团的水平速度。将式(4.7)代入式(4.6),得

$$\frac{\mathrm{d}\boldsymbol{V}_{\mathrm{h}}}{\mathrm{d}t}=\boldsymbol{\tau}\frac{\mathrm{d}V_{\mathrm{h}}}{\mathrm{d}t}+\boldsymbol{n}V_{\mathrm{h}}^{2}K_{\mathrm{T}} \tag{4.9}$$

右边第一项代表由于速度大小的变化产生的切向加速度,第二项则是风向变化产生的法向加速度。式(4.5)中的气压梯度力和折向力可分别表示为

$$-\frac{1}{\rho}\nabla_{h}p=-\frac{1}{\rho}\frac{\partial p}{\partial s}\boldsymbol{\tau}-\frac{1}{\rho}\frac{\partial p}{\partial n}\boldsymbol{n} \tag{4.10}$$

$$-f\boldsymbol{k}\times\boldsymbol{V}_{h}=-fV_{h}\boldsymbol{n} \tag{4.11}$$

于是，自然坐标系中的切向($\boldsymbol{\tau}$)和法向($\boldsymbol{n}$)分量方程可分别表示为

$$\frac{\mathrm{d}V_{h}}{\mathrm{d}t}=-\frac{1}{\rho}\frac{\partial p}{\partial s} \tag{4.12}$$

$$V_{h}^{2}K_{T}=-\frac{1}{\rho}\frac{\partial p}{\partial n}-fV_{h} \tag{4.13}$$

切向运动方程表明，只有切向(沿运动方向)气压梯度力才能改变运动的速度大小(即制造动能)。法向运动方程表现为法向惯性力、气压梯度力和折向力三个力的平衡关系。在自然坐标系中，因为水平速度只有切向分量，所以水平折向力只在法向运动方程中出现，作用力与运动的关系表述得非常清晰，这是自然坐标系的优点。但是，由于自然坐标轴向与流向有关，因而与时间有关，因此不便于对时间积分及其他有关的定量计算。

4.1.3　轨迹曲率与流线曲率的关系

轨迹是同一空气微团在不同时刻的位置的连线，而流线则是同一时刻不同空气微团位置的连线。二者有根本区别，但是它们又有一定的联系。在连续流场中，任一时刻、空间上任一流速不为零的点上，必有一条流线和一条轨线经过，而且，二者在该点具有公切线，这点的水平速度方向就是这条公切线的方向。对于轨迹线，风向角 β 可表示为 $\beta=\beta[s(t)]$，于是有

$$\frac{\mathrm{d}\beta}{\mathrm{d}t}=\frac{\mathrm{d}\beta}{\mathrm{d}s}\frac{\mathrm{d}s}{\mathrm{d}t}=V_{h}K_{T} \tag{4.14}$$

对于流线，β 可表示为 $\beta=\beta(s,t)$，个别变化率可表示为

$$\frac{\mathrm{d}\beta}{\mathrm{d}t}=\frac{\partial\beta}{\partial t}+V_{h}\frac{\partial\beta}{\partial s}=\frac{\partial\beta}{\partial t}+V_{h}K_{s} \tag{4.15}$$

其中

$$K_{s}\equiv\frac{\partial\beta}{\partial s} \tag{4.16}$$

为流线的曲率，其倒数 $R_{s}\equiv 1/K_{s}$ 称为流线曲率半径。比较式(4.15)与式(4.14)，可得联系轨线曲率与流线曲率的白拉通(Blaton)公式

$$K_{T}=K_{s}+\frac{1}{V_{h}}\frac{\partial\beta}{\partial t} \tag{4.17}$$

上式表明，仅当流场的风向定常($\partial\beta/\partial t=0$)时，才有

$$K_{T}=K_{s} \tag{4.18}$$

这时，流线与轨线重合。

为了更直观形象地说明轨迹与流线的关系，考虑如下的例子。设流线是北半球

气旋性同心圆族，并以常速 $\boldsymbol{C}$ 整体向东移动，在移动过程中，流线形状保持不变(图 4.2)。以速度 $\boldsymbol{C}$ 移动的观测者所测得的风向角的个别变化率应为零，即

$$\frac{\delta\beta}{\delta t}=\frac{\partial\beta}{\partial t}+\boldsymbol{C}\cdot\nabla_h\beta=0 \tag{4.19}$$

由此可求得风向角的局地变化率为

$$\frac{\partial\beta}{\partial t}=-\boldsymbol{C}\cdot\nabla_h\beta=-CK_s\cos\beta \tag{4.20}$$

将式(4.20)代入式(4.17)，得

$$K_T=K_s\left(1-\frac{C}{V_h}\cos\beta\right) \tag{4.21a}$$

或

$$R_s=R_T\left(1-\frac{C}{V_h}\cos\beta\right) \tag{4.21b}$$

由此可见，流线曲率与轨迹曲率不仅可能大小不同，符号也可能不相同。当 $V_h>C$ 时，R_T 与 R_s 同号(图 4.3a)，当 $\cos\beta<0(\cos\beta>0)$ 时，$|R_s|>|R_T|(|R_s|<|R_T|)$；若 $V_h<C$，则有两种情形：当 $\cos\beta<0$ 时，R_T 与 R_s 同号，且 $|R_T|<|R_s|$；当 $\cos\beta>0$ 时，R_T 可与 R_s 反号(图 4.3b)。

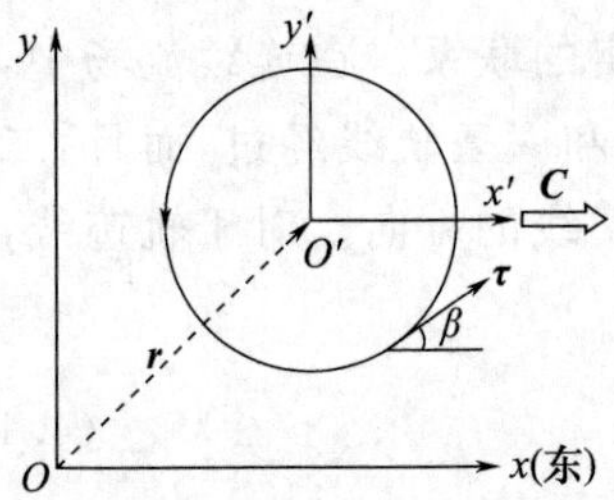

图 4.2　移动的圆形系统

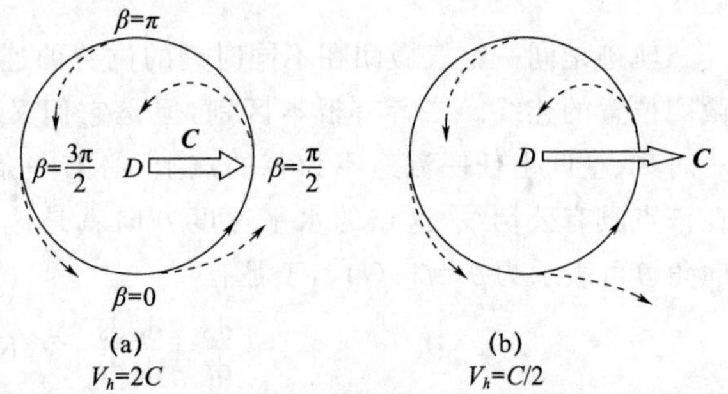

图 4.3　移动系统中的流线与轨迹

4.2　地转风

自由大气中的水平等速($dV_h/dt=0$)、直线($K_T=0$)运动称为“地转风”(geostrophic wind)。这时，运动方程(4.12)和式(4.13)可分别简化为

$$0=-\frac{1}{\rho}\frac{\partial p}{\partial s} \tag{4.22}$$

$$0=-\frac{1}{\rho}\frac{\partial p}{\partial n}-fV_g \tag{4.23}$$

为明确起见，这里用 V_g 取代了水平风速 V_h，V_g 代表地转风风速。式(4.22)表明，地转风沿等压线吹($\partial p/\partial s=0$)；式(4.23)是水平气压梯度力与折向力两个力的平衡关

系，它可改写为

$$\boldsymbol{V}_g = -\frac{1}{f\rho}\frac{\partial p}{\partial n} \tag{4.24}$$

对应的矢量形式可表示为

$$\boldsymbol{V}_g = \frac{1}{f\rho}\boldsymbol{k} \times \nabla_h p \tag{4.25}$$

式(4.24)或式(4.25)称为地转风公式(或方程)。综上所述可见：地转风沿等压线吹，在北半球，观测者背风而立，高压区位于其右侧，低压区位于其左侧(图 4.4)；在南半球则相反，高压位于左侧，低压位于右侧。此即气象学上著名的白贝罗(Buys-Bullot，1857)风压定律，它是中高纬度天气分析的理论基础。另一方面，地转风的大小与水平气压梯度的大小成正比，与空气密度和纬度高低成反比。但应注意的是，在赤道上，$f=0$，地转风的大小趋于"无穷大"，即地转平衡不能成立；在极地附近，纬向运动的空气质点轨迹曲率会很大，不能视为等速直线运动，地转关系也不成立。

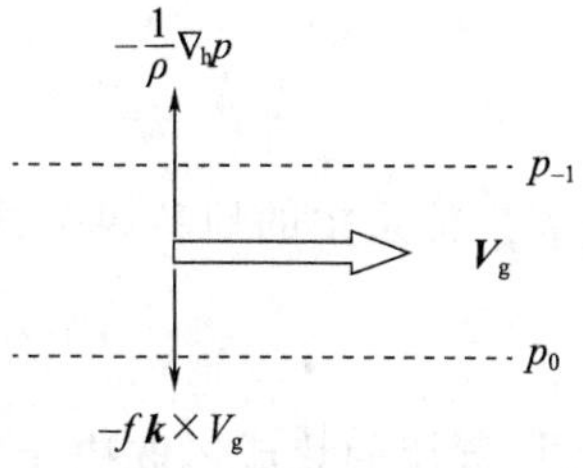

图 4.4　地转风的风压关系

在 p 坐标系中，地转风公式(4.24)和式(4.25)可分别表示为

$$V_g = -\frac{1}{f}\frac{\partial \phi}{\partial n} \tag{4.26}$$

及

$$\boldsymbol{V}_g = \frac{1}{f}\boldsymbol{k} \times \nabla_p \phi = \frac{9.8}{f}\boldsymbol{k} \times \nabla_p H \tag{4.27}$$

式中，ϕ 为等压面的重力位势，H 为位势高度。类似地，p 坐标系中的风压定律可转述为：地转风沿等高线($H=$常数)吹，在北半球，观测者背风而立，高位势区位于其右侧，低位势区位于其左侧；在南半球则相反。但 p 坐标系的地转风公式中不显含空气密度，形式较为简单；当纬度一定时，等压面上等高线的疏密(代表等压面坡度大小)就完全决定了地转风的大小。

4.3　热成风

4.3.1　热成风的定义与性质

在地转平衡和静力平衡同时满足时，风场与温度场之间存在一种重要的平衡关系，即"热成风"(thermal wind)平衡。介于两个等压面 p_1 与 p_2 之间的气层中的热成风 $\boldsymbol{V}_T$ 定义为上、下等压面上地转风的矢量差

$$\boldsymbol{V}_T \equiv \boldsymbol{V}_{g2} - \boldsymbol{V}_{g1} \tag{4.28}$$

式中，$\boldsymbol{V}_{g2}$ 和 $\boldsymbol{V}_{g1}$ 分别是上层($p=p_2$)和下层($p=p_1$)等压面上的地转风(图 4.5a)。根

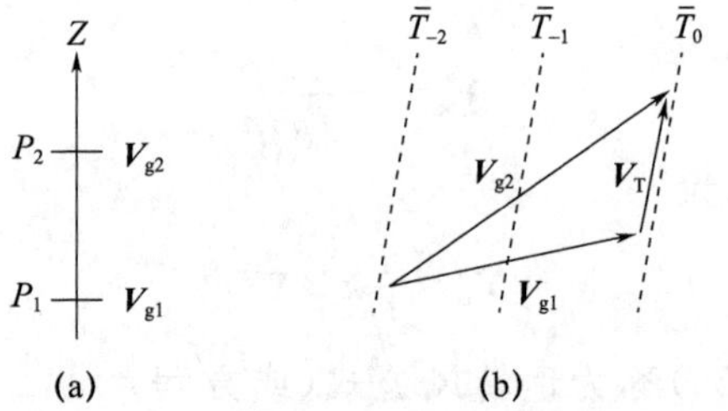

图 4.5 热成风

据 p 坐标系中的地转风公式(4.27),式(4.28)可改写为

$$\boldsymbol{V}_{\mathrm{T}}=\frac{1}{f}\boldsymbol{k}\times\nabla_p(\phi_2-\phi_1) \tag{4.29}$$

可见,气层的热成风取决于气层厚度($h\equiv\phi_2-\phi_1$)的水平梯度。不难证明,在静力平衡条件下,气层的厚度正比于其平均温度。事实上,积分静力学方程[参见式(3.24)]

$$\frac{\partial\phi}{\partial p}=-\frac{RT}{p}$$

得

$$h\equiv\phi_2-\phi_1=\int_{p_2}^{p_1}\frac{RT}{p}\mathrm{d}p=R\bar{T}\ln\frac{p_1}{p_2} \tag{4.30}$$

式中,$\bar{T}$ 为气层的平均温度,并有

$$\bar{T}\equiv\frac{\int_{p_2}^{p_1}T\mathrm{d}\ln p}{\int_{p_2}^{p_1}\mathrm{d}\ln p} \tag{4.31}$$

利用式(4.30),热成风公式或热成风平衡关系式(4.29)可改写为

$$\boldsymbol{V}_{\mathrm{T}}=\frac{R}{f}\ln\frac{p_1}{p_2}\boldsymbol{k}\times\nabla_p\bar{T} \tag{4.32}$$

热成风公式实际上是一种“风温关系”,即地转风随高度的变化与平均温度场的关系。由式(4.32)可知,热成风具有如下基本性质:(1)热成风沿平均等温线吹,在北半球,观测者背风而立,高温区位于其右侧,低温区位于其左侧(图 4.5b);南半球则相反,高温区位于左侧,低温区位于右侧。(2)在给定的气层(p_1,p_2)中,热成风的大小与气层平均温度梯度的大小($|\nabla_p\bar{T}|$)成正比,与纬度高低成反比。

大气可按照其温压结构特征分为正压大气和斜压大气,当空气密度的分布只与压力有关,即 $\rho=\rho(p)$ 时,这种大气称为“正压大气”;否则,称之为“斜压大气”。在正压大气中,等压面即是等密度面,同时也是等温面(亦即等位温面),所以等压面上的温度分布是均匀的($\nabla_pT=0$),于是等压面坡度不随高度而变(图 4.6a),因此,地转风也不随高度而变,即热成风为零;对于斜压大气,等压面上的温度分布不均一,在静力平衡条件下,温度较高(低)的区域对应的气层厚度应较大(小),于是,等压面坡

度必然会随高度变化而变化(图 4.6b),即地转风必随高度而变,也就是说,热成风不为零。由此可见,热成风的存在或者说地转风随高度变化的物理原因是大气的斜压性。

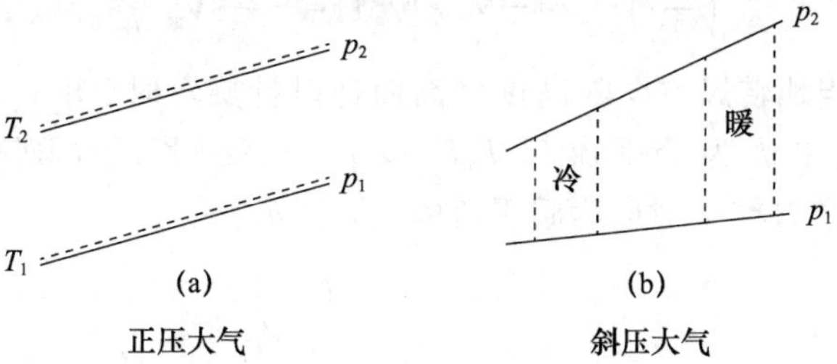

图 4.6　正压大气与斜压大气

在地转平衡和静力平衡同时满足时,热成风平衡自然满足。第 2 章的尺度分析和上述讨论已经表明,除了极地和赤道附近地区外,在最低阶近似下,一般中高纬度地区的大尺度自由大气运动具有准地转、准静力平衡的特征,即在最低阶近似下,热成风平衡是满足的。在斜压大气中,热成风原理是中高纬度天气分析的重要理论基础,有着非常广泛的用途。例如,实际观测表明,北半球中高纬地区的冷低压或暖高压属于深厚系统,而暖低压或冷高压则是浅薄系统,这些经验事实可由热成风原理得到较好的解释。下面将会看到,基于热成风原理,我们还可根据单站地转风向随高度的变化特征判别气层的地转温度平流属性。在本书后面的有关章节中,读者还可看到热成风原理的其他一些应用。

4.3.2　地转风随高度的变化与温度平流的关系

对式(4.27)微分,并利用静力学方程,可得如下单位气层的热成风公式

$$-\frac{\partial \boldsymbol{V}_g}{\partial p}=-\frac{1}{f}\boldsymbol{k}\times\nabla_p\frac{\partial \phi}{\partial p}=\frac{R}{fp}\boldsymbol{k}\times\nabla_p T \tag{4.33a}$$

或

$$\frac{\partial \boldsymbol{V}_g}{\partial z}=\frac{g}{fT}\boldsymbol{k}\times\nabla_p T \tag{4.33b}$$

用单位矢量 $\boldsymbol{k}$ 叉乘上式后,再用地转风速矢 $\boldsymbol{V}_g$ 点乘之,可得

$$\boldsymbol{V}_g\cdot\left(\boldsymbol{k}\times\frac{\partial \boldsymbol{V}_g}{\partial z}\right)=\frac{g}{fT}(-\boldsymbol{V}_g\cdot\nabla_p T)$$

于是,地转风引起的温度平流可表示为

$$\left(\frac{\partial T}{\partial t}\right)_{平流}\equiv-\boldsymbol{V}_g\cdot\nabla_p T=\frac{fT}{g}\boldsymbol{k}\cdot\left(\frac{\partial \boldsymbol{V}_g}{\partial z}\times\boldsymbol{V}_g\right) \tag{4.34}$$

沿地转风方向取自然坐标系(图 4.7),可将地转风及其垂直切变表示为

$$\boldsymbol{V}_g=V_g\boldsymbol{\tau} \tag{4.35}$$

及
$$\frac{\partial \boldsymbol{V}_g}{\partial z}=\frac{\partial V_g}{\partial z}\boldsymbol{\tau}+V_g\frac{\partial \beta}{\partial z}\boldsymbol{n} \tag{4.36}$$
β 为地转风的风向角。式(4.34)可改写为
$$\left(\frac{\partial T}{\partial t}\right)_{平流}=-\boldsymbol{V}_g\cdot\nabla_p T=-\frac{fT}{g}V_g^2\frac{\partial \beta}{\partial z} \tag{4.37}$$
因此,在北半球,当地转风方向随高度增高而逆时针旋转时(图 4.8a),有 $\partial\beta/\partial z>0$,对应的地转温度平流为冷平流($\partial T/\partial t<0$);相反,若风向随高度顺时针旋转(图 4.8b),则有 $\partial\beta/\partial z<0$,对应为暖平流($\partial T/\partial t>0$)。

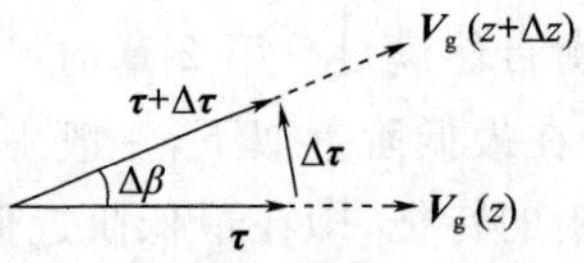

图 4.7 地转风向随高度的变化

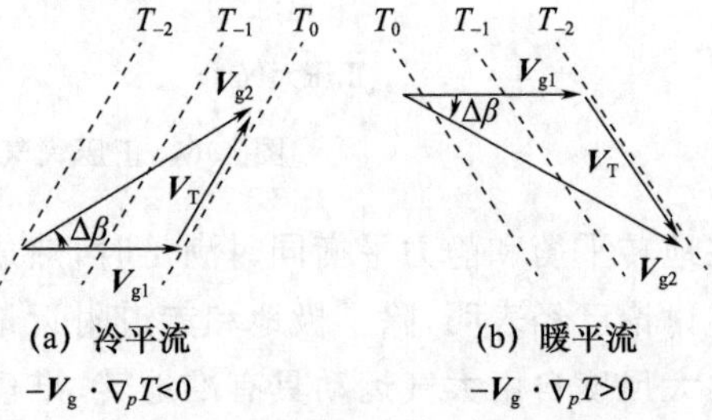

图 4.8 地转风随高度变化与温度平流

4.4 梯度风

自由大气中空气微团的水平匀速曲线运动称为梯度风。由式(4.12)和式(4.13)可得梯度风满足的运动方程可表示为
$$0=-\frac{1}{\rho}\frac{\partial p}{\partial s} \tag{4.38}$$
$$K_T V_G^2=-\frac{1}{\rho}\frac{\partial p}{\partial n}-fV_G \tag{4.39}$$
这里用了下标“G”表示“梯度风”(gradient wind)。式(4.38)和式(4.39)表明,梯度风沿等压线吹,它是在水平气压梯度力、折向力和惯性离心力三个力平衡下的运动。当轨迹曲率趋于零($K_T\to 0$)或曲率半径趋于无穷大($R_T\to\infty$)时,曲线运动趋于直线运动,梯度风便退化为地转风($V_G\to V_g$),换言之,地转风不过是梯度风的一种特例。

在自然坐标系中,梯度风速恒非负($V_G>0$)。由式(4.39)可见,在北半球($f>0$),当 $K_T>0$(气旋式曲率)时,合理的数学解要求必须 $\partial p/\partial n<0$;但当 $K_T<0$(反气旋式曲率)时,可有两种可能,即当 $K_T V_G^2+fV_G>0$ 时,必须 $\partial p/\partial n<0$,而当 $K_T V_G^2+fV_G<0$ 时,则必须 $\partial p/\partial n>0$。对于 $\partial p/\partial n<0$ 的情形,风场与气压场的关系符合白贝罗风压定律,这时的气旋和反气旋分别称为“正常气旋”(图 4.9a)和“正常

反气旋”(图 4.9b)，统称为正常梯度风。图 4.9 给出了两种典型正常梯度风的风压场配置和力的平衡关系示意图，其中的 D 和 G 分别代表气压场上的低压中心和高压中心。

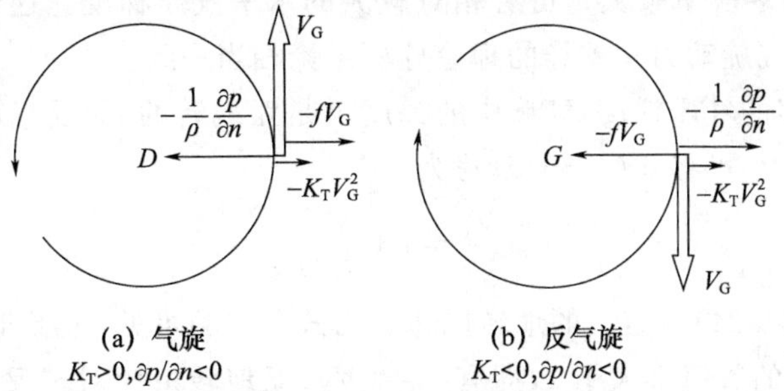

图 4.9　正常气旋与正常反气旋

在 $K_T<0$ 和 $\partial p/\partial n>0$ 的情形，风压场关系不符合白贝罗风压定律，可称之为“反常反气旋”。在大尺度大气运动中，这种风压结构的运动系统实际上并不存在，因此，它只不过是一种应该舍去的纯数学解。

对于正常梯度风，必有 $\partial p/\partial n<0$，梯度风方程(4.39)的数学解可表示为

$$V_G=\frac{-f\pm\sqrt{f^2+\frac{4K_T}{\rho}\left|\frac{\partial p}{\partial n}\right|}}{2K_T} \tag{4.40}$$

考虑到有物理意义的解还须满足如下条件：(1)梯度风速必须是非负数；(2)当 $K_T\to 0$ 时，梯度风必趋于地转风(即 $V_G\to V_g$)。不难证明，式(4.40)右边根号前须取正号才能满足上述条件。即合理的解式应为

$$V_G=\frac{-f+\sqrt{f^2+\frac{4K_T}{\rho}\left|\frac{\partial p}{\partial n}\right|}}{2K_T} \tag{4.41}$$

要保证 V_G 有正实数值，上式中的一些参数还必须满足一定的约束条件，这些条件的差异体现了气旋与反气旋的动力学差异。下面，我们仍以北半球为例，讨论这些动力学差异。

(1)对于气旋，$K_T>0$，式(4.41)中根号内恒为正。因此，解的合理性对轨迹曲率(K_T)和气压梯度($|\partial p/\partial n|$)的数值没有任何限制。但是，反气旋($K_T<0$)的情形则不同，要保证式(4.41)右边根号内的数值非负，还须满足如下约束：

$$\left|\frac{\partial p}{\partial n}\right|\leqslant\frac{1}{4}|R_T|\rho f^2 \tag{4.42}$$

因此，对于反气旋，水平气压梯度有上界。容许的最大气压梯度与运动的曲率半径 $|R_T|$、纬度 φ 及空气密度 ρ 成正比。在实际大气中，我们可以经常观测到很小范围

(R_T很小或 K_T很大)、中心气压很低伴有等压线非常密集(水平压力梯度很大)的气旋性低压。但是,在反气旋中心附近,$|R_T|$很小,气压梯度通常都非常小(等压线稀疏);而在冷高压前沿,$|R_T|$较大,才可见到较大的气压梯度和风速;另外,在较高纬度(f^2 较大)或在冬季(ρ 较大),可有相对较大的水平气压梯度。这些经验事实与上述有关气旋与反气旋动力学差异的理论分析结论相当一致。

(2)对于给定的气压梯度,气旋中的梯度风是亚地转的,而反气旋中的梯度风是超地转的。事实上,可将式(4.39)改写为

$$\frac{V_g}{V_G}=1+\frac{V_G}{fR_T} \tag{4.43}$$

式中,V_g 为由式(4.24)所定义的地转风速。由式(4.43)可见,对于北半球的气旋,有 $R_T>0$,上式右边的数值必大于1,即有 $V_G<V_g$(亚地转);而对于反气旋,$R_T<0$,上式右边的数值必小于1,即有 $V_G>V_g$(超地转)。

4.5 旋衡风和惯性风

4.5.1 旋衡风

假定折向力为零,或折向力非常小以至可略而不计,则梯度风方程可简化为

$$0=-\frac{1}{\rho}\frac{\partial p}{\partial s} \tag{4.44}$$

$$\frac{V_C^2}{R_T}=-\frac{1}{\rho}\frac{\partial p}{\partial n} \tag{4.45}$$

满足上式的运动称为"旋衡风"(cyclostrophic wind),V_C代表自然坐标系中的旋衡风风速。它是在惯性离心力与气压梯度力两个力平衡的条件下沿等压线的运动。式(4.45)表明,当 $R_T>0$,即对应气旋式环流时,压力分布须满足$\partial p/\partial n<0$ 的条件,环流中心应为低压中心(图4.10a);当环流为反气旋式环流,即 $R_T<0$ 时,必须$\partial p/\partial n>0$,环流中心也必须为低压中心(图4.10b)。

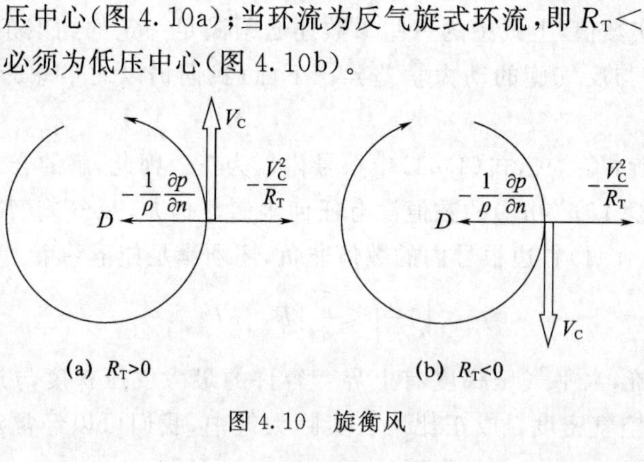

图4.10 旋衡风

由图 4.10 可见，旋衡风沿等压线吹，轨迹可以是气旋式的，也可以是反气旋式的，但是环流中心必须是低压。这就像人们搅动一杯茶水的情形一样，不论是顺时针方向或是逆时针方向搅动茶杯中的水，杯中心的水总是向下凹，即中心要维持为低压中心，以产生指向中心的压力梯度力，以平衡总是从曲率中心指向外的惯性离心力。实际大气中的龙卷风可作为旋衡风的近似代表。但是，经验事实表明，北半球的龙卷风环流大多是气旋式的，这说明，虽然折向力很小，但至少在龙卷风形成的初期，它仍然可能发挥了一定的作用。

4.5.2　惯性风

当气压梯度为零($\partial p/\partial n=0$)时，在折向力与惯性离心力平衡下的运动称为“惯性风”(inertial wind)。其支配方程可表示为

$$\frac{\partial p}{\partial n}=0 \tag{4.46}$$

$$\frac{V_{\mathrm{i}}^2}{R_{\mathrm{T}}}=-fV_{\mathrm{i}} \tag{4.47}$$

式中，下标“i”表示惯性风。式(4.47)的非零解为

$$V_{\mathrm{i}}=-fR_{\mathrm{T}} \tag{4.48}$$

在北半球，$f>0$，只有 $R_{\mathrm{T}}<0$ 时，式(4.48)才是合理的解(非负实数)。因此，北半球的惯性风中的空气微团的轨迹必是反气旋式的(图 4.11a)。因为惯性风是等速率的曲线运动($V_{\mathrm{i}}=$常数)，所以轨迹的曲率半径必会随纬度增大(f 增大)而减小(图 4.11b)，以保持 V_{i}不变。

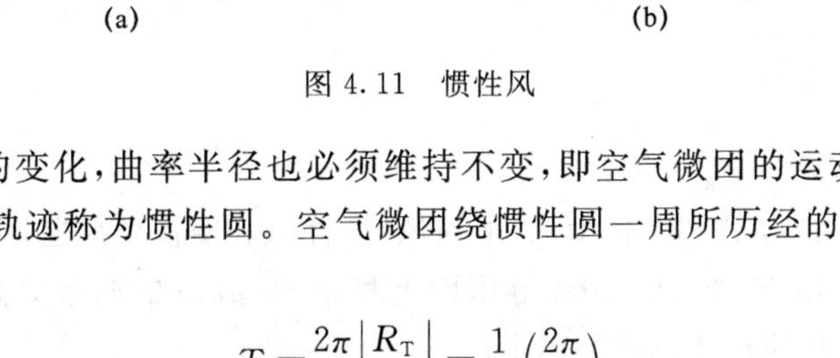

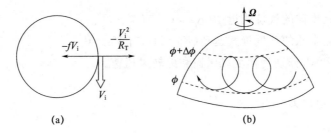

图 4.11　惯性风

若不计 f 的变化，曲率半径也必须维持不变，即空气微团的运动就是匀速圆周运动，这种圆形轨迹称为惯性圆。空气微团绕惯性圆一周所历经的时间称为“惯性周期”

$$T_{\mathrm{i}}=\frac{2\pi|R_{\mathrm{T}}|}{V_{\mathrm{i}}}=\frac{1}{2}\left(\frac{2\pi}{\Omega_z}\right) \tag{4.49}$$

式中，$\Omega_z\equiv\Omega\sin\varphi$ 为纬度 φ 处的地面绕局地铅直轴旋转的角速度，$2\pi/\Omega_z$ 则为绕局地

铅直轴旋转的周期,称为一个摆日。式(4.49)表明,惯性周期正好等于半个摆日。科氏参数 $f(=2\pi/T_i)$恰为惯性振动的频率,称为"惯性频率"。

实际大气中,惯性风的条件(均压场)一般不易满足或维持,所以,惯性运动不易单独存在或维持。但惯性振动可与其他形式的运动混合共存。

习 题

1. 什么叫地转风,它有哪些重要性质?为什么在极地和赤道附近不能应用地转风公式?

2. 在静力平衡条件下,气层的厚度与该气层的平均温度的关系如何?

3. 什么叫正压大气、斜压大气?为什么在正压大气中,等压面坡度不随高度改变?

4. 地转风随高度变化的物理原因是什么?

5. 说明热成风的定义及其性质。如何根据地转风随高度的变化判断地转温度平流?

6. 什么叫自然坐标系?它有何优缺点?

7. 根据 Blaton(白拉通)公式说明流线曲率和轨迹曲率的关系。

8. 说明梯度风的定义及其性质。

9. 气旋与反气旋有哪些动力学差异?

10. 说明旋衡风和惯性风的定义及性质。

11. 证明

(1)对于北半球的气旋式运动($K_T>0$),有 $V_G<V_g$;

(2)对于北半球的反气旋式运动($K_T<0$),有 $V_G>V_g$;

其中,V_G和 V_g分别为梯度风风速和地转风风速。

12. 证明

梯度风方程可表示为

(1)$\dfrac{V_G^2}{V_C^2}+\dfrac{V_G}{V_g}=1$

(2)$V_G^2=V_i(V_G-V_g)$

式中,V_G,V_g,V_i和 V_C分别为梯度风、地转风、惯性风和旋衡风风速。

13. 已知在 45°N 处,500 hPa 等压面上相距 40 gpm 的两条等高线间的最短距离为 200 km,求此处地转风速的大小。

14. 如图 1 所示,设一运动系统的水平流线为圆形,并以常速 C 整体向东(x 轴正向)移动。在移动过程中,流线保持形状不变,求流线曲率与轨迹线曲率的关系。

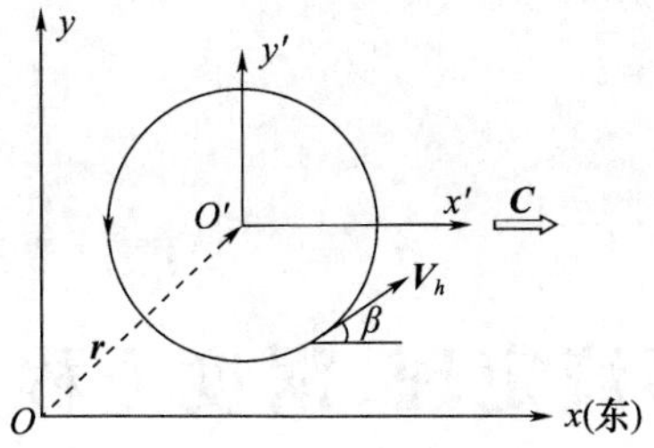

图 1

15. 不计摩擦影响，设一空气质点在均压场(气压梯度力为零)中作水平运动，则其运动方程可表示为

$$\frac{\mathrm{d}u}{\mathrm{d}t}=fv,\qquad \frac{\mathrm{d}v}{\mathrm{d}t}=-fu$$

式中，f 为科氏参数，u 和 v 为水平速度分量。已知该空气为团的初始水平速分量分别为 u_0 和 v_0，试求其运动轨迹和运动周期。

16. 假定地转风风速为 15 m/s；实际风速为 12 m/s，指向地转风之右方，偏角为 30°；设 $f=10^{-4}\ \mathrm{s}^{-1}$。求实际风动能的变率是多少？

17. 给定气压梯度，试估计正常反气旋中的梯度风速与地转风速的最大可能比值。

18. 假定：700—500 hPa 气层满足地转平衡和静力平衡条件；气层的平均温度向北每 100 km 下降 2 ℃，700 hPa 面上的地转风为 20 m/s 的西南风，$f=10^{-4}\ \mathrm{s}^{-1}$。试求 500 hPa 上的地转风风速和风向。

第 5 章 环流定理、涡度方程与散度方程

大气运动包含着涡旋运动和位势运动,其中涡旋运动与大气的旋转特性有关,而位势运动则与大气的辐散特性有关。观测到的大气运动有着非常直观的涡旋运动特征,例如气旋、反气旋,台风等。在流体力学中常用环流(涡度)和散度来描述流体的旋转特性和辐散辐合特性。另外,在动力气象学中,除了直接应用原始运动方程组来分析大气的运动外,在讨论如环流(涡度)和散度等一些问题时,使用运动方程的其他变形形式如涡度方程和散度方程更为直观和方便。

在本书第 1 章已经介绍了速度环流、涡度和散度的概念。本章将介绍环流定理、涡度方程和散度方程的推导,解释它们的物理意义以及在气象学中的实际意义,并且在介绍这些定理的同时,还会引入位涡的概念和导出位涡方程。

5.1 环流定理

5.1.1 绝对环流定理

在第 1 章中已经给出,速度环流(简称环流)是指速度场中某一有向闭合曲线上的速度切向分量沿该闭合曲线的线积分。速度环流是围线上的一群空气微团(或质点)绕该围线运动的总体趋势的量度。绝对速度 $\boldsymbol{V}_{\mathrm{a}}$ 的环流则称为绝对环流,以 C_{a} 表示绝对环流,有

$$C_{\mathrm{a}}=\oint_{L}\boldsymbol{V}_{\mathrm{a}}\cdot\mathrm{d}\boldsymbol{r}\tag{5.1}$$

式中,L 为闭合曲线,$\mathrm{d}\boldsymbol{r}$ 是与 L 方向一致的空间矢径元(图 1.6)。绝对环流随时间的变化率称为绝对环流的加速度。在实际问题中,我们更感兴趣的是绝对环流随时间的变化及造成环流随时间变化的物理过程和因子。为此,首先要导出绝对环流定理。

不考虑摩擦力的绝对运动方程为

$$\frac{\mathrm{d}_{\mathrm{a}}\boldsymbol{V}_{\mathrm{a}}}{\mathrm{d}t}=-\alpha\nabla p-\nabla\phi_{\mathrm{a}}\tag{5.2}$$

式中，ϕ_a 为地心引力势，$\mathrm{d_a}/\mathrm{d}t$ 为绝对坐标系的个别微分算子。对闭合曲线 L，取上式环流积分(为了区分，用 $\delta \boldsymbol{r}$ 来代替环流积分中的 $\mathrm{d}\boldsymbol{r}$)

$$\oint_L \frac{\mathrm{d_a}\boldsymbol{V}_\mathrm{a}}{\mathrm{d}t} \cdot \delta\boldsymbol{r} = -\oint_L \alpha\ \nabla p \cdot \delta\boldsymbol{r} - \oint_L \nabla\phi_\mathrm{a} \cdot \delta\boldsymbol{r} \tag{5.3}$$

上式等号左边的项称为绝对加速度环流，注意到

$$\frac{\mathrm{d_a}}{\mathrm{d}t}\oint_L \boldsymbol{V}_\mathrm{a} \cdot \delta\boldsymbol{r} = \oint_L \frac{\mathrm{d_a}\boldsymbol{V}_\mathrm{a}}{\mathrm{d}t} \cdot \delta\boldsymbol{r} + \oint_L \boldsymbol{V}_\mathrm{a} \cdot \frac{\mathrm{d_a}}{\mathrm{d}t}(\delta\boldsymbol{r}) \tag{5.4}$$

上式右边第二项可变为

$$\oint_L \boldsymbol{V}_\mathrm{a} \cdot \frac{\mathrm{d_a}}{\mathrm{d}t}(\delta\boldsymbol{r}) = \oint_L \boldsymbol{V}_\mathrm{a} \cdot \delta\left(\frac{\mathrm{d_a}\boldsymbol{r}}{\mathrm{d}t}\right) = \oint_L \boldsymbol{V}_\mathrm{a} \cdot \delta\boldsymbol{V}_\mathrm{a} = \frac{1}{2}\oint_L \delta(\boldsymbol{V}_\mathrm{a} \cdot \boldsymbol{V}_\mathrm{a}) = 0$$

所以式(5.4)变为

$$\frac{\mathrm{d_a}}{\mathrm{d}t}\oint_L \boldsymbol{V}_\mathrm{a} \cdot \delta\boldsymbol{r} = \oint_L \frac{\mathrm{d_a}\boldsymbol{V}_\mathrm{a}}{\mathrm{d}t} \cdot \delta\boldsymbol{r} \tag{5.5}$$

上式表明：绝对环流的加速度与绝对加速度的环流相等。

式(5.3)右边第二项为零，因为

$$\oint_L \nabla\phi_\mathrm{a} \cdot \delta\boldsymbol{r} = \oint_L \delta\phi_\mathrm{a} = 0 \tag{5.6}$$

将式(5.5)和式(5.6)代入式(5.3)，并根据式(5.1)，可得绝对环流定理

$$\frac{\mathrm{d_a}C_\mathrm{a}}{\mathrm{d}t} = \frac{\mathrm{d}C_\mathrm{a}}{\mathrm{d}t} = -\oint_L \alpha\ \nabla p \cdot \delta\boldsymbol{r} \tag{5.7}$$

式中，等式右边项称为力管项。标量在绝对坐标系的时间微商与在相对坐标系(旋转坐标系)的时间微商是一样的。式(5.7)表明，绝对环流的加速度等于封闭曲线 L 所包含的力管。

若力管项为零，则绝对环流守恒

$$\frac{\mathrm{d}C_\mathrm{a}}{\mathrm{d}t} = 0 \tag{5.8}$$

下面讨论力管项存在的条件及其物理意义。利用斯托克斯定理(Stokes theorem)，有

$$N = -\oint_L \alpha\ \nabla p \cdot \delta\boldsymbol{r} = -\iint_S \nabla\times(\alpha\ \nabla p) \cdot \mathrm{d}\boldsymbol{s} \tag{5.9}$$

式中，S 是以 L 为边界的曲面，符号“×”代表矢量的矢性积(叉乘)的运算，$\mathrm{d}\boldsymbol{s}$ 为曲面上的矢量面积元素，其大小为 $\mathrm{d}s$，方向为曲面 S 的外法向方向(图 5.1)。

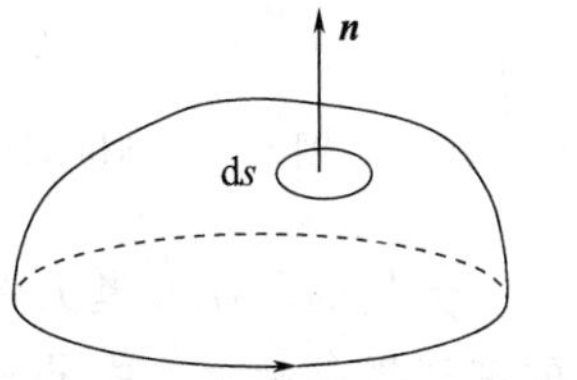

图 5.1　以 L 为闭合曲线边界的曲面

因为

$$\nabla\times(\nabla p) = 0 \tag{5.10}$$

故

$$\nabla\times(\alpha\ \nabla p) = \nabla\alpha \times \nabla p \tag{5.11}$$

若令 $\boldsymbol{B}=\nabla\alpha\times\nabla(-p)$,并称其为斜压矢量,则

$$N=-\oint_L \alpha\ \nabla p\cdot\delta\boldsymbol{r}=\iint_S \boldsymbol{B}\cdot \mathrm{d}\boldsymbol{s} \tag{5.12}$$

对于正压大气,等比容面与等压面重合,则斜压矢量为零,亦即 N 等于零。所以对于无摩擦的正压大气,有式(5.8)表示的绝对环流守恒。我们从上述结果也可以推断出,力管项非零的必要条件是大气的斜压性。

下面讨论斜压矢量 $\boldsymbol{B}$ 的模的物理含义。图 5.2 所示一个单位压容(力)管,即 $\alpha_1-\alpha_0=1$ 及 $p_0-p_{-1}=1$,那么有

$$B=|\boldsymbol{B}|=|\nabla\alpha||\nabla p|\sin\gamma=\frac{1}{h_\alpha}\cdot\frac{1}{h_p}\cdot\sin\gamma=\frac{1}{h_p}\cdot\frac{\sin\gamma}{DC\cdot\cos\beta}=\frac{1}{h_p\cdot DC}=\frac{1}{S_{ABCD}} \tag{5.13}$$

其中 S_{ABCD} 表示四边形 $ABCD$ 的面积,即一个单位压容管即力管所占的面积。式(5.13)表示单位面积上的力管数。而式(5.12)中的 N 则代表 L 所围的力管总数(代数和)。

力管项的物理意义除了代表 L 所围成的力管总数(代数和)外,从力的环流看,力管项还可表示为气压梯度力环流

$$N=-\oint_L \alpha\ \nabla p\cdot\delta\boldsymbol{r} \tag{5.14}$$

上式表示气压梯度力沿闭合曲线的积分。当曲线上的气压梯度力与路径走向相同,则环流加强,反之减弱。从能量观点看,气压梯度力的作用是使大气压强势能转变为动能的过程。因此也有人认为力管“储存”着大气压强势能,而把它称为储能管。

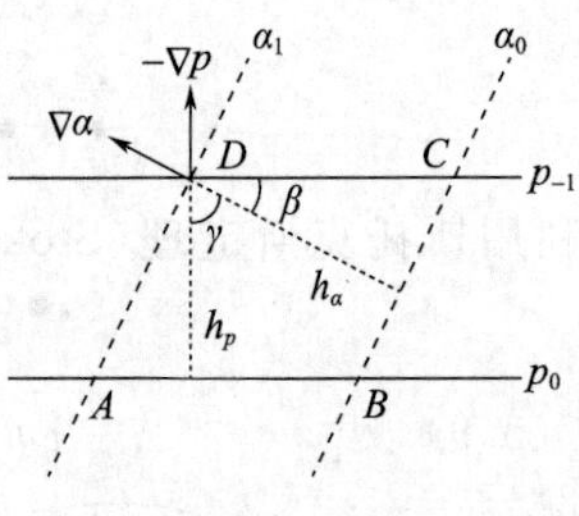

图 5.2 单位压容(力)管

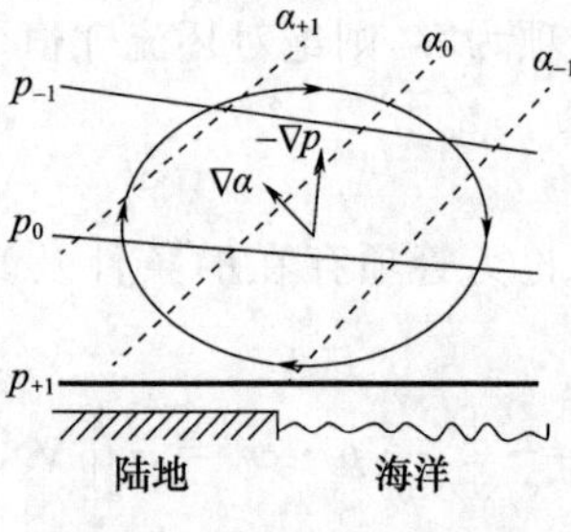

图 5.3 海陆风环流的形成

大气的斜压性是力管项存在的必要条件,也是产生环流加速度的因素,而大气的斜压性是由大气中非均匀加热所产生。这一过程可以用来解释海陆风环流和山谷风环流等的形成。下面以海陆风为例来说明直接热力环流的产生过程。在白天,由于太阳辐射加热导致陆地增温比海洋快,陆地上空的气温要高于海洋上空的气温。因此,如果设地表层的气压是均匀的,则其上空的等压面是向海洋朝下倾斜,等

比容面则向陆地朝下倾斜，因而形成了如图 5.3 所示的力管场，并导致了陆地上空气上升，海洋上空气下沉，下层空气由海洋吹向陆地即海风，而上层空气由陆地吹向海洋。夜间的情况则与白天完全相反。

5.1.2　相对环流定理

在地球上观测到的大气运动的速度是相对地球的速度。相对速度 $\boldsymbol{V}$ 的环流则称为相对环流。由第 1 章可知，绝对速度和相对速度的关系为

$$\boldsymbol{V}_{\mathrm{a}}=\boldsymbol{V}+\boldsymbol{\Omega}\times\boldsymbol{r} \tag{5.15}$$

两边沿闭合曲线 L 积分，则

$$\oint_L \boldsymbol{V}_{\mathrm{a}}\cdot\delta\boldsymbol{r}=\oint_L \boldsymbol{V}\cdot\delta\boldsymbol{r}+\oint_L(\boldsymbol{\Omega}\times\boldsymbol{r})\cdot\delta\boldsymbol{r} \tag{5.16}$$

或

$$C_{\mathrm{a}}=C+C_{\mathrm{e}} \tag{5.17}$$

其中

$$C=\oint_L \boldsymbol{V}\cdot\delta\boldsymbol{r} \tag{5.18}$$

和

$$C_{\mathrm{e}}=\oint_L(\boldsymbol{\Omega}\times\boldsymbol{r})\cdot\delta\boldsymbol{r} \tag{5.19}$$

分别称为相对环流和牵连环流，即绝对环流等于相对环流和牵连环流之和。

由式(5.17)得

$$\frac{\mathrm{d}C_{\mathrm{a}}}{\mathrm{d}t}=\frac{\mathrm{d}C}{\mathrm{d}t}+\frac{\mathrm{d}C_{\mathrm{e}}}{\mathrm{d}t} \tag{5.20}$$

应用斯托克斯定理，则由牵连环流的表达式(5.19)有

$$\begin{aligned}C_{\mathrm{e}}&=\oint_L(\boldsymbol{\Omega}\times\boldsymbol{r})\cdot\delta\boldsymbol{r}=\iint_A\nabla\times(\boldsymbol{\Omega}\times\boldsymbol{r})\cdot\boldsymbol{n}\mathrm{d}A=\iint_A[\boldsymbol{\Omega}\,\nabla_3\cdot\boldsymbol{r}-(\boldsymbol{\Omega}\cdot\nabla_3)\boldsymbol{r}]\cdot\boldsymbol{n}\mathrm{d}A\\&=\iint_A 2\boldsymbol{\Omega}\cdot\boldsymbol{n}\mathrm{d}A=\iint_A 2\Omega\cos\alpha\mathrm{d}A=\iint_A 2\Omega\mathrm{d}A_{\mathrm{e}}=2\Omega A_{\mathrm{e}}\end{aligned} \tag{5.21}$$

式中，$\boldsymbol{n}$ 是曲面元 $\mathrm{d}A$ 的外法线方向单位向量，α 是 $\boldsymbol{\Omega}$ 与 $\boldsymbol{n}$ 的夹角，$\mathrm{d}A_{\mathrm{e}}$ 是 $\mathrm{d}A$ 在赤道平面上的投影，如图 5.4 所示。A_{e} 则是曲面 A 在赤道平面上的投影面积。

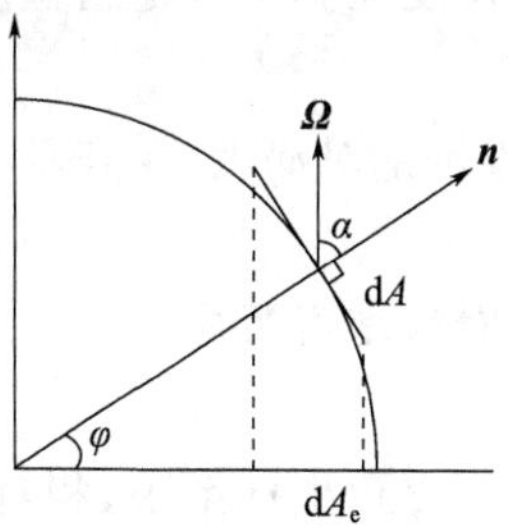

图 5.4　地球表面积元 $\mathrm{d}A$ 在赤道平面上的投影 $\mathrm{d}A_{\mathrm{e}}$

将式(5.7)和式(5.21)代入式(5.20)可得相对环流定理

$$\frac{\mathrm{d}C}{\mathrm{d}t}=-\oint_L\alpha\,\mathrm{d}p-2\Omega\frac{\mathrm{d}A_{\mathrm{e}}}{\mathrm{d}t} \tag{5.22}$$

上述等式右边第一项为力管项。第二项称为惯性项，其本质是科氏力的环流项，因为

$$-\frac{\mathrm{d}C_{\mathrm{e}}}{\mathrm{d}t}=-\frac{\mathrm{d}}{\mathrm{d}t}\oint_L(\boldsymbol{\Omega}\times\boldsymbol{r})\cdot\delta\boldsymbol{r}=-\oint_L\frac{\mathrm{d}}{\mathrm{d}t}[(\boldsymbol{\Omega}\times\boldsymbol{r})\cdot\delta\boldsymbol{r}]$$

$$=-\oint_L\left(\boldsymbol{\Omega}\times\frac{\mathrm{d}\boldsymbol{r}}{\mathrm{d}t}\right)\cdot\delta\boldsymbol{r}-\oint_L(\boldsymbol{\Omega}\times\boldsymbol{r})\cdot\frac{\mathrm{d}\delta\boldsymbol{r}}{\mathrm{d}t}$$

$$=-\oint_L(\boldsymbol{\Omega}\times\boldsymbol{V})\cdot\delta\boldsymbol{r}-\oint_L(\boldsymbol{\Omega}\times\boldsymbol{r})\cdot\delta\boldsymbol{V}$$

$$=-\oint_L(\boldsymbol{\Omega}\times\boldsymbol{V})\cdot\delta\boldsymbol{r}-\oint_L\delta[(\boldsymbol{\Omega}\times\boldsymbol{r})\cdot\boldsymbol{V}]+\oint_L(\boldsymbol{\Omega}\times\delta\boldsymbol{r})\cdot\boldsymbol{V}$$

$$=-\oint_L(\boldsymbol{\Omega}\times\boldsymbol{V})\cdot\delta\boldsymbol{r}+\oint_L(\boldsymbol{V}\times\boldsymbol{\Omega})\cdot\delta\boldsymbol{r}$$

$$=-2\oint_L(\boldsymbol{\Omega}\times\boldsymbol{V})\cdot\delta\boldsymbol{r}=\oint_L-2(\boldsymbol{\Omega}\times\boldsymbol{V})\cdot\delta\boldsymbol{r} \tag{5.23}$$

因此式(5.22)右边第二项惯性项对相对环流的影响可解释如下:在北半球如果 L 所包围的面积在赤道平面上的投影 A_e 随时间增大,则相对环流减弱,因为环线 L 扩大时,表示环线上的空气微团有向外的法向速度分量 V_n,这样对应 V_n 的科氏力与 L 方向(逆时针)相反,故科氏力使得 L 方向的环流减弱;反之环线缩小,则法向速度向内,科氏力与 L 方向相同,因此使得 L 方向环流增强。例如北半球的信风环流,若以纬圈圆周 L 作为环线,当风由北向南吹时,则环线将扩大,因此,气旋式环流减弱,而高空风自南向北吹,气旋式环流增强。

5.2 涡度方程

5.2.1 自然坐标系中的铅直涡度分量

绝对速度为

$$\boldsymbol{V}_a=\boldsymbol{V}+\boldsymbol{\Omega}\times\boldsymbol{r} \tag{5.24}$$

对其作旋度运算可得绝对涡度

$$\nabla\times\boldsymbol{V}_a=\nabla\times\boldsymbol{V}+\nabla\times(\boldsymbol{\Omega}\times\boldsymbol{r}) \tag{5.25}$$

用 $\boldsymbol{\omega}_a$ 表示绝对涡度,$\boldsymbol{\omega}$ 表示相对涡度,又 $\nabla\times(\boldsymbol{\Omega}\times\boldsymbol{r})=2\boldsymbol{\Omega}$,故有

$$\boldsymbol{\omega}_a=\boldsymbol{\omega}+2\boldsymbol{\Omega} \tag{5.26}$$

其中相对涡度可写成

$$\boldsymbol{\omega}=\nabla\times\boldsymbol{V}=\xi\boldsymbol{i}+\eta\boldsymbol{j}+\zeta\boldsymbol{k} \tag{5.27}$$

在 z 直角坐标系中,相对涡度的各分量为

$$\begin{cases}\xi=\boldsymbol{i}\cdot\boldsymbol{\omega}=\dfrac{\partial w}{\partial y}-\dfrac{\partial v}{\partial z}\\ \eta=\boldsymbol{j}\cdot\boldsymbol{\omega}=\dfrac{\partial u}{\partial z}-\dfrac{\partial w}{\partial x}\\ \zeta=\boldsymbol{k}\cdot\boldsymbol{\omega}=\dfrac{\partial v}{\partial x}-\dfrac{\partial u}{\partial y}\end{cases} \tag{5.28}$$

因为天气尺度的运动是准水平运动，所以表征水平风场的铅直涡度分量 ζ 最重要。相对涡度的物理意义在自然坐标系中可反映得更加清楚直观，为此将铅直涡度分量 ζ 转换为自然坐标的表达形式。取沿流线的自然坐标系(图5.5)，则水平风矢量为

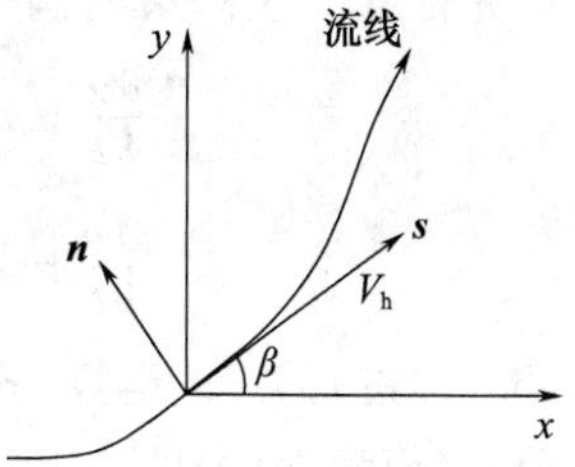

图5.5　自然坐标系和直角坐标系

$$\boldsymbol{V}_h = V_h \boldsymbol{s} \tag{5.29}$$

其中

$$\begin{aligned} u &= \boldsymbol{V}_h \cdot \boldsymbol{i} = V_h \cos\beta \\ v &= \boldsymbol{V}_h \cdot \boldsymbol{j} = V_h \sin\beta \end{aligned} \tag{5.30}$$

则

$$\begin{cases} \dfrac{\partial v}{\partial x} = \dfrac{\partial V_h}{\partial x}\sin\beta + V_h\cos\beta\dfrac{\partial \beta}{\partial x} \\ \dfrac{\partial u}{\partial y} = \dfrac{\partial V_h}{\partial y}\cos\beta - V_h\sin\beta\dfrac{\partial \beta}{\partial y} \end{cases} \tag{5.31}$$

取 $\beta \to 0$ 的极限情况，则 x 方向趋于 s 方向，y 方向趋于 n 方向，涡度垂直分量可表示为

$$\zeta = \frac{\partial v}{\partial x} - \frac{\partial u}{\partial y} = V_h \frac{\partial \beta}{\partial s} - \frac{\partial V_h}{\partial n} \tag{5.32}$$

令 $\dfrac{\partial \beta}{\partial s} = k_s = \dfrac{1}{r_s}$，其中 k_s 为流线的曲率，r_s 为曲率半径，则式(5.32)可改写为

$$\zeta = \frac{V_h}{r_s} - \frac{\partial V_h}{\partial n} \tag{5.33}$$

在北半球，取气旋式曲率为正，反气旋式曲率为负。式(5.33)表明相对涡度垂直分量由两项组成，右边第一项与流线的弯曲形状有关，称为曲率涡度。在自然坐标系中，由于 V_h 总是正值，故当流线呈气旋式弯曲时，$r_s > 0$，曲率涡度 $\dfrac{V_h}{r_s} > 0$；当流线呈反气旋式弯曲时，$r_s < 0$，曲率涡度 $\dfrac{V_h}{r_s} < 0$。式(5.33)第二项 $-\dfrac{\partial V_h}{\partial n}$ 与水平风速沿流线的法线方向的分布不均匀有关，称为切变涡度。在速度沿流线法线方向减小的区域，如在北半球西风急流轴的北侧或东风急流轴的南侧，切变涡度为正；在速度沿流线法线方向增加的区域，如在北半球西风急流轴的南侧或东风急流轴的北侧，切变涡度为负。对不同的流型，有时曲率涡度项较大，有时切变涡度项较大，因此在不作精确分析时，可只考虑其中较大的一项。例如，在气旋或反气旋中心附近，可只考虑曲率涡度项，而在锋区或急流区则可只考虑切变涡度项。

5.2.2　涡度方程

下面将根据运动方程推导出垂直涡度分量的局地时间变化满足的动力学方程即涡度方程，并讨论影响相对涡度局地变化的物理因子。

首先推导 z 坐标系的涡度方程。不考虑摩擦的 z 坐标系的水平运动方程为

$$\frac{\partial u}{\partial t}+u\frac{\partial u}{\partial x}+v\frac{\partial u}{\partial y}+w\frac{\partial u}{\partial z}-fv=-\frac{1}{\rho}\frac{\partial p}{\partial x} \tag{5.34}$$

$$\frac{\partial v}{\partial t}+u\frac{\partial v}{\partial x}+v\frac{\partial v}{\partial y}+w\frac{\partial v}{\partial z}+fu=-\frac{1}{\rho}\frac{\partial p}{\partial y} \tag{5.35}$$

对式(5.35)进行$\partial/\partial x$ 运算,式(5.34)进行$\partial/\partial y$ 运算,然后两式相减,并注意到垂直涡度分量(简称涡度)的定义 $\zeta\equiv\partial v/\partial x-\partial u/\partial y$,可得

$$\begin{aligned}&\frac{\partial \zeta}{\partial t}+u\frac{\partial \zeta}{\partial x}+v\frac{\partial \zeta}{\partial y}+w\frac{\partial \zeta}{\partial z}+(\zeta+f)\left(\frac{\partial u}{\partial x}+\frac{\partial v}{\partial y}\right)+\frac{\partial v}{\partial z}\frac{\partial w}{\partial x}-\frac{\partial u}{\partial z}\frac{\partial w}{\partial y}\\&=\frac{1}{\rho^2}\left(\frac{\partial \rho}{\partial x}\frac{\partial p}{\partial y}-\frac{\partial \rho}{\partial y}\frac{\partial p}{\partial x}\right)-u\frac{\partial f}{\partial x}-v\frac{\partial f}{\partial y}\end{aligned} \tag{5.36}$$

科氏参数 f 仅是 y 的函数,而$\frac{\partial f}{\partial y}=\frac{\partial(2\Omega\sin\varphi)}{a\partial\varphi}=\frac{2\Omega\cos\varphi}{a}=\beta$,则涡度方程变为

$$\begin{aligned}\frac{\partial \zeta}{\partial t}=&-\boldsymbol{V}_{\mathrm{h}}\cdot\nabla_{\mathrm{h}}\zeta-w\frac{\partial \zeta}{\partial z}-v\beta-(\zeta+f)\nabla\cdot\boldsymbol{V}_{\mathrm{h}}+\\&\frac{1}{\rho^2}\left(\frac{\partial \rho}{\partial x}\frac{\partial p}{\partial y}-\frac{\partial \rho}{\partial y}\frac{\partial p}{\partial x}\right)+\left(\frac{\partial u}{\partial z}\frac{\partial w}{\partial y}-\frac{\partial v}{\partial z}\frac{\partial w}{\partial x}\right)\end{aligned} \tag{5.37}$$

或者注意到$\frac{\partial f}{\partial t}$、$\frac{\partial f}{\partial x}$和$\frac{\partial f}{\partial z}$都等于零,整理上式可得

$$\frac{\mathrm{d}(\zeta+f)}{\mathrm{d}t}=-(\zeta+f)\nabla\cdot\boldsymbol{V}_{\mathrm{h}}+\frac{1}{\rho^2}\left(\frac{\partial \rho}{\partial x}\frac{\partial p}{\partial y}-\frac{\partial \rho}{\partial y}\frac{\partial p}{\partial x}\right)+\left(\frac{\partial u}{\partial z}\frac{\partial w}{\partial y}-\frac{\partial v}{\partial z}\frac{\partial w}{\partial x}\right) \tag{5.38}$$

由式(5.37)可知,决定相对涡度局地时间变化的因子有:

(1)$-\boldsymbol{V}_{\mathrm{h}}\cdot\nabla_{\mathrm{h}}\zeta$ 为相对涡度平流变化项。这一项是由于相对涡度的水平分布不均匀造成的,因平流过来不同于某指定地点的相对涡度而在该点造成的相对涡度的变化率。

(2)$-w\frac{\partial \zeta}{\partial z}$为相对涡度的垂直平流项。这一项是由于相对涡度的垂直分布不均匀造成,大气的垂直运动把某高度的相对涡度带到具有不同相对涡度的另一高度,而在后一高度引起的相对涡度的变化率。

(3)$-v\beta=-v\frac{\mathrm{d}f}{\mathrm{d}y}$为地转涡度或牵连涡度的平流项。由于地转涡度即科氏参数 f 只是纬度的函数,因空气的南北运动从别地移来的地转涡度和某地的地转涡度不同,而在该地引起的相对涡度的变化率。该项的正负取决于经向风的方向,如果吹南风,则有负的地转涡度平流;如果吹北风,则有正的地转涡度平流。

(4)$-(\zeta+f)\nabla_{\mathrm{h}}\cdot\boldsymbol{V}_{\mathrm{h}}$为散度项。这一项的物理意义可作如下解释:假设运动是水平的,在 xy 平面上取任一环线 L,设环线内为均匀的旋转流场(各点的旋转角速度都相同),当不考虑气压梯度力的作用时,沿 L 的绝对环流是守恒的,于是

$$\frac{\mathrm{d}C_{\mathrm{a}}}{\mathrm{d}t}=\frac{\mathrm{d}}{\mathrm{d}t}(\zeta_{\mathrm{a}}\sigma)=\zeta_{\mathrm{a}}\frac{\mathrm{d}\sigma}{\mathrm{d}t}+\sigma\frac{\mathrm{d}\zeta_{\mathrm{a}}}{\mathrm{d}t}=0$$

即

$$\frac{\mathrm{d}\zeta_{\mathrm{a}}}{\mathrm{d}t}=-\zeta_{\mathrm{a}}\frac{1}{\sigma}\frac{\mathrm{d}\sigma}{\mathrm{d}t}=-\zeta_{\mathrm{a}}\nabla_{\mathrm{h}}\cdot\boldsymbol{V}_{\mathrm{h}}$$

对中高纬天气尺度运动，由于 $f\sim10^{-4}\ \mathrm{s}^{-1}$，$\zeta\sim10^{-5}\ \mathrm{s}^{-1}$，所以一般情况下 $\zeta_{\mathrm{a}}=(\zeta+f)$为正值。由上式可知，水平辐合（辐散）会使绝对涡度增大（减小），这可看作是在 C_{a} 守恒的条件下，面积的收缩（扩大）而使单位面积上的环流（涡度）增大（减小）的缘故。

散度项也可理解为风场的水平辐散辐合对涡度的影响，其可分解为 $-f\nabla_{\mathrm{h}}\cdot\boldsymbol{V}_{\mathrm{h}}$ 和 $-\zeta\nabla_{\mathrm{h}}\cdot\boldsymbol{V}_{\mathrm{h}}$ 两项。第一项可理解为辐散风在科氏力的作用下对涡度的影响，如在北半球，$f>0$，那么辐合风场在科氏力的影响下会产生气旋式旋转（或切变）的趋势，即涡度的局地时间变化率为正，而辐散风场在科氏力作用下会产生反气旋式旋转（或切变）的趋势，即涡度的局地时间率为负。第二项可理解为风场的辐散辐合效应使得风场的空间分布的改变，从而引起涡度的变化，例如对一个气旋，其涡度为正，外层风速要比中心风速大，那么在辐合风的作用下，会把外层的较大风速向中心平流而使得内层的风速变大，因此使得涡度的局地时间变化率为正。

(5)$\frac{1}{\rho^2}\left(\frac{\partial\rho}{\partial x}\frac{\partial p}{\partial y}-\frac{\partial\rho}{\partial y}\frac{\partial p}{\partial x}\right)$为力管项或斜压项。该项是由大气的斜压性引起的，实际上就是水平面上单位面积内的力管数。证明如下：

由 5.1.1 节定义的斜压矢量 $\boldsymbol{B}=\nabla\alpha\times\nabla(-p)$，它在垂直方向的分量为

$$B_z=\boldsymbol{B}\cdot\boldsymbol{k}=\boldsymbol{k}\cdot(\nabla\alpha\times\nabla(-p))=-\frac{\partial\alpha}{\partial x}\frac{\partial p}{\partial y}+\frac{\partial\alpha}{\partial y}\frac{\partial p}{\partial x}=\frac{1}{\rho^2}\left(\frac{\partial\rho}{\partial x}\frac{\partial p}{\partial y}-\frac{\partial\rho}{\partial y}\frac{\partial p}{\partial x}\right)$$

上式的推导用到 $\alpha=\frac{1}{\rho}$ 的关系式。这说明斜压项正是水平面上单位面积内的力管数。

(6)$\frac{\partial u}{\partial z}\frac{\partial w}{\partial y}-\frac{\partial v}{\partial z}\frac{\partial w}{\partial x}$为扭转项。该项表示由于垂直速度的水平分布不均匀，使得水平涡度向垂直涡度转换，从而引起涡度垂直分量的变化。其物理机制如图 5.6 解释，以 $-\frac{\partial v}{\partial z}\frac{\partial w}{\partial x}$为例，设速度 v 分量随 z 是增加的，而垂直速度 w 随 x 是减少的，因此有$\frac{\partial v}{\partial z}>0$，$\frac{\partial w}{\partial x}<0$，$\frac{\partial w}{\partial y}=0$，水平涡度($x$)分量则为

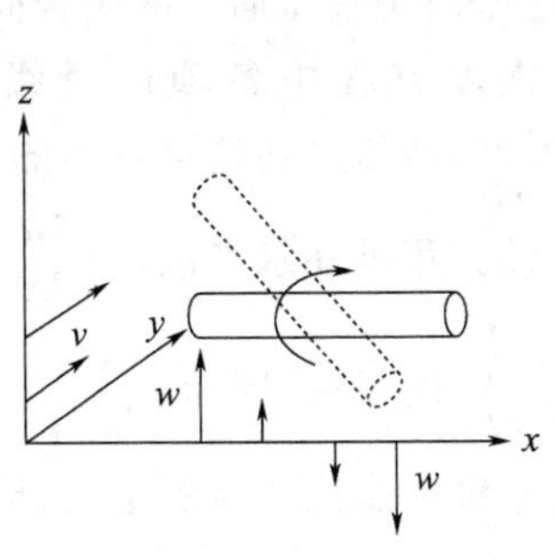

图 5.6　水平涡管的倾斜导致垂直涡度的产生

$$\xi=\frac{\partial w}{\partial y}-\frac{\partial v}{\partial z}=-\frac{\partial v}{\partial z}<0$$

从而有

$$\frac{\partial\zeta}{\partial t}=-\frac{\partial v}{\partial z}\frac{\partial w}{\partial x}=\left(\frac{\partial w}{\partial y}-\frac{\partial v}{\partial z}\right)\frac{\partial w}{\partial x}=\xi\frac{\partial w}{\partial x}>0$$

上式表明,由于垂直速度的水平分布不均匀,使水平涡管($\xi<0$)倾斜,从而在铅直方向出现涡度分量($\zeta>0$)。

以上讨论了 z 坐标系的涡度方程及其各项物理意义。但是气象上更常用的是 p 坐标系,所以给出 p 坐标系涡度方程是非常有用的。类似于 z 坐标系涡度方程的推导过程,由 p 坐标系的水平运动方程推导的涡度方程如下:

$$\underset{10^{-10}}{\left(\frac{\partial\zeta}{\partial t}\right)_p}+\underset{10^{-10}}{u\left(\frac{\partial\zeta}{\partial x}\right)_p}+\underset{10^{-10}}{v\left(\frac{\partial\zeta}{\partial y}\right)_p}+\underset{10^{-11}}{\omega\left(\frac{\partial\zeta}{\partial p}\right)_p}+\underset{10^{-10}}{v\left(\frac{\partial f}{\partial y}\right)_p}$$

$$=\underset{10^{-11}}{-\zeta_p\left[\left(\frac{\partial u}{\partial x}\right)_p+\left(\frac{\partial v}{\partial y}\right)_p\right]}\underset{10^{-10}}{-f\left[\left(\frac{\partial u}{\partial x}\right)_p+\left(\frac{\partial v}{\partial y}\right)_p\right]}+\underset{10^{-11}}{\left[\left(\frac{\partial\omega}{\partial y}\right)_p\frac{\partial u}{\partial p}-\left(\frac{\partial\omega}{\partial x}\right)_p\frac{\partial v}{\partial p}\right]} \tag{5.39}$$

式中,$\zeta=\left(\frac{\partial v}{\partial x}\right)_p-\left(\frac{\partial u}{\partial y}\right)_p$ 是 p 坐标系的涡度。上述 p 坐标系的涡度方程各项的物理意义可以参考 z 坐标系的涡度方程的各项进行类似的讨论。但需指出的是,这仅是形式上的类似,实际上各对应项并不完全相等,就连 p 坐标系的涡度 ζ_p 与 z 坐标系下的涡度 ζ_z 也是不等的,因为

$$\zeta_p=\left(\frac{\partial v}{\partial x}\right)_p-\left(\frac{\partial u}{\partial y}\right)_p=\underset{10^{-5}}{\zeta_z}+\underset{10^{-7}}{\frac{\partial v}{\partial z}\left(\frac{\partial z}{\partial x}\right)_p}-\frac{\partial u}{\partial z}\left(\frac{\partial z}{\partial y}\right)_p \tag{5.40}$$

对于大尺度运动,可近似取 $\zeta_p\approx\zeta_z\sim10^{-5}\ \mathrm{s}^{-1}$;对水平散度,类似地有 $D_p\approx D_z\leqslant10^{-5}\mathrm{s}^{-1}$。另外比较式(5.39)和式(5.37),不难发现 p 坐标系的涡度方程不显含力管项,这是由于等压面上的闭合曲线不会有力管之故。

涡度方程中各项的量级大小是不一样的,对大尺度而言,各项的量级如式(5.39)所给。在估算各项的量级时,用到近似关系 $\omega\approx-\rho g w$;另外,由 p 坐标系的连续方程可知水平散度 $\left(\frac{\partial u}{\partial x}\right)_p+\left(\frac{\partial v}{\partial y}\right)_p$ 的量级应与 $\frac{\partial\omega}{\partial p}$ 的量级相同,而不是 $\left(\frac{\partial u}{\partial x}\right)_p$ 或 $\left(\frac{\partial v}{\partial y}\right)_p$ 的量级,因为 $\left(\frac{\partial u}{\partial x}\right)_p$ 和 $\left(\frac{\partial v}{\partial y}\right)_p$ 的量级虽相同,但符号可能相反,所以水平散度的量级可能比两项的量级都要小。由式(5.39)可得 p 坐标系涡度方程的零级近似为

$$\left(\frac{\partial\zeta}{\partial t}\right)_p+\mathbf{V}_\mathrm{h}\cdot\nabla\zeta+v\left(\frac{\partial f}{\partial y}\right)_p=-f\,\nabla_\mathrm{h}\cdot\mathbf{V}_\mathrm{h}$$

或

$$\frac{\mathrm{d_h}(\zeta+f)}{\mathrm{d}t}=-f\,\nabla_\mathrm{h}\cdot\mathbf{V}_\mathrm{h} \tag{5.41}$$

其中
$$\frac{\mathrm{d_h}}{\mathrm{d}t}=\left(\frac{\partial}{\partial t}\right)_p+u\left(\frac{\partial}{\partial x}\right)_p+v\left(\frac{\partial}{\partial y}\right)_p$$

上式表明，涡度方程的零级简化形式还是一个预报方程，而且相对涡度的局地变化主要由涡度的平流变化、空气的南北运动和水平辐合辐散造成。对于大气的无辐散层，则有绝对涡度守恒

$$\frac{\mathrm{d_h}(\zeta+f)}{\mathrm{d}t}=0 \quad 或 \quad \frac{\mathrm{d_h}\zeta}{\mathrm{d}t}=-v\beta \tag{5.42}$$

5.3　位势涡度

前一节讨论的涡度一般是对于某一个面而讲的。但有时候需要考虑具有一定厚度大气的平均状况，即平均涡度的变化。为此需要引进位势涡度的概念。

假设大气运动是无摩擦、准水平及干绝热运动，这时空气微团将始终运动在等位温面或等熵面上，所以在两个等熵面之间的气柱将始终运动在两个等熵面之间。这意味着用 θ 坐标系来讨论干绝热运动是非常方便的。

对于某一等熵面（θ 为常数），由位温的表达式及理想气体状态方程可得

$$\theta=T\left(\frac{1000}{p}\right)^{\frac{R}{c_p}}=\frac{p}{\rho R}\left(\frac{1000}{p}\right)^{\frac{R}{c_p}}=\mathrm{const}$$

对上式再作变换可有

$$\rho=p^{\frac{c_v}{c_p}}(R\theta)^{-1}(1000)^{\frac{R}{c_p}}=c\cdot p^{\frac{c_v}{c_p}}$$

式中，c 为常数。因此，在等熵面上，密度仅是气压的函数。对于等熵面上的任一围线 L，绝对环流定理式(5.7)中的力管项为零

$$N=-\oint_L \alpha \mathrm{d}p=c\cdot\oint_L p^{-\frac{c_v}{c_p}}\mathrm{d}p=c\cdot\oint_L \mathrm{d}\left(p^{1-\frac{c_v}{c_p}}\right)=0$$

故对于围线 L，绝对环流守恒，即

$$C_\mathrm{a}=C+C_\mathrm{e}=\mathrm{const} \tag{5.43}$$

根据斯托克斯定理，环流可以用与等熵面垂直的涡度分量的面积分代替，即

$$C_\mathrm{a}=\oint_L \boldsymbol{V}_\mathrm{a}\cdot\mathrm{d}\boldsymbol{r}=\iint_A \nabla\times\boldsymbol{V}_\mathrm{a}\cdot\boldsymbol{n}\mathrm{d}A=\iint_A \boldsymbol{\omega}_\mathrm{a}\cdot\boldsymbol{n}\mathrm{d}A \tag{5.44}$$

式中，$\boldsymbol{n}$ 为与等熵面垂直的单位矢量。考虑介于两个等熵面 θ 和 $\theta+\delta\theta$ 之间的微小气柱（图 5.7），其高度为 δz（对应厚度气压为 $-\delta p$），面积为 δA。对绝热大气而言，运动过程中气柱内的位温和空气质量 δM 都是守恒的。气柱内位温空间变化的低阶泰勒近似为 $\delta\theta\approx|\nabla\theta|\delta z$，因此有

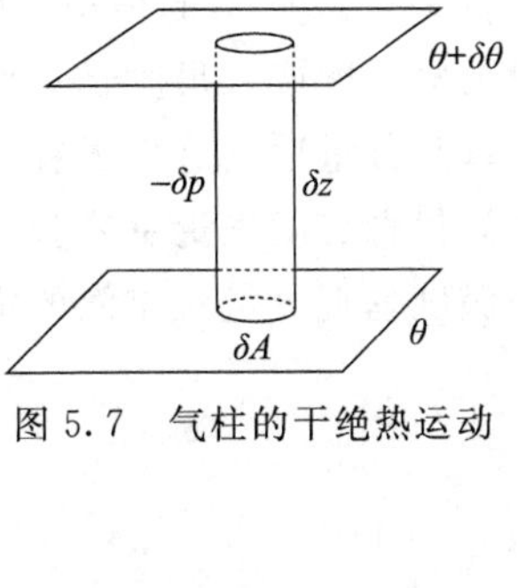

图 5.7　气柱的干绝热运动

$$\delta A \approx \mathrm{d}A = \frac{\delta M}{\rho}\frac{|\nabla\theta|}{\delta\theta} \tag{5.45}$$

假设所考虑的气柱足够小,使得 δA 微面积元的垂直方向涡度近似为处处相等,则由式(5.43)和式(5.44)可得

$$\frac{\mathrm{d}C_{\mathrm{a}}}{\mathrm{d}t} \approx \frac{\mathrm{d}}{\mathrm{d}t}(\boldsymbol{\omega}_{\mathrm{a}} \cdot \boldsymbol{n}\mathrm{d}A) = 0 \tag{5.46}$$

其中

$$\boldsymbol{n} = \frac{\nabla\theta}{|\nabla\theta|} \tag{5.47}$$

将式(5.45)和式(5.47)代入式(5.46),并注意到随着运动 δM 和 $\delta\theta$ 是守恒的,于是有

$$\frac{\mathrm{d}}{\mathrm{d}t}\left(\frac{\boldsymbol{\omega}_{\mathrm{a}} \cdot \nabla\theta}{\rho}\right) = 0 \tag{5.48}$$

这就是著名的埃尔特尔(Ertel)位势涡度(简称位涡)(potential vorticity,PV)方程。上式说明,随着运动的位涡是守恒的,其中埃尔特尔位涡定义为

$$P = \frac{\boldsymbol{\omega}_{\mathrm{a}} \cdot \nabla\theta}{\rho} \tag{5.49}$$

这一结果之所以是大气动力学领域非常重要的理论成果之一,是因为它将动量场和热力场的基本物理守恒定律联系在一起集中于一个表达式,为大气扰动的演变提供一种有力约束,即在演变过程中随着运动的位涡是保持不变的。例如,当绝对涡度没有水平分量时,位涡式(5.49)变为

$$P = \frac{1}{\rho}\left(\frac{\partial v}{\partial x} - \frac{\partial u}{\partial y} + f\right)\frac{\partial\theta}{\partial z} \tag{5.50}$$

从上式可知,位涡是绝对涡度与静力稳定度的乘积,那么在位涡守恒的约束前提下,如果其中一项增大,则另一项必然要减小。如当图5.7的气柱厚度随着运动变大时,那么静力稳定度变小,为了保持位涡守恒,则涡度要增大,这与角动量守恒以及与涡旋柱拉伸之间的联系也是非常清晰的。

式(5.49)中位涡的垂直方向分量贡献项的特征尺度为 $\frac{U\theta^*}{\Pi HL} + \frac{f\theta^*}{\Pi H}$,其中 θ^* 和 Π 是位温和密度特征尺度;而位涡的水平方向分量贡献项的特征尺度为 $\frac{U\theta^*}{\Pi HL}$(忽略了来自垂直速度 w 的很小贡献)。因此,垂直方向和水平方向的贡献之比为 $1+Ro^{-1}$。对天气尺度或大尺度运动而言,罗斯贝数很小约为0.1,这说明对位涡的贡献主要来自垂直分量项。这也解释了为什么在动力气象学中我们主要关注涡度的垂直分量,因为尽管涡度矢量主要投影在水平方向上,但位温的垂直梯度比水平梯度要大,使得涡度垂直分量对位涡的贡献更重要。因此,位涡的低阶近似可表示为

$$P \approx \frac{f}{\rho}\frac{\partial\theta}{\partial z} \tag{5.51}$$

针对上式，取各物理量在对流层的特征值，就可估算出位涡的特征值为

$$P\approx\left(\frac{10^{-4}\,\mathrm{s}^{-1}}{1\ \mathrm{kg}\cdot\mathrm{m}^{-3}}\right)(5\ \mathrm{K}\cdot 5\ \mathrm{km}^{-1})=0.5\times10^{-6}\ \mathrm{K}\cdot\mathrm{kg}^{-1}\cdot\mathrm{m}^2\cdot\mathrm{s}^{-1}=0.5\ \mathrm{PVU}$$

式中，“PVU”是一种常用的位涡度量单位，称为“位涡单位”（$1\ \mathrm{PVU}=10^{-6}\ \mathrm{K}\cdot\mathrm{kg}^{-1}\cdot\mathrm{m}^2\cdot\mathrm{s}^{-1}$）。在平流层下层，$\partial\theta/\partial z$ 相对大一个量级，故位涡的特征值也较大。

利用静力平衡关系，式(5.50)可改写为

$$P\equiv\zeta_a\left(-g\,\frac{\delta\theta}{\delta p}\right)=(\zeta+f)\left(-g\,\frac{\partial\theta}{\partial p}\right)\tag{5.52}$$

就其物理含义来讲，位涡实际上表示涡柱的绝对涡度与其有效厚度的比值，例如在上式中，有效厚度就是以气压单位衡量的两等位温面之间的距离（$-\partial p/\partial\theta$）。

对不可压缩大气而言，位涡守恒式可以表示为一种更简单的形式。由于气体不可压，所以密度为常数，对一个微气块而言，在质量守恒的条件下，其水平面积与其厚度成反比

$$\delta A=\delta M/(\rho h)=\mathrm{const}/h$$

式中，h 是气块的厚度。那么在绝对涡度没有水平分量时，式(5.50)表示的位涡可写为

$$(\zeta+f)/h=\mathrm{const}\tag{5.53}$$

式(5.53)表明，如果厚度 h 不变，则运动过程中气块的绝对涡度守恒。假设在某一点(x_0,y_0)气流是纬向的，并且相对涡度为零，这时绝对涡度则为 f_0，在绝对涡度守恒的情况下，沿气块运动轨迹上的任意点的绝对涡度都应满足 $\zeta+f=f_0$，这时，气块运动的轨迹即是一条等绝对涡度路径。因为 f 向北是增加的，那么在下风方向的轨迹如果向北弯曲，则相对涡度 $\zeta=f_0-f<0$，相反，轨迹向南弯曲，则有 $\zeta=f_0-f>0$。绝对涡度守恒可用于解释罗斯贝波的形成机制，这将在第 7 章有详细讨论（见 7.5.1 节，图 7.8），这里不再讨论。

当流体的厚度随运动变化时，这时式(5.53)给出的是位涡守恒。假设在大气层结稳定的条件下，平直西风气流自西向东流过南北向的山脉，其过程的垂直剖面如图 5.8a 所示，同时假定气流没有水平切变，所以相对涡度 $\zeta=0$。如果运动过程是绝热的，故厚度为 h 的空气柱在越过山脉过程中始终保持在等熵面 θ_0 和 $\theta_0+\delta\theta$ 之间。因受山脉的影响，在迎风面有抬升运动，而在背风面有下沉运动，山脉地形的影响到一定的高度才消失，故在此高度之上仍可以保持平直的西风气流。因此近地面的 θ_0 面近似地沿着地形分布，而位于离地面数千米上空的 $\theta_0+\delta\theta$ 面受山脉的影响不明显而仍为一平面。

当气流开始翻越山脉时，气柱的垂直厚度变小，由式(5.53)可知，相对涡度将变负，因此气流出现反气旋弯曲并向南移动，到达山顶时反气旋弯曲的曲率最大（图 5.8b）。气柱移到背风面时，其厚度开始增加，则气流的气旋性涡度开始增加。

当气柱越过山脉恢复其原厚度时,它已位于其原纬度的南面,所以 f 值较小,ζ 必须变正,于是轨迹呈气旋式弯曲,气柱也转而移向极地。当气柱移回到原来纬度时,虽然相对涡度也恢复到初始状态(零),但由于还具有向极速度分量,气柱将继续向北移动,并将具有反气旋式弯曲,到一定的纬度气柱的移向逆转而向南移动,然后气柱将保持位涡守恒,并在水平面上沿波状轨迹移向下游。因此,平直西风越过大尺度地形将会在地形东侧产生气旋性流场(背风槽),并在下游出现一连串交替出现的槽脊。

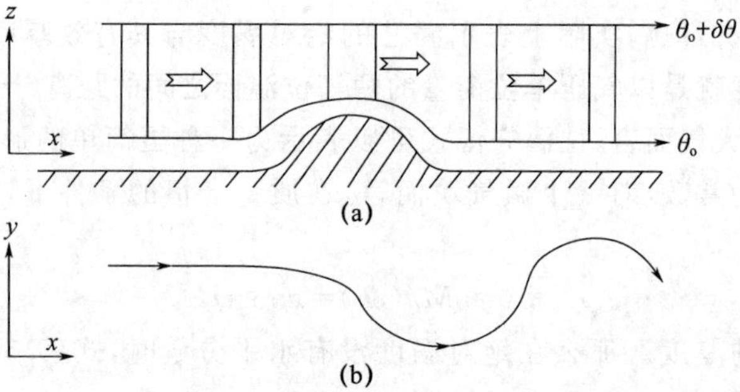

图 5.8 西风流翻越大地形的示意图

(a)随 x 变化的气柱厚度;(b)$x-y$ 平面的气块轨迹

最后,了解完整形式的埃尔特尔位涡方程是非常必要的。当大气考虑摩擦力时,绝对涡度矢量方程(Pedlosky,1987)为

$$\frac{\mathrm{d}\boldsymbol{\omega}_{\mathrm{a}}}{\mathrm{d}t}=\boldsymbol{\omega}_{\mathrm{a}}\cdot\nabla\boldsymbol{V}-\boldsymbol{\omega}_{\mathrm{a}}\,\nabla\cdot\boldsymbol{V}+\frac{\nabla\rho\times\nabla p}{\rho^{2}}+\nabla\times\frac{\boldsymbol{F}}{\rho}\tag{5.54}$$

式中,$\boldsymbol{F}$ 为单位体积空气的分子黏性力即摩擦力。由连续方程(1.37)得

$$\nabla\cdot\boldsymbol{V}=-\frac{1}{\rho}\frac{\mathrm{d}\rho}{\mathrm{d}t}\tag{5.55}$$

于是式(5.54)右端的速度散度项可用(5.55)式代替,并改写为

$$\frac{\mathrm{d}}{\mathrm{d}t}\left(\frac{\boldsymbol{\omega}_{\mathrm{a}}}{\rho}\right)=\left(\frac{\boldsymbol{\omega}_{\mathrm{a}}}{\rho}\cdot\nabla\right)\boldsymbol{V}+\frac{\nabla\rho\times\nabla p}{\rho^{3}}+\frac{1}{\rho}\left(\nabla\times\frac{\boldsymbol{F}}{\rho}\right)\tag{5.56}$$

忽略分子热传导、存在非绝热加热(辐射、凝结潜热和湍流加热)并以位温为变量的热力学方程为

$$\frac{\mathrm{d}\theta}{\mathrm{d}t}=\frac{\theta}{c_{p}T}\frac{\delta Q}{\delta t}=H\tag{5.57}$$

式中,$\frac{\delta Q}{\delta t}$为非绝热加热率。因

$$\frac{\boldsymbol{\omega}_{\mathrm{a}}}{\rho}\cdot\frac{\mathrm{d}}{\mathrm{d}t}\nabla\theta=\left(\frac{\boldsymbol{\omega}_{\mathrm{a}}}{\rho}\cdot\nabla\right)\frac{\mathrm{d}\theta}{\mathrm{d}t}-\left(\frac{\boldsymbol{\omega}_{\mathrm{a}}}{\rho}\cdot\nabla\boldsymbol{V}\right)\cdot\nabla\theta\tag{5.58}$$

对式(5.56)点乘$\nabla\theta$,可得

$$\nabla\theta\cdot\frac{\mathrm{d}}{\mathrm{d}t}\left(\frac{\boldsymbol{\omega}_{\mathrm{a}}}{\rho}\right)=\left(\frac{\boldsymbol{\omega}_{\mathrm{a}}}{\rho}\cdot\nabla\boldsymbol{V}\right)\cdot\nabla\theta+\nabla\theta\cdot\left(\frac{\nabla\rho\times\nabla p}{\rho^{3}}\right)+\frac{\nabla\theta}{\rho}\cdot\left(\nabla\times\frac{\boldsymbol{F}}{\rho}\right) \tag{5.59}$$

上式右端第二项为零，因为 $\theta=\theta(p,\rho)$，有

$$\nabla\theta=\frac{\partial\theta}{\partial p}\nabla p+\frac{\partial\theta}{\partial\rho}\nabla\rho$$

而矢量运算中有 $\boldsymbol{A}\cdot(\boldsymbol{A}\times\boldsymbol{B})=0$。式(5.58)和式(5.59)相加，并利用式(5.57)，便可得到包含动量源 $\boldsymbol{F}$ 和熵源 H 的普适埃尔特尔位涡方程

$$\frac{\mathrm{d}P}{\mathrm{d}t}=\frac{\nabla\theta}{\rho}\cdot\left(\nabla\times\frac{\boldsymbol{F}}{\rho}\right)+\frac{\boldsymbol{\omega}_{\mathrm{a}}}{\rho}\cdot\nabla H \tag{5.60}$$

式中，P 是式(5.49)定义的埃尔特尔位涡。上式右端第一项在摩擦力的旋度与位温梯度方向大致相同的地方为正。对于地面气旋系统，假定地表摩擦力与空气运动方向相反，那么摩擦力的旋度指向位温梯度的反向，即由高空指向地面，因为位温梯度由地面指向高空，这样会产生负的埃尔特尔位涡倾向。根据式(5.60)右边第二项，当出现天气气旋系统时，在对流层的中下层会出现云和降水时，在地面附近，涡度垂直分量向上指向因水汽凝结而释放的潜热最大值方向，使得位涡增加；而在潜热加热最大值上方，由于涡度矢量与加热梯度指向相反，位涡减小。

5.4　散度方程

大气的运动除了旋转运动还有辐散辐合运动，而且大气的垂直运动是与大气的辐散辐合有关，因此，给出大气的散度方程也是非常重要的。

在 p 坐标系下，水平散度为

$$D=\left(\frac{\partial u}{\partial x}+\frac{\partial v}{\partial y}\right)_p$$

类似涡度方程的推导，分别对 x,y 方向的运动方程进行 $(\partial/\partial x)_p$ 和 $(\partial/\partial y)_p$ 运算，再相加，得水平散度方程：

$$\begin{aligned}\underset{10^{-11}}{\frac{\partial D}{\partial t}}&=\underset{10^{-11}}{-u\frac{\partial D}{\partial x}-v\frac{\partial D}{\partial y}}\underset{10^{-12}}{-\omega\frac{\partial D}{\partial p}}\underset{10^{-10}}{-\left(\frac{\partial u}{\partial x}\right)^2-\left(\frac{\partial v}{\partial y}\right)^2}\underset{10^{-10}}{-2\frac{\partial u}{\partial y}\frac{\partial v}{\partial x}}\\&\quad\underset{10^{-11}}{-\left(\frac{\partial\omega}{\partial x}\frac{\partial u}{\partial p}+\frac{\partial\omega}{\partial y}\frac{\partial v}{\partial p}\right)}\underset{10^{-9}}{-\nabla^2\phi}\underset{10^{-9}}{+f\zeta}\underset{10^{-10}}{-u\beta}\end{aligned} \tag{5.61}$$

式中，$\nabla^2=\left(\frac{\partial^2}{\partial x^2}\right)_p+\left(\frac{\partial^2}{\partial y^2}\right)_p$ 为二维拉普拉斯算子。上式左端为水平散度的局地变化；右端的第一、二项散度水平平流项，是由散度的水平分布不均一性在风场的平流作用下引起散度的局地变化；第三项为散度的铅直输送项，是由散度的铅直分布不

均一性在风场的垂直平流作用下引起散度的局地变化;第四、五项为风场的辐散、辐合效应对散度局地变化的影响,也可以理解为纬向风的纬向平流的纬向分布不均匀或经向风的经向平流的经向分布不均匀对散度局地变化的影响,它们的效果总是引起辐合的加强或辐散的减弱;第六项为变形项,它表示风场的水平切变对散度变化的作用;第七、八项为水平风的垂直切变效应,当存在风的垂直切变时,垂直速度的水平分布不均匀可引起散度的局地变化;第九项是等压面坡度的空间不均匀分布造成散度的变化;第十项表示与旋转效应有关,即风场的旋转分量在科氏力作用下造成的辐散辐合效应;最后一项表示科氏参数 f 随纬度的变化而使得科氏力不同引起的散度变化。

对大尺度运动,式(5.61)各项量级大小(单位为 s^{-2})已在式中标明,因此可得散度方程的一级简化形式为

$$\left(\frac{\partial u}{\partial x}\right)^2+\left(\frac{\partial v}{\partial y}\right)^2+2\frac{\partial u}{\partial y}\frac{\partial v}{\partial x}=-\nabla^2\phi+f\zeta-u\beta \tag{5.62}$$

上式给出了风、压场之间的一种平衡约束关系,称为平衡方程。该方程中不出现时间局地变化项、散度项和垂直运动项,但出现涡度项,说明对于大尺度运动,不仅是准定常、准水平的,而且还是准水平无辐散的,主要以涡旋运动为主。

对于涡旋运动或水平无辐散运动,其水平速度散度为零,即

$$D=\left(\frac{\partial u}{\partial x}+\frac{\partial v}{\partial y}\right)_p=0 \text{ 或 } \nabla\cdot\boldsymbol{V}_h=0$$

定义一个与水平运动的流线有关的流函数 ψ,其与 u,v 的关系为

$$u=-\left(\frac{\partial\psi}{\partial y}\right)_p,\ v=\left(\frac{\partial\psi}{\partial x}\right)_p \tag{5.63}$$

或

$$\boldsymbol{V}_h=\boldsymbol{k}\times\nabla\psi \tag{5.64}$$

流函数 ψ 在同一流线上为一常值,对于不同的流线为不同的值。利用式(5.63),并注意到 $\zeta=\nabla^2\psi$,平衡方程(5.62)可表示为

$$2\left(\frac{\partial^2\psi}{\partial x\partial y}\right)^2-2\frac{\partial^2\psi}{\partial x^2}\frac{\partial^2\psi}{\partial y^2}=-\nabla^2\phi+f\nabla^2\psi+\beta\frac{\partial\psi}{\partial y} \tag{5.65}$$

上式是一种混合型二阶非线性偏微分方程,通过上式,由等压面上重力位势 ϕ 的分布即可求出 ψ 场。

如果略去式(5.62)左边的非线性项,可得线性平衡方程

$$f\nabla^2\psi+\beta\frac{\partial\psi}{\partial y}=\nabla^2\phi \tag{5.66}$$

若进一步略去 f 随纬度的变化项,可得散度方程的零级简化形式

$$f\nabla^2\psi=\nabla^2\phi \tag{5.67}$$

并有

$$\zeta_g=\frac{\partial v_g}{\partial x}-\frac{\partial u_g}{\partial y}=\frac{1}{f}\nabla^2\phi=\nabla^2\psi$$

式中，ζ_g 为地转风涡度。式(5.67)反映的实际上是地转风关系，即地转风关系是散度方程零级简化的特殊情形，还说明了平衡方程作为风场和气压场的关系要比地转风关系更为精确。

下面讨论水平风场的分解问题。对于水平无旋运动，由

$$\zeta=\boldsymbol{k}\cdot(\nabla\times\boldsymbol{V}_{\mathrm{h}})=\left(\frac{\partial v}{\partial x}-\frac{\partial u}{\partial y}\right)_p=0$$

从数学上可知，一个标量的梯度的旋度为零，故存在一个速度势函数χ，满足

$$\boldsymbol{V}_{\mathrm{h}}=\nabla\chi \tag{5.68}$$

或者

$$u=\left(\frac{\partial\chi}{\partial x}\right)_p,\ v=\left(\frac{\partial\chi}{\partial y}\right)_p \tag{5.69}$$

并有

$$D=\nabla^2\chi$$

一般而言，水平速度场 $\boldsymbol{V}_{\mathrm{h}}$ 既是有旋的也是有散的，故可把风速 $\boldsymbol{V}_{\mathrm{h}}$ 分解为旋转风和辐散风两部分，即

$$\boldsymbol{V}_{\mathrm{h}}=\boldsymbol{V}_\psi+\boldsymbol{V}_\chi$$

或

$$\begin{cases}u=u_\psi+u_\chi=-\dfrac{\partial\psi}{\partial y}+\dfrac{\partial\chi}{\partial x}\\ v=v_\psi+v_\chi=\dfrac{\partial\psi}{\partial x}+\dfrac{\partial\chi}{\partial y}\end{cases} \tag{5.70}$$

式中，$\boldsymbol{V}_\psi$ 和 $\boldsymbol{V}_\chi$ 分别称为旋转风和辐散风，它们的表达式分别为式(5.64)和式(5.68)。

涡度方程和散度方程可作为代替原始水平运动方程的一对平行方程。理论上，根据一定的初始条件和边界条件，即可通过这一对方程求得后一时刻的涡度场和散度场，从而可以通过涡度与流函数及散度与速度势函数的关系来决定风场。但有的时候为了简单起见，可采用简化后的散度方程作为风场和气压场的"平衡"关系来应用。

习　题

1. 分别说明绝对环流、相对环流和牵连环流变化的物理原因。
2. 试说明环流与涡度的联系和区别。
3. 什么是力管？试说明它的动力作用。
4. 写出自然坐标系中的铅直涡度分量的表达式，并说明各项的物理意义。
5. 假定高空波型扰动中，曲率涡度占优势，试分析说明槽前脊后和槽后脊前的涡度平流属性如何？
6. 假定流场的切变涡度占优势，分别说明高空西风急流入口区及出口区急流轴两侧的涡度属性。
7. 说明流函数和速度势与对应流场的关系。

8. 推导 p 坐标系下的涡度方程，并说明涡度方程各项的物理意义。

9. 利用绝对环流定理推导无摩擦正压大气的涡度方程。

10. 假定摩擦力和风速的大小成正比，方向与风向相反，如果在经圈平面上取一物质环线，初始时刻(相对)环流为零，当环线内力管数不变时，试求任意时刻的环流及可能达到的最大环流。(提示：先考虑有摩擦力时环流定理的表达式)

11. 在正压不可压缩的流体内，有一半径为 r_0 的铅直涡旋，其相对涡度为 ζ_0，如在同一纬度涡旋垂直厚度变为原来的 n 倍，试求变化后的涡度 ζ 和涡旋边缘的流速。

12. 证明在球坐标系 (λ,φ,r) 中，涡度的垂直分量 ζ 的表达式为

$$\zeta=\frac{1}{r\cos\varphi}\frac{\partial v}{\partial\lambda}-\frac{1}{r}\frac{\partial u}{\partial\varphi}+\frac{u}{r}\tan\varphi$$

13. 求以下四种平面运动的涡度：

$(1)V_{\mathrm{h}}=cr_{\mathrm{s}}^2$，$(2)V_{\mathrm{h}}=c$，$(3)V_{\mathrm{h}}=\dfrac{c}{r_{\mathrm{s}}^2}$，$(4)V_{\mathrm{h}}=\dfrac{c}{\sqrt{r_{\mathrm{s}}}}$

式中，c 为常数，r_{s} 为流线的曲率半径。

14. 证明正压、水平无辐散的涡度方程可写成以下形式

$$\frac{\partial}{\partial t}\nabla_p^2\psi+J(\psi,\nabla_p^2\psi)+\beta\left(\frac{\partial\psi}{\partial x}\right)_p=0$$

式中，ψ 为水平速度场的流函数，$J(a,b)$ 为雅可比行列式，其定义为

$$J(a,b)=\begin{vmatrix}\dfrac{\partial a}{\partial x} & \dfrac{\partial a}{\partial y}\\[2ex] \dfrac{\partial b}{\partial x} & \dfrac{\partial b}{\partial y}\end{vmatrix}$$

第 6 章　大气中的准地转运动

由第 2 章的讨论可知，对中高纬大尺度自由大气运动，其运动方程的零级简化形式为地转平衡关系，即大气中的水平气压梯度力和科氏力基本上相平衡，实际水平风场接近地转风场。但是，这种平衡关系只是一种近似关系，事实上经常存在地转偏差，即实际风场与地转风场存在差别，其量级虽小，却对大气运动的发展和变化起着决定性的作用。尽管地转偏差经常存在，但事实上它并不会无限增长。这意味着大气运动过程既包含着由地转平衡状态向非平衡状态的演变，即地转平衡的破坏过程，又包含着由非平衡过程向新的地转平衡调整的过程。因此大气运动是地转平衡的破坏又不断建立的过程，也是一连串的风场和气压场在不断变化和相互适应调整的准地转运动过程。

研究自由大气中风场和气压场之间的相互适应调整过程的特征、性质和物理机制等是本章的主要内容。这不但是大气动力学的一个基本的理论问题，而且还有重要的实际意义。因为了解这种适应的物理过程、速度及条件，可以决定地转风近似的准确程度和应用范围，这是进行数值预报需要解决的重要问题。此外，研究这种适应有助于理解气压场的动力形成问题，这对于理解大气运动系统的动力演变也是非常重要的。

6.1　地转偏差

6.1.1　地转偏差的定义和性质

地转偏差是指某空间点实际的水平风矢量与该点的地转风矢量之差，即

$$\boldsymbol{V}'=\boldsymbol{V}_{\mathrm{h}}-\boldsymbol{V}_{\mathrm{g}} \tag{6.1}$$

式中，$\boldsymbol{V}_{\mathrm{h}}$ 和 $\boldsymbol{V}_{\mathrm{g}}$ 分别代表实际水平风矢量和地转风矢量。自由大气的水平运动方程可写成

$$\frac{\mathrm{d}\boldsymbol{V}_{\mathrm{h}}}{\mathrm{d}t}=-\nabla_{\mathrm{h}}\phi-f\boldsymbol{k}\times\boldsymbol{V}_{\mathrm{h}} \tag{6.2}$$

用 p 坐标系垂直方向的单位矢量 $\boldsymbol{k}$ 叉乘上式，并利用地转风关系得

$$\boldsymbol{k}\times\frac{\mathrm{d}\boldsymbol{V}_{\mathrm{h}}}{\mathrm{d}t}=-\boldsymbol{k}\times\nabla_{\mathrm{h}}\phi+f\boldsymbol{V}_{\mathrm{h}}=f(\boldsymbol{V}_{\mathrm{h}}-\boldsymbol{V}_{\mathrm{g}})=f\boldsymbol{V}'$$

所以有

$$\boldsymbol{V}'=\frac{1}{f}\boldsymbol{k}\times\frac{\mathrm{d}\boldsymbol{V}_{\mathrm{h}}}{\mathrm{d}t}\tag{6.3}$$

由式(6.3)可知,在北半球,地转偏差(风)$\boldsymbol{V}'$的方向与空气微团的水平加速度$\frac{\mathrm{d}\boldsymbol{V}_{\mathrm{h}}}{\mathrm{d}t}$的方向垂直并指向其左侧,地转偏差(风)的大小$|\boldsymbol{V}'|$与空气微团的水平加速度的大小$\left|\frac{\mathrm{d}\boldsymbol{V}_{\mathrm{h}}}{\mathrm{d}t}\right|$成正比,与科氏参数$f$成反比。

6.1.2　地转偏差对天气演变的意义

一般来说,地转偏差的大小较实际水平风或地转风的大小要小,但它对天气系统的发展和演变却是极其重要。具体来说,地转偏差对大气动能的制造和垂直运动都有决定性作用。

6.1.2.1　地转偏差对动能制造的贡献

用$\boldsymbol{V}_{\mathrm{h}}$点乘式(6.2),得

$$\boldsymbol{V}_{\mathrm{h}}\cdot\frac{\mathrm{d}\boldsymbol{V}_{\mathrm{h}}}{\mathrm{d}t}=-\boldsymbol{V}_{\mathrm{h}}\cdot\nabla_{\mathrm{h}}\phi$$

亦即

$$\frac{\mathrm{d}\left(\frac{V_{\mathrm{h}}^{2}}{2}\right)}{\mathrm{d}t}=-(\boldsymbol{V}_{\mathrm{g}}+\boldsymbol{V}')\cdot\nabla_{\mathrm{h}}\phi=-\boldsymbol{V}'\cdot\nabla_{\mathrm{h}}\phi\tag{6.4}$$

从上式可知,若$\boldsymbol{V}'$为零,则空气微团水平动能的个别时间变化为零,即其水平动能不随时间变化。另外,动能的增加或减少决定于地转偏差风与气压梯度力的夹角,当它们的夹角小于90°(图6.1a),气压梯度力对空气微团做功,则动能的个别时间变化为正,即有动能制造,当它们的夹角大于90°(图6.1b),空气微团在运动过程中要反抗气压梯度力而消耗动能,则动能的个别时间变化为负。由此可见,地转偏差对动能的变化有非常重要的作用。

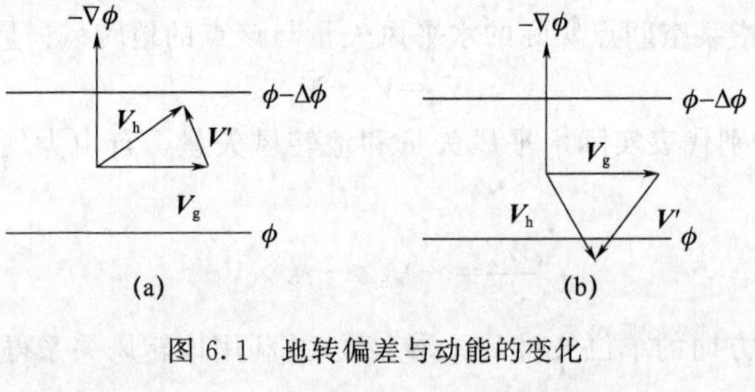

图6.1　地转偏差与动能的变化

6.1.2.2 地转偏差对垂直运动的贡献

p 坐标系的连续方程为

$$\frac{\partial u}{\partial x}+\frac{\partial v}{\partial y}+\frac{\partial \omega}{\partial p}=0$$

即

$$D+\frac{\partial \omega}{\partial p}=0$$

式中，D 为水平散度，对上式进行 p 的积分，得

$$\int_{p_s}^{p}\frac{\partial \omega}{\partial p}\mathrm{d}p=-\int_{p_s}^{p}D\mathrm{d}p$$

于是有

$$\omega(p)=\omega(p_s)+\int_{p}^{p_s}D\mathrm{d}p \tag{6.5}$$

若取下边界条件：$\omega(p_s)\approx 0$，则式(6.5)变为

$$\omega(p)=\int_{p}^{p_s}D\mathrm{d}p=\int_{p}^{p_s}\nabla_h\cdot\boldsymbol{V}_h\mathrm{d}p=\int_{p}^{p_s}\nabla_h\cdot(\boldsymbol{V}_g+\boldsymbol{V}')\mathrm{d}p=\int_{p}^{p_s}\nabla_h\cdot\boldsymbol{V}'\mathrm{d}p \tag{6.6}$$

因此，由式(6.6)可知，如果不存在地转偏差，则不存在水平风场的辐合辐散，也就没有垂直运动。

6.1.3 决定地转偏差的因子

下面讨论决定地转偏差的因子。由式(6.3)可得

$$\boldsymbol{V}'=\frac{1}{f}\boldsymbol{k}\times\frac{\mathrm{d}\boldsymbol{V}_h}{\mathrm{d}t}=\frac{1}{f}\boldsymbol{k}\times\frac{\partial \boldsymbol{V}_h}{\partial t}+\frac{1}{f}\boldsymbol{k}\times(\boldsymbol{V}_h\cdot\nabla_h\boldsymbol{V}_h)+\frac{\omega}{f}\boldsymbol{k}\times\frac{\partial \boldsymbol{V}_h}{\partial p} \tag{6.7}$$

上式右边的第一至第三项分别代表由于风场的非定常性引起的偏差风、由风速的水平平流引起的偏差风和由大气的对流变化引起的偏差风。下面具体讨论各因子对地转偏差风的影响。

(1)变压风：$\frac{1}{f}\boldsymbol{k}\times\frac{\partial \boldsymbol{V}_h}{\partial t}$。假定实际的水平风的局地变化与地转风的局地变化相近，并利用地转风公式，则由风场的非定常性引起的地转偏差风可表示如下

$$\begin{aligned}\boldsymbol{V}'&\propto\frac{1}{f}\boldsymbol{k}\times\frac{\partial \boldsymbol{V}_h}{\partial t}\approx\frac{1}{f}\boldsymbol{k}\times\frac{\partial \boldsymbol{V}_g}{\partial t}=\frac{1}{f^2}\boldsymbol{k}\times\left(\boldsymbol{k}\times\nabla_h\frac{\partial \phi}{\partial t}\right)\\&=-\frac{1}{f^2}\nabla_h\left(\frac{\partial \phi}{\partial t}\right)=-\frac{9.8}{f^2}\nabla_h\left(\frac{\partial H}{\partial t}\right)\end{aligned} \tag{6.8}$$

式中，H 为位势高度。式(6.8)表明，$\boldsymbol{V}'$ 与变高 $\frac{\partial H}{\partial t}$ 的梯度方向相反(图 6.2)：在负变高中心($\frac{\partial H}{\partial t}<0$)，$\boldsymbol{V}'$ 由四周指向中心；在正变高中心($\frac{\partial H}{\partial t}>0$)，$\boldsymbol{V}'$ 由中心指向四周。

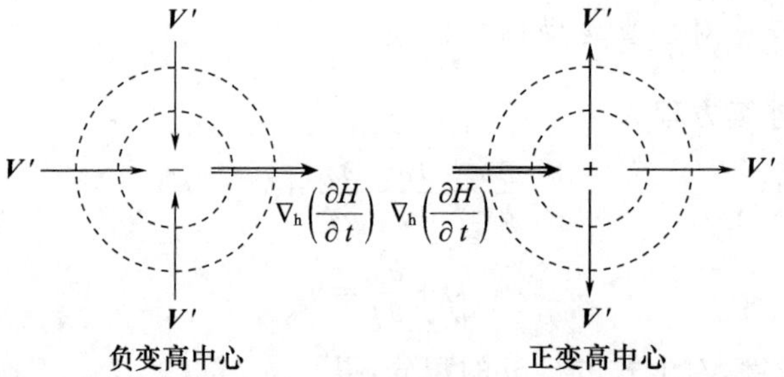

图 6.2 变高场与地转偏差

(2)横辐散和纵辐散风：$\frac{1}{f}\boldsymbol{k}\times(\boldsymbol{V}_h\cdot\nabla_h\boldsymbol{V}_h)$。该项反映了风速的水平平流引起的偏差风。为了讨论方便，取沿流线的自然坐标系，则有 $\boldsymbol{V}_h=V_h\boldsymbol{s}$，其中 $\boldsymbol{s}$ 为沿流线的切线方向的单位矢量，$\boldsymbol{n}$ 为与 $\boldsymbol{s}$ 垂直并指向其左侧的单位矢量，则

$$\begin{aligned}\boldsymbol{V}'\propto\frac{1}{f}\boldsymbol{k}\times(\boldsymbol{V}_h\cdot\nabla_h\boldsymbol{V}_h)&=\frac{1}{f}\boldsymbol{k}\times\left[V_h\boldsymbol{s}\cdot\left(\boldsymbol{s}\frac{\partial}{\partial s}+\boldsymbol{n}\frac{\partial}{\partial n}\right)V_h\boldsymbol{s}\right]\\&=\underset{(1)}{\frac{1}{f}V_h\frac{\partial V_h}{\partial s}\boldsymbol{n}}-\underset{(2)}{\frac{V_h^2}{fr_s}\boldsymbol{s}}\end{aligned}\tag{6.9}$$

式中，r_s 为流线的曲率半径。

式(6.9)右边第(1)项代表由于沿流线方向的风速的不均匀性造成的风速水平平流(或辐散辐合)而引起的横向(与 $\boldsymbol{s}$ 方向垂直)的偏差风(称为横辐散风)。若假设 $\partial V_h/\partial s\approx\partial V_g/\partial s$，当地转风沿流线方向增大时，则由此引起的地转偏差风指向地转风的左侧(图 6.3a)；当地转风沿流线方向减小时，则由此引起的地转偏差风指向地转风的右侧(图 6.3b)。

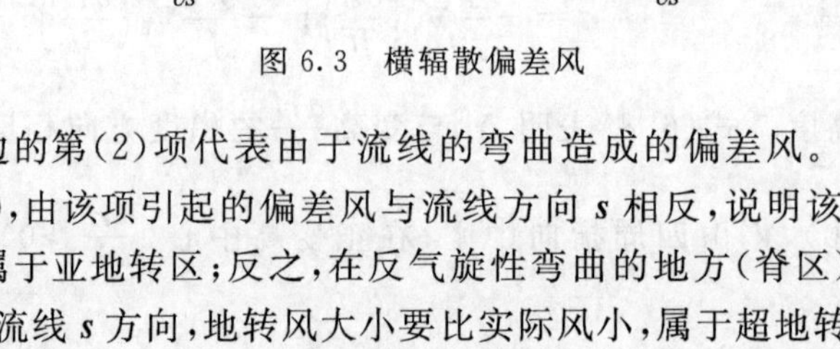

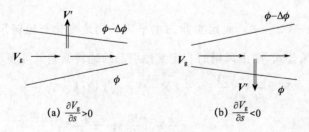

图 6.3 横辐散偏差风

式(6.9)右边的第(2)项代表由于流线的弯曲造成的偏差风。在气旋性弯曲的地方(槽区)$r_s>0$，由该项引起的偏差风与流线方向 $\boldsymbol{s}$ 相反，说明该区的地转风大小要比实际风大，属于亚地转区；反之，在反气旋性弯曲的地方(脊区)$r_s<0$，则由该项引起的偏差风沿流线 $\boldsymbol{s}$ 方向，地转风大小要比实际风小，属于超地转区。我们把沿流

线方向的地转偏差风称为纵辐散风，如图6.4，在槽前脊后的区域是地转偏差风的纵辐散区，而在脊前槽后区域则是地转偏差风的纵辐合区。

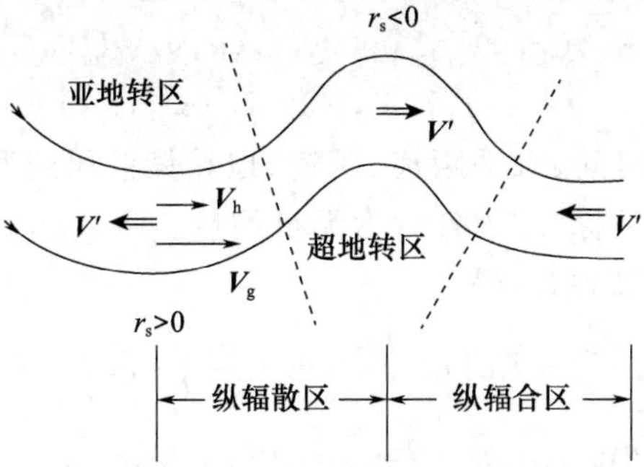

图6.4 纵辐散辐合偏差风

(3)热成偏差风：$\frac{\omega}{f}\boldsymbol{k}\times\frac{\partial \boldsymbol{V}_h}{\partial p}$。假定实际的水平风的垂直变化与地转风的垂直变化相近，并利用热成风公式(4.33a)，则由风场的对流变化引起的地转偏差风(称为热成偏差风)可表示如下

$$\boldsymbol{V}'\propto\frac{\omega}{f}\boldsymbol{k}\times\frac{\partial \boldsymbol{V}_h}{\partial p}\approx\frac{\omega}{f}\boldsymbol{k}\times\frac{\partial \boldsymbol{V}_g}{\partial p}=\frac{R}{f^2 p}\omega\ \nabla_h T \tag{6.10}$$

由式(6.10)可知，热成偏差风与大气的斜压性和垂直运动有关：当有上升运动($\omega<0$)时，$\boldsymbol{V}'$与$\nabla_h T$方向相反；当有下沉运动($\omega>0$)时，$\boldsymbol{V}'$与$\nabla_h T$方向相同，这时如出现暖(冷)中心区，则偏差风矢量由四周(中心)指向中心(四周)。

6.2 地转适应理论概要

前面提到，中高纬的大气运动是一种准地转运动过程，该过程包含演变过程和适应过程。演变过程(又称发展过程)是指由动力平衡向动力不平衡过渡的过程，属于平衡中的运动过程；适应过程(又称调整过程)是指由动力不平衡向新的动力平衡过渡的过程，属于运动中的平衡过程。这两种过程的时间尺度及物理性质是有显著差别的，从而是可区分的。

6.2.1 适应过程与演变过程的可分性

6.2.1.1 时间尺度上可分

p坐标系大尺度水平运动方程一级简化可写为

$$\frac{\partial u}{\partial t}+u\frac{\partial u}{\partial x}+v\frac{\partial u}{\partial y}=fv-\frac{\partial \phi}{\partial x}=fv' \tag{6.11}$$

$$\frac{\partial v}{\partial t}+u\frac{\partial v}{\partial x}+v\frac{\partial v}{\partial y}=-fu-\frac{\partial \phi}{\partial y}=-fu' \tag{6.12}$$

式中,u',v'为地转偏差风纬向和经向分量。引入无量纲变量

$$t=\tau t_1,(x,y)=L(x_1,y_1),(u,v)=U(u_1,v_1)$$
$$f=f_0 f_1,(u',v')=U'(u'_1,v'_1) \tag{6.13}$$

式中,τ,L,U,U',f_0 为时间、水平距离、风速、地转偏差风速和科氏参数的特征尺度值,而 x_1,y_1,……等有下标“1”的各量为无量纲量。将式(6.13) 各量代入式(6.11)和式(6.12),并用 f_0U 除各式,得

$$\varepsilon\frac{\partial u_1}{\partial t_1}+Ro\left(u_1\frac{\partial u_1}{\partial x_1}+v_1\frac{\partial u_1}{\partial y_1}\right)=c(f_1 v'_1) \tag{6.14}$$

$$\varepsilon\frac{\partial v_1}{\partial t_1}+Ro\left(u_1\frac{\partial v_1}{\partial x_1}+v_1\frac{\partial v_1}{\partial y_1}\right)=c(-f_1 u'_1) \tag{6.15}$$

式中,$\varepsilon=1/f_0\tau$ 为基别尔数,$Ro=U/f_0L$ 为罗斯贝数,$c=U'/U=D_0/\zeta_0$ 为陈秋士数,D_0,ζ_0 分别为水平散度和涡度垂直分量的特征尺度。D_0,ζ_0 的量级可估计如下

$$D=\frac{\partial u}{\partial x}+\frac{\partial v}{\partial y}\cong\frac{\partial u'}{\partial x}+\frac{\partial v'}{\partial y}\sim\frac{U'}{L}$$

$$\zeta=\frac{\partial v}{\partial x}-\frac{\partial u}{\partial y}\sim\frac{U}{L}$$

因此

$$\frac{D_0}{\zeta_0}=\frac{U'}{U}$$

对于大尺度运动,$Ro\sim10^{-1}<1$,$f_0\sim10^{-4}\,\mathrm{s}^{-1}$;而对于不同过程,参数 ε 和 c 可以变化较大。所以下面分别讨论两种过程的时间尺度。

(1)演变过程。在演变过程中,一般地转偏差较小,于是可以认为

$$c=O(10^n)\ (n<-1)$$

于是包含 ε 和 Ro 的项为方程中的两个大项。由于在一般情况下,有 $\left|\frac{\partial u}{\partial t}\right|\leqslant\left|u\frac{\partial u}{\partial x}\right|$,故

$$\varepsilon\leqslant Ro\sim10^{-1},\tau\geqslant f_0^{-1}Ro^{-1}\sim10^5\,\mathrm{s}$$

因此,准地转过程的演变过程相对于适应过程(参见下面)是一种慢过程。

(2)适应过程。在适应调整阶段,大气存在较明显的地转偏差,即地转偏差较大,因此根据方程(6.14)和(6.15),可以假设

$$c=O(10^n)\ (n\geqslant0)$$

且局地变化项与地转偏差项量级最大并相当,即 $\varepsilon\sim c\geqslant10^0=1$,因此

$$\tau\leqslant f_0^{-1}\sim10^4\,\mathrm{s}$$

故大气的适应调整过程是一种相对较快的过程。

综合上述分析,由于适应调整过程较演变过程快,即由动力不平衡向新的动力

平衡恢复过程较快，这就可以解释为什么在每日的天气图上可以在中高纬地区看到准地转流场。

6.2.1.2　物理性质可分

前面指出演变过程和适应过程在时间尺度上是有明显的差别和可分的。它们在物理性质上同样也是有差别的：

(1)由前面的讨论可知，由于在演变过程 $\varepsilon \leqslant Ro$，即式(6.14)和式(6.15)的非线性项的量级较大，所以演变过程是非线性的；而在适应过程，由于地转偏差较大，有 $\varepsilon \sim c > Ro$，即水平运动方程中的线性项量级较大，故适应过程是准线性的。

(2)对演变过程而言，$c \leqslant 10^{-1}$，即 $D_0 \leqslant 10^{-1}\zeta_0$，所以演变过程以准涡旋运动为主；在适应过程，$c \geqslant 1$，即 $D_0 \geqslant \zeta_0$，说明大气运动以位势运动(辐散辐合运动)为主。

综上所述，准地转过程的演变过程和适应过程无论在时间尺度上还是物理性质上都是有显著差异和可分的，这为我们将演变过程和适应过程分开进行研究提供了可能性。

6.2.2　正压地转适应过程

正压大气是一种较为简单的模式大气状态，它为研究许多实际的大气动力过程提供了一种简便的大气模型。为简单起见，本节同样以正压大气为模型来讨论大气中地转适应过程，以揭示其物理机制。

6.2.2.1　均质大气模式

假定空气密度为常数(均质大气)，无摩擦，且自由面上的气压为常数(图 6.5)。对静力平衡方程

$$\frac{\partial p}{\partial z} = -\rho g$$

进行 z 从 $z \to h$ 的积分，得

$$p(x,y,z,t) = \rho g(h - z) + p_0$$

式中，$h(x,y,t)$是自由面高度。对上式分别求 x，y 的偏导数有

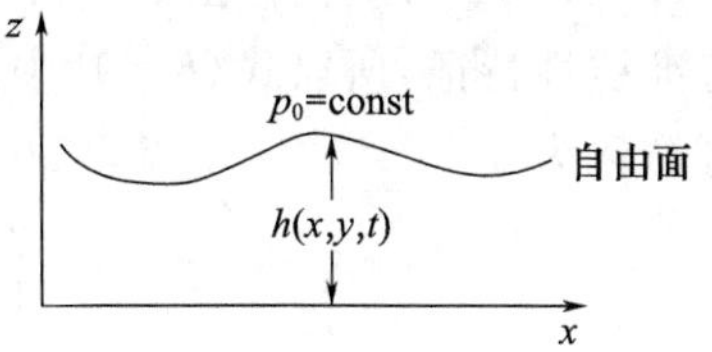

图 6.5　均质大气模式

$$-\frac{1}{\rho}\frac{\partial p}{\partial x} = -g\frac{\partial h}{\partial x} \tag{6.16}$$

$$-\frac{1}{\rho}\frac{\partial p}{\partial y} = -g\frac{\partial h}{\partial y} \tag{6.17}$$

由于 h 与 z 无关，故由式(6.16)和式(6.17)可知，水平气压梯度力也与 z 无关。这表明如果初始时，u，v 与 z 无关，则此后的 u，v 也与 z 无关。因为大气静止时，气压梯

度力为零,所以运动完全是伴随气压梯度力的产生而产生,既然气压梯度力与 z 无关,那么风速的水平加速度项必然与 z 无关,即 u,v 与 z 无关。在这种意义上,我们称这种均质大气模式为正压模式。

均质大气的连续方程为

$$\frac{\partial u}{\partial x}+\frac{\partial v}{\partial y}+\frac{\partial w}{\partial z}=0$$

对上式作 z 从 $0\rightarrow h$ 的垂直积分,并注意 $w(z=0)=0$,得

$$w(x,y,h,t)=-h\left(\frac{\partial u}{\partial x}+\frac{\partial v}{\partial y}\right)$$

即
$$\frac{\mathrm{d}h}{\mathrm{d}t}=-h\left(\frac{\partial u}{\partial x}+\frac{\partial v}{\partial y}\right)$$

令 $\phi=gh$,则上式可改写为

$$\frac{\partial \phi}{\partial t}+u\frac{\partial \phi}{\partial x}+v\frac{\partial \phi}{\partial y}+\phi\left(\frac{\partial u}{\partial x}+\frac{\partial v}{\partial y}\right)=0 \tag{6.18}$$

于是,利用式(6.16)、式(6.17)关系式,由水平运动方程和连续方程组成的均质大气模式基本方程组为

$$\begin{cases}\dfrac{\partial u}{\partial t}+u\dfrac{\partial u}{\partial x}+v\dfrac{\partial u}{\partial y}-fv=-\dfrac{\partial \phi}{\partial x}\\[2mm] \dfrac{\partial v}{\partial t}+u\dfrac{\partial v}{\partial x}+v\dfrac{\partial v}{\partial y}+fu=-\dfrac{\partial \phi}{\partial y}\\[2mm] \dfrac{\partial \phi}{\partial t}+u\dfrac{\partial \phi}{\partial x}+v\dfrac{\partial \phi}{\partial y}+\phi\left(\dfrac{\partial u}{\partial x}+\dfrac{\partial v}{\partial y}\right)=0\end{cases} \tag{6.19}$$

这是一组包含 u,v,ϕ 三个未知量的闭合方程组。

下面将根据均质大气模式方程给出适用于分析地转适应过程的简化方程。设 $h=H+h'$,H 为静止自由面高度,与 x,y 无关,前面的讨论已指出,地转适应过程具有准线性特征,所以式(6.19)中的非线性项可作为相对小项而略去,则支配方程组可简化为

$$\begin{cases}\dfrac{\partial u}{\partial t}-fv=-\dfrac{\partial \phi'}{\partial x}\\[2mm] \dfrac{\partial v}{\partial t}+fu=-\dfrac{\partial \phi'}{\partial y}\\[2mm] \dfrac{\partial \phi'}{\partial t}+c_0^2\left(\dfrac{\partial u}{\partial x}+\dfrac{\partial v}{\partial y}\right)=0\end{cases} \tag{6.20}$$

式中,$\phi'=gh'$,$c_0^2=gH$。

6.2.2.2 适应过程的物理机制

在讨论地转适应过程的物理机制时,为了方便,以一维情形为例,设扰动与 y 无

关,则方程组(6.20)变为

$$\begin{cases}\dfrac{\partial u}{\partial t}-fv=-\dfrac{\partial \phi'}{\partial x}\\\dfrac{\partial v}{\partial t}+fu=0\\\dfrac{\partial \phi'}{\partial t}+c_0^2\,\dfrac{\partial u}{\partial x}=0\end{cases}\tag{6.21}$$

如图 6.6,设初始状态的流场为:$u_{t=0}=0$,$v_{t=0}(x=0)>0$,即有南风;压力场均匀分布

$$v_g=\frac{1}{f}\frac{\partial \phi'}{\partial x}=0;u_g=-\frac{1}{f}\frac{\partial \phi'}{\partial y}=0$$

由于初始时刻 $v>0$,那么经过 Δt 时间后,由式(6.21)第一方程可知由于科氏力的作用在 $x=0$ 处会导致$\dfrac{\partial u}{\partial t}>0$,即 $u_{\Delta t}>0$(因 $u_{t=0}=0$)。这样在 $x\in[-L,0]$区间有$\dfrac{\partial u}{\partial x}>0$,即流场是辐散的,于是在该区间由式(6.21)第三个方程会导致$\dfrac{\partial \phi'}{\partial t}<0$,即自由面高度是下降的;与此同时,在 $x\in[0,L]$区间有$\dfrac{\partial u}{\partial x}<0$,即流场是辐合的,于是在该区间由式(6.21)第三方程会导致$\dfrac{\partial \phi'}{\partial t}>0$,即自由面高度是上升的。这样就造成了在 $x\in[-L,L]$区间内有$\dfrac{\partial \phi'}{\partial x}>0$。

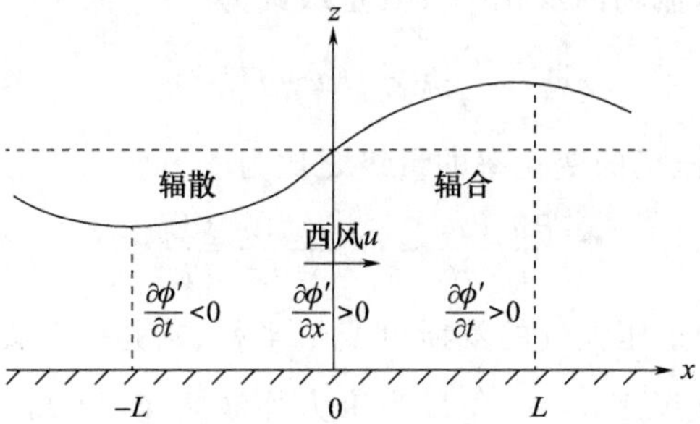

图 6.6　地转适应过程示意图

另一方面,由 $u_{\Delta t}(x=0)>0$,通过式(6.21)第二方程在科氏力的作用下$\dfrac{\partial v}{\partial t}<0$,即在 $x=0$ 处 v 风是减小的,以向气压场适应,因为在 Δt 时间里,v 风减小,而 $v_g=\dfrac{1}{f}\dfrac{\partial \phi'}{\partial x}>0$ 是增大的,最终可达到 $v=v_g=\dfrac{1}{f}\dfrac{\partial \phi'}{\partial x}>0$,即风场和气压场相互适应,达到一个平衡态。

然而,由于惯性的缘故,v 风会随时间继续减小,而 v_g 风则会继续增大,于是出现 $v<v_g$ 的状态,这样气压场与风场的相互适应调整过程将与上述调整过程相反,到一定时间又可达到一新的平衡态,循环反复,最后达到一种地转平衡的定常状态:$\frac{\partial u}{\partial t}=0,\frac{\partial v}{\partial t}=0,\frac{\partial \phi'}{\partial t}=0,v=v_g=\frac{1}{f}\frac{\partial \phi'}{\partial x}$。

上述讨论的适应调整过程会产生一种波动——重力惯性外波,这种波动是频散波,若初始非地转运动的水平尺度有限,那么非地转能量通过频散过程将分布到更宽广的空间中,这样,单位体积大气的非地转能量逐渐减少,所以振荡随时间是衰减的,并最终建立起稳定的地转平衡。所以说,重力惯性外波的频散是正压大气中地转适应过程最基本的物理机制,当出现地转偏差时,在科氏力的作用下,通过整层大气辐合辐散交替变化,使气压场和流场相互调整又重新建立起地转平衡状态。

6.2.2.3　地转适应与扰源尺度的关系

前面的讨论已指出,地转适应调整过程是气压场和流场的相互调整过程。但在这种相互调整过程中,气压场和流场的变化快慢在不同条件下会有不同的结果,并与扰动源尺度有非常密切的关系。

气压场和流场的变化快慢可分别用地转风和实际风的局地时间变化率来表示。利用地转关系和式(6.21)第三方程,气压场的变化率及其量级可表示为

$$\frac{\partial v_g}{\partial t}=\frac{\partial}{\partial t}\left(\frac{1}{f}\frac{\partial \phi'}{\partial x}\right)=\frac{1}{f}\frac{\partial}{\partial x}\left(\frac{\partial \phi'}{\partial t}\right)=-\frac{c_0^2}{f}\frac{\partial^2 u}{\partial x^2}\sim\frac{c_0^2}{f}\frac{U}{L^2}$$

由式(6.21)第二方程,流场的变化率及其量级则为

$$\frac{\partial v}{\partial t}=-fu\sim fU$$

于是流场变化率与气压场的变化率的量级之比为

$$\frac{\partial v}{\partial t}\Big/\frac{\partial v_g}{\partial t}\sim fU\Big/\frac{c_0^2}{f}\frac{U}{L^2}=\frac{L^2}{L_0^2} \tag{6.22}$$

式中,$L_0=f^{-1}c_0$,称为正压大气的罗斯贝变形半径,它是一种距离的特征尺度,由于 f^{-1} 为惯性周期的特征尺度,$c_0=\sqrt{gH}$ 为重力外波波速,故 L_0 的物理意义为在惯性周期 f^{-1} 内重力外波传播的距离。

由式(6.22):(1)当 $L>L_0$ 时,则有 $\frac{\partial v}{\partial t}\gg\frac{\partial v_g}{\partial t}$,表明由流场向气压场适应调整,气压场容易维持,这种情况在大尺度运动中容易出现;(2)当 $L<L_0$ 时,则有 $\frac{\partial v}{\partial t}\ll\frac{\partial v_g}{\partial t}$,表明气压场向流场适应调整,即流场容易维持,这种情况在较小尺度的运动中容易出现;(3)当 $L\cong L_0$ 时,则有 $\frac{\partial v}{\partial t}\cong\frac{\partial v_g}{\partial t}$,表明流场和气压场之间相互适应调整。另外,

由于 $L_0=f^{-1}c_0=c_0/(2\Omega\sin\varphi)$，即罗斯贝变形半径与纬度成反比，所以，在低纬 L_0 较大，$L<L_0$ 的情形就更容易出现，因此低纬的流场也更容易维持。

6.2.3 适应方程组的解

对正压地转适应方程组(6.20)的前两式分别进行求涡度和散度运算，并取 f 为常数，则方程组可变为

$$\begin{cases}\dfrac{\partial\zeta}{\partial t}+fD=0\\[2mm] \dfrac{\partial D}{\partial t}-f\zeta+\nabla_h^2\phi'=0\\[2mm] \dfrac{\partial\phi'}{\partial t}+c_0^2D=0\end{cases}\tag{6.23}$$

式中，D，ζ 分别为水平散度和垂直涡度，即

$$D=\frac{\partial u}{\partial x}+\frac{\partial v}{\partial y},\zeta=\frac{\partial v}{\partial x}-\frac{\partial u}{\partial y}\tag{6.24}$$

引入流函数 ψ 和速度势 χ，可得速度分量与流函数与速度势函数的关系

$$\begin{cases}u=-\dfrac{\partial\psi}{\partial y}+\dfrac{\partial\chi}{\partial x}\\[2mm] v=\dfrac{\partial\psi}{\partial x}+\dfrac{\partial\chi}{\partial y}\end{cases}\tag{6.25}$$

因此有 $\zeta_g=\nabla_h^2\psi$，$D=\nabla_h^2\chi$，代入方程组(6.23)，可得

$$\begin{cases}\nabla_h^2\left(\dfrac{\partial\psi}{\partial t}+f\chi\right)=0\\[2mm] \nabla_h^2\left(\dfrac{\partial\chi}{\partial t}-f\psi+\phi'\right)=0\\[2mm] \dfrac{\partial\phi'}{\partial t}+c_0^2\ \nabla_h^2\chi=0\end{cases}\tag{6.26}$$

方程组(6.26)的前两式为二维拉普拉斯(Laplace)方程，若初始非地转扰动出现在有限区域，且扰动是有界的，则物理上可认为 ψ，χ 和 ϕ' 在无穷远处为零。根据极值原理，两个拉普拉斯方程括号内的函数在整个 (x,y) 平面也为零。因此方程组(6.26)可改写为

$$\begin{cases}\dfrac{\partial\psi}{\partial t}+f\chi=0\\[2mm] \dfrac{\partial\chi}{\partial t}-f\psi+\phi'=0\\[2mm] \dfrac{\partial\phi'}{\partial t}+c_0^2\ \nabla_h^2\chi=0\end{cases}\tag{6.27}$$

这就是正压大气的地转适应方程组。将其第二式对 t 微商，并利用第一、第三两式

可得

$$\frac{\partial^2 \chi}{\partial t^2}-c_0^2\ \nabla_h^2\chi+f^2\chi=0 \tag{6.28}$$

这是关于速度势χ的二维克莱因-戈尔登(Klein-Gordon)方程,包含的波动是惯性-重力外波,不难求出其二维波动的相速和群速分别为

$$\boldsymbol{c}=\pm\sqrt{c_0^2+\left(\frac{f}{K}\right)^2}\frac{\boldsymbol{K}}{K} \tag{6.29}$$

$$\boldsymbol{c}_g=\pm\frac{c_0}{\sqrt{1+f^2/(K^2c_0^2)}}\frac{\boldsymbol{K}}{K} \tag{6.30}$$

其中 $\boldsymbol{K}=k\boldsymbol{i}+l\boldsymbol{j}, K=\sqrt{k^2+l^2}$

由式(6.30)可知最大群速为

$$|\boldsymbol{c}_g|_{\max}=c_0=\sqrt{gH} \tag{6.31}$$

求解方程(6.28)的初始条件可写为

$$\begin{cases}\chi|_{t=0}=\chi_0(x,y)\\ \left.\dfrac{\partial\chi}{\partial t}\right|_{t=0}=f\psi_0-\phi'_0=\chi_1(x,y)\end{cases} \tag{6.32}$$

为求方程(6.28)在初始条件式(6.32)下柯西(Cauchy)问题的解,可采用降维法求解。作变量替换,令

$$\phi(x,y,z,t)=\chi(x,y,t)\cos(fz/c_0) \tag{6.33}$$

则方程(6.28)和初始条件式(6.32)分别变为

$$\frac{\partial^2\phi}{\partial t^2}=c_0^2\left(\frac{\partial^2\phi}{\partial x^2}+\frac{\partial^2\phi}{\partial y^2}+\frac{\partial^2\phi}{\partial z^2}\right) \tag{6.34}$$

$$\begin{cases}\phi|_{t=0}=\chi_0(x,y)\cos(fz/c_0)\\ \left.\dfrac{\partial\phi}{\partial t}\right|_{t=0}=\chi_1(x,y)\cos(fz/c_0)\end{cases} \tag{6.35}$$

这是典型的三维波动方程求解问题。它的解为下列泊松(Poisson)公式

$$\phi(x,y,z,t)=\frac{1}{4\pi c_0}\left\{\frac{\partial}{\partial t}\iint\limits_{S_{c_0t}^M}\chi_0(\xi,\eta)R^{-1}\cos(f\zeta/c_0)\mathrm{d}s+\iint\limits_{S_{c_0t}^M}\chi_1(\xi,\eta)R^{-1}\cos(f\zeta/c_0)\mathrm{d}s\right\} \tag{6.36}$$

式中,$R=\sqrt{(\xi-x)^2+(\eta-y)^2+(\zeta-z)^2}$,而 $S_{c_0t}^M$ 表示以 $M(x,y,z)$ 为中心,c_0t 为半径的球面,即 $R=c_0t$.

因为 $z=0$ 时,$\phi(x,y,0,t)=\chi(x,y,t)$,且$\chi_0,\chi_1$ 与 z 无关,利用降维法,则球面 $S_{c_0t}^M$上的积分可以转化为这个球面在平面 $z=\zeta$上的圆域 $\Sigma_{c_0t}^M$($(\xi-x)^2+(\eta-y)^2\leqslant(c_0t)^2$)上的积分。球面的面积元 d$s$ 与其投影的面积元 dξdη 有如下关系

$$\mathrm{d}s\cdot\cos\gamma=\mathrm{d}\xi\mathrm{d}\eta \tag{6.37}$$

其中 γ 是 $\mathrm{d}s$ 的外法线方向与 z 轴间的夹角，即

$$\cos\gamma=\frac{\zeta-z}{c_0 t}=\frac{\sqrt{(c_0t)^2-(\xi-x)^2-(\eta-y)^2}}{c_0 t} \tag{6.38}$$

故

$$\mathrm{d}s=\frac{c_0 t}{\sqrt{(c_0t)^2-\rho^2}}\mathrm{d}\xi\mathrm{d}\eta \tag{6.39}$$

其中

$$\rho=\sqrt{(\xi-x)^2+(\eta-y)^2} \tag{6.40}$$

注意到上下两半球面的投影相同，因此在球面上的积分应是在平面圆域 $\Sigma_{c_0t}^M$ 上积分的两倍，因此

$$\chi(x,y,t)=\frac{1}{2\pi c_0}\left\{\frac{\partial}{\partial t}\iint\limits_{\Sigma_{c_0t}^M}\chi_0(\xi,\eta)\frac{\cos(f\sqrt{(c_0t)^2-\rho^2}/c_0)}{\sqrt{(c_0t)^2-\rho^2}}\mathrm{d}\xi\mathrm{d}\eta\right.$$
$$\left.+\iint\limits_{\Sigma_{c_0t}^M}\chi_1(\xi,\eta)\frac{\cos(f\sqrt{(c_0t)^2-\rho^2}/c_0)}{\sqrt{(c_0t)^2-\rho^2}}\mathrm{d}\xi\mathrm{d}\eta\right\} \tag{6.41}$$

引入平面极坐标 (ρ,θ)，有

$$\xi-x=\rho\cos\theta,\eta-y=\rho\sin\theta,\mathrm{d}\xi\mathrm{d}\eta=\rho\mathrm{d}\rho\mathrm{d}\theta\ \left(\rho=\sqrt{(\xi-x)^2+(\eta-y)^2}\right)$$

则式(6.41)可改写为

$$\chi(x,y,t)=\frac{1}{2\pi c_0}\frac{\partial}{\partial t}\int_0^{2\pi}\int_0^{c_0t}\chi_0(x+\rho\cos\theta,y+\rho\sin\theta)\frac{\cos(f\sqrt{(c_0t)^2-\rho^2}/c_0)}{\sqrt{(c_0t)^2-\rho^2}}\rho\mathrm{d}\rho\mathrm{d}\theta$$
$$+\frac{1}{2\pi c_0}\int_0^{2\pi}\int_0^{c_0t}\chi_1(x+\rho\cos\theta,y+\rho\sin\theta)\frac{\cos(f\sqrt{(c_0t)^2-\rho^2}/c_0)}{\sqrt{(c_0t)^2-\rho^2}}\rho\mathrm{d}\rho\mathrm{d}\theta \tag{6.42}$$

由式(6.42)可知，只有 χ_0,χ_1 不同时为零时，χ 才不为零，否则 $\chi=0$。这说明，在适应过程中出现的惯性-重力外波是由初始局部区域的非地转扰动所激发出来的。

根据式(6.42)可以分析地转适应过程中惯性-重力外波传播的物理图像。设初始扰动局限于以原点为中心，半径为 R 的圆内(图 6.7)，即

$$\begin{cases}\chi_0(x,y)=\begin{cases}F(x,y), & r\leqslant R\\ 0, & r>R\end{cases}\\ \chi_1(x,y)=\begin{cases}G(x,y), & r\leqslant R\\ 0, & r>R\end{cases}\end{cases}\qquad (r=\sqrt{x^2+y^2}) \tag{6.43}$$

设初始扰源外一点 $A(x,y)$ 到扰源的最近距离和最远距离分别为 ρ_1 和 ρ_2，则

$$\rho_1=r-R,\rho_2=r+R \tag{6.44}$$

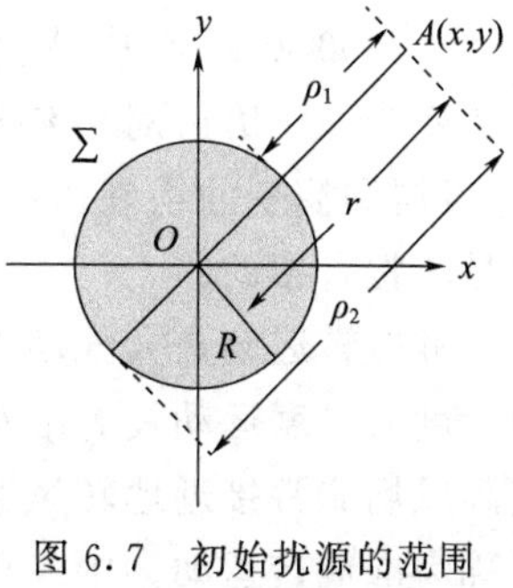

图 6.7　初始扰源的范围

当 $t<t_1\equiv\rho_1/c_0$ 时,$c_0t<\rho_1$,$c_0t\ll\rho_2$,式(6.42)的积分区域与扰源不相交,因此$\chi=0$,表示初始扰动还未到达场点;当

$t_1\equiv\rho_1/c_0\leqslant t\leqslant t_2\equiv\rho_2/c_0$ 时,$\rho_1\leqslant c_0t\leqslant\rho_2$,$c_0t<<\rho_2$,式(6.42)的积分区域与扰源相交,因此$\chi\neq0$,表示初始扰动已传到场点;当 $t>t_2\equiv\rho_2/c_0$ 时,$c_0t>\rho_2$,式(6.42)的积分区域完全包含扰源区,这时实际的积分区域就是扰源区域 $\Sigma:\rho_1\leqslant\rho\leqslant\rho_2$,这时式(6.42)可改写为

$$\chi(x,y,t)=\frac{1}{2\pi c_0}\frac{\partial}{\partial t}\iint\limits_{\Sigma}\chi_0(x+\rho\cos\theta,y+\rho\sin\theta)\frac{\cos(f\sqrt{(c_0t)^2-\rho^2}/c_0)}{\sqrt{(c_0t)^2-\rho^2}}\rho\mathrm{d}\rho\mathrm{d}\theta$$
$$+\frac{1}{2\pi c_0}\iint\limits_{\Sigma}\chi_1(x+\rho\cos\theta,y+\rho\sin\theta)\frac{\cos(f\sqrt{(c_0t)^2-\rho^2}/c_0)}{\sqrt{(c_0t)^2-\rho^2}}\rho\mathrm{d}\rho\mathrm{d}\theta \tag{6.45}$$

假设 F,G 在圆域Σ 内分别取常值 $\overline{F},\overline{G}$,又 ρ_1,ρ_2 的平均值为 $\overline{\rho}$,则式(6.45)近似表示为

$$\chi(x,y,t)=\frac{R^2\overline{F}}{2c_0}\frac{\partial}{\partial t}\left[\frac{\cos(f\sqrt{(c_0t)^2-\overline{\rho}^2}/c_0)}{\sqrt{(c_0t)^2-\overline{\rho}^2}}\right]+\frac{R^2\overline{G}}{2c_0}\cdot\frac{\cos(f\sqrt{(c_0t)^2-\overline{\rho}^2}/c_0)}{\sqrt{(c_0t)^2-\overline{\rho}^2}} \tag{6.46}$$

由上式可知,随着时间 t 的增加,χ将迅速衰减,当 $t\to\infty$时,$\chi=0$。这种衰减是由于扰动能量随着惯性-重力外波传播将频散分布到更广的空间中去的缘故。而且扰动以相速 $c=|\boldsymbol{c}|=\sqrt{c_0^2+(f/K)^2}$ 传播,能量则以群速 $c_g=|\boldsymbol{c}_g|=c_0/\sqrt{1+(f/Kc_0)^2}$ 传播,因相速和群速的数值都很大,所以,式(6.46)所描述的振荡随时间衰减非常快。

当$\chi=0$ 时,由式(6.27)可知,$\partial\psi/\partial t=0$,$\partial\phi'/\partial t=0$,表示流场和气压场都变为定常,而且 $f\psi=\phi'$,即满足地转平衡,从而完成了地转适应过程。

6.3 中纬度天气尺度运动的诊断分析

日常高空天气图上分析出的天气系统属于天气尺度系统,其水平距离一般为1000～3000 km。在中纬度,主要的天气尺度系统包括锋面系统、气旋、反气旋、低涡和切变线等。给出对中纬度天气系统有效方便的诊断方程,以及对这些系统的发生、发展和演变的物理机制进行诊断分析对理解它们的演变成因及提高预报准确率都是非常有帮助的。

准地转运动是大气动力学中一个非常重要的概念。第 2 章的尺度分析已指出,中纬度大尺度运动具有准水平、准地转平衡、准静力平衡和准水平无辐散的特征,即实际风场非常接近地转风场,风、压场基本上满足地转平衡关系,具有这种特征的运动称为准地转运动。中纬度天气尺度运动具有准地转运动特征可以借助前面的地

转适应理论来解释。实际大气运动的变化取决于地转偏差，一旦地转平衡遭到破坏，就会出现地转偏差，激发重力惯性波，并通过该波动的能量频散效应使地转偏差迅速减弱，建立起新的地转平衡。实际的大气运动就是由一连串的地转平衡的建立、破坏和再建立过程构成。由于适应过程相对地转平衡的破坏是快过程，新的地转平衡的重建非常快，因此在中纬度实际大气中观测不到明显的地转偏差。这意味着中纬度大尺度运动系统在演变的过程中，虽然风场和气压场都在变化，然而它们之间仍维持着准地转平衡态。

既然中纬度天气尺度的运动是一种准地转运动或准地转平衡态的缓慢演变过程，因此，在大气运动方程组中引入静力平衡和准地转近似，可使研究天气尺度运动的演变问题得到进一步的简化，同时也大大方便了对天气尺度系统演变的描述和解释。另外，采用 p 坐标系来研究天气尺度运动是非常合理和方便的，因为静力平衡对大尺度运动而言是相当精确地成立，而且日常的气象观测资料都是以等压面为参考面的。本节将首先给出适用于描述准地转运动的准地转模式基本方程组，然后在此基础上推导出准地转位势倾向方程和 ω 方程。

6.3.1　准地转动力系统

6.3.1.1　准地转涡度方程

由于准地转运动主要表现为涡旋运动，因而用涡度方程来分析天气尺度运动的特征将更加方便。p 坐标系下的涡度方程为

$$\frac{\partial\zeta}{\partial t}=-\boldsymbol{V}_{\mathrm{h}}\cdot\nabla(\zeta+f)-\omega\frac{\partial\zeta}{\partial p}-(\zeta+f)\nabla_{\mathrm{h}}\cdot\boldsymbol{V}_{\mathrm{h}}+\left(\frac{\partial u}{\partial p}\frac{\partial\omega}{\partial y}-\frac{\partial v}{\partial p}\frac{\partial\omega}{\partial x}\right)\tag{6.47}$$

由第 5 章对涡度方程的尺度分析可知，对于中纬度天气尺度运动，上式等号右边第二项和最后一项量级要比其他项小一量级，故可忽略。另外，水平散度项中的相对涡度 ζ 量级比 f 小，所以也可以略去。由于中纬度天气尺度运动具有准地转性质，即实际风与地转风较接近，故涡度平流项中的水平风速可用地转风代替，涡度也可以用地转涡度代替，但水平风场散度项仍保留以体现风场原有的地转偏差特征。由此得到的准地转涡度方程为

$$\frac{\partial\zeta_{\mathrm{g}}}{\partial t}=-\boldsymbol{V}_{\mathrm{g}}\cdot\nabla(\zeta_{\mathrm{g}}+f)-f\,\nabla_{\mathrm{h}}\cdot\boldsymbol{V}_{\mathrm{h}}\tag{6.48}$$

从式(6.48)可以看出，准地转运动涡度的局地变化由绝对涡度的平流作用和地转偏差造成的辐散辐合作用决定。利用连续方程及 $\boldsymbol{V}_{\mathrm{g}}=\boldsymbol{k}\times\dfrac{\nabla\phi}{f_0}$，$\zeta_{\mathrm{g}}=\dfrac{\nabla^2\phi}{f_0}$，其中 f_0 为某参考纬度的科氏参数，上式可以化为

$$\nabla^2\left(\frac{\partial\phi}{\partial t}\right)=-f_0\boldsymbol{V}_{\mathrm{g}}\cdot\nabla\left(\frac{\nabla^2\phi}{f_0}+f\right)+f_0^2\,\frac{\partial\omega}{\partial p}\tag{6.49}$$

上式表明,如果位势 ϕ 及其倾向$\frac{\partial \phi}{\partial t}$的空间分布已知,则可求出垂直运动 ω 的分布。

6.3.1.2 准地转热力学方程

用位温 θ 表示的热力学方程为

$$c_p \frac{\mathrm{dln}\theta}{\mathrm{d}t} = \frac{1}{T}\frac{\delta Q}{\delta t} \tag{6.50}$$

式中,$\frac{\delta Q}{\delta t}$为大气中的非绝热加热率。由位温 θ 的定义及气体状态方程,有

$$\ln\theta = \ln\alpha - \left(\frac{R}{c_p} - 1\right)\ln p + \text{const}$$

上式在等压面上对 x,y 和 t 偏微分,得

$$\frac{\partial \ln\theta}{\partial x} = \frac{\partial \ln\alpha}{\partial x}, \quad \frac{\partial \ln\theta}{\partial y} = \frac{\partial \ln\alpha}{\partial y}, \quad \frac{\partial \ln\theta}{\partial t} = \frac{\partial \ln\alpha}{\partial t}$$

用上述关系代入热力学方程(6.50),则有

$$\frac{\partial \ln\alpha}{\partial t} + u\frac{\partial \ln\alpha}{\partial x} + v\frac{\partial \ln\alpha}{\partial y} + \omega\frac{\partial \ln\theta}{\partial p} = \frac{1}{c_p T}\frac{\delta Q}{\delta t}$$

然后用静力平衡关系$\frac{\partial \phi}{\partial p} = -\alpha$ 消去 α,得

$$\frac{\partial}{\partial t}\left(-\frac{\partial \phi}{\partial p}\right) + \boldsymbol{V}_{\mathrm{h}} \cdot \nabla\left(-\frac{\partial \phi}{\partial p}\right) - \sigma_{\mathrm{s}}\omega = \frac{\alpha}{c_p T}\frac{\delta Q}{\delta t} = \frac{R}{c_p p}\frac{\delta Q}{\delta t} \tag{6.51}$$

式中,$\sigma_{\mathrm{s}} = -\alpha\frac{\partial \ln\theta}{\partial p} = -\frac{\alpha}{\theta}\frac{\partial \theta}{\partial p}$为静力稳定度参数。

由于中纬度天气尺度运动具有准地转运动特点,风场近似满足地转关系,故可用地转风代替水平风场,则式(6.51)变为

$$\frac{\partial}{\partial t}\left(-\frac{\partial \phi}{\partial p}\right) = \boldsymbol{V}_g \cdot \nabla\left(\frac{\partial \phi}{\partial p}\right) + \sigma_{\mathrm{s}}\omega + \frac{R}{c_p p}\frac{\delta Q}{\delta t} \tag{6.52}$$

由于 σ_{s} 可表示为 ϕ 的函数,故上式从热力的角度给出了准地转运动的 ϕ 与 ω 的一种关系,这就是准地转热力学方程。在静力平衡的大气中,$-\frac{\partial \phi}{\partial p} = \frac{RT}{p}$,即$-\frac{\partial \phi}{\partial p}$与等压面上的温度成正比,故一般把$-\frac{\partial \phi}{\partial p}$理解为"温度"。因此,式(6.52)等号左边给出了等压面上温度的局地变化率;右边第一项表示等压面上温度的地转平流变化率;右边第二项表示大气的垂直运动引起的绝热温度变化,即绝热冷却或绝热加热;右边第三项表示由运动过程中发生的非绝热加热造成的温度变化,对于中纬度天气尺度系统和短期过程,该项的量级一般比温度平流作用和绝热加热项都小。如果不考虑非绝热加热作用,式(6.52)也可用来定性讨论中纬度斜压扰动过程的两等压面间位势厚度的变化倾向。

准地转涡度方程(6.49)和准地转热力学方程(6.52)都只包含 ϕ 和 ω 两个变量，它们组成一对闭合方程组，称为准地转模式的基本方程组，由它们可以导出常用于诊断准地转运动的其他代用方程，如准地转位势倾向方程和准地转 ω 方程。

6.3.2　准地转位势倾向方程

准地转位势倾向方程是对中纬度天气尺度运动系统进行诊断分析的常用诊断方程之一，它可以由前面的 p 坐标系的准地转方程组导出。定义位势倾向 $\chi=\partial\phi/\partial t$，也称为变高，并注意到 $\zeta_g=\nabla^2\phi/f_0$，则准地转涡度方程(6.49)变为

$$\nabla^2\chi=-f_0\boldsymbol{V}_g\cdot\nabla\left(\frac{\nabla^2\phi}{f_0}+f\right)+f_0^2\frac{\partial\omega}{\partial p} \tag{6.53}$$

而略去非绝热加热项的准地转热力学方程(6.52)变为

$$\frac{\partial\chi}{\partial p}=-\boldsymbol{V}_g\cdot\nabla\left(\frac{\partial\phi}{\partial p}\right)-\sigma_s\omega \tag{6.54}$$

将式(6.54)乘以 f_0^2/σ_s，并对 p 微分，然后将所得结果与式(6.53)相加，则得

$$\left[\nabla^2+\frac{\partial}{\partial p}\left(\frac{f_0^2}{\sigma_s}\right)\frac{\partial}{\partial p}\right]\chi=-f_0\boldsymbol{V}_g\cdot\nabla\left(\frac{\nabla^2\phi}{f_0}+f\right)+\frac{\partial}{\partial p}\left[-\frac{f_0^2}{\sigma_s}\boldsymbol{V}_g\cdot\nabla\left(\frac{\partial\phi}{\partial p}\right)\right]$$

如果假设 σ_s 为常数，则上述方程可简化为

$$\underbrace{\left[\nabla^2+\frac{f_0^2}{\sigma_s}\frac{\partial^2}{\partial p^2}\right]\chi}_{A}=\underbrace{-f_0\boldsymbol{V}_g\cdot\nabla\left(\frac{\nabla^2\phi}{f_0}+f\right)}_{B}+\underbrace{\frac{f_0^2}{\sigma_s}\frac{\partial}{\partial p}\left[-\boldsymbol{V}_g\cdot\nabla\left(\frac{\partial\phi}{\partial p}\right)\right]}_{C} \tag{6.55}$$

式(6.55)通常称为准地转位势倾向方程，它提供了局地位势倾向(A 项)与涡度平流分布(B 项)和厚度平流分布(C 项)的一种动力约束关系，式中的 $\boldsymbol{V}_g$ 可通过地转平衡关系换成 ϕ 的函数形式表示。如果在某一时刻的 ϕ 场已知，则(6.55)是一个关于未知量 χ 的线性偏微分方程，所以仅由 ϕ 场的瞬时观测值就可估算位势倾向 $\partial\phi/\partial t$。因此，作为一级近似，中纬度天气尺度系统的演变可以在没有流场直接观测资料的情况下被预报出来。

下面分别讨论式(6.55)各项的物理意义。等式左边是关于 χ 对空间的二阶微商项，对于波状扰动，可以证明该项正比于 $-\chi$。为此，假定 χ 是 x 和 y 的正(余)弦函数，同时对于斜压大气，因为高层和低层的位势场或位势倾向有位相差，即槽线和脊线的轴线随高度西倾或东倾，故具体可设 χ 的表达式为

$$\chi=A(t)\sin\left(kx-\frac{\pi p}{p_0}\right)\sin ly$$

式中，k，l 分别为 x，y 方向的波数，$k=\frac{2\pi}{L_x}$，$l=\frac{2\pi}{L_y}$，L_x 和 L_y 分别为 x，y 方向的波长，$p_0=1000$ hPa。上式相当假定在 $p=p_0/2$ 的等压面上的位势倾向场较海平面上的位势倾向场落后 90°的位相，而在大气层顶($p=0$)的位势倾向场较海平面上的位势倾

向场落后 180°的位相,即槽脊轴线随高度西倾。因为任一有界连续函数都可展开为 x 和 y 的双重傅氏级数,故上述假定具有普遍性。

由χ的表达式,则式(6.55)等号左边项可变为

$$\left[\nabla^2+\frac{f_0^2}{\sigma_s}\frac{\partial^2}{\partial p^2}\right]\chi=-\left[k^2+l^2+\frac{1}{\sigma_s}\left(\frac{f_0\pi}{p_0}\right)^2\right]\chi \tag{6.56}$$

对于稳定的大气,上式右边方括号的量都是正值,所以式(6.55)左边的量与$-\chi$成比例。

式(6.55)等号右边第一项与绝对涡度的地转平流成比例,该项可分为两项

$$-\boldsymbol{V}_g\cdot\nabla\left(\frac{\nabla^2\phi}{f_0}+f\right)=-\boldsymbol{V}_g\cdot\nabla\left(\frac{\nabla^2\phi}{f_0}\right)-v_g\frac{\mathrm{d}f}{\mathrm{d}y}=-\boldsymbol{V}_g\cdot\nabla\left(\frac{\nabla^2\phi}{f_0}\right)-\beta v_g \tag{6.57}$$

上式右边第一部分代表地转风涡度的地转平流,第二部分代表行星涡度(牵连涡度)的地转平流。对于西风带扰动,这两项的作用是反号的,如图 6.8 给出理想的 500 hPa 流场。在 500 hPa 槽线的上游Ⅰ区,地转风是从负涡度极值的脊线指向正涡度极值的槽线,故$-\boldsymbol{V}_g\cdot\nabla\left(\frac{\nabla^2\phi}{f_0}\right)<0$,而在同一区域,$v_g<0$,$\beta=\frac{\mathrm{d}f}{\mathrm{d}y}>0$,故$-\beta v_g>0$,于是在Ⅰ区,地转风涡度的地转平流使得局地涡度是减小的,而行星涡度的地转平流趋于使局地涡度增大。Ⅱ区的情形正好与Ⅰ区相反。因此,地转风涡度的平流作用是使涡度的分布型即槽和脊向东(下游)移动,而行星涡度 f 的平流则是使槽和脊逆风向上游移动,这也被称为后退运动或退行。

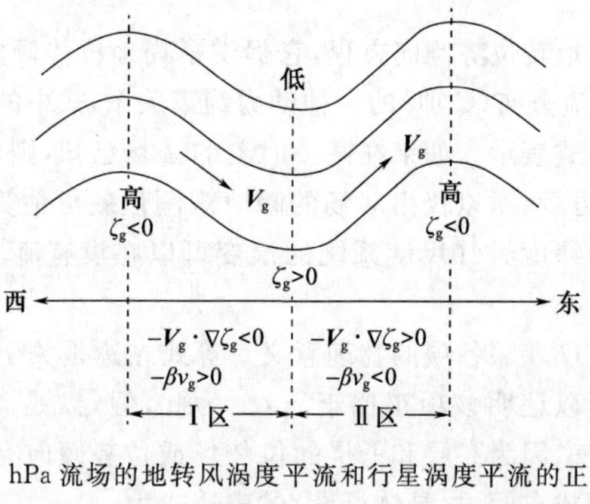

图 6.8　500 hPa 流场的地转风涡度平流和行星涡度平流的正负区示意图

流场的实际移动取决于上述两种平流中哪一种起主要作用。假设 ϕ 和χ与 x,y 的函数关系相同,则有

$$\zeta_g=\frac{\nabla^2\phi}{f_0}=-\frac{k^2+l^2}{f_0}\phi$$

因此,对于振幅一定的扰动,地转风涡度随波数增加而增加,或随波长的增加而减小。故相对涡度的平流对于天气尺度的波动是很重要的,而对于超长波(波长在

10000 km 以上)，则行星涡度 f 的平流作用是主要的。这与观测事实是非常吻合的，例如天气尺度的系统以纬向西风的速度迅速地向下游移动，而超长波则向西倒退或呈准静止状态。

因此，由式(6.56)及式(6.57)，由于相对涡度平流的作用，在槽后脊前的Ⅰ区伴随反气旋涡度的增加位势倾向为正，及位势高度增加，在Ⅱ区情形正好相反，伴随气旋性涡度的增加位势高度将下降。值得注意的是，在槽线和脊线上，因$\nabla\zeta_g$ 和 v_g 都为零，故绝对涡度的地转平流为零。因此，涡度的平流只能使涡度场沿着水平传播和垂直扩展(见下一小节)，而不能改变扰动的涡度强度。

中纬度天气尺度系统的发展和衰减的主要机制归于式(6.55)右边第二项。由于$-\boldsymbol{V}_g\cdot\nabla(-\partial\phi/\partial p)$表示温度或厚度的地转平流，所以式(6.55)右边第二项为温度平流随气压的变化率或垂直微差温度平流的作用。对于发展的斜压扰动系统，由于 500 hPa 层以下的等压面上的温度梯度较大，其等值线与等高线的交角也较明显，故温度平流也较显著；而 500 hPa 层以上的水平温度梯度通常较弱，其等值线几乎平行等高线，所以温度平流较小。因此，与涡度平流项作用相比，微差温度平流项的作用主要在低层起作用，但位势倾向的响应不仅仅局限于低层，在垂直方向还向上扩展，故对于发展中的波动，微差温度平流可使得高层的槽脊强度增强。

在暖平流区，暖平流由地面向上随高度是减弱的，故$\partial[-\boldsymbol{V}_g\cdot\nabla(-\partial\phi/\partial p)]/\partial p>0$；而在 500 hPa 槽线下面的冷平流区，冷平流强度随高度也是减弱的，故$\partial[-\boldsymbol{V}_g\cdot\nabla(-\partial\phi/\partial p)]/\partial p<0$。因此，在 500 hPa 槽、脊线上，由于涡度平流为零，位势倾向只由微差温度平流决定，故

$$\chi=\frac{\partial\phi}{\partial t}\propto\frac{\partial}{\partial p}\left[-\boldsymbol{V}_g\cdot\nabla\left(-\frac{\partial\phi}{\partial p}\right)\right]\quad\begin{matrix}>0\ \text{在脊线}\\<0\ \text{在槽线}\end{matrix}$$

于是，正如图 6.9 所示，低层的冷平流加深了对流层高层的槽，而低层的暖平流则加强了高层的脊。因此，尽管微差温度平流只在低层较明显，但它却是决定高空系统槽脊发展的因子。

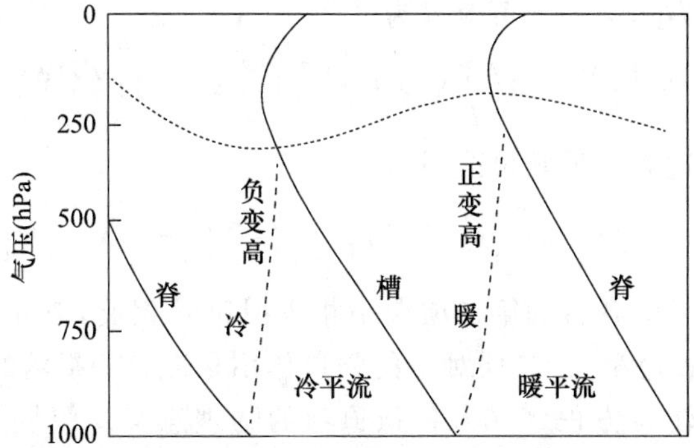

图 6.9　发展的斜压波动东西向垂直剖面图

微差温度平流对高层气压变化的作用是很容易解释的。对于任一等压面而言，在静力平衡条件下，其下层的暖平流会导致它的高度抬升，而其上层的暖平流会使它的高度降低；当暖平流随高度减小时，较大的"抬升"效应与较小的"降低"效应抵消的结果是使其高度"升高"。类似地，对于任一等压面而言，在静力平衡条件下，其下层的冷平流会导致它的高度降低，而其上层的冷平流会使它的高度抬升；当冷平流强度随高度减小时，较大的"降低"效应与较小的"抬升"效应抵消的结果是使其高度"降低"。

6.3.3 准地转 ω 方程与 Q 矢量

6.3.3.1 准地转 ω 方程

由准地转涡度方程和准地转热力学方程可以推导出一个用于诊断估算垂直运动的准地转 ω 方程。

为了得到 ω 方程，对准地转热力学方程(6.52)作水平拉普拉斯运算，可得

$$\nabla^2\frac{\partial\chi}{\partial p}=-\nabla^2\left[\boldsymbol{V}_g\cdot\nabla\left(\frac{\partial\phi}{\partial p}\right)\right]-\sigma_s\nabla^2\omega-\frac{R}{c_p p}\nabla^2\frac{\delta Q}{\delta t} \tag{6.58}$$

式中，假设 σ_s 为常数。然后对准地转涡度方程(6.53)求 p 的微分，得

$$\frac{\partial}{\partial p}(\nabla^2\chi)=-f_0\frac{\partial}{\partial p}\left[\boldsymbol{V}_g\cdot\nabla\left(\frac{\nabla^2\phi}{f_0}+f\right)\right]+f_0^2\frac{\partial^2\omega}{\partial p^2} \tag{6.59}$$

由于对 p 的微分和拉普拉斯运算是彼此独立的，运算的顺序可以调换，故上述两式相减可得

$$\left(\nabla^2+\frac{f_0^2}{\sigma_s}\frac{\partial^2}{\partial p^2}\right)\omega=\frac{f_0}{\sigma_s}\frac{\partial}{\partial p}\left[\boldsymbol{V}_g\cdot\nabla\left(\frac{1}{f_0}\nabla^2\phi+f\right)\right]+\frac{1}{\sigma_s}\nabla^2\left[\boldsymbol{V}_g\cdot\nabla\left(-\frac{\partial\phi}{\partial p}\right)\right]-\frac{R}{c_p\sigma_s p}\nabla^2\frac{\delta Q}{\delta t} \tag{6.60}$$

该方程称为准地转 ω 方程。如果不考虑大气中的非绝热加热作用，则上式是一个由瞬时 ϕ 场决定 ω 的诊断方程。

式(6.60)等号右边第一项可改写为

$$\frac{f_0}{\sigma_s}\left[\frac{\partial\boldsymbol{V}_g}{\partial p}\cdot\nabla\left(\frac{1}{f_0}\nabla^2\phi+f\right)\right]+\frac{1}{\sigma_s}\boldsymbol{V}_g\cdot\nabla\left(\frac{\partial\nabla^2\phi}{\partial p}\right) \tag{6.61a}$$

而式(6.60)等号右边第二项则可改写为

$$-\frac{1}{\sigma_s}\left[(\nabla^2 u_g)\frac{\partial}{\partial x}\left(\frac{\partial\phi}{\partial p}\right)+(\nabla^2 v_g)\frac{\partial}{\partial y}\left(\frac{\partial\phi}{\partial p}\right)\right]-\frac{1}{\sigma_s}\boldsymbol{V}_g\cdot\nabla\left(\frac{\partial\nabla^2\phi}{\partial p}\right) \tag{6.61b}$$

式(6.61a)和式(6.61b)各自的第二项大小相等但符号相反，彼此相抵消。故准地转 ω 方程(6.60)等号右边第一、二项对 ω 的强迫作用是部分相抵消的。

下面讨论准地转 ω 方程(6.60)各强迫项的物理意义。假设 ω 在水平方向和垂直方向都波动形式变化，而且在下边界和大气层顶为零，则可把 ω 表示成

$$\omega = \omega_0 \sin(\pi p / p_0) \sin kx \sin ly$$

式中，ω_0 为常数，则准地转 ω 方程(6.60)的左边可变为

$$\left(\nabla^2 + \frac{f_0^2}{\sigma_s}\frac{\partial^2}{\partial p^2}\right)\omega = -\left[k^2 + l^2 + \frac{1}{\sigma_s}\left(\frac{\pi f_0}{p_0}\right)^2\right]\omega \tag{6.62}$$

即 ω 方程左边与 $-\omega$ 成比例。于是有

$$\omega \propto \frac{f_0}{\sigma_s}\frac{\partial}{\partial p}\left[-\boldsymbol{V}_g \cdot \nabla\left(\frac{1}{f_0}\nabla^2\phi + f\right)\right] + \frac{1}{\sigma_s}\nabla^2\left[-\boldsymbol{V}_g \cdot \nabla\left(-\frac{\partial \phi}{\partial p}\right)\right] + \frac{R}{c_p \sigma_s p}\nabla^2\frac{\delta Q}{\delta t} \tag{6.63}$$

式(6.63)正比于号右边第一项称为微差涡度平流，与绝对涡度平流 $-\boldsymbol{V}_g \cdot \nabla(\zeta_g + f)$ 随气压的变化率成比例。对于短波系统，行星涡度平流较弱，所以绝对涡度平流的作用主要取决于相对涡度平流的作用。如果正涡度平流强度(负涡度平流强度)随高度增大(减小)，则微差涡度平流项为负，这样强迫出的 ω 为负，即有上升运动；反之，如果正涡度平流(负涡度平流)强度随高度减小(增大)，则微差涡度平流项为正，这样强迫出的 ω 为正，即有下沉运动。如果高、低层的涡度平流反号，则产生的垂直运动较强。

式(6.63)正比于号右边第二项与温度或厚度的水平平流的拉普拉斯成正比，对于波状扰动，可以证明温度平流的水平拉普拉斯与温度平流的负值成正比

$$\nabla^2\left[-\boldsymbol{V}_g \cdot \nabla\left(-\frac{\partial \phi}{\partial p}\right)\right] \propto \boldsymbol{V}_g \cdot \nabla\left(-\frac{\partial \phi}{\partial p}\right) \propto \boldsymbol{V}_g \cdot \nabla T$$

故在暖平流区，上式为负，由此强迫出的 ω 为负，即上升运动；在冷平流区，上式为正，强迫出的 ω 为正，即下沉运动。

式(6.63)右边第三项为非绝热加热项，该项与非绝热加热率的负值成正比，即

$$\nabla^2\frac{\delta Q}{\delta t} \propto -\frac{\delta Q}{\delta t}$$

所以，在加热中心区，强迫出 $\omega < 0$ 即上升运动；在冷却中心区，强迫出 $\omega > 0$ 即下沉运动。

以发展的斜压系统为例(图 6.10)，500 hPa 槽前区与地面低压中心相对应，而 500 hPa 槽后则与地面高压中心相对应。这样，在地面低压中心区和高压中心区的相对涡度平流很小，而在低压上空 500 hPa 为正相对涡度平流区，即正涡度平流随高度增强，高压上空则为负相对涡度平流区，负涡度平流随高度也增强，因此有

$$\omega \propto \frac{\partial}{\partial p}[-\boldsymbol{V}_g \cdot \nabla(\zeta_g + f)] \approx \frac{\partial}{\partial p}[-\boldsymbol{V}_g \cdot \nabla\zeta_g] \begin{cases} < 0 & \text{500 hPa 槽前区，上升运动} \\ > 0 & \text{500 hPa 槽后区，下沉运动} \end{cases}$$

上述结果可以很容易得到物理上的解释。由于地转风涡度正比于位势高度水平拉普拉斯，亦即地转风涡度的变化与位势高度变化的负值成正比，因此，在 500 hPa 槽前局地涡度的增加预示着该区域的位势高度要降低，即地面到 500 hPa

层的厚度要减小,要维持静力平衡,则该气层中的平均温度要降低。但在地面低压中心之上,地转温度平流很小,不能造成该气层降温,所以只能靠上升运动引起的绝热冷却作用来降温。反之,在地面高压中心之上 500 hPa 槽后,由于地转风涡度平流使该区涡度减小,引起局地位势高度升高,使得地面至 500 hPa 层的温度升高,故在该区应有下沉运动来实现。由此可见,伴随涡度平流而出现的垂直运动,完全是适应涡度变化以满足地转平衡和适应温度变化以维持静力平衡的结果。必须指出的是,在 500 hPa 槽线和脊线位置,由于高低层的涡度平流都较弱,故微差涡度平流对槽线、脊线上的垂直运动作用不大。

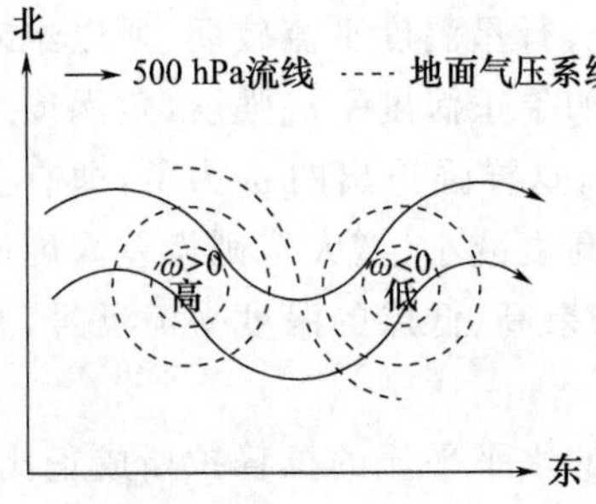

图 6.10　微差涡度平流造成的垂直运动

我们还可以从斜压地转适应过程说明上述现象。由于 500 hPa 槽前的正相对涡度平流使局地气旋涡度增加,从而使该区域的相对涡度大于原来的地转涡度,故地转平衡遭破坏,根据散度方程,将会产生水平辐散,由质量连续性要求,该地区将出现上升运动。与此同时,水平辐散将导致气旋性涡度减小,使流场向气压场调整;另一方面,上升运动引起的绝热冷却会使得 500 hPa 的位势高度降低,从而使地转涡度增加,使气压场向流场适应。所以这两种过程使非地转风减小,从而建立起新的地转平衡。

在上述发展的斜压系统例子中,由于温度场的空间分布落后高度场(流场),在地面低压中心东部上空的 500 hPa 脊线附近有明显的暖平流,从而使得该区域出现上升运动;在地面高压中心东部上空的 500 hPa 槽线附近有明显的冷平流,使得该区域出现下沉运动。这也可以从斜压地转适应过程给出物理上的解释:根据静力平衡关系,500 hPa 脊区的暖平流使 500 hPa 以下层的厚度增加,500 hPa 层的位势高度也相应增加,则该区域的地转风涡度将减小。因为脊区的相对涡度平流很小,要维持地转平衡关系,需要水平辐散来产生这种相对涡度的减小。根据质量连续性原理,500 hPa 脊区的水平辐散势必引起其下面气层的质量补偿上升气流。对 500 hPa 槽区的下沉运动可以给出相反的解释。

从以上的讨论可知,微差涡度平流项和温度平流项产生的垂直运动的区域是有明显的区别的。另外,须指出的是,上述定性结论都是在静力稳定的大气层结($\sigma_s>0$)的条件下得到的,这时激发出的垂直运动起到重建热成风平衡的作用,并在达到极值后逐渐衰减;但是,如果大气层结是不稳定的($\sigma_s<0$),这时激发的垂直运动将不是起到重建热成风平衡的作用,而是助长热成风不平衡,这时垂直运动可快速增长,从而引发强烈的对流现象出现。

6.3.3.2　Q 矢量

为了更好地估算辐散非地转风在准地转运动过程中所起的作用，必须分别考虑地转风的垂直切变的变化率和水平温度梯度的变化率大小。

在中纬度的 β 平面，准地转预报方程组可表示为

$$\begin{cases}\dfrac{\mathrm{d_g} u_\mathrm{g}}{\mathrm{d}t}-f_0 v'-\beta y v_\mathrm{g}=0\\ \dfrac{\mathrm{d_g} v_\mathrm{g}}{\mathrm{d}t}+f_0 u'+\beta y u_\mathrm{g}=0\\ \dfrac{\mathrm{d_g} T}{\mathrm{d}t}-\dfrac{\sigma_\mathrm{s} p}{R}\omega=\dfrac{1}{c_p}\dfrac{\delta Q}{\delta t}\end{cases} \tag{6.64}$$

式中，u'，v' 为地转偏差风，算子 $\mathrm{d_g}(\ \ )/\mathrm{d}t=\partial(\ \ )/\partial t+\mathbf{V}_\mathrm{g}\cdot\nabla(\ \ )$。上述方程组可以通过热成风关系相互耦合在一起

$$f_0\frac{\partial u_\mathrm{g}}{\partial p}=\frac{R}{p}\frac{\partial T}{\partial y},\quad f_0\frac{\partial v_\mathrm{g}}{\partial p}=-\frac{R}{p}\frac{\partial T}{\partial x} \tag{6.65}$$

为此，将方程组(6.64)的前两式分别对 p 求偏导数，并乘以 f_0，得

$$\frac{\mathrm{d_g}}{\mathrm{d}t}\left(f_0\frac{\partial u_\mathrm{g}}{\partial p}\right)=-f_0\left[\frac{\partial u_\mathrm{g}}{\partial p}\frac{\partial u_\mathrm{g}}{\partial x}+\frac{\partial v_\mathrm{g}}{\partial p}\frac{\partial u_\mathrm{g}}{\partial y}\right]+f_0^2\frac{\partial v'}{\partial p}+f_0\beta y\frac{\partial v_\mathrm{g}}{\partial p} \tag{6.66a}$$

$$\frac{\mathrm{d_g}}{\mathrm{d}t}\left(f_0\frac{\partial v_\mathrm{g}}{\partial p}\right)=-f_0\left[\frac{\partial u_\mathrm{g}}{\partial p}\frac{\partial v_\mathrm{g}}{\partial x}+\frac{\partial v_\mathrm{g}}{\partial p}\frac{\partial v_\mathrm{g}}{\partial y}\right]-f_0^2\frac{\partial u'}{\partial p}-f_0\beta y\frac{\partial u_\mathrm{g}}{\partial p} \tag{6.66b}$$

利用热成风关系式(6.65)，上述两式右边第一项可分别表示为

$$-f_0\left[\frac{\partial u_\mathrm{g}}{\partial p}\frac{\partial u_\mathrm{g}}{\partial x}+\frac{\partial v_\mathrm{g}}{\partial p}\frac{\partial u_\mathrm{g}}{\partial y}\right]=-\frac{R}{p}\left[\frac{\partial T}{\partial y}\frac{\partial u_\mathrm{g}}{\partial x}-\frac{\partial T}{\partial x}\frac{\partial u_\mathrm{g}}{\partial y}\right]$$

$$-f_0\left[\frac{\partial u_\mathrm{g}}{\partial p}\frac{\partial v_\mathrm{g}}{\partial x}+\frac{\partial v_\mathrm{g}}{\partial p}\frac{\partial v_\mathrm{g}}{\partial y}\right]=-\frac{R}{p}\left[\frac{\partial T}{\partial y}\frac{\partial v_\mathrm{g}}{\partial x}-\frac{\partial T}{\partial x}\frac{\partial v_\mathrm{g}}{\partial y}\right]$$

利用地转风的散度为零这一关系，从以上两项可分别定义

$$Q_x=-\frac{R}{p}\left[\frac{\partial T}{\partial x}\frac{\partial u_\mathrm{g}}{\partial x}+\frac{\partial T}{\partial y}\frac{\partial v_\mathrm{g}}{\partial x}\right]=-\frac{R}{p}\frac{\partial \mathbf{V}_\mathrm{g}}{\partial x}\cdot\nabla T \tag{6.67a}$$

$$Q_y=-\frac{R}{p}\left[\frac{\partial T}{\partial x}\frac{\partial u_\mathrm{g}}{\partial y}+\frac{\partial T}{\partial y}\frac{\partial v_\mathrm{g}}{\partial y}\right]=-\frac{R}{p}\frac{\partial \mathbf{V}_\mathrm{g}}{\partial y}\cdot\nabla T \tag{6.67b}$$

如果将式(6.64)中的热力学方程分别对 x 和 y 求偏导数，并乘以 Rp^{-1}，可得

$$\frac{\mathrm{d_g}}{\mathrm{d}t}\left(\frac{R}{p}\frac{\partial T}{\partial x}\right)=-\frac{R}{p}\left[\frac{\partial u_\mathrm{g}}{\partial x}\frac{\partial T}{\partial x}+\frac{\partial v_\mathrm{g}}{\partial x}\frac{\partial T}{\partial y}\right]+\sigma_\mathrm{s}\frac{\partial \omega}{\partial x}+\frac{\gamma}{p}\frac{\partial}{\partial x}\left(\frac{\delta Q}{\delta t}\right) \tag{6.68a}$$

$$\frac{\mathrm{d_g}}{\mathrm{d}t}\left(\frac{R}{p}\frac{\partial T}{\partial y}\right)=-\frac{R}{p}\left[\frac{\partial u_\mathrm{g}}{\partial y}\frac{\partial T}{\partial x}+\frac{\partial v_\mathrm{g}}{\partial y}\frac{\partial T}{\partial y}\right]+\sigma_\mathrm{s}\frac{\partial \omega}{\partial y}+\frac{\gamma}{p}\frac{\partial}{\partial y}\left(\frac{\delta Q}{\delta t}\right) \tag{6.68b}$$

式中，$\gamma=R/c_p$。根据 Q_x 和 Q_y 的定义式(6.67a，b)，可以将式(6.66a，b)和式(6.68a，b)改写为

$$\frac{\mathrm{d_g}}{\mathrm{d}t}\left(f_0\frac{\partial u_g}{\partial p}\right)=-Q_y+f_0^2\frac{\partial v'}{\partial p}+f_0\beta y\frac{\partial v_g}{\partial p} \tag{6.69}$$

$$\frac{\mathrm{d_g}}{\mathrm{d}t}\left(\frac{R}{p}\frac{\partial T}{\partial y}\right)=Q_y+\sigma_s\frac{\partial\omega}{\partial y}+\frac{\gamma}{p}\frac{\partial}{\partial y}\left(\frac{\delta Q}{\delta t}\right) \tag{6.70}$$

$$\frac{\mathrm{d_g}}{\mathrm{d}t}\left(f_0\frac{\partial v_g}{\partial p}\right)=Q_x-f_0^2\frac{\partial u'}{\partial p}-f_0\beta y\frac{\partial u_g}{\partial p} \tag{6.71}$$

$$\frac{\mathrm{d_g}}{\mathrm{d}t}\left(\frac{R}{p}\frac{\partial T}{\partial x}\right)=Q_x+\sigma_s\frac{\partial\omega}{\partial x}+\frac{\gamma}{p}\frac{\partial}{\partial x}\left(\frac{\delta Q}{\delta t}\right) \tag{6.72}$$

假设 $Q_y>0$ 且热成风为西风($\partial u_g/\partial p<0,\partial T/\partial y<0$),那么从式(6.69)可知,$Q_y$ 使得西风切变增强($\partial u_g/\partial p$ 变为更明显的负值)。可是由式(6.70)可知,$Q_y>0$ 会使得温度经向梯度有正的时间变化率,即$\partial T/\partial y$ 的负值变弱。于是,Q_y 破坏了纬向风垂直切变和温度经向梯度之间的热成风平衡。类似地,Q_x 也破坏经向风垂直切变和温度纬向梯度之间的热成风平衡。这样就会产生非热成风,并将诱发非地转风环流(二级环流)来调整热成风平衡。显然,要维持热成风平衡,则要求式(6.69)和式(6.70)左边的时间个别微分项相等,于是有

$$\sigma_s\frac{\partial\omega}{\partial y}-f_0^2\frac{\partial v'}{\partial p}-f_0\beta y\frac{\partial v_g}{\partial p}=-2Q_y-\frac{\gamma}{p}\frac{\partial}{\partial y}\left(\frac{\delta Q}{\delta t}\right) \tag{6.73}$$

类似地,要维持热成风平衡,由式(6.71)和式(6.72)有

$$\sigma_s\frac{\partial\omega}{\partial x}-f_0^2\frac{\partial u'}{\partial p}-f_0\beta y\frac{\partial u_g}{\partial p}=-2Q_x-\frac{\gamma}{p}\frac{\partial}{\partial x}\left(\frac{\delta Q}{\delta t}\right) \tag{6.74}$$

进行∂式(6.73)/∂y+∂式(6.74)/∂x,并利用连续方程,得 $\boldsymbol{Q}$ 矢量形式的 ω 方程

$$\sigma_s\nabla^2\omega+f_0^2\frac{\partial^2\omega}{\partial p^2}=-2\left(\frac{\partial Q_x}{\partial x}+\frac{\partial Q_y}{\partial y}\right)+f_0\beta\frac{\partial v_g}{\partial p}-\frac{\gamma}{p}\nabla^2\left(\frac{\delta Q}{\delta t}\right) \tag{6.75}$$

或者

$$\sigma_s\nabla^2\omega+f_0^2\frac{\partial^2\omega}{\partial p^2}=-2\nabla\cdot\boldsymbol{Q}^* \tag{6.76}$$

其中

$$\boldsymbol{Q}^*=Q_x^*\boldsymbol{i}+Q_y^*\boldsymbol{j} \tag{6.77}$$

$$Q_x^*\equiv Q_x+\frac{\partial}{\partial x}\left(\frac{\gamma}{2p}\frac{\delta Q}{\delta t}\right)+\frac{\beta}{2}\frac{RT}{p} \tag{6.78a}$$

$$Q_y^*\equiv Q_y+\frac{\partial}{\partial y}\left(\frac{\gamma}{2p}\frac{\delta Q}{\delta t}\right) \tag{6.78b}$$

从式(6.77)的 $\boldsymbol{Q}$ 矢量的表达式可知,若不考虑非绝热加热($\frac{\delta Q}{\delta t}=0$),且限于 f 平面,则以上定义的 $\boldsymbol{Q}$ 矢量就退化为 Hoskins 在 1978 年提出的准地转 $\boldsymbol{Q}$ 矢量。方程(6.76)表明,垂直运动是由 $\boldsymbol{Q}$ 矢量散度强迫产生,其中的 β 因子项对天气尺度运动而言一般较小。与传统的 ω 方程形式不同的是,$\boldsymbol{Q}$ 矢量形式的 ω 方程不含有部分相抵消的强迫项。由上一小节的结果可知,式(6.75)左边正比与$-\omega$,故辐合的 $\boldsymbol{Q}$ 矢量将强迫出

上升运动，而辐散的 Q 矢量将强迫出下沉运动。根据 Q 矢量的定义，式(6.77)对于绝热情况，广义 Q 矢量的散度仅与位势场和温度场有关，只要给出某一等压层资料，就可算出 Q 矢量的散度值，从而也就可确定 ω 场，正因如此，Q 矢量已广泛用于天气诊断分析。

习　题

1. 中纬度大气维持准地转运动的物理原因是什么？

2. 地转偏差是如何定义的？在无摩擦的情况下，地转偏差与加速度的关系如何？

3. 地转偏差与动能制造及垂直运动的关系如何？

4. 试分析说明当水平风 $\boldsymbol{V}_h$，地转风 $\boldsymbol{V}_g$ 和地转偏差风 $\boldsymbol{V}'$ 中任意二个相互平行时，动能将不会变化。

5. 在正压大气中，若实际风是定常的梯度风，则地转偏差是否随高度改变？为什么？

6. 不计摩擦作用，决定地转偏差的因子有哪些？

7. 什么叫变压风？什么叫横辐散风、纵辐散风？

8. 什么叫准地转演变过程和地转适应过程？它们在物理性质上有哪些差异？

9. 地转适应过程中，流场和气压场的改变与扰源尺度的关系如何？解释 $L_0=C/f$ 的物理意义并说明为什么低纬度风场更容易维持。

10. 用 Q 矢量表示的准地转 ω 方程有什么优点？试讨论 Q 矢量与垂直运动的关系。

11. 如果地转风速为 8 m/s，而地转偏差与地转风垂直，大小是地转风的 1/5，试求在 55°N 处单位质量空气微团动能的变化。

12. 在 700 hPa 图上画等变高线，在 45°N 地方相邻两等变高线的距离为 300 km（等变高线每隔 3 gpm/3 h 画一根），试求变压风的大小。

13. 假定初始水平气压场均匀分布、风场处于静止状态，突然在大气中有气压场建立，试讨论这种情况下风场和气压场之间的适应过程。

14. 证明在一维适应过程中，重力外波的波速 $c_0=\sqrt{gH}$ 是波群群速度的最大值，也是单波波速的最小值。

15. 设等压面位势高度分布为

$$\phi=\phi_0(p)+f_0\left[-Uy+k^{-1}V\cos\left(\frac{\pi p}{p_0}\right)\sin k(x-ct)\right]$$

式中，U，V 为常数，设 $p=p_0$ 时，$\omega=0$。

(1)根据准地转涡度方程求 ω；

(2)根据准地转绝热方程求 ω，指出 c 取何值时，ω 的表达式与(1)一样；

(3)用准地转 ω 方程求出 ω 的表达式，并证明与(1)和(2)的结果是一致的。

第 7 章 大气波动

波动是自然界和社会活动中一种普遍的运动形式,如水波、声波、光波和股指涨落等都是人们熟悉的、具有波动特征的运动形式,波动现象也普遍存在于大气运动中。在一定的物理因子(如作用力)的影响下,空气微团可能会发生围绕某个平衡位置的振动,这种振动在大气中的传播就形成了大气波动。制约大气运动的物理因子是多样的,不同的物理因子可产生不同性质的波动。大气声波、重力波、惯性波和大气长波等的影响因子、形成机制和波动本身的性质都各不相同。不同类型的波动对天气演变的意义也不一样,有些波动对天气演变有重要作用,或者说是有气象意义的波动,而另一些波动则可视为没有气象意义的“噪声”。本章将讨论大气波动的基本类型、性质、影响因子、形成机制及滤波条件等。

7.1 波动的基本概念

要研究大气波动,首先必须明确波动的数学表示和有关波动的一些基本概念。根据傅里叶(Fourier)原理,大气运动(由各种场变量表征)可视为无数多个不同波长和不同频率的简谐波分量(或称为单波)的叠加而成。因此,谐波分量可看作是大气运动的最简单最基本的成分。在讨论具体的大气波动之前,本节先以二维平面波为例,说明谐波的表示方法和一些基本波参数的定义及其物理意义。

7.1.1 单波的三角函数表示和波参数

设场变量或波函数为 $q(x,y,t)$,习惯上,其谐波分量可用三角函数表示为

$$q(x,y,t)=A\cos\theta \tag{7.1}$$

其中

$$\theta=\theta(x,y,t)\equiv kx+ly-\omega t+\theta_0 \tag{7.2}$$

称为波的位相(角)或称为位相函数;A,k,l,ω 和 θ_0 是决定波动性质的参数,称为波参数。θ_0 为初始时刻($t=0$)坐标原点($x=0,y=0$)的位相,称为初相。下面分别说明其他波参数的定义和物理意义。

(1)振幅

因为$|\cos\theta|\leqslant 1$,由式(7.1),有$|q(x,y,t)|\leqslant A$,可见A是波函数q的最大可能值,称为波的振幅。

(2)波数(矢)与波长

在波场中,位相相同的点构成的线或面称为等相线或等相面。在任一给定时刻t,等相面方程可表示为

$$\theta(x,y,t)=kx+ly-\omega t+\theta_0=\text{常数} \tag{7.3}$$

当式中的k,l和ω均为常数时,式(7.3)代表平面方程,即等位相面为平面(图7.1),这样的波称为"平面波"。若等位相面是球面(或柱面),波动则称为球面波(或柱面波)。图7.1中的虚线表示某给定时刻二维平面波的等位相面与$x-y$平面的交线(称为等相线)。

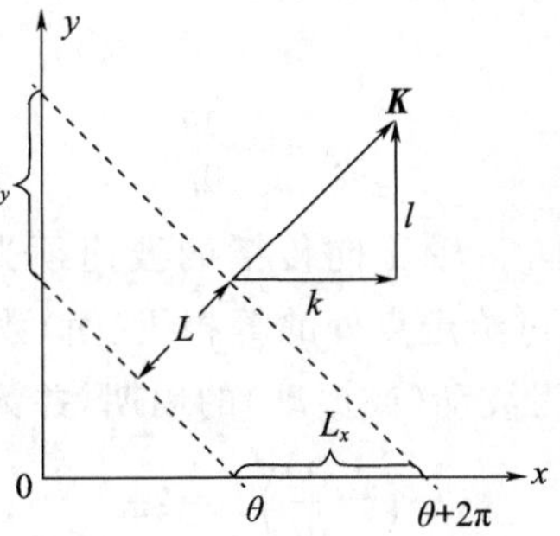

图7.1　二维平面波的等相面、波矢和波长

定义矢量

$$\boldsymbol{K}\equiv\nabla\theta=k\boldsymbol{i}+l\boldsymbol{j} \tag{7.4}$$

称为全波数矢或简称为波矢(图7.1)。式中

$$\nabla\equiv\boldsymbol{i}\frac{\partial}{\partial x}+\boldsymbol{j}\frac{\partial}{\partial y} \tag{7.5}$$

为二维梯度算子。波数矢的模为

$$K\equiv|\boldsymbol{K}|\equiv|\nabla\theta|=\sqrt{k^2+l^2} \tag{7.6}$$

表征沿位相梯度方向、单位距离上的位相变化率,称为全波数。

$$k\equiv\frac{\partial\theta}{\partial x},\text{和}\quad l\equiv\frac{\partial\theta}{\partial y} \tag{7.7}$$

分别是x和y方向单位距离上的位相变化率,分别称为x和y方向上的波数。

沿全波矢($\boldsymbol{K}$)方向、位相相差2π的两相邻等相线(面)之间的距离称为"全波长",记为L(图7.1)。因为三角函数的周期是2π,所以,在波矢$\boldsymbol{K}$方向上,经过距离L,q值将"重现"。可见,全波长L就是波函数q在波矢$\boldsymbol{K}$方向上的"重现"距离,或

者空间上的“周期”。因为位相梯度的模$|\nabla\theta|$代表沿位相梯度方向、单位距离上的位相变化率,按全波长的定义,经过一个全波长的距离,位相的改变量应等于2π,于是有

$$|\nabla\theta|L=2\pi \tag{7.8}$$

即

$$K=\frac{2\pi}{L} \tag{7.9}$$

可见,波数K就是2π单位距离内包含波长为L的波的个数(数目)。类似地,坐标轴向(x,y方向)的波长L_x和L_y与对应波数的关系可表示为

$$L_x=\frac{2\pi}{k}\text{ 和 }L_y=\frac{2\pi}{l} \tag{7.10}$$

(3)频率与周期

由于波动的传播,波场中给定点处的位相是随时间变化的。由式(7.2)可知,位相的局地变化率为

$$\omega=-\frac{\partial\theta}{\partial t} \tag{7.11}$$

式中的负号只是因惯用(如向x轴正向传播的波速须为正值)而人为地引入的。可见,ω可视为单位时间内,通过给定点处的等相线(面)数目的多少。若定义给定点处位相改变2π所历经的时间为波动(或振动)的周期,并记为T,则应有

$$\left(-\frac{\partial\theta}{\partial t}\right)T=2\pi \tag{7.12}$$

因此,周期T与ω的关系可表示为

$$\omega=\frac{2\pi}{T} \tag{7.13}$$

$1/T$可视为单位时间内完成周期为T的振动的次数,称为频率;ω则代表2π单位时间内完成振动的次数,习惯称为圆频率。

(4)相速(波速)

沿任一指定的方向s(其单位矢量记为$\boldsymbol{s}$),等位相面的移动速度称为该方向上的相速或波速。若将位相函数θ表示为以s为参数的函数,则等位相面方程可表示为

$$\theta(s,t)=\text{常数} \tag{7.14}$$

根据隐函数的微分法则,沿s方向的相速可表示为

$$\left(\frac{\mathrm{d}s}{\mathrm{d}t}\right)_\theta=-\frac{\partial\theta/\partial t}{\partial\theta/\partial s} \tag{7.15}$$

式中,下标“θ”表示位相固定($\theta=$常数)时的导数;$\partial\theta/\partial s$为位相函数$\theta$沿$s$方向的“方向导数”,它可表示为

$$\frac{\partial\theta}{\partial s}=\nabla\theta\cdot\boldsymbol{s}=\boldsymbol{K}\cdot\boldsymbol{s} \tag{7.16}$$

将式(7.11)和式(7.16)代入式(7.15)，得

$$\left(\frac{\mathrm{d}s}{\mathrm{d}t}\right)_\theta=\frac{\omega}{\boldsymbol{K}\cdot\boldsymbol{s}} \tag{7.17}$$

此即沿任意方向 $\boldsymbol{s}$ 的相速公式。

位相沿全波矢 $\boldsymbol{K}$ 方向的移动速度 c 称为全相速。在式(7.17)中，令 $\boldsymbol{s}=(\boldsymbol{K}/K)$，可得

$$c\equiv\left(\frac{\mathrm{d}s}{\mathrm{d}t}\right)_\theta=\frac{\omega}{K} \tag{7.18}$$

全相速矢 $\boldsymbol{c}$ 则可表示为

$$\boldsymbol{c}\equiv c\left(\frac{\boldsymbol{K}}{K}\right)=\left(\frac{\omega}{K}\right)\left(\frac{\boldsymbol{K}}{K}\right) \tag{7.19}$$

类似地，分别令 $\boldsymbol{s}=\boldsymbol{i}$($x$ 轴向的单位矢)和 $\boldsymbol{s}=\boldsymbol{j}$($y$ 轴向的单位矢)，可得沿 x 轴和 y 轴方向的相速分量分别为

$$c_x\equiv\left(\frac{\mathrm{d}x}{\mathrm{d}t}\right)_{\theta,y}=\frac{\omega}{\boldsymbol{K}\cdot\boldsymbol{i}}=\frac{\omega}{k} \tag{7.20}$$

$$c_y\equiv\left(\frac{\mathrm{d}y}{\mathrm{d}t}\right)_{\theta,x}=\frac{\omega}{\boldsymbol{K}\cdot\boldsymbol{j}}=\frac{\omega}{l} \tag{7.21}$$

注意，上述沿坐标轴向的相速并不等于全相速矢 $\boldsymbol{c}$ 的坐标分量。全相速矢 $\boldsymbol{c}$ 可表示为

$$\boldsymbol{c}=\boldsymbol{i}\left(\frac{k}{K}\right)^2c_x+\boldsymbol{j}\left(\frac{l}{K}\right)^2c_y \tag{7.22}$$

7.1.2　单波的指数函数表示

根据指数函数与三角函数的关系

$$\exp(\mathrm{i}\theta)=\cos\theta+\mathrm{i}\sin\theta,\qquad \mathrm{i}\equiv\sqrt{-1} \tag{7.23}$$

及

$$\cos\theta=\mathrm{Re}[\exp(\mathrm{i}\theta)] \tag{7.24}$$

式中，符号“Re”表示取实部的运算。于是，式(7.1)可用指数函数表示为

$$q(x,y,t)=\mathrm{Re}\{A\exp[\mathrm{i}(kx+ly-\omega t+\theta_0)]\} \tag{7.25}$$

或

$$q(x,y,t)=\mathrm{Re}\{Q\exp[\mathrm{i}(kx+ly-\omega t)]\} \tag{7.26}$$

式中

$$Q\equiv A\exp(\mathrm{i}\theta_0) \tag{7.27}$$

称为“复振幅”。由于指数函数往往运算较为方便，在波动理论中被广泛地用于表示波动，而且，为了书写方便，常省略表示取实部运算的符号“Re”，将波函数 $q(x,y,t)$ 的谐波分量表示为

$$q(x,y,t)=Q\exp[\mathrm{i}(kx+ly-\omega t)] \tag{7.28}$$

概括说来，要确定一个哪怕是最简单的谐波(如一维谐波)，至少需要已知四个独立的波参数，即振幅、波数或波长、频率或周期和初相。还须指出的是，为叙述方

便起见,我们仅以二维平面波为例说明了谐波的表示方法和一些基本波参数的定义及其物理含义。但是,这些基本概念绝不只适用于二维波的情形,它们可自然地推广到三维或更一般的情形。

广义地说,波动乃指以确定的传播速度从介质的一处向另一处转移的任何可辨认的"信号"。在自然现象中的波动实质上是质点"振动的传播"。按质点振动的方向与波动传播方向的不同可将波动分为横波与纵波两类。传播方向与质点振动方向平行的波称为纵波;而传播方向与质点振动方向垂直的波称为横波。

7.1.3 群速度

按照波速与波长的关系的不同,可将波动分为频散波与非频散波两大类。一般说来,传播速度与其波长(或波数)有关的波称为频散(色散)波;而传播速度与其波长(或波数)无关的波动称为非频散波。后面将会看到,频散波与非频散波的传播(位相传播、能量传播等)特征有着质的差异。

形如式(7.1)所示的振幅、波数和频率都不变的单波分量在时间和空间上均延伸至无限,这种以同样振幅占据整个空间和时域的波动实际上是不可能存在的,它只是一种科学抽象的理想化模型。实际大气运动或扰动总是在空间和时间上都有限、由不同(波长、频率和振幅等不同)单波分量叠加而成的合成波,又称之为群波(group waves)或波群(wave group)或波列(wave train)。为了简明扼要地说明波群和群速度的概念,下面考虑最简单的波群(合成波),它由两个一维单波分量叠加而成,这两个单波分量具有相同的振幅,但它们的波数和频率有微小差异。合成波可表示为

$$q(x,t)\equiv Q\exp[\mathrm{i}(k_1x-\omega_1t)]+Q\exp[\mathrm{i}(k_2x-\omega_2t)] \tag{7.29}$$

令

$$k_1=k-\Delta k,\quad k_2=k+\Delta k \tag{7.30}$$

$$\omega_1=\omega-\Delta\omega,\quad \omega_2=\omega+\Delta\omega \tag{7.31}$$

式中,$k\equiv(k_1+k_2)/2$,$\Delta k\equiv(k_2-k_1)/2$ 分别为两个组成波分量的平均波数与两波波数差值之半;类似地,$\omega\equiv(\omega_1+\omega_2)/2$,$\Delta\omega\equiv(\omega_2-\omega_1)/2$ 分别为两个组成波分量的平均频率和两波频率差值之半。利用式(7.30)和式(7.31),可将式(7.29)改写为

$$q(x,t)=\hat{Q}(x,t)\exp[\mathrm{i}(kx-\omega t)] \tag{7.32}$$

振幅函数 $\hat{Q}(x,t)$ 定义为

$$\hat{Q}(x,t)\equiv 2Q\cos(\Delta kx-\Delta\omega t) \tag{7.33}$$

它本身也可视为振幅为 $2Q$、波数为 Δk 和频率为 $\Delta\omega$ 的波动。示意图 7.2 是合成波式(7.32)在某给定时刻 t_0 的瞬时图像。合成波的最大振幅为 $2Q$,即两个组成波分量振幅之和,在这样的点处,两个波位相相同,两波是相互支持;在合成波振幅为零的点处,两波位相相反,导致破坏性的相互干扰。因此,与单波不同,群波的能量将

主要集中在组成波分量相互支持的局部区域上，而在组成波分量相互抵消的那些区域上，波能很小甚至为零。

由式(7.32)和图 7.2 可见，合成波包含着两种波动现象。

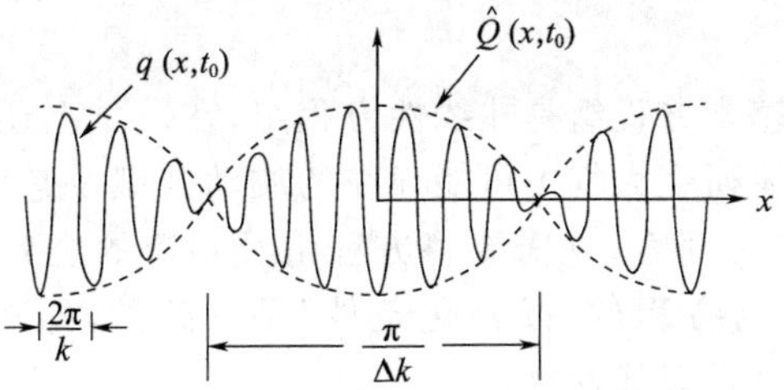

图 7.2 一维波列瞬时图像

(1)载波：$\exp[i(kx-\omega t)]$。它可看作是振幅为常数、波数等于组成波分量的平均波数 k、频率等于组成波分量的平均频率 ω 的波动(图 7.2 中实线)。载波的波长为 $l=2\pi/k$，其相速度为

$$c=\frac{\omega}{k} \tag{7.34}$$

(2)调制波：$2Q\cos(\Delta kx-\Delta\omega t)$。即合成波振幅所代表的部分，其图像如图 7.2 中波列的包络(envelope)线(虚线) 所示。调制波的波长为 $2\pi/\Delta k$(半波长为 $\pi/\Delta k$)，比载波波长大得多，以致于在一个载波波长的特征距离上，调制波的振幅变化很小，故又称之为“缓变波包”(slowly varying wave packet)。调制波的传播速度可表示为

$$c_g\equiv\lim_{\Delta k\to 0}\frac{\Delta\omega}{\Delta k}=\frac{d\omega}{dk} \tag{7.35}$$

成为群速度。利用关系式(7.34)，可得

$$c_g=c+k\frac{dc}{dk} \tag{7.36}$$

可见，对于非频散波(波速与波数无关)，$dc/dk=0$，于是，群速度与相速度相同($c_g=c$)；但是，对于频散波(波速与波数有关)，$dc/dk\neq 0$，群速度与相速度不仅大小不同，而且符号(传播方向)也可以不一样。群速度是合成波振幅的传播速度，由于波动的能量与其振幅的平方成正比，所以，群速度也代表波动能量的传播速度。群速度的概念是线性频散波理论中一个具有核心意义的概念。

对载波进行调制具有重要的实际意义。当一个无线电台只发送单一频率、振幅不变的载波信号时，远处的接收器接收到这种信号时，听不到任何可分辨的语言或悠扬悦耳的音乐，只能表明该电台尚未停机而已。要使电台能发送有意义的信号，就必须设法使载波发生某种改变，或者说对它进行调制。振幅受到调制的波成为调幅波，频率受到调制的波称为调频波。式(7.32)所表示的波群可视为一种调幅波。

7.2 小振幅波及其支配方程组的线性化

7.2.1 小振幅波

支配大气运动的基本方程组是非线性方程组,在数学上还无法求得这种非线性方程的解析解。我们要研究大气中可能存在的波动类型及它们的基本性质,须要求得方程组的解析解,一般而言,这需要将方程组及相应的边界条件线性化。下面先说明“小振幅波条件”与方程的“线性化条件”是一致的,即对于小振幅波或“小扰动”,方程组和边界条件可以线性化。

这里,小振幅波指波的振幅与波长相比为小量的波。若用 U、L 和 T 分别代表波动中空气质点的特征速度、波动的波长和周期,则 UT 代表空气质点在波动的特征周期上的特征位移,它应与空气质点振动的特征振幅相当。因此,按小振幅波的定义,小振幅条件可表示为

$$\frac{UT}{L}\ll 1 \tag{7.37}$$

上式可改写为

$$\frac{U}{C}\ll 1 \tag{7.38}$$

式中,$C\equiv L/T$ 为波动传播的特征速度。上式表明,对于小振幅波,空气质点的运动速度远小于波动的传播速度。式(7.38)还可改写为

$$\frac{T}{(L/U)}\ll 1 \tag{7.39}$$

若将 L 解释为运动的水平特征尺度,则 L/U 即相当于平流时间尺度。因此,小振幅波的特征周期远小于运动的平流时间尺度。

在运动方程中,若非线性平流项与其他线性项相比是小量,则它在最低阶近似下可以略去,即方程可以线性化。运动方程的线性化条件可表示为

$$O\left[\frac{(\boldsymbol{V}\cdot\nabla)\boldsymbol{V}}{\partial\boldsymbol{V}/\partial t}\right]=\frac{U^2/L}{U/T}=\frac{UT}{L}\ll 1 \tag{7.40}$$

显然,这正是小振幅波的条件[参见式(7.37)],因此,对于小振幅扰动,支配方程可线性化。式(7.39)表明,对于小振幅扰动,平流作用的时间尺度相对于波动周期足够长,以至于在一个特征周期上,运动不易“感受”到非线性作用的影响。

7.2.2 微扰动方法与线性化扰动方程组

7.2.2.1 微扰方法

气象上,通常采用“微扰方法”(或小扰动方法)使运动方程组和边界条件线性

化。这种方法的基本假定可概括如下：

(1)描述大气运动的场变量(q)可表示为已知的基本部分($\overline{q}$)与叠加其上的微小扰动(q')两部分之和

$$q=\overline{q}+q' \tag{7.41}$$

(2)基本量 $\overline{q}$ 满足基本方程组和相应的定解条件。

(3)扰动量 q' 足够小(如小振幅波)，以至于方程和边界条件中包含扰动量及其导数的乘积所构成的非线性项可作为相对小项而舍去。

用小扰动方法使方程线性化的基本步骤为：

(1)适当选择基本量 $\overline{q}$，将变量表示为如式(7.41)所示的基本量与扰动量之和。地球大气运动的主要分量是纯纬向的轴对称运动，因此，基本量 $\overline{q}$ 通常可取为沿纬圈的平均值(设 λ 为地球经度)

$$\overline{q}=\frac{1}{2\pi}\int_0^{2\pi} q\mathrm{d}\lambda \tag{7.42}$$

(2)用支配方程减去基本量满足的方程，求得扰动方程(扰动量满足的方程)。

(3)略去扰动方程和边界条件中含扰动量及其导数的乘积项(非线性项)，求得线性化的扰动方程和边界条件。

7.2.2.2　线性化扰动方程组

略去一些小项后，局地直角坐标系中的绝热、无摩擦大气运动方程组可表示为

$$\begin{cases}\left(\frac{\partial}{\partial t}+u\frac{\partial}{\partial x}+v\frac{\partial}{\partial y}+w\frac{\partial}{\partial z}\right)u-fv=-\frac{1}{\rho}\frac{\partial p}{\partial x}\\ \left(\frac{\partial}{\partial t}+u\frac{\partial}{\partial x}+v\frac{\partial}{\partial y}+w\frac{\partial}{\partial z}\right)v+fu=-\frac{1}{\rho}\frac{\partial p}{\partial y}\\ \left(\frac{\partial}{\partial t}+u\frac{\partial}{\partial x}+v\frac{\partial}{\partial y}+w\frac{\partial}{\partial z}\right)w=-\frac{1}{\rho}\frac{\partial p}{\partial z}-g\\ \left(\frac{\partial}{\partial t}+u\frac{\partial}{\partial x}+v\frac{\partial}{\partial y}+w\frac{\partial}{\partial z}\right)\rho+\rho\left(\frac{\partial u}{\partial x}+\frac{\partial v}{\partial y}+\frac{\partial w}{\partial z}\right)=0\\ \left(\frac{\partial}{\partial t}+u\frac{\partial}{\partial x}+v\frac{\partial}{\partial y}+w\frac{\partial}{\partial z}\right)p=\kappa\frac{p}{\rho}\left(\frac{\partial}{\partial t}+u\frac{\partial}{\partial x}+v\frac{\partial}{\partial y}+w\frac{\partial}{\partial z}\right)\rho\\ p=\rho RT\end{cases} \tag{7.43}$$

式中，$\kappa\equiv c_p/c_v$，c_p 和 c_v 分别为比定压热容和比定容热容。

设各场变量可表示为

$$\begin{cases}u=\overline{u}+u'\\ v=v',\quad w=w',\quad (\overline{v}=\overline{w}=0)\\ p=\overline{p}+p',\quad \rho=\overline{\rho}+\rho',\quad T=\overline{T}+T'\end{cases} \tag{7.44}$$

式中，基本量 $\overline{u}$，$\overline{p}$，$\overline{\rho}$，$\overline{T}$ 为纬向平均值，因而都与 x 无关，它们满足如下基本方程组

$$\begin{cases} \dfrac{\partial \bar{u}}{\partial t}=0, \quad f\bar{u}=-\dfrac{1}{\bar{\rho}}\dfrac{\partial \bar{p}}{\partial y}, \quad 0=-\dfrac{1}{\bar{\rho}}\dfrac{\partial \bar{p}}{\partial z}-g \\ \dfrac{\partial \bar{\rho}}{\partial t}=0, \quad \dfrac{\partial \bar{p}}{\partial t}=0, \quad \bar{p}=\bar{\rho}R\bar{T} \end{cases} \tag{7.45}$$

可见,基本场是定常的;纬向基本流 $\bar{u}$ 与 y 方向的气压梯度满足地转平衡关系;在垂直方向上,运动满足静力平衡。

若设基本状态的压力 $\bar{p}$ 及其垂直改变量的特征尺度分别为 $\bar{P}$ 和 $\Delta_z\bar{P}$,垂直变化的距离特征尺度为 H,则 $\bar{p}$ 的垂直相对变化率的尺度可估计为

$$\frac{1}{\bar{p}}\frac{\partial \bar{p}}{\partial z}\sim\frac{1}{\bar{P}}\frac{\Delta_z\bar{P}}{H}\sim\frac{1}{H} \tag{7.46}$$

显然,对于其他热力学变量如密度($\bar{\rho}$)、温度($\bar{T}$)和位温($\bar{\theta}$)等也有类似结果,即

$$\frac{1}{\bar{\rho}}\frac{\partial \bar{\rho}}{\partial z}\sim\frac{1}{H}, \quad \frac{1}{\bar{T}}\frac{\partial \bar{T}}{\partial z}\sim\frac{1}{H}, \quad \frac{1}{\bar{\theta}}\frac{\partial \bar{\theta}}{\partial z}\sim\frac{1}{H} \tag{7.47}$$

根据静力平衡关系,可将 H 表示为

$$H=\frac{R\bar{T}}{g} \tag{7.48}$$

有时又称之为“标高”。

为了简单起见,下面将进一步假定纬向基本气流为常值气流,即设 $\bar{u}=$常数。将式(7.44)代入原方程组(7.43)后,从中减去基本量满足的方程组(7.45),并注意利用下述结果:

(1)
$$\frac{1}{\rho}\approx\frac{1}{\bar{\rho}}\left(1-\frac{\rho'}{\bar{\rho}}\right) \tag{7.49}$$

及
$$-\frac{1}{\rho}\frac{\partial p}{\partial z}-g\approx-\frac{1}{\bar{\rho}}\frac{\partial p'}{\partial z}-g\frac{\rho'}{\bar{\rho}} \tag{7.50}$$

(2)
$$w'\left(\frac{\partial \bar{p}}{\partial z}-\kappa\frac{\bar{p}}{\bar{\rho}}\frac{\partial \bar{\rho}}{\partial z}\right)=\frac{\bar{\rho}c_{\mathrm{L}}^2N^2}{g}w', \tag{7.51}$$

其中
$$c_{\mathrm{L}}^2\equiv\kappa R\bar{T} \tag{7.52}$$

或
$$c_{\mathrm{L}}\equiv\sqrt{\kappa R\bar{T}} \tag{7.53}$$

称为拉普拉斯(Laplace)声速或绝热声速;及

$$N^2\equiv\frac{g}{\bar{\theta}}\frac{\partial \bar{\theta}}{\partial z} \tag{7.54}$$

为静力稳定度参数,$\bar{\theta}$ 为基本位温。$N^2>0$、$N^2=0$ 和 $N^2<0$ 的情形分别对应于静力稳定、中性和静力不稳定的情形。当 $N^2>0$ 时,$N\equiv[(g/\bar{\theta})\partial\bar{\theta}/\partial z]^{\frac{1}{2}}$ 称为布伦特-维赛拉频率(Brunt-Väisälä frequency)或浮力振动频率。线性化扰动方程组可表示为

$$
\begin{cases}
\left(\frac{\partial}{\partial t}+\bar{u}\frac{\partial}{\partial x}\right)u'-fv'=-\frac{1}{\bar{\rho}}\frac{\partial p'}{\partial x} \\
\left(\frac{\partial}{\partial t}+\bar{u}\frac{\partial}{\partial x}\right)v'+fu'=-\frac{1}{\bar{\rho}}\frac{\partial p'}{\partial y}-f\bar{u}\frac{\rho'}{\bar{\rho}} \\
\left(\frac{\partial}{\partial t}+\bar{u}\frac{\partial}{\partial x}\right)w'=-\frac{1}{\bar{\rho}}\frac{\partial p'}{\partial z}-g\frac{\rho'}{\bar{\rho}} \\
\left(\frac{\partial}{\partial t}+\bar{u}\frac{\partial}{\partial x}\right)\rho'+\frac{\partial\bar{\rho}u'}{\partial x}+\frac{\partial\bar{\rho}v'}{\partial y}+\frac{\partial\bar{\rho}w'}{\partial z}=0 \\
\left(\frac{\partial}{\partial t}+\bar{u}\frac{\partial}{\partial x}\right)p'-f\bar{\rho}\bar{u}v'+\frac{c_{\mathrm{L}}^2N^2}{g}\bar{\rho}w'=c_{\mathrm{L}}^2\left[\left(\frac{\partial}{\partial t}+\bar{u}\frac{\partial}{\partial x}\right)\rho'+v'\frac{\partial\bar{\rho}}{\partial y}\right] \\
\frac{p'}{\bar{p}}=\frac{\rho'}{\bar{\rho}}+\frac{T'}{\bar{T}}
\end{cases}
\tag{7.55}
$$

必须顺便指出的是，除了基本方程组外，非线性边界条件（如上边界、下边界或自由面边界条件等）也必须线性化。边界条件条件线性化的方法和步骤与上述方程组的线性化完全相同，这里不再赘述。本章后面讨论波动实例时，会对相应边界条件的线性化作具体说明。

7.3　大气声波

声波是由于大气的可压缩性而产生的一种纵波，所以又称之为压缩波。本节将限于讨论一维水平声波和垂直声波。

7.3.1　水平声波

7.3.1.1　波速公式及声波的基本性质

考虑沿 x 方向传播的一维水平声波，假定

(1)$v'=w'=0$

(2)不计科氏力的作用，

(3)基本气流是常值纬向流（$\bar{u}$＝常数）。

则线性化扰动方程组[参见式(7.55)]可表示为

$$
\begin{cases}
\left(\frac{\partial}{\partial t}+\bar{u}\frac{\partial}{\partial x}\right)u'=-\frac{1}{\bar{\rho}}\frac{\partial p'}{\partial x} \\
\delta_1\left(\frac{\partial}{\partial t}+\bar{u}\frac{\partial}{\partial x}\right)\rho'+\bar{\rho}\frac{\partial u'}{\partial x}=0 \\
\left(\frac{\partial}{\partial t}+\bar{u}\frac{\partial}{\partial x}\right)p'=c_{\mathrm{L}}^2\left(\frac{\partial}{\partial t}+\bar{u}\frac{\partial}{\partial x}\right)\rho'
\end{cases}
\tag{7.56}
$$

式中，δ_1 是一个表征大气可压缩性的示踪参数，并有

$$\delta_1 \equiv \begin{cases} 1, & \text{表示大气是可压缩的。} \\ 0, & \text{表示大气是不可压缩的。} \end{cases}$$

设式(7.56)的单波解为

$$\begin{pmatrix} u' \\ p' \\ \rho' \end{pmatrix} = \begin{pmatrix} U \\ P \\ \Pi \end{pmatrix} \exp[\mathrm{i}k(x-ct)] \tag{7.57}$$

式中,U,P 和 Π 分别为扰动速度(u')、压力(p')和密度(ρ')的振幅;k 和 c 分别为 x 方向的波数和波速。对于解式(7.57),有下列微分关系成立

$$\begin{cases} \dfrac{\partial(\ \ )}{\partial t} = -\mathrm{i}kc(\ \ ) \\ \dfrac{\partial(\ \ )}{\partial x} = \mathrm{i}k(\ \ ) \\ \left(\dfrac{\partial}{\partial t} + \bar{u}\dfrac{\partial}{\partial x}\right)(\ \ ) = -\mathrm{i}k(c-\bar{u})(\ \ ) \end{cases} \tag{7.58}$$

将式(7.57)代入式(7.56),并利用式(7.58),约去公因子后,得

$$\begin{cases} (c-\bar{u})U - \dfrac{1}{\bar{\rho}}P = 0 \\ \bar{\rho}U - \delta_1(c-\bar{u})\Pi = 0 \\ c_{\mathrm{L}}^2(c-\bar{u})\Pi - (c-\bar{u})P = 0 \end{cases} \tag{7.59}$$

这是一个关于 U,P 和 Π 的线性、齐次代数方程组,它存在唯一非零解的必要条件是其系数行列式为零,即

$$\begin{vmatrix} (c-\bar{u}) & 0 & -1/\bar{\rho} \\ \bar{\rho} & -\delta_1(c-\bar{u}) & 0 \\ 0 & c_{\mathrm{L}}^2(c-\bar{u}) & -(c-\bar{u}) \end{vmatrix} = 0 \tag{7.60}$$

即

$$(c-\bar{u})[\delta_1(c-\bar{u})^2 - c_{\mathrm{L}}^2] = 0 \tag{7.61}$$

这是一个关于特征值 c 的三次代数方程,应有三个特征根。其中的一个特征根为

$$c_1 = \bar{u} \tag{7.62}$$

由式(7.59)可知,这时有,$U=P=0$,Π 则可以任意。对应有 $u'=p'=0$,但 ρ'可任意。运动没有水平辐散辐合,只是密度扰动 ρ'在基本气流 $\bar{u}$ 的作用下的平流,并不存在传播的声波。有意义的特征根应包含在下面的特征方程中

$$\delta_1(c-\bar{u})^2 - c_{\mathrm{L}}^2 = 0 \tag{7.63}$$

当 $\delta_1=0$,大气为不可压缩,上式表明,这时应有

$$c_{2,3} = \pm\infty \tag{7.64}$$

这也相当于不存在声波。

当 $\delta_1=1$,大气是可压缩的,这时,可得如下两个特征根

$$c_{2,3}=\bar{u}\pm c_{\mathrm{L}}=\bar{u}\pm\sqrt{\kappa R\overline{T}} \tag{7.65}$$

此即绝热条件下的声波波速公式。由此可知水平声波具有如下基本性质。

(1)大气中的水平声波是快速短波。若取 $R=287\ (\mathrm{m}^2\cdot\mathrm{s}^{-2}\cdot\mathrm{K}^{-1})$，$\overline{T}=273\ \mathrm{K}$，$\kappa\equiv c_p/c_v\approx1.4$，则有

$$c_{2,3}=\bar{u}\pm330\ (\mathrm{m/s}) \tag{7.66}$$

即声波相对于基本气流 $\bar{u}$($\approx$10 m/s)的传播速度约为 330 m/s，是一种快波。声波可分为次声波(频率＜20 Hz)、人耳可听见的声波(20～20000 Hz)和超声波(＞20000 Hz)。在人耳可听见的频率范围内，声波的波长 $L\approx1.7\times10^{-2}\sim1.7\times10^{1}$ m，可见它是波长非常短、频率很高的波动。

(2)大气水平声波是非频散波。水平声波的波速与其波长无关，只取决于基本气流速度 $\bar{u}$ 和空气的热性质和热状况(κ 和 $\overline{T}$)。

(3)大气水平声波是双向传播的。相速为 c_{L} 的波向 x 轴正方向传播，而相速为 $-c_{\mathrm{L}}$ 的波向 x 轴的负方向传播。

一维水平声波的支配方程组(7.56)是一个常系数线性方程组，其“算子行列式”可表示为

$$\mathscr{L}\equiv\begin{vmatrix}\left(\dfrac{\partial}{\partial t}+\bar{u}\dfrac{\partial}{\partial x}\right) & \dfrac{1}{\bar{\rho}}\dfrac{\partial}{\partial x} & 0\\ \bar{\rho}\dfrac{\partial}{\partial x} & 0 & \delta_1\left(\dfrac{\partial}{\partial t}+\bar{u}\dfrac{\partial}{\partial x}\right)\\ 0 & \left(\dfrac{\partial}{\partial t}+\bar{u}\dfrac{\partial}{\partial x}\right) & -c_{\mathrm{L}}^2\left(\dfrac{\partial}{\partial t}+\bar{u}\dfrac{\partial}{\partial x}\right)\end{vmatrix} \tag{7.67}$$

展开即得

$$\mathscr{L}\equiv\left(\frac{\partial}{\partial t}+\bar{u}\frac{\partial}{\partial x}\right)\left[\delta_1\left(\frac{\partial}{\partial t}+\bar{u}\frac{\partial}{\partial x}\right)^2-c_{\mathrm{L}}^2\frac{\partial^2}{\partial x^2}\right] \tag{7.68}$$

此即一维水平声波算子。利用这个算子可将方程组(7.56)表示为单一变量的单个方程

$$\mathscr{L}\begin{pmatrix}u'\\p'\\\rho'\end{pmatrix}=0 \tag{7.69}$$

例如，对于未知函数 u'，有

$$\left(\frac{\partial}{\partial t}+\bar{u}\frac{\partial}{\partial x}\right)\left[\delta_1\left(\frac{\partial}{\partial t}+\bar{u}\frac{\partial}{\partial x}\right)^2-c_{\mathrm{L}}^2\frac{\partial^2}{\partial x^2}\right]u'=0 \tag{7.70}$$

若设 u'的解式为 $u'=U\exp[\mathrm{i}k(x-ct)]$，代入上式，同样可得波速公式(7.65)。

7.3.1.2　大气声波产生的物理机制

图 7.3 是一个沿 x 轴向放置的、充满空气的管道，上端有一个开口与一个活塞

相连。假定管道内空气起始处于静止状态,扰动压力和密度均处处为零。当活塞迅速下压时,AB之间的空气首先被压缩($\partial\rho'/\partial t>0,\partial p'/\partial t>0$),使扰动压力$p'$和扰动密度$\rho'$增大,于是,在$A$点出现左边压力小于右边的扰动压力梯度($\partial p'/\partial x>0$),按照式(7.56)第一式,这将在$A$点左边出现指向负$x$方向的加速度($\partial u'/\partial t<0$),产生指向负$x$方向的速度分量($u'<0$,向左的实线箭头);与此同时,在$B$点右边的情形正相反,出现左边压力大于右边的扰动压力梯度($\partial p'/\partial x<0$),导致指向正x方向的加速度($\partial u'/\partial t>0$)和正x方向的速度分量($u'>0$,向右的实线箭头)。这种运动将在AB之间产生辐散,同时,在CA之间和BD之间则产生空气辐合($\partial u'/\partial x<0$)。按照式(7.56)第二、三式,下一时刻,在CA间和BD间的空气被压缩($\partial\rho'/\partial t>0$,$\partial p'/\partial t>0$),产生正的密度和压力扰动,即出现类似$AB$之间早先出现的情形。随着时间的推移,空气的这种压缩扰动($\rho'\neq0,p'\neq0$)和相应的水平辐散、辐合将向正、负x两个方向同时传播出去(虚线箭头),这就形成了水平声波。

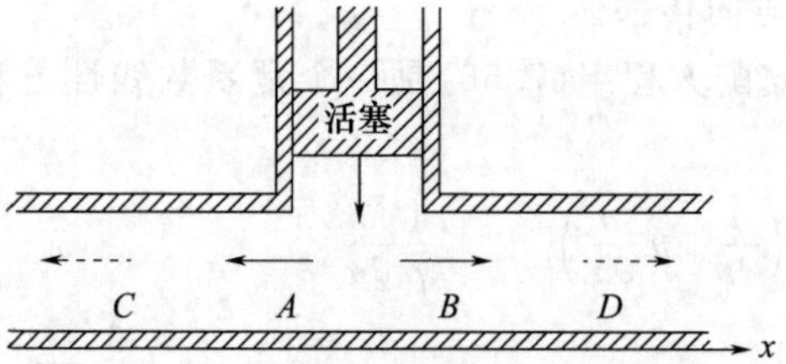

图 7.3　声波形成机理示意图

综上所述,可见水平声波产生的内部条件是大气自身的可压缩性,外部条件则是外加压力引起密度和压力扰动($\rho'\neq0,p'\neq0$)。于是,排除水平声波的条件可概括为

(1)假定大气是不可压缩的($\delta_1=0$),或

(2)假定大气是水平无辐散的。在不计科氏参数随纬度的变化时,地转运动是水平无辐散的,这时若采用地转近似便可滤去水平声波。

7.3.2　垂直声波

考虑垂直方向的扰动,设基本气流为零($\bar{u}=0$),水平方向的扰动速度也为零($u'=v'=0$)。

扰动基本方程组(7.55)可表示为

$$\begin{cases}\delta_2\dfrac{\partial w'}{\partial t}+\dfrac{1}{\bar{\rho}}\dfrac{\partial p'}{\partial z}+g\dfrac{\rho'}{\bar{\rho}}=0\\[2ex]\delta_1\dfrac{\partial\rho'}{\partial t}+\dfrac{\partial\bar{\rho}w'}{\partial z}=0\\[2ex]\dfrac{\partial p'}{\partial t}+\dfrac{c_L^2N^2}{g}\bar{\rho}w'=c_L^2\dfrac{\partial\rho'}{\partial t}\end{cases}\tag{7.71}$$

式中，与 δ_1 类似，δ_2 也是一个人为引入的、只能取值为 1 或 0 的示踪参数，当 $\delta_2=0$ 时，扰动满足静力平衡；$\delta_2=1$ 则代表扰动是非静力平衡的。

令式(7.71)的单波特解为

$$\begin{pmatrix} w' \\ p' \\ \rho' \end{pmatrix} = \begin{pmatrix} W \\ P \\ \Pi \end{pmatrix} \exp[\mathrm{i}(nz-\omega t)] \tag{7.72}$$

式中，n 为铅直方向上的波数。将式(7.72)代入式(7.71)，得

$$\begin{cases} -\mathrm{i}\omega\delta_2\bar{\rho}W+\mathrm{i}nP+g\Pi=0 \\ \left(\mathrm{i}n\bar{\rho}+\dfrac{\partial\bar{\rho}}{\partial z}\right)W-\mathrm{i}\omega\delta_1\Pi=0 \\ \dfrac{c_{\mathrm{L}}^2N^2}{g}\bar{\rho}W-\mathrm{i}\omega P+\mathrm{i}\omega c_{\mathrm{L}}^2\Pi=0 \end{cases} \tag{7.73}$$

注意，利用如下关系

$$\frac{c_{\mathrm{L}}^2N^2}{g}+\frac{c_{\mathrm{L}}^2}{\bar{\rho}}\frac{\partial\bar{\rho}}{\partial z}+g=0 \tag{7.74}$$

则非定常($\omega\neq 0$)、非零(W，P 和 Π 不同为零)解的必要条件可表示为

$$\delta_1\delta_2\omega^2-n^2c_{\mathrm{L}}^2+\frac{g}{\bar{\rho}}\frac{\partial\bar{\rho}}{\partial z}=0 \tag{7.75}$$

若记声波的垂直波长为 $\lambda(\propto 1/n)$，$H(\equiv R\bar{T}/g)$ 为均质大气高度，则上式左边第三项与第二项的比的数量级可估计为

$$O\left(\frac{(g/\bar{\rho})\partial\bar{\rho}/\partial z}{n^2c_{\mathrm{L}}^2}\right)\sim\left(\frac{\lambda}{H}\right)^2 \tag{7.76}$$

可见，对于垂直波长远小于均质大气高度 ($\lambda\ll H$)的声波，可略去式(7.75)左边最后一项，垂直声波的频率方程(7.75)可近似为

$$\delta_1\delta_2\omega^2-n^2c_{\mathrm{L}}^2\approx 0 \tag{7.77}$$

由此可得波速公式

$$c_{1,2}\equiv\frac{\omega}{n}=\pm\frac{c_{\mathrm{L}}}{\delta_1\delta_2}=\begin{cases} \pm c_{\mathrm{L}}=\pm\sqrt{\kappa R\bar{T}}, & \delta_1\delta_2=1, \\ \pm\infty, & \delta_1=0 \text{ 或 } \delta_2=0 \end{cases} \tag{7.78}$$

可见，垂直声波是在大气的可压缩性和非静力平衡的条件下产生的波动。垂直声波的传播速度与水平声波相同，也属快速传播的非频散波；它在垂直方向上也是可双向传播的波。若假定大气是不可压缩的($\delta_1=0$)或扰动满足静力平衡条件($\delta_2=0$)，则可消除垂直声波。

7.4　重力波

重力波是流体在重力场作用下所形成的波动，分为重力外波和重力内波两种。重力外波是流体表面上受扰质点振动所形成的波动，所以又称表面重力波，如江河

湖海表面受扰后所产生的波动;重力内波则指流体内部受扰质点的振动所形成的波动。

7.4.1　重力外波

7.4.1.1　纯重力外波

考虑上边界为自由面、下边界为刚体水平面、均匀不可压缩(可排除大气声波)的模式大气(图 7.4),其运动的基本方程组[即正压模式,参见式(6.19)]可表示为

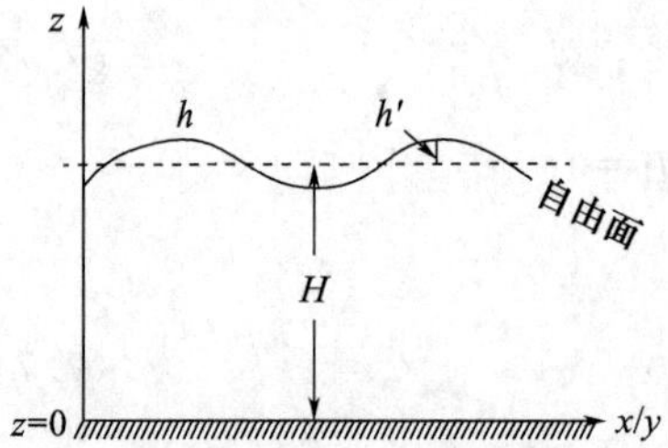

图 7.4　均质大气模式

$$\begin{cases}\left(\frac{\partial}{\partial t}+u\frac{\partial}{\partial x}+v\frac{\partial}{\partial y}\right)u-fv=-g\frac{\partial h}{\partial x}\\ \left(\frac{\partial}{\partial t}+u\frac{\partial}{\partial x}+v\frac{\partial}{\partial y}\right)v+fu=-g\frac{\partial h}{\partial y}\\ \left(\frac{\partial}{\partial t}+u\frac{\partial}{\partial x}+v\frac{\partial}{\partial y}\right)h+h\left(\frac{\partial u}{\partial x}+\frac{\partial v}{\partial y}\right)=0\end{cases}\tag{7.79}$$

式中,h 为自由面高度。

假定:

(1)自由面高度 h 可表示为

$$h=H+h'\tag{7.80}$$

或

$$\phi=\Phi+\phi'\tag{7.81}$$

式中,H 为未受扰自由面高度(静止水深),可取为均质大气高度。h'为自由面高度相对 H 的偏差。式(7.81)中

$$\phi\equiv gh,\quad \Phi\equiv gH,\quad \phi'\equiv gh'\tag{7.82}$$

(2)设 $\bar{v}=\bar{w}=0$,$\bar{u}=$常数。

由方程组(7.79)可得如下线性化扰动方程组

$$\begin{cases}\left(\frac{\partial}{\partial t}+\bar{u}\frac{\partial}{\partial x}\right)u'-fv'=-\frac{\partial\phi'}{\partial x}\\ \left(\frac{\partial}{\partial t}+\bar{u}\frac{\partial}{\partial x}\right)v'+fu'=-\frac{\partial\phi'}{\partial y}\\ \left(\frac{\partial}{\partial t}+\bar{u}\frac{\partial}{\partial x}\right)\phi'-f\bar{u}v'+c_0^2\left(\frac{\partial u'}{\partial x}+\frac{\partial v'}{\partial y}\right)=0\end{cases}\tag{7.83}$$

其中

$$c_0\equiv\sqrt{gH}\tag{7.84}$$

为了简便和排除柯氏力作用产生的波动,我们进一步假定:

(3)扰动为沿 x 方向传播的一维波动,且与 y 无关,$v'=0$。

(4)不计科氏力的作用。

于是,描写一维重力外波的基本方程组可简化为

$$\begin{cases}\left(\dfrac{\partial}{\partial t}+\bar{u}\dfrac{\partial}{\partial x}\right)u'=-\dfrac{\partial\phi'}{\partial x} & (7.85)\\ \left(\dfrac{\partial}{\partial t}+\bar{u}\dfrac{\partial}{\partial x}\right)\phi'+c_0^2\dfrac{\partial u'}{\partial x}=0 & (7.86)\end{cases}$$

设上式的单波特解为

$$\begin{pmatrix}u'\\ \phi'\end{pmatrix}=\begin{bmatrix}U\\ \hat{\Phi}\end{bmatrix}\exp[\mathrm{i}k(x-ct)] \tag{7.87}$$

U 和 $\hat{\Phi}$ 分别为 u' 和 ϕ' 的振幅，上式代入式(7.85)和式(7.86)，整理后得如下关于 U 和 $\hat{\Phi}$ 的线性齐次代数方程组

$$\begin{cases}-(c-\bar{u})U+\hat{\Phi}=0\\ c_0^2U-(c-\bar{u})\hat{\Phi}=0\end{cases} \tag{7.88}$$

根据 U 和 $\hat{\Phi}$ 有非零解的必要条件(系数行列式为零)，可得重力外波的波速公式为

$$c=\bar{u}\pm c_0 \tag{7.89}$$

可见重力外波也是双向(沿 x 轴正、负方向)传播的非频散(波速与波长无关)波，相对于基本气流的传播速度为 $\pm c_0$。c_0 随流体深度 H 增大而增大，若取 $H=10$ km，可得

$$c_0\equiv\sqrt{gH}\approx 313\ \mathrm{m/s} \tag{7.90}$$

它比基本气流速度 $\bar{u}$($\sim$10 m/s)大得多，所以重力外波也是一种快波。

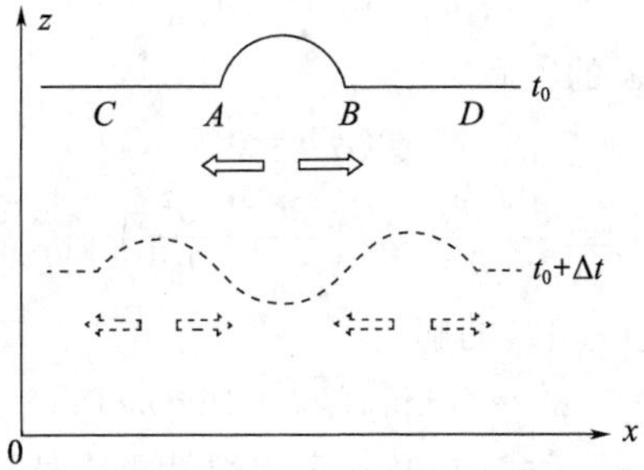

图 7.5 表面重力波

为了说明表面重力波产生的机制，图 7.5 给出了 $x-z$ 平面中自由面扰动演变的示意图。假定在起始时刻 t_0，位于 AB 间的表面高度由于某种原因被抬高(实线)，使 A 点右侧压力大于左侧，而 B 点左侧压力大于右侧。因此，在 A 点附近产生指向负 x 方向的压力梯度力($-\partial\phi'/\partial x<0$)，由式(7.85)可知，这种压力梯度力将导致指向负 x 方向的加速度($\partial u'/\partial t<0$)，空气质点将向负 x 方向运动($u'<0$，向左的实线空心箭头)；在 B 点附近的情况则相反，指向正 x 方向的压力梯度力 ($-\partial\phi'/\partial x>0$)将导致指向正 x 方向的运动速度($u'>0$，向右的实线空心箭头)。这样的速度分布，将使 AB 间出现空气质量辐散($\partial u'/\partial x>0$)，CA 间和 BD 间出现质量辐合($\partial u'/\partial x<$

0)。由式(7.86)可知,下一时刻($t_0+\Delta t$),AB 之间表面高度将由于质量辐散而降低($\partial\phi'/\partial t<0$),$CA$ 之间和 BD 之间的表面高度则由于质量辐合而升高(虚线)。往后,CA 间和 BD 间的自由面抬升将类似于起始时刻 AB 间的情形,进一步导致类似的质量辐散辐合及与之相伴随的表面高度降升向正、负 x 方向传播出去(虚线空心箭头),于是,在自由面上形成了重力外波。

上述分析表明,重力外波是重力场中的流体表面扰动($w'\equiv g^{-1}\mathrm{d}\phi'/\mathrm{d}t\neq 0$)及与之相联系的水平辐散辐合的传播形成的。如果固定上、下边界(即在边界上,$w'=0$),或假定大气是水平无辐散的(例如,采用准地转近似),或假定大气是纯水平运动(处处有 $w'=0$),则可消除重力外波。

7.4.1.2 惯性重力外波

如果把地球旋转的影响($f\neq 0$)也考虑进来,我们将得到受地球旋转作用影响的重力外波,称为惯性重力外波。为了简单起见,假定科氏参数 f 为常数,基本气流为零($\bar{u}=0$),于是,惯性重力外波的基本方程[参见式(7.83)]可表示为

$$\begin{cases}\dfrac{\partial u'}{\partial t}-fv'=-\dfrac{\partial\phi'}{\partial x}\\[2ex]\dfrac{\partial v'}{\partial t}+fu'=-\dfrac{\partial\phi'}{\partial y}\\[2ex]\dfrac{\partial\phi'}{\partial t}+c_0^2\left(\dfrac{\partial u'}{\partial x}+\dfrac{\partial v'}{\partial y}\right)=0\end{cases}\tag{7.91}$$

消除其他变量,可得关于 ϕ' 的方程

$$\mathscr{L}(\phi')=0\tag{7.92}$$

其中

$$\mathscr{L}\equiv\frac{\partial}{\partial t}\left[\frac{\partial^2}{\partial t^2}-c_0^2\left(\frac{\partial^2}{\partial x^2}+\frac{\partial^2}{\partial y^2}\right)+f^2\right]\tag{7.93}$$

为惯性重力波算子。设式(7.92)的解为

$$\phi'=\Phi\exp[\mathrm{i}(kx+ly-\omega t)]\tag{7.94}$$

l 为 y 方向的波数,将上式代入式(7.92),可得惯性重力外波的频率方程为

$$\omega^2=c_0^2K^2+f^2\tag{7.95}$$

式中,$K\equiv\sqrt{k^2+l^2}$,为全波数。为了便于比较,进一步假定扰动与 y 无关,这时,式(7.95)简化为

$$\omega^2=c_0^2k^2+f^2\tag{7.96}$$

波速公式为

$$c\equiv\frac{\omega}{k}=\pm\sqrt{c_0^2+f^2/k^2}\tag{7.97}$$

对比式(7.89)可见,由于地球旋转的影响($f\neq 0$),除了使纯重力外波传播速度的大小发生改变之外,还使它变成了频散波。

惯性重力外波是在重力与地球旋转两种因子同时作用下产生的波动，这种由两种或更多物理因子同时作用所产生的波动称为混合波，所以，惯性重力外波是一种大气混合波型。

7.4.2　重力内波

7.4.2.1　层结内力与浮力振动

在重力场中，密度随高度变化的流体称为层结（分层）流体，大气和海水都属于层结流体。一个空气微团在垂直方向上会同时受到重力（铅直向下）和浮力（铅直向上）的作用。这两个力的合力称为层结内力或净浮力。在层结特性不同的大气中，空气微团所受的层结内力自然不同，垂直受扰空气微团的运动趋势也就会完全不同。定性说来，一个受扰发生垂直位移离开平衡位置的空气微团有三种可能的运动趋势，即返回平衡位置、随遇平衡和加速离开平衡位置。相应的大气层结则分别称为稳定层结、中性层结和不稳定层结。

设空气微团（或简称为气块）及其环境空气的密度分别为 ρ 和 $\bar{\rho}$，则单位质量气块在垂直方向上所受的重力和阿基米德浮力分别为 $-\alpha\rho g\boldsymbol{k}$ 和 $\alpha\bar{\rho}g\boldsymbol{k}$（图 7.6a），这里，$\alpha(\equiv 1/\rho)$ 为单位质量气块的体积（即比容），g 为重力加速度，$\boldsymbol{k}$ 为铅直方向上的单位矢量。于是，气块所受的层结内力 $\boldsymbol{B}$ 可表示为

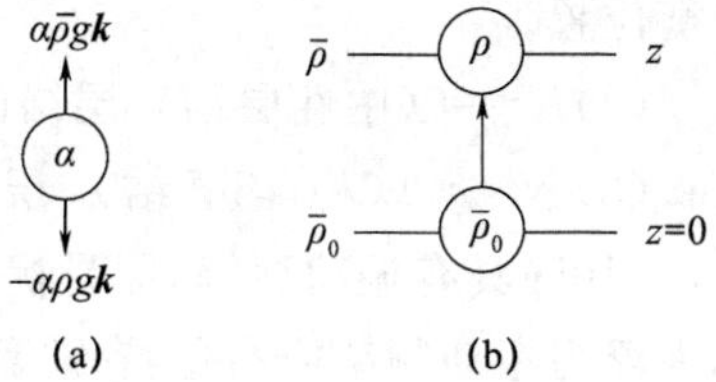

图 7.6　层结内力

$$\boldsymbol{B}=-g\frac{\rho'}{\rho}\boldsymbol{k} \tag{7.98}$$

其中

$$\rho'\equiv\rho-\bar{\rho} \tag{7.99}$$

为气块密度与环境空气密度之差。式(7.98)表明，当气块的密度大于（小于）环境空气密度时，它要受到一个铅直向下（向上）的层结内力（净浮力）的作用；仅当气块的密度与其环境空气密度相等（$\rho'=0$）时，它所受层结内力才为零。现在，考虑一个由起始高度 $z=0$ 移动到高度 z（图 7.6b）的气块。假定，该气块的起始密度与其环境空气的密度相同，记为 $\bar{\rho}_0$，当它上升到高度 z 时，它的密度和环境空气的密度可分别表示为

$$\rho=\bar{\rho}_0+\frac{\mathrm{d}\rho}{\mathrm{d}z}z \tag{7.100}$$

$$\bar{\rho}=\bar{\rho}_0+\frac{\partial\bar{\rho}}{\partial z}z \tag{7.101}$$

式中，$\mathrm{d}\rho/\mathrm{d}z$ 为气块在铅直位移过程中密度随高度的变化率，$\partial\bar{\rho}/\partial z$ 为环境空气密度

的铅直变化率。利用式(7.100)和式(7.101),可将单位质量气块所受层结内力表示为

$$B \equiv -g\frac{\rho'}{\rho} = -N^2 z \tag{7.102}$$

其中

$$N^2 \equiv \frac{g}{\rho}\left(\frac{\mathrm{d}\rho}{\mathrm{d}z} - \frac{\partial\bar{\rho}}{\partial z}\right) \tag{7.103}$$

是一个表征流体层结稳定性的参数。由层结内力所驱动的单位质量气块的垂直运动方程可表示为

$$\frac{\mathrm{d}w}{\mathrm{d}t} = -N^2 z \tag{7.104}$$

或

$$\frac{\mathrm{d}^2 z}{\mathrm{d}t^2} + N^2 z = 0 \tag{7.105}$$

对于不同的层结稳定度参数 N^2,常微分方程式(7.105)有三种可能的解。

(1)$N^2<0$(不稳定层结),层结内力的方向与气块的位移方向一致。这时式(7.105)具有指数型解,气块的位移 z 将随时间呈指数增大,即气块要加速离开其平衡位置。

(2)$N^2=0$(中性层结),层结内力为零。这时有 $\mathrm{d}w/\mathrm{d}t=0$,气块可随遇平衡。

(3)$N^2>0$(稳定层结),层结内力的方向与气块位移的方向相反。这时,式(7.105)具有振动型解,即受扰气块将绕其平衡位置振动。这种振动的频率为 N,称为浮力振动频率或布伦特-维赛拉频率。这种浮力振动的传播会形成一种波动,即下面将要讨论的重力内波。

7.4.2.2 重力内波

本小节限于讨论纯重力内波,我们将采用下述假定:

(1)为了排除声波,采用布西内斯克(Boussinesq)近似。即在热力学方程和铅直运动方程中保留密度扰动的浮力效应,但在其他场合完全略去密度扰动的影响。这种近似下的扰动连续方程可表示为

$$\frac{\partial u'}{\partial x} + \frac{\partial v'}{\partial y} + \frac{\partial w'}{\partial z} = 0 \tag{7.106}$$

布西内斯克近似适用于浅薄系统。对于浅薄系统,状态方程可进一步简化。事实上,根据位温 θ 的定义

$$\theta \equiv T\left(\frac{p_0}{p}\right)^{\gamma} \tag{7.107}$$

$p_0 \equiv 1000\ \mathrm{hPa}$,$\gamma \equiv R/c_p$,扰动状态方程可表示为

$$\frac{\rho'}{\bar{\rho}} = -\frac{\theta'}{\bar{\theta}} + \frac{1}{\kappa}\frac{p'}{\bar{p}} \tag{7.108}$$

式中，$\overline{\theta}$ 与 θ' 分别为基本位温和扰动位温，$\kappa=c_p/c_v$。对于由浮力驱动的运动，浮力项是主要的，有

$$O\left(g\frac{\rho'}{\overline{\rho}}\right)\geqslant O\left(\frac{1}{\overline{\rho}}\frac{\partial p'}{\partial z}\right)\sim\frac{1}{\overline{\rho}}O\left(\frac{p'}{D}\right)\sim\frac{gH}{D}O\left(\frac{p'}{\overline{p}}\right)\tag{7.109}$$

式中，符号"O"表示取"量级"或"尺度"，D 为扰动的垂直尺度，H 为由式(7.48)定义的标高。于是，由式(7.109)有

$$O\left(\frac{\frac{1}{\kappa}\frac{p'}{\overline{p}}}{\frac{\rho'}{\overline{\rho}}}\right)\leqslant\frac{D}{\kappa H}\tag{7.110}$$

所以，对于满足条件

$$\frac{D}{\kappa H}<1\tag{7.111}$$

的浅薄系统，式(7.108)可简化为

$$\frac{\rho'}{\overline{\rho}}\approx-\frac{\theta'}{\overline{\theta}}\tag{7.112}$$

(2)为简单起见，假定基本气流为零($\overline{u}=\overline{v}=\overline{w}=0$，或称为静力状态)，基本场密度 $\overline{\rho}$ 为常数；同时，假定背景场的层结是稳定的($N^2>0$)。

(3)考虑纯重力内波，暂不计科氏力的作用。

(4)只考虑铅直平面内的二维运动，设扰动与 y 无关。

于是，重力内波的支配方程组可表示为

$$\begin{cases}\dfrac{\partial u'}{\partial t}=-\dfrac{\partial}{\partial x}\left(\dfrac{p'}{\overline{\rho}}\right)\\[2mm]\dfrac{\partial w'}{\partial t}=-\dfrac{\partial}{\partial z}\left(\dfrac{p'}{\overline{\rho}}\right)+g\dfrac{\theta'}{\overline{\theta}}\\[2mm]\dfrac{\partial u'}{\partial x}+\dfrac{\partial w'}{\partial z}=0\\[2mm]\dfrac{\partial}{\partial t}\left(\dfrac{\theta'}{\overline{\theta}}\right)+\dfrac{N^2}{g}w'=0\end{cases}\tag{7.113}$$

消除其他变量，可得如下关于 w' 的单变量方程

$$\frac{\partial^2}{\partial t^2}\left(\frac{\partial^2}{\partial x^2}+\frac{\partial^2}{\partial z^2}\right)w'+N^2\frac{\partial^2 w'}{\partial x^2}=0\tag{7.114}$$

设 w' 的解可表示为

$$w'=W\exp[\mathrm{i}(kx+nz-\omega t)]\tag{7.115}$$

代入式(7.114)，得重力内波的频率方程应为

$$\omega^2=\frac{N^2k^2}{K^2}\tag{7.116}$$

或
$$\omega=\pm\frac{Nk}{K} \tag{7.117}$$
其中
$$K\equiv\sqrt{k^2+n^2} \tag{7.118}$$
为全波数矢 $\boldsymbol{K}\equiv k\boldsymbol{i}+n\boldsymbol{k}$ 的模，$\boldsymbol{i}$ 和 $\boldsymbol{k}$ 分别为 x 和 z 方向的单位矢量。由式(7.116)可得波速分量分别为
$$c_x\equiv\frac{\omega}{k}=\pm\frac{N}{K},\qquad c_z\equiv\frac{\omega}{n}=\pm\frac{Nk/n}{K} \tag{7.119}$$
全相速可表示为
$$\boldsymbol{c}\equiv\frac{\omega}{K}\left(\frac{\boldsymbol{K}}{K}\right)=\frac{1}{K^2}(k^2c_x\boldsymbol{i}+n^2c_z\boldsymbol{k})=\pm\frac{Nk}{K^3}\boldsymbol{K} \tag{7.120}$$
群速度分量分别为
$$c_{gx}\equiv\frac{\partial\omega}{\partial k}=\frac{N^2kn^2}{\omega K^4},\qquad c_{gz}\equiv\frac{\partial\omega}{\partial n}=-\frac{N^2k^2n}{\omega K^4} \tag{7.121}$$
式(7.116)表明，当层结中性($N=0$)时，$\omega=0$，式(7.115)代表定常解，不存在波动；当层结不稳定($N^2<0$)时，ω 没有实数根，式(7.115)不是时间上的波形解；仅当大气层结稳定，即 $N^2>0$ 时，ω 才有实根，解式(7.115)才代表时间上的波形解。因此，纯重力内波存在的必要条件是层结稳定。

根据上述结果，重力内波的基本性质可概述如下。

(1)波频率的最大值为浮力振动频率，即
$$|\omega|\leqslant N \tag{7.122}$$

(2)重力内波属于中速型波。设大气的厚度尺度为 $H(\approx10^4\ \text{m})$，对于垂直波长为 $2H$，水平尺度与垂直尺度相当($k^2\approx n^2$)的中尺度系统，若取 $N\approx10^{-2}\ \text{s}^{-1}$，则可估算出重力内波的波速为
$$c_x=c_z\approx\pm22.5(\text{m/s}) \tag{7.123}$$
比重力外波波速[参见式(7.89)和式(7.90)]小一个量级，而与大气运动的特征水平速度尺度相当。重力内波是较小尺度运动中的重要波动。

(3)重力内波属频散波，且群速度的方向与相速度的方向垂直，或者说，波能量的传播方向与其位相传播方向垂直。事实上，由式(7.120)与式(7.121)容易验证
$$\boldsymbol{c}_g\cdot\boldsymbol{K}=0,\text{或}\quad \boldsymbol{c}_g\cdot\boldsymbol{c}=0 \tag{7.124}$$
即
$$\boldsymbol{c}_g\perp\boldsymbol{c} \tag{7.125}$$

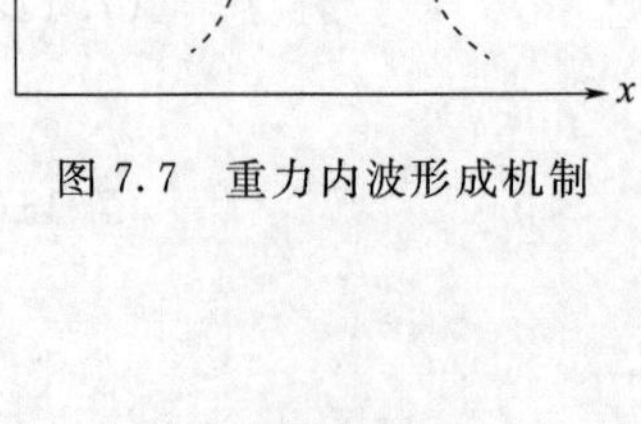

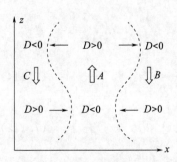

图 7.7　重力内波形成机制

重力内波是在稳定层结条件下，垂直受扰气块将会绕其平衡位置振动(浮力振动)及与之相伴随的水平辐散辐合传播出去的结果。如图 7.7 所示，当

A 点出现上升运动（$w'>0$）时，其高、低空必将分别出现$\partial w'/\partial z<0$ 伴随水平辐散（$D>0$）和$\partial w'/\partial z>0$ 伴随辐合（$D<0$），而在邻近的 B 点和 C 点的高、低空将分别出现辐合（$D<0$）和辐散（$D>0$），使 B 点和 C 点出现下沉运动。如此，A 点的浮力振动逐渐向外传播出去，形成了重力内波。

若假定：

(1)大气层结为中性或不稳定，或

(2)运动是水平无辐散的(如地转运动)，或

(3)运动是纯水平运动(不存在浮力振动)，

则可排除重力内波。

7.4.2.3　惯性重力内波

若除去 7.4.2.2 节中的前提性假定(3)和(4)，考虑地球旋转的影响，假定 $f=$常数$\neq 0$，则重力内波的支配方程组变为

$$\begin{cases}\dfrac{\partial u'}{\partial t}-fv'=-\dfrac{\partial}{\partial x}\left(\dfrac{p'}{\bar{\rho}}\right)\\ \dfrac{\partial v'}{\partial t}+fu'=-\dfrac{\partial}{\partial y}\left(\dfrac{p'}{\bar{\rho}}\right)\\ \dfrac{\partial w'}{\partial t}=-\dfrac{\partial}{\partial z}\left(\dfrac{p'}{\bar{\rho}}\right)+g\dfrac{\theta'}{\bar{\theta}}\\ \dfrac{\partial u'}{\partial x}+\dfrac{\partial v'}{\partial y}+\dfrac{\partial w'}{\partial z}=0\\ \dfrac{\partial}{\partial t}\left(\dfrac{\theta'}{\bar{\theta}}\right)+\dfrac{N^2}{g}w'=0\end{cases} \tag{7.126}$$

消除其他变量后，可得关于 w'的方程

$$\left(\frac{\partial^2}{\partial t^2}+N^2\right)\nabla_{\mathrm{h}}^2 w'+\left(\frac{\partial^2}{\partial t^2}+f^2\right)\frac{\partial^2 w'}{\partial z^2}=0 \tag{7.127}$$

这里

$$\nabla_{\mathrm{h}}\equiv \boldsymbol{i}\frac{\partial}{\partial x}+\boldsymbol{j}\frac{\partial}{\partial y} \tag{7.128}$$

为水平梯度算子。设 w'的解为

$$w'=W\exp[\mathrm{i}(kx+ly+nz-\omega t)] \tag{7.129}$$

代入式(7.127)，得惯性重力内波的频率方程为

$$\omega^2=\frac{K_{\mathrm{h}}^2 N^2+n^2 f^2}{K^2} \tag{7.130}$$

其中

$$K_{\mathrm{h}}^2\equiv k^2+l^2 \tag{7.131}$$

$$K^2\equiv K_{\mathrm{h}}^2+n^2 \tag{7.132}$$

K_{h} 和 K 分别为水平全波数和三维全波数。由式(7.130)可求得群速分量分别为

$$c_{gx} \equiv \frac{\partial \omega}{\partial k} = \frac{k(N^2 - \omega^2)}{\omega K^2} \tag{7.133}$$

$$c_{gy} \equiv \frac{\partial \omega}{\partial l} = \frac{l(N^2 - \omega^2)}{\omega K^2} \tag{7.134}$$

$$c_{gz} \equiv \frac{\partial \omega}{\partial n} = \frac{n(f^2 - \omega^2)}{\omega K^2} \tag{7.135}$$

可见：

(1)与纯重力内波是类似，惯性重力内波的群速度方向也与相速度方向垂直。即有

$$\boldsymbol{c}_g \cdot \boldsymbol{K} = 0 \tag{7.136}$$

(2)当不计地球旋转影响($f=0$)时，式(7.130)退化为纯重力内波的频率方程，而当大气为中性层结($N^2=0$)时，式(7.130)变为

$$\omega^2 = \frac{n^2 f^2}{K^2} \tag{7.137}$$

这种波动已与重力无关，完全是由地球旋转影响形成的一种内波，称为“惯性内波”，或简称为“惯性波”。对于大尺度运动($L \sim 10^6$ m)，$K_{\mathrm{h}} < n$，对于中纬度地区，惯性波的波速可近似地估算为：$c \approx f/K_{\mathrm{h}} = 16$ m/s，可见，大气惯性波属于慢波。

(3)惯性重力内波的稳定存在要求

$$K_{\mathrm{h}}^2 N^2 + n^2 f^2 > 0 \tag{7.138}$$

因此，在弱不稳定层结条件下，只要能满足条件式(7.138)，仍有可能存在惯性重力内波。

(4)当 K_{h} 较大，即水平尺度较小，以致于 $K_{\mathrm{h}}^2 N^2 \gg n^2 f^2$ 时，近似地有

$$\omega^2 \approx \frac{K_{\mathrm{h}}^2 N^2}{K^2} \tag{7.139}$$

这时纯重力内波占主导。当 K_{h} 较小或水平尺度较大，以致于 $K_{\mathrm{h}}^2 N^2 \ll n^2 f^2$ 时，近似地有

$$\omega^2 \approx \frac{n^2 f^2}{K^2} \tag{7.140}$$

即惯性内波相对占主导。所以，对于较大尺度的运动，尤其是斜压性较强(铅直波数 n 较大)时，应考虑惯性重力内波。

与惯性重力外波类似，惯性重力内波也是一种混合波。

7.5　大气长波(Rossby 波)

在对流层中上层，气压场和风场中常常出现水平尺度约为 10^6 m 的波形扰动，北半球中纬度约有 3～5 个波，这种波动称为“大气长波”。由于其波长与地球半径相

当，故又称之为“大气行星波”。1928 年无线电探空仪问世后，随着高空探测的普遍应用，人们获得了日益丰富的高空探测资料，逐步增进了对高层大气状态和运动的了解。1939 年，美国芝加哥学派的领导人罗斯贝(C. G. Rossby)最先在高空天气图上发现并研究了大气长波，提出了长波理论，证明了大气长波是大气运动的南北扰动受地球旋转的 β 效应影响而形成的，所以大气长波又称为“罗斯贝(Rossby)波”。

7.5.1　罗斯贝波的频率方程和基本性质

罗斯贝波是大尺度大气运动中最重要的波动。根据大尺度运动的基本特征，假定运动是准地转、准静力平衡、准水平且是水平无辐散的。这些条件排除了声波、重力波和惯性波等。此外，为了简单起见，假定基本气流为纬向常值流，即 $\bar{u}=$ 常数；采用 β 平面近似，即设罗斯贝参数 β 为常数

$$\beta \equiv \frac{\partial f}{\partial y} = \frac{2\Omega\cos\varphi}{a} = \text{常数} \tag{7.141}$$

式中，$f \equiv 2\Omega\sin\varphi$ 为科氏参数，φ 和 Ω 分别为地理纬度和地球旋转角速度，a 为地球半径。在 p 坐标系中，罗斯贝波的线性化扰动基本方程组则可表示为

$$\begin{cases} \left(\dfrac{\partial}{\partial t}+\bar{u}\dfrac{\partial}{\partial x}\right)u' - fv' = -\dfrac{\partial \phi'}{\partial x} \\ \left(\dfrac{\partial}{\partial t}+\bar{u}\dfrac{\partial}{\partial x}\right)v' + fu' = -\dfrac{\partial \phi'}{\partial y} \\ \dfrac{\partial u'}{\partial x} + \dfrac{\partial v'}{\partial y} = 0 \end{cases} \tag{7.142}$$

由上式第一、二两式可得如下涡度方程

$$\left(\frac{\partial}{\partial t}+\bar{u}\frac{\partial}{\partial x}\right)\left(\frac{\partial v'}{\partial x}-\frac{\partial u'}{\partial y}\right)+\beta v'=0 \tag{7.143}$$

进一步消除上式中的 u'，可得关于 v' 的方程为

$$\left(\frac{\partial}{\partial t}+\bar{u}\frac{\partial}{\partial x}\right)\left(\frac{\partial^2 v'}{\partial x^2}+\frac{\partial^2 v'}{\partial y^2}\right)+\beta\frac{\partial v'}{\partial x}=0 \tag{7.144}$$

设 v' 的解式为

$$v' = V\exp[\mathrm{i}(kx+ly-\omega t)] \tag{7.145}$$

代入式(7.144)，得二维大气长波的频率方程为

$$\omega = \bar{u}k - \frac{\beta k}{K_{\mathrm{h}}^2} \tag{7.146}$$

式中，$K_{\mathrm{h}}^2 \equiv k^2+l^2$，若进一步假定扰动与 y 无关，即令 $l=0$，则上式简化为一维罗斯贝波的频率方程

$$\omega = \bar{u}k - \frac{\beta}{k} \tag{7.147}$$

对应的纬向波速为

$$c \equiv \frac{\omega}{k} = \bar{u} - \frac{\beta}{k^2} = \bar{u} - \frac{\beta L^2}{4\pi^2} \tag{7.148}$$

$L \equiv 2\pi/k$ 为纬向波长。上式就是气象上著名的罗斯贝长波公式,又称"槽线方程"。下面我们就一维波的情形概述罗斯贝波的基本性质。

(1)罗斯贝波相对于基本气流的纬向传播速度恒为负,事实上,在北半球,除极地外,总有 $\beta > 0$,因此,由式(7.148)有

$$c - \bar{u} = -\frac{\beta}{k^2} < 0 \tag{7.149}$$

换言之,罗斯贝波相对于基本气流总是从东向西传播的。这种单向传播特征是罗斯贝波的一个独特特征。这说明,对于罗斯贝波来说,旋转地球大气不是各向同性的,罗斯贝波选择了一个特定的方向传播。

(2)罗斯贝波是频散波,其波速依波长的不同而不同,当波速为零时,对应的波称为驻波。

若令 $c=0$,则可由式(7.149)求得驻波波长 L_s 为

$$L_s = 2\pi\sqrt{\frac{\bar{u}}{\beta}} \tag{7.150}$$

利用上式,式(7.148)又可改写为

$$c = \bar{u}\left(1 - \frac{L^2}{L_s^2}\right) \tag{7.151}$$

这表明,在西风带中($\bar{u} > 0$),有

$$\text{当 } L \begin{matrix} < L_s \\ = L_s \\ > L_s \end{matrix} \text{ 时,} \quad c \begin{matrix} > 0\text{(短波)东进} \\ = 0\text{(驻波)静止} \\ < 0\text{(长波)西退} \end{matrix} \tag{7.152}$$

关于罗斯贝波的频散特征,后面将还会有专门的讨论。

(3)罗斯贝波属于涡旋慢波。基本方程组(7.142)中的水平无辐散的条件表明,运动的位势部分为零,涡旋部分是重要的,即它是一种涡旋波。若取水平波长 $L \approx 10^6$ m,纬度 $\varphi = 45°$N,$\bar{u} = 10$ m/s,则可算得 $c \approx 9.6$ m/s。可见,罗斯贝波的传播速度与大气运动的水平特征速度相当,所以,它属于慢波型波。

注意到涡度方程(7.143)可改写为

$$\frac{\mathrm{d}(\zeta' + f)}{\mathrm{d}t} = 0 \tag{7.153}$$

其中

$$\zeta' \equiv \frac{\partial v'}{\partial x} - \frac{\partial u'}{\partial y} \tag{7.154}$$

是扰动的相对涡度,式(7.153)表示的就是扰动的绝对涡度守恒,即

$$\zeta'_a \equiv \zeta' + f = \text{常数} \tag{7.155}$$

罗斯贝波的形成机制可由绝对涡度守恒原理予以说明。如图 7.8 所示,设起始位于

北半球 A 点(纬度为 φ)的空气块的相对涡度为零($\zeta'=0$),其绝对涡度 $\zeta'_a\equiv\zeta'+f=f=2\Omega\sin\varphi$;当该气块受扰后向北运动($v'>0$),随着纬度增大,牵连涡度 f 就增大,为了要保持它的绝对涡度守恒,其相对涡度必须减小变为负值,因此该气块的轨迹要发生反气旋式弯曲;当气块继续北移到达 B 点(纬度 $\varphi+\Delta\varphi$)时,反气旋涡度达最大且 $v'=0$,停止继续向北,反气旋式弯曲的运动趋势将使它转而向南移动($v'<0$)。在向南移动的过程中,f 减小,故其相对涡度要增大,以维持绝对涡度不变;当它到达与起始纬度相同的C点时,相对涡度又变为零;再往南运动,f 继续减小,其相对涡度将继续增大变为正值,轨迹发生气旋式弯曲;当它到达 D 点(纬度 $\varphi-\Delta\varphi$)时,气旋式涡度达最大,$v'=0$,往后气块又将转向北移。如此往复,气块的等绝对涡度路径将是围绕中心纬度的振动,这种振动的传播就形成了罗斯贝波。

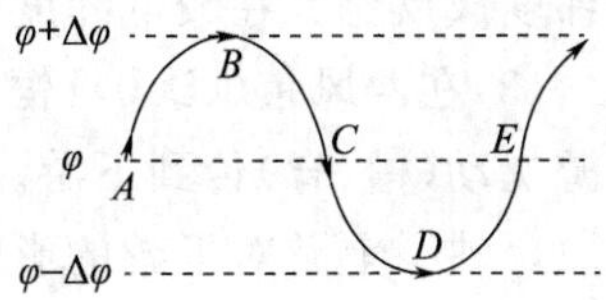

图 7.8 罗斯贝波的形成

7.5.2 罗斯贝波的频散

一维罗斯贝波的群速度可表示为

$$c_g\equiv\frac{\mathrm{d}\omega}{\mathrm{d}k}=\bar{u}\left(1+\frac{L^2}{L_s^2}\right) \tag{7.156}$$

比较式(7.151)可见,罗斯贝波的能量传播与位相传播截然不同。例如,在北半球($\beta>0$),相对于基本气流而言,罗斯贝波的位相总是向西传播的($c-\bar{u}<0$),但是,能量则总是向东传播的($c_g-\bar{u}>0$)。图7.9给出了罗斯贝波的相速和群速与其波长的关系的示意图。在西风带里($\bar{u}>0$),群速度 c_g(以 $\bar{u}$ 为单位)恒为正,即能量总是向东传播的。但是,相速则不然,对于 $L>L_s$ 的长波,$c<0$,波西退;而对于 $L<L_s$ 的短波,$c>0$,波东进。

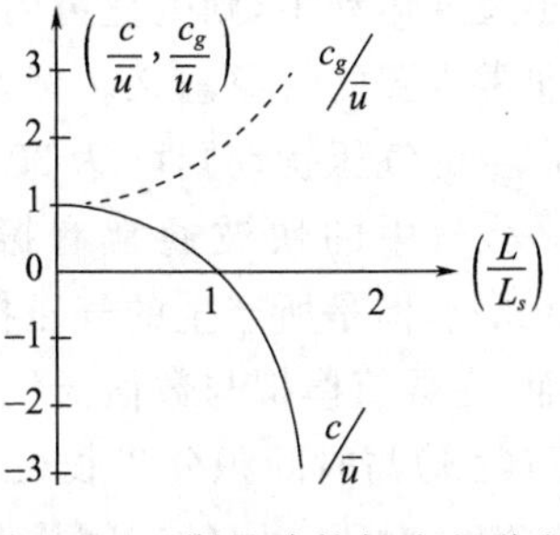

图 7.9 罗斯贝波的相速和群速与其波长的关系

对于频散波,扰动(或群波)的能量传播速度与位相速度不相同,于是,波能可先于或落后于扰源振动传到下游(对于西风带,习惯称扰源东侧为下游,西侧为上游)。对于罗斯贝波,若用群速与相速的相对差值$(c_g-c)/\bar{u}$ 代表波的频散强度,则罗斯贝波的频散强度可表示为

$$\frac{c_g-c}{\bar{u}}=\frac{2L^2}{L_s^2} \tag{7.157}$$

由此可见:

(1)罗斯贝波的频散强度与其波长成正比。长波更易于频散,所以,波长较长的波更易变形。

(2)罗斯贝波的频散强度与驻波波长成反比。具体来说,频散强度与基本流速和纬度成反比。在较低纬度(β较大,L_s较小)波更容易频散。

(3)在西风带($\overline{u}>0$),恒有$c_g-c>0$成立。即罗斯贝波的能量可以超前(先于)上游扰动(槽、脊)传到下游。在下游激发新的波动或使下游原有的扰动增强。这种现象反映了上游对下游的影响或下游对上游的响应,有时称之为"上游效应"。

7.6　大气混合波与滤波

在本章前几节中,我们着重讨论了特定物理因素作用下产生的大气中的基本波型,如由大气可压缩性引起的大气声波、由重力或重力和层结作用产生的重力波以及与地球旋转有关的惯性波和大气长波等。这对于深入了解大气中可能存在哪些基本波型以及各种基本波型的性质、存在的物理条件及其产生的物理机制是必不可少的。但是,实际上,形成各种大气基本波型的物理条件是同时存在的,因此,实际大气中的波动不可能只是某种单一的波型,而是两种或以上单一波型混合而成的"混合波",例如惯性重力波、惯性声波和罗斯贝-重力波等都是混合波的例子。

在不同尺度的大气运动中,不同大气波型的相对重要性是不同的。在大尺度大气运动中,大气长波起着主要作用;在中尺度运动中,惯性重力内波起主要作用;而在小尺度运动中,则是重力内波起主要作用。大气中的慢波振幅较大,生命期较长,有非常重要的气象意义。例如,大气长波,其特征传播速度只有10 m/s左右,但是,它产生的气压扰动则可达20 hPa以上,对天气变化特别是中期天气过程有重要意义。大气中的快波通常有振幅小、生命期短的特点。例如,大气声波,波速可达330 m/s,但是所产生的气压扰动的振幅却只有约0.1 hPa,对天气的影响微不足道。然而,在数值模拟与数值天气预报中的差分计算中,为了避免线性计算不稳定,空间格距(Δx)与时间积分步长(Δt)不能任意,必须满足计算稳定性条件:$c\Delta t/\Delta x\leqslant 1$,$c$为波速。对于一定的空间格距,高速短波要求更短的时间积分步长,才能满足稳定性条件。否则会导致短波的虚假增长,破坏计算稳定性。

英国科学家里查森(L. F. Richardson)早在20世纪初就率先进行过数值天气预报的尝试。他于1916—1918年利用原始方程模式和1910年5月20日的资料,尝试了对欧洲地区的地面气压进行定量预报,并于1922年发表了《天气预报中的数学方法》一书。他当时计算的6 h变压竟高达154 hPa,而实际的地面气压变化很小。当时,里查森本人将这次尝试的失败归咎于所用的初值不准确。但是,后来人们逐渐认识到,更主要的原因是他所用的方程组的解中不仅包含有重要天气意义的大气长波等慢过程,还包含有快速传播的声波和重力波。这些高频波的振幅原本并不大,但在计算过程中可能会虚假地增长,乃至掩盖了具有重要气象意义的低频波。在理论分析或数值模拟和天气预报中,那些为人们所关注的、所谓有气象意义的波动被称为“谐音”，而将那些气象意义不显著、还可能会干扰分析或引起计算不稳定的高频波则称为“噪声”。为了突出主要矛盾，把握问题的本质，或保证计算的稳定性，往往需要采用物理的或数学的手段，进行“滤波”，抑制或消除不必要的“噪声”，最大限度地突出和保真所需要的“谐音”。

1948年查尼(J. G. Charney)提出了滤波理论，证明了采用静力平衡和地转平衡近似可以消除重力波和声波，这样的简化方程组称为过滤模式。1950年，查尼、菲约托夫特(R. Fjortoft)和纽曼(J. von Neumann)用准地转正压模式，首次在电子计算机上做出了北美地区500 hPa高度场的24 h预报。过滤模式的成功，推动了数值天气预报的研究与应用的发展。但是，后来人们认识到，过滤模式有很大的局限性，预报的系统强度变化不够大。此外。消除某些快波的同时，也不可避免地会歪曲另一些重要的大气运动真实过程。例如，地转适应过程的实现离不开重力波的能量频散作用。消除重力波，就不可能正确描述地转适应过程。1959年，亨克尔曼(K. Hinkelmann)用原始方程模式做预报，获得成功。随着动力气象学和计算技术的发展，原始方程模式预报的效果逐渐超越了准地转模式。现在，原始方程模式已被广泛地应用于气象业务预报和科学研究。滤波模式则更多是用于某些特定课题的研究之中。

习　题

1. 平面谐波分量的参数有哪些？这些参数之间有什么关系？并列举说明，要决定一个平面谐波分量，至少需要几个独立的波参数？

2. 设空气南北速度的波动解为 $v=5\sin[\pi(0.6x-200t)]$，式中 x，t 和 v 的单位分别为 m、s 和 m/s。求 v 的振幅、波长、波速、圆频率及周期。

3. 说明水平声波的基本性质和滤波条件。

4. 说明重力外波与重力内波的基本性质和滤波条件？

5. 分别说明重力外波、重力内波和罗斯贝波形成的物理机制？

6. 试述罗斯贝波的基本性质？

7. 普遍的大气运动方程组包含哪几类波动？

8. 在大、中、小三种尺度大气运动中，起主要作用的波动各是什么？

9. 什么是群速度？群速度与相速度有何区别？

10. 说明西风带中一维罗斯贝波的频散特征？

11. 证明：$\psi=f(x-ct)+g(x+ct)$ 是波动方程 $\dfrac{\partial^2\psi}{\partial t^2}=c^2\dfrac{\partial^2\psi}{\partial x^2}$ 的解。

12. 设 $\psi_1=\mathrm{Re}\{A\mathrm{e}^{\mathrm{i}(kx-\omega t)}\}$，$\psi_2=\mathrm{Re}\{B\mathrm{e}^{\mathrm{i}(kx-\omega t)}\}$，

证明：

$$\overline{\psi_1\psi_2} \equiv \frac{1}{\tau}\int_0^\tau \psi_1\psi_2 \mathrm{d}t = \frac{1}{4}(AB^* + A^* B)$$

及

$$\overline{\psi_1^2} \equiv \frac{1}{\tau}\int_0^\tau \psi_1^2 \mathrm{d}t = \frac{1}{2} \mid A \mid^2$$

式中,$A=a\mathrm{e}^{\mathrm{i}\alpha}$和 $B=b\mathrm{e}^{\mathrm{i}\beta}$为复振幅;$a,b,\alpha$ 和 β 均为实常数;$\tau=2\pi/\omega$ 为波动周期,A^* 和 B^* 为 A 和 B 的复共轭。

13. 设二维罗斯贝波频散关系为 $\omega=-\dfrac{\beta k}{k^2+l^2}$,$k$ 和 l 为 x,y 方向的波数,求罗斯贝波的相速 $\boldsymbol{c}$ 和群速 $\boldsymbol{c}_g$。

14. 估计中纬度南北扰动无限宽($l=0$)的大气长波驻波的数目。设纬度为 $\varphi=45°\mathrm{N}$;纬向基本流速为 $\bar{u}=15\ \mathrm{m/s}$。

15. 由长波公式

$$c=\bar{u}-\frac{\beta}{k^2}$$

计算纬度 45°N、纬圈波数 $k=3,4,5,6$ 各情形下的波速。

第 8 章　大气运动稳定性

第 7 章讨论了大气中的几种基本波动的生存条件、形成机制、基本性质及其滤波(排除)条件等。在那里，我们考虑的是振幅不变、波动的频率或相速都是实数的波动。这种波动只是所谓的“稳定”波或“中性稳定”波，但是它们并不能长期维持这种状态。实际上更常见的是，大气中的运动或扰动是此消彼长，有的在发展兴旺，有的则趋衰减消亡，永无停息。即波动的振幅常常是不断变化(发展或衰减)的。实际大气中已经充分发展的有限振幅扰动可以看作是叠加在某种基本气流上的小扰动在一定条件下不稳定发展的结果。那么，扰动发展、维持或衰减的机制如何？判别扰动发展与否的条件(或判据)是什么？这就是本章将要讨论的大气运动的稳定性问题。我们将主要讨论大气长波(罗斯贝波)的正压稳定性与斜压稳定性、惯性稳定性和对称稳定性等几种常见的稳定性问题。

8.1　运动稳定性的基本概念

运动稳定性问题要研究的是叠加在给定基本气流上的小扰动的运动趋势问题。当给定的基本气流受到微小扰动时，小扰动的变化趋势可能是：(1)扰动将保持其小振幅不变或者趋于衰减消亡。这时，称基本流对这种扰动是稳定的，或者说扰动是稳定的。有时称扰动振幅保持不变的情形为中性或中性稳定；(2)扰动将随时间不断增长。这时称扰动是不稳定的。从能量学的角度来看，如果可以不计其他影响，则扰动发展与否，完全取决于扰动与基本流之间的相互作用。当扰动可以从基本流获得能量时，它将趋于发展增长；相反，当相互作用使得扰动能量向基本流能量转换时，扰动将趋于减弱消亡。扰动与基本流间的能量转换特性不能只由基本流的特征或只由扰动特征单方面决定，而是由二者共同决定的。所以，一种给定的基本流，可能对某种扰动是稳定的，而对另一种扰动则是不稳定的。

研究大气运动稳定性问题可用不同的方法，例如，“气块法”“正规模(normal mode)法”和“整体方法”等。“整体方法”包括“能量学方法”及“李雅谱洛夫方法”。本章将只限于用气块法和正规模法讨论惯性稳定性、对称稳定性、大气长波的正压稳定性和斜压稳定性等几种基本的运动稳定性问题。

“气块法”着眼于考虑一定背景场(介质)中的气块受扰离开平衡位置后的运动趋势。在某些特定的情况下,例如讨论静力稳定度或浮力振动时,采用气块法非常简便明了。在讨论大气波动稳定性时,另一种常用方法是所谓的“正规模方法”或“标准波型法”。将稳定性问题归结为微分方程初值问题的解是随时间增长(不稳定)还是趋于定常(稳定)的问题。为简单起见,设微小扰动量 $q'(x,y,z,t)$ 的单波特解是 x 方向传播的波

$$q'(x,y,z,t)=Q(y,z)\exp[\mathrm{i}(kx-\omega t)]=Q(y,z)\exp[\mathrm{i}k(x-ct)] \tag{8.1}$$

式中,k、c 和 ω 分别为波数、波速和圆频率。类似于第 7 章所做的一样,将解式(8.1)代入微扰方程组后,可得关于 ω(或 c)的本征值问题。一般地,频率和波速可以分别表示为

$$\omega=\omega_{\mathrm{r}}+\mathrm{i}\omega_{\mathrm{i}} \tag{8.2}$$

$$c=c_{\mathrm{r}}+\mathrm{i}c_{\mathrm{i}} \tag{8.3}$$

式中,$\mathrm{i}\equiv\sqrt{-1}$ 为虚数单位,下标“r”和“i”分别表示频率或波速的“实部”和“虚部”。利用式(8.2)和式(8.3),式(8.1)可改写为

$$\begin{aligned} q'(x,y,z,t)&=[Q(y,z)\exp(\omega_{\mathrm{i}}t)]\exp[\mathrm{i}(kx-\omega_{\mathrm{r}}t)] \\ &=[Q(y,z)\exp(kc_{\mathrm{i}}t)]\exp[\mathrm{i}k(x-c_{\mathrm{r}}t)] \end{aligned} \tag{8.4}$$

于是,波的振幅 A 和传播速度 c_{r} 可分别表示为

$$A\equiv Q(y,z)\exp(\omega_{\mathrm{i}}t)=Q(y,z)\exp(kc_{\mathrm{i}}t) \tag{8.5}$$

$$c_{\mathrm{r}}=\frac{\omega_{\mathrm{r}}}{k} \tag{8.6}$$

因此,由于振幅因子 $\exp(\omega_{\mathrm{i}}t)$[或 $\exp(kc_{\mathrm{i}}t)$]的出现,波的振幅将有三种可能的变化趋势:

(1)当 $\omega_{\mathrm{i}}>0(c_{\mathrm{i}}>0)$时,振幅将随时间呈指数增长,称此为不稳定(增长)波。

(2)当 $\omega_{\mathrm{i}}<0(c_{\mathrm{i}}<0)$时,振幅将随时间呈指数衰减,此为稳定波的情形。

(3)当 $\omega_{\mathrm{i}}=c_{\mathrm{i}}=0$ 时,振幅将不随时间变化,属于中性稳定或边际(marginal)稳定的情形。

式(8.5)中,ω_{i} 或 kc_{i} 称为不稳定波的“增长率”。因为如果出现复的特征频率或特征波速,它们通常总是成对(大小相等但符号相反)出现的,所以只要频率或波速的虚数部分不为零($\omega_{\mathrm{i}}\neq0,c_{\mathrm{i}}\neq0$),就总会有一个单波解是随时间增长的,即波动总会是不稳定的。因此,波动的稳定性问题就归结为波的频率或波速的虚部是否为零以及在什么条件下不为零的问题。

8.2　惯性稳定度与对称稳定度

8.2.1　惯性稳定度

现在，我们先考虑与静力稳定度相类似的另一种最简单的动力稳定性，即考虑在地转平衡的背景场中，气块在水平气压梯度力和折向力作用下水平位移的稳定性——惯性稳定性(度)问题。假定基本气流为满足地转平衡、具有水平切变的纬向流：$\bar{u}=\bar{u}(y)$；基本位势场 $\bar{\Phi}$ 也只与 y（指向北）有关，即 $\bar{\Phi}=\bar{\Phi}(y)$。于是，我们有

$$\bar{u}=-\frac{1}{f}\frac{\partial\bar{\Phi}}{\partial y},\qquad \frac{\partial\bar{\Phi}}{\partial x}=0 \tag{8.7}$$

不计摩擦的影响，则扰动气块的水平运动方程组可表示为

$$\begin{cases}\dfrac{\mathrm{d}u}{\mathrm{d}t}-fv=-\dfrac{\partial\phi}{\partial x}\\[2ex]\dfrac{\mathrm{d}v}{\mathrm{d}t}+fu=-\dfrac{\partial\phi}{\partial y}\end{cases} \tag{8.8}$$

式中，u，v 和 ϕ 分别为扰动气块的水平速度分量和重力位势。假定气块的水平运动不改变位势场的分布，即气块的重力位势 ϕ 与环境位势场 $\bar{\Phi}$ 满足

$$\frac{\partial\phi}{\partial x}=\frac{\partial\bar{\Phi}}{\partial x}=0,\ \frac{\partial\phi}{\partial y}=\frac{\partial\bar{\Phi}}{\partial y}=-f\bar{u} \tag{8.9}$$

则式(8.8)可改写为

$$\begin{cases}\dfrac{\mathrm{d}u}{\mathrm{d}t}-fv=0\\[2ex]\dfrac{\mathrm{d}v}{\mathrm{d}t}=f(\bar{u}-u)\end{cases} \tag{8.10}$$

如图 8.1 所示，假定气块起始($t=0$)位于 y_0，其速度为 $u=\bar{u}_0(y_0)$。该气块受扰后向北移动，经过 δt 时间后，它移动到 $y_0+\delta y$ 处，此时，其经向位移和纬向速度可分别表示为

$$\delta y=v\delta t \tag{8.11}$$

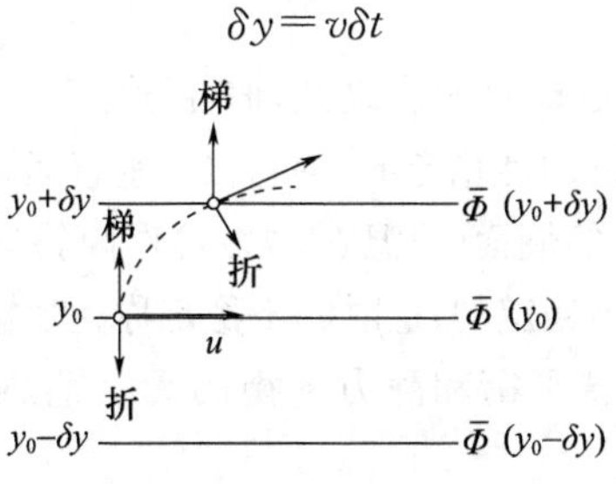

图 8.1　水平位移气块的惯性稳定性

$$u(y_0+\delta y)=\bar{u}_0+\frac{\mathrm{d}u}{\mathrm{d}t}\delta t=\bar{u}_0+fv\delta t \tag{8.12}$$

在 $y_0+\delta y$ 处的基本流为

$$\bar{u}(y_0+\delta y)=\bar{u}_0+\frac{\partial \bar{u}}{\partial y}\delta y=\bar{u}_0+\frac{\partial \bar{u}}{\partial y}v\delta t \tag{8.13}$$

利用式(8.11)—(8.13),式(8.10)中的第二式可改写为

$$\frac{\mathrm{d}v}{\mathrm{d}t}=f(\bar{u}-u)=-f\left(f-\frac{\partial \bar{u}}{\partial y}\right)v\delta t \tag{8.14}$$

或

$$\frac{\mathrm{d}}{\mathrm{d}t}\left(\frac{v^2}{2}\right)=-f\,\bar{\zeta}_a v^2\delta t \tag{8.15}$$

其中

$$\bar{\zeta}_a\equiv f-\frac{\partial \bar{u}}{\partial y} \tag{8.16}$$

为基本气流的绝对涡度。

由式(8.14)和式(8.15)可见,南北位移的气块是受抑制而返回其平衡位置(稳定)?还是加速远离其平衡位置(不稳定)?或是随遇平衡(中性)?这取决于背景场的绝对涡度 $\bar{\zeta}_a$,在北半球,$f>0$,故惯性稳定度的判据可表示为

$$\text{当}\quad \bar{\zeta}_a\equiv f-\frac{\partial \bar{u}}{\partial y}\begin{matrix}>0\\=0\\<0\end{matrix}\text{时,}\quad \text{有}\ \frac{\mathrm{d}}{\mathrm{d}t}\left(\frac{v^2}{2}\right)\begin{matrix}<0\\=0,\\>0\end{matrix}\quad \begin{matrix}\text{惯性稳定}\\\text{中\quad 性}\\\text{惯性不稳定}\end{matrix} \tag{8.17}$$

对于实际大气中的大尺度运动,绝对涡度的主要部分是行星涡度(f),在北半球,通常有 $\bar{\zeta}_a>0$,即大尺度运动通常是惯性稳定的。但是,在急流轴右侧区域,有$\partial\bar{u}/\partial y>0$,若气流水平切变足够大,以致于负值相对涡度($\bar{\zeta}\equiv-\partial\bar{u}/\partial y<0$)超过了行星涡度时,绝对涡度会出现负值($\bar{\zeta}_a\equiv\bar{\zeta}+f<0$),即惯性不稳定的情形。这时,空气南北运动的发展将导致水平动量的南北交换(混合),从而使急流右侧的反气旋式切变减小。所以,急流轴右侧不可能长时间维持很大的反气旋式切变。急流轴左侧则不同,风速水平切变为气旋式切变,即$\partial\bar{u}/\partial y<0$,所以绝对涡度恒为正,即急流轴左侧的区域总是惯性稳定的。

8.2.2 对称稳定度

静力稳定度是气块垂直运动时的稳定性,惯性稳定度是气块水平运动时的稳定性。如果大气既是静力稳定的又是惯性稳定的,则它在作垂直运动或作水平运动时,运动都是稳定的。但是,当气块沿倾斜等熵面(位温 $\bar{\theta}$=常数)作倾斜运动(既有铅直运动又有水平运动)时,其运动仍然可能是不稳定的,这时的不稳定称为“对称不稳定”。假定:

(1)基本状态是满足地转平衡和静力平衡的无黏绝热纬向运动(与 x 无关)。基本流可表示为

$$\bar{u}=\bar{u}(y,z) \tag{8.18}$$

$$\bar{u}=-\frac{1}{f}\frac{\partial\bar{\Phi}}{\partial y} \tag{8.19}$$

(2)运动是绝热的且满足静力平衡，即 $\mathrm{d}\theta/\mathrm{d}t=0$ 且 $\mathrm{d}w/\mathrm{d}t=0$。

图 8.2 是等 $\bar{\theta}$ 面的 $y-z$ 剖面图，倾斜实线表示等 $\bar{\theta}$ 面。当起始位于 $A(y_0,z_0)$点的气块沿等位温面倾斜上升到 $B(y_0+\delta y,z_0+\delta z)$点时，类似于式(8.13)，基本流可表示为

$$\bar{u}(y_0+\delta y,z_0+\delta z)=\bar{u}_0+\frac{\partial\bar{u}}{\partial y}\delta y+\frac{\partial\bar{u}}{\partial z}\delta z \tag{8.20}$$

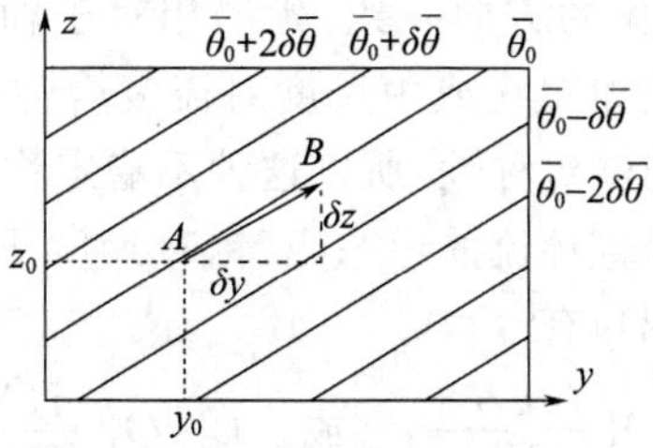

图 8.2　位温垂横向(y 方向)剖面

类似于式(8.14)，有

$$\frac{\mathrm{d}v}{\mathrm{d}t}=f(\bar{u}-u)=f\left(\frac{\partial\bar{u}}{\partial y}\delta y+\frac{\partial\bar{u}}{\partial z}\delta z-f\delta y\right)=f\left[-\left(f-\frac{\partial\bar{u}}{\partial y}\right)+\frac{\partial\bar{u}}{\partial z}\left(\frac{\mathrm{d}z}{\mathrm{d}y}\right)_{\bar{\theta}}\right]\delta y \tag{8.21}$$

式中，下标"$\bar{\theta}$"表示沿等熵面的微分，$(\mathrm{d}z/\mathrm{d}y)_{\bar{\theta}}$ 表示气块沿等熵面运动时其铅直位移随水平位移的变化率。依隐函数求导法则，在等熵面上，$\bar{\theta}(y,z)=$常数，于是有

$$\left(\frac{\mathrm{d}z}{\mathrm{d}y}\right)_{\bar{\theta}}=-\frac{\partial\bar{\theta}/\partial y}{\partial\bar{\theta}/\partial z} \tag{8.22}$$

此即等熵面坡度。因为

$$\frac{\partial\bar{u}}{\partial z}=\frac{\partial\bar{u}}{\partial p}\frac{\partial p}{\partial z}=-\rho g\frac{\partial}{\partial p}\left(-\frac{1}{f}\frac{\partial\bar{\Phi}}{\partial y}\right)\approx-\frac{g}{f}\frac{1}{\bar{\theta}}\frac{\partial\bar{\theta}}{\partial y} \tag{8.23}$$

故式(8.22)可改写为

$$\left(\frac{\mathrm{d}z}{\mathrm{d}y}\right)_{\bar{\theta}}=\frac{f\partial\bar{u}/\partial z}{N^2} \tag{8.24}$$

式中，$N^2\equiv(g/\bar{\theta})\partial\bar{\theta}/\partial z$，$N$ 为布伦特-维赛拉频率。于是式(8.21)可改写为

$$\frac{\mathrm{d}v}{\mathrm{d}t}=f\left(\frac{f}{Ri}-\zeta_{\mathrm{a}}\right)\delta y \tag{8.25}$$

或

$$\frac{\mathrm{d}}{\mathrm{d}t}\left(\frac{v^2}{2}\right)=f\left(\frac{f}{Ri}-\bar{\zeta}_{\mathrm{a}}\right)v^2\delta t \tag{8.26}$$

式中

$$Ri\equiv\frac{N^2}{\left(\dfrac{\partial\bar{u}}{\partial z}\right)^2} \tag{8.27}$$

为里查森(Richardson)数。在北半球，$f>0$，式(8.26)表明，对称不稳定条件(判据)

可表示为

$$\frac{f}{Ri}-\bar{\zeta}_a>0,\text{或}\frac{\bar{\zeta}_a Ri}{f}<1 \tag{8.28}$$

显然,在惯性稳定($\bar{\zeta}_a>0$)和静力稳定($N^2>0$)的条件下,仍然可能满足对称不稳定判据式(8.28),即仍然可以出现对称不稳定现象。而且,小的绝对涡度、强的垂直风切变和弱的静力稳定度更有利于出现对称不稳定。

有些中尺度系统表现为一种线状对流系统,如锋前飑线。其环流可看成是二维的,其轴线与基本气流切变矢的方向一致,扰动相对于轴线是对称的。上述中尺度不稳定可能是这类对流系统如飑线或中尺度对流复合体(MCC)的一种重要激发机制。由于这种中尺度环流的轴对称性,所以这种不稳定称为"对称不稳定"。

上述沿等熵面的倾斜铅直环流的形态比(铅直尺度 H 与水平尺度 L 之比)与等熵面坡度成正比。由式(8.24)有

$$\frac{H}{L}\sim O\left(\frac{f\partial\bar{u}/\partial z}{N^2}\right)\quad\text{或}\quad L\sim O\left(\frac{HN^2}{f\partial\bar{u}/\partial z}\right) \tag{8.29}$$

若取大气的典型值:$H\sim10^4$ m,$f\sim10^{-4}\,\text{s}^{-1}$,$\partial\bar{u}/\partial z\approx2\times10^{-3}\,\text{s}^{-1}$,$N\sim10^{-3}\,\text{s}^{-1}$,则运动的水平尺度应为

$$L\sim0.5\times10^5\ \text{m} \tag{8.30}$$

运动具有中尺度特征。所以,有时又称"对称不稳定"为"中尺度不稳定"。

8.3 大气长波的正压稳定性

8.3.1 正压不稳定的必要条件一郭晓岚判据

大气长波是大尺度运动中的主要波动。从波动观点看,大气长波的不稳定增长是大尺度天气系统发生发展的重要机制。在无切变的平行基流($\bar{u}$=常数)中,大气长波的频率(或波速)为实数,既波动是稳定的。当基本气流存在水平或铅直切变时,大气长波则可能出现不稳定。由第2章讨论可知,作为第一近似,大尺度大气运动具有准水平无辐散的特征,本节先考虑只有水平切变的基本气流中的大气长波的稳定性问题,即所谓大气长波的正压稳定性问题。

假定:

(1)基本气流为只与 y 有关的纬向流,即

$$\bar{u}=\bar{u}(y) \tag{8.31}$$

(2)扰动为无辐散的纯水平运动

$$\begin{cases}u=\bar{u}(y)+u'\\ v=v'\\ w=w'=0\end{cases} \tag{8.32}$$

于是，无摩擦的线性化扰动方程组可表示为

$$\begin{cases}\left(\dfrac{\partial}{\partial t}+\bar{u}\dfrac{\partial}{\partial x}\right)u'+v'\dfrac{\partial \bar{u}}{\partial y}-fv'=-\dfrac{\partial \phi'}{\partial x} & (8.33)\\ \left(\dfrac{\partial}{\partial t}+\bar{u}\dfrac{\partial}{\partial x}\right)v'+fu'=-\dfrac{\partial \phi'}{\partial y} & (8.34)\\ \dfrac{\partial u'}{\partial x}+\dfrac{\partial v'}{\partial y}=0 & (8.35)\end{cases}$$

由式(8.33)和式(8.34)可得如下扰动涡度方程

$$\left(\frac{\partial}{\partial t}+\bar{u}\frac{\partial}{\partial x}\right)\left(\frac{\partial v'}{\partial x}-\frac{\partial u'}{\partial y}\right)+v'\left(\beta-\frac{\partial^2 \bar{u}}{\partial y^2}\right)=0 \tag{8.36}$$

引入扰动流函数 ψ'

$$u'=-\frac{\partial \psi'}{\partial y} \tag{8.37}$$

$$v'=\frac{\partial \psi'}{\partial x} \tag{8.38}$$

则式(8.36)可改写为

$$\left(\frac{\partial}{\partial t}+\bar{u}\frac{\partial}{\partial x}\right)\nabla^2\psi'+\left(\beta-\frac{\partial^2 \bar{u}}{\partial y^2}\right)\frac{\partial \psi'}{\partial x}=0 \tag{8.39}$$

式中，∇^2 为二维拉普拉斯算子

$$\nabla^2\equiv\frac{\partial^2}{\partial x^2}+\frac{\partial^2}{\partial y^2} \tag{8.40}$$

考虑介于 $y=D$ 与 $y=-D$ 之间、x 方向无界的通道区域(图 8.3)，边界条件可表示为

$$v'=\frac{\partial \psi'}{\partial x}=0,\quad 当\quad y=\pm D \tag{8.41}$$

设式(8.39)的任一单波解为

$$\psi'=\phi(y)\exp[\mathrm{i}k(x-ct)] \tag{8.42}$$

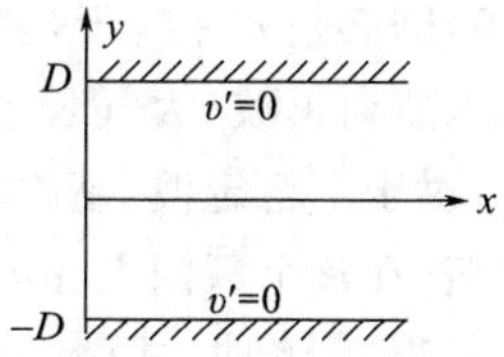

图 8.3　水平通道模式

振幅函数 $\phi(y)$ 又称为波解在 y 方向的结构函数。将上式代入式(8.39)和式(8.41)，可得如下关于 $\phi(y)$ 的本征值问题

$$\begin{cases}(\bar{u}-c)\left(\dfrac{\mathrm{d}^2\phi}{\mathrm{d}y^2}-k^2\phi\right)+(\beta-\bar{u}'')\phi=0 & (8.43)\\ \phi\,|_{y=D}=\phi\,|_{y=-D}=0 & (8.44)\end{cases}$$

式中，$\bar{u}''\equiv\mathrm{d}^2\bar{u}/\mathrm{d}y^2$。考虑稳定性问题，波速 c 和振幅函数 ϕ 都可能是复数，令

$$\begin{cases}c\equiv c_{\mathrm{r}}+\mathrm{i}c_{\mathrm{i}}, & c^*\equiv c_{\mathrm{r}}-\mathrm{i}c_{\mathrm{i}}\\ \phi\equiv\phi_{\mathrm{r}}+\mathrm{i}\phi_{\mathrm{i}}, & \phi^*\equiv\phi_{\mathrm{r}}-\mathrm{i}\phi_{\mathrm{i}}\end{cases} \tag{8.45}$$

式中，c^* 和 ϕ^* 分别为 c 和 ϕ 的复共轭，下标“r”和“i”分别表示“实部”和“虚部”。c^* 和 ϕ^* 也应满足式(8.43)和式(8.44)，即有

$$
\begin{cases}(\bar{u}-c^*)\left(\dfrac{\mathrm{d}^2\phi^*}{\mathrm{d}y^2}-k^2\phi^*\right)+(\beta-\bar{u}'')\phi^*=0 & (8.46)\\ \phi^*\big|_{y=D}=\phi^*\big|_{y=-D}=0 & (8.47)\end{cases}
$$

$\phi^*\times$式(8.43)$-\ \phi\times$式(8.46),整理可得

$$
\frac{\mathrm{d}}{\mathrm{d}y}\left(\phi^*\frac{\mathrm{d}\phi}{\mathrm{d}y}-\phi\frac{\mathrm{d}\phi^*}{\mathrm{d}y}\right)+2\mathrm{i}c_\mathrm{i}\frac{\beta-\bar{u}''}{|\bar{u}-c|^2}|\phi|^2=0 \tag{8.48}
$$

从 $y=-D$ 到 $y=D$ 积分上式并利用边界条件式(8.44)和式(8.47),得

$$
c_\mathrm{i}\int_{-D}^{D}\frac{\beta-\bar{u}''}{|\bar{u}-c|^2}|\phi|^2\mathrm{d}y=0 \tag{8.49}
$$

要有不稳定波,须 $c_\mathrm{i}\neq0$,于是,必须

$$
\int_{-D}^{D}\frac{\beta-\bar{u}''}{|\bar{u}-c|^2}|\phi|^2\mathrm{d}y=0 \tag{8.50}
$$

上式左边的被积函数中,因子$(|\phi|/|\bar{u}-c|)^2$ 恒大于零,若要上式成立,$\beta-\bar{u}''$必须在区间$(-D,D)$上改变符号。换言之,在区间$(-D,D)$上,至少存在一个点 $y=y_k$,使得

$$
\left.\frac{\partial\bar{\zeta}_\mathrm{a}}{\partial y}\right|_{y_k}\equiv\left.\left(\beta-\frac{\mathrm{d}^2\bar{u}}{\mathrm{d}y^2}\right)\right|_{y_k}=0 \tag{8.51}
$$

成立,即基本气流的绝对涡度

$$
\bar{\zeta}_\mathrm{a}\equiv f-\frac{\partial\bar{u}}{\partial y} \tag{8.52}
$$

在$(-D,D)$上必须至少有一个极值点。否则,若在$(-D,D)$上,处处有 $\beta-\partial^2\bar{u}/\partial y^2\neq0$,则必是 $c_\mathrm{i}=0$,于是扰动是稳定的。这就是所谓的郭晓岚定理(1949)。它给出了正压罗斯贝波(大气长波)不稳定的一个必要条件或稳定的充分条件。式(8.51)表明,对于不稳定波,基本气流的水平切变在$(-D,D)$上不能恒为常数(均匀切变),否则,若在整个区间上,$\partial\bar{u}/\partial y=$ 常数,则$\partial^2\bar{u}/\partial y^2=0$,不可能满足式(8.50)。

当 $\beta=0$ 时,式(8.51)退化为

$$
\left.\frac{\mathrm{d}^2\bar{u}}{\mathrm{d}y^2}\right|_{y=y_k}=0 \tag{8.53}
$$

因此,在 $\beta=0$ 的条件下,如果速度廓线不存在拐点,则无黏平行流是稳定的。这就是一般(非旋转)流体力学中的瑞利(Lord Rayleigh)定理。可见,郭晓岚判据式(8.51)实际上就是瑞利判据式(8.53)推广到旋转大气运动($\beta\neq0$)的情形。

8.3.2 正压稳定性的能量机制

正压稳定性与能量的转换也存在密切的联系(贺海晏,1982)。将式(8.45)代入式(8.43)并分离实部和虚部,可得

$$
(\bar{u}-c_\mathrm{r})L(\phi_\mathrm{r})+c_\mathrm{i}L(\phi_\mathrm{i})+\frac{\partial\bar{\zeta}_\mathrm{a}}{\partial y}\phi_\mathrm{r}=0 \tag{8.54}
$$

$$(\bar{u}-c_r)L(\phi_i)+c_i L(\phi_r)+\frac{\partial \bar{\zeta}_a}{\partial y}\phi_i=0 \tag{8.55}$$

式中，L 定义为如下微分算子

$$L \equiv \left(\frac{d^2}{dy^2}-k^2\right)(\quad) \tag{8.56}$$

用 ϕ_i 和 ϕ_r 分别乘式(8.54)和式(8.55)后，两式相减，得

$$(\bar{u}-c_r)[\phi_i L(\phi_r)-\phi_r L(\phi_i)]+c_i[\phi_i L(\phi_i)+\phi_r L(\phi_r)]=0 \tag{8.57}$$

根据 L 的定义，我们有下列关系成立

$$\phi_i L(\phi_r)-\phi_r L(\phi_i)=\frac{d}{dy}\left(\phi_i\frac{d\phi_r}{dy}-\phi_r\frac{d\phi_i}{dy}\right) \tag{8.58}$$

$$\phi_i L(\phi_i)+\phi_r L(\phi_r)=\frac{d}{dy}\left(\phi_i\frac{d\phi_i}{dy}+\phi_r\frac{d\phi_r}{dy}\right)-\left(\left|\frac{d\phi}{dy}\right|^2+k^2|\phi|^2\right) \tag{8.59}$$

在区域[−D,D]积分式(8.57)，并注意利用式(8.58)和式(8.59)，可得

$$c_i=\frac{\int_{-D}^{D}\left[\left(\phi_r\frac{d\phi_i}{dy}-\phi_i\frac{d\phi_r}{dy}\right)\frac{d\bar{u}}{dy}\right]dy}{\int_{-D}^{D}\left(\left|\frac{d\phi}{dy}\right|^2+k^2|\phi|^2\right)dy} \tag{8.60}$$

扰动速度分量可表示为

$$\begin{cases} u'=\mathrm{Re}\left(-\dfrac{\partial\psi'}{\partial y}\right) \\ v'=\mathrm{Re}\left(\dfrac{\partial\psi'}{\partial x}\right)\end{cases} \tag{8.61}$$

符号“Re”表示取实部的运算。若定义一个波长 l 上的平均值为

$$\overline{(\quad)}\equiv\frac{1}{l}\int_{x_0-l/2}^{x_0+l/2}(\quad)dx \tag{8.62}$$

则可证明如下关系成立

$$\overline{u'v'}\equiv\frac{1}{l}\int_{x_0-l/2}^{x_0+l/2}u'v'dx=-\frac{k}{2}\left(\phi_r\frac{d\phi_i}{dy}-\phi_i\frac{d\phi_r}{dy}\right)\exp(2kc_i t) \tag{8.63}$$

$$\overline{u'^2+v'^2}\equiv\frac{1}{l}\int_{x_0-l/2}^{x_0+l/2}(u'^2+v'^2)dx=\frac{1}{2}\left(\left|\frac{d\phi}{dy}\right|^2+k^2|\phi|^2\right)\exp(2kc_i t) \tag{8.64}$$

将上述关系代入式(8.60)，得

$$c_i=\frac{-\int_{-D}^{D}\overline{u'v'}\frac{d\bar{u}}{dy}dy}{k\int_{-D}^{D}\overline{(u'^2+v'^2)}dy} \tag{8.65}$$

或

$$kc_i=\frac{-\int_{-D}^{D}\overline{u'v'}\frac{d\bar{u}}{dy}dy}{2\int_{-D}^{D}\frac{\overline{(u'^2+v'^2)}}{2}dy} \tag{8.66}$$

上式左边是不稳定波的增长率;右边分母中的积分代表一个纬向波长上的平均波动动能,只要扰动不为零,它恒为正值。显然,不稳定波的增长率与其本身动能成反比。波增长率的符号完全由式(8.66)右边分子的积分值决定。根据能量平衡方程可知[参见式(10.122)],这个积分值正是基本气流的动能($\overline{K}$)与波动(扰动)动能(k')之间的转换项。若记

$$\{\overline{K},k'\} \equiv -\int_{-D}^{D} \overline{u'v'}\,\frac{\mathrm{d}\overline{u}}{\mathrm{d}y}\mathrm{d}y \tag{8.67}$$

则

$$\text{当}\quad \{\overline{K},k'\}\ \begin{matrix} >0 \\ =0 \\ <0 \end{matrix}\ \text{时,}\quad \begin{matrix} \text{波动增长} \\ \text{中　　性} \\ \text{波动衰减} \end{matrix} \tag{8.68}$$

在绝热、无黏正压大气中,扰动的发展(不稳定增长)所需的能量只能来自基本气流的动能转换。当扰动从基本气流吸收动能时,对应有$\{\overline{K},k'\}>0$和$kc_i>0$,扰动将增长,属于不稳定情形;反之,若扰动动能转换为基本气流动能时,$\{\overline{K},k'\}<0$和$kc_i<0$,扰动将衰减,即为稳定情形;当基本气流与扰动之间没有能量交换时,应有$\{\overline{K},k'\}=0$和$kc_i=0$,扰动既不能从基流获取能量,本身也无能量损失,因而保持中性。式(8.66)表明,正压不稳定波的增长率正比于波与基本流间的动能转换率$\{\overline{K},k'\}$。

从能量学的角度看来,正压稳定性不是仅由基本气流的特性所确定的。式(8.66)表明,要有正压不稳定波,不仅基本气流必须有水平切变($\mathrm{d}\overline{u}/\mathrm{d}y\neq0$),而且,扰动必须具有倾斜的空间结构,以至于两个扰动速度分量之间存在一定相关性($\overline{u'v'}\neq0$)。基本气流与扰动二者的适当耦合才能决定波动的稳定性。例如,急流北侧($\mathrm{d}\overline{u}/\mathrm{d}y<0$)的曳式槽($\overline{u'v'}>0$,图8.4a)或是急流南侧($\mathrm{d}\overline{u}/\mathrm{d}y>0$)的导式槽($\overline{u'v'}<0$,图8.4b)将趋于发展(正压不稳定)。

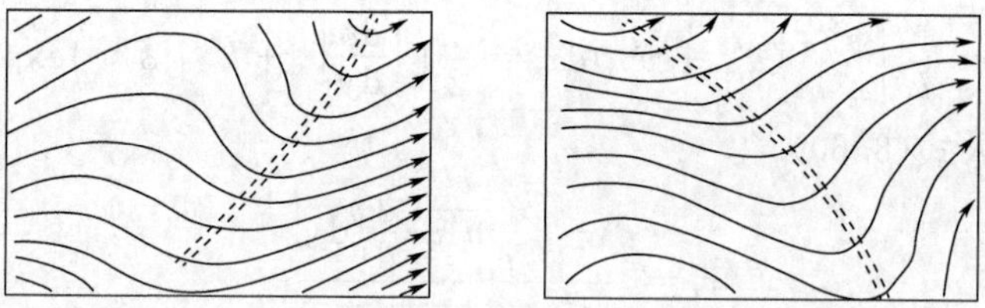

(a)　　　　(b)

图 8.4　发展的正压扰动

(a)急流北侧的曳式槽;(b)急流南侧的导式槽

8.4　大气长波的斜压稳定性

8.4.1　斜压稳定性判据

上节考虑了基本气流只有水平切变即纯正压大气的情形，本节将考虑基本气流只有垂直切变的纯斜压大气中大气长波的稳定性问题。采用 p 坐标系，假定

(1)基本气流为只有垂直切变(只与气压 p 有关)的纬向气流

$$\bar{u}=\bar{u}(p) \tag{8.69}$$

$$u=\bar{u}+u',\ v=v',\omega=\omega',\phi=\bar{\phi}+\phi' \tag{8.70}$$

式中，ϕ 为重力位势。

(2)基本风压场满足地转平衡

$$\bar{u}=-\frac{1}{f}\frac{\partial\bar{\phi}}{\partial y} \tag{8.71}$$

(3)为简化求解，设扰动速度场与 y 无关。

于是，p 坐标系中的线性化扰动方程组可表示为

$$\begin{cases}\left(\dfrac{\partial}{\partial t}+\bar{u}\dfrac{\partial}{\partial x}\right)u'+\omega'\dfrac{\partial\bar{u}}{\partial p}-fv'=-\dfrac{\partial\phi'}{\partial x}\\ \left(\dfrac{\partial}{\partial t}+\bar{u}\dfrac{\partial}{\partial x}\right)v'+fu'=-\dfrac{\partial\phi'}{\partial y}\\ \dfrac{\partial u'}{\partial x}+\dfrac{\partial\omega'}{\partial p}=0\\ \left(\dfrac{\partial}{\partial t}+\bar{u}\dfrac{\partial}{\partial x}\right)\dfrac{\partial\phi'}{\partial p}+v'\dfrac{\partial}{\partial y}\left(\dfrac{\partial\bar{\phi}}{\partial p}\right)+\dfrac{c_a^2}{p^2}\omega'=0\end{cases} \tag{8.72}$$

式中

$$c_a^2\equiv\frac{R^2\overline{T}}{g}(\gamma_d-\gamma) \tag{8.73}$$

为表征静力稳定度的参数，γ_d 和 γ 分别为空气的干绝热减温率和层结减温率。

由式(8.72)中的第一、二式(水平运动方程)可得如下涡度($\zeta'\equiv\partial v'/\partial x$)方程

$$\left(\frac{\partial}{\partial t}+\bar{u}\frac{\partial}{\partial x}\right)\frac{\partial v'}{\partial x}-f\frac{\partial\omega'}{\partial p}+\beta v'=0 \tag{8.74}$$

进一步采用如下准地转近似

$$v'=\frac{1}{f}\frac{\partial\phi'}{\partial x} \tag{8.75}$$

则由涡度方程(8.74)和热力学方程[(8.72)中第四式]构成的闭合方程组可表示为

$$\begin{cases}\left(\dfrac{\partial}{\partial t}+\bar{u}\dfrac{\partial}{\partial x}\right)\dfrac{\partial^2\phi'}{\partial x^2}-f^2\dfrac{\partial\omega'}{\partial p}+\beta\dfrac{\partial\phi'}{\partial x}=0\\ \left(\dfrac{\partial}{\partial t}+\bar{u}\dfrac{\partial}{\partial x}\right)\dfrac{\partial\phi'}{\partial p}-\dfrac{\partial\bar{u}}{\partial p}\dfrac{\partial\phi'}{\partial x}+\dfrac{c_a^2}{p^2}\omega'=0\end{cases}\tag{8.76}$$

下面，我们将在一个最简单的两层斜压模式中求解方程组(8.76)。图 8.5 中表示的是两层模式的分层结构，右边的数字(0—4)为各分层等压面的标号。作为垂直边界条件，假定在模式的底层($p_0=1000$ hPa)和顶层($p_4=0$ hPa)上，铅直速度为零

$$\omega'_0=\omega'_4=0\tag{8.77}$$

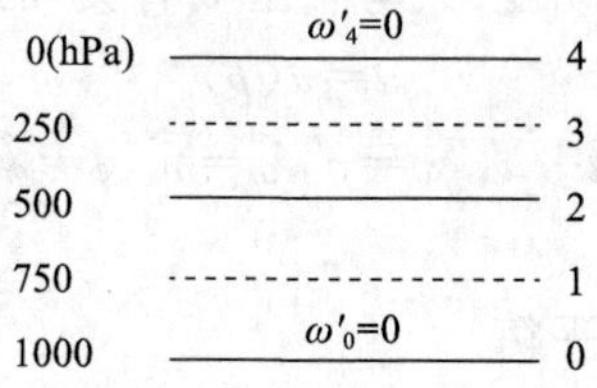

图 8.5　两层模式大气

将涡度方程写在第 1 和第 3 等压面上，热力学方程写在第 2 等压面(平均层)上，有

$$\begin{cases}\left(\dfrac{\partial}{\partial t}+\bar{u}_1\dfrac{\partial}{\partial x}\right)\dfrac{\partial^2\phi'_1}{\partial x^2}-f^2\left(\dfrac{\partial\omega'}{\partial p}\right)_1+\beta\dfrac{\partial\phi'_1}{\partial x}=0\\ \left(\dfrac{\partial}{\partial t}+\bar{u}_3\dfrac{\partial}{\partial x}\right)\dfrac{\partial^2\phi'_3}{\partial x^2}-f^2\left(\dfrac{\partial\omega'}{\partial p}\right)_3+\beta\dfrac{\partial\phi'_3}{\partial x}=0\\ \left(\dfrac{\partial}{\partial t}+\bar{u}_2\dfrac{\partial}{\partial x}\right)\left(\dfrac{\partial\phi'}{\partial p}\right)_2-\left(\dfrac{\partial\bar{u}}{\partial p}\right)_2\dfrac{\partial\phi'_2}{\partial x}+\dfrac{c_a^2}{p_2^2}\omega'_2=0\end{cases}\tag{8.78}$$

式中，下标数字表示等压面标号。采用下列中央差分近似代替铅直微分

$$\begin{cases}\left(\dfrac{\partial\omega'}{\partial p}\right)_1\approx\dfrac{\omega'_2-\omega'_0}{p_2-p_0}=-\dfrac{2\omega'_2}{P_0}\\ \left(\dfrac{\partial\omega'}{\partial p}\right)_3\approx\dfrac{\omega'_4-\omega'_2}{p_4-p_2}=\dfrac{2\omega'_2}{P_0}\\ \left(\dfrac{\partial\phi'}{\partial p}\right)_2\approx\dfrac{\phi'_3-\phi'_1}{p_3-p_1}=-\dfrac{2(\phi'_3-\phi'_1)}{P_0}\\ \left(\dfrac{\partial\bar{u}}{\partial p}\right)_2\approx\dfrac{\bar{u}_3-\bar{u}_1}{p_3-p_1}=-\dfrac{2(\bar{u}_3-\bar{u}_1)}{P_0}\end{cases}\tag{8.79}$$

式中，$P_0\equiv1000$ hPa。同时，在热力学方程中，采用如下近似

$$\bar{u}_2=\frac{1}{2}(\bar{u}_1+\bar{u}_3)\tag{8.80}$$

$$\frac{\partial\phi'_2}{\partial x}=\frac{1}{2}\left(\frac{\partial\phi'_1}{\partial x}+\frac{\partial\phi'_3}{\partial x}\right)\tag{8.81}$$

将式(8.79)—式(8.81)代入式(8.78),得

$$\begin{cases}\left(\dfrac{\partial}{\partial t}+\bar{u}_1\dfrac{\partial}{\partial x}\right)\dfrac{\partial^2\phi'_1}{\partial x^2}+\dfrac{2f^2}{P_0}\omega'_2+\beta\dfrac{\partial\phi'_1}{\partial x}=0\\\left(\dfrac{\partial}{\partial t}+\bar{u}_3\dfrac{\partial}{\partial x}\right)\dfrac{\partial^2\phi'_3}{\partial x^2}-\dfrac{2f^2}{P_0}\omega'_2+\beta\dfrac{\partial\phi'_3}{\partial x}=0\\\lambda^2\left(\dfrac{\partial}{\partial t}+\bar{u}_1\dfrac{\partial}{\partial x}\right)\phi'_3-\lambda^2\left(\dfrac{\partial}{\partial t}+\bar{u}_3\dfrac{\partial}{\partial x}\right)\phi'_1-\dfrac{2f^2}{P_0}\omega'_2=0\end{cases}\tag{8.82}$$

式中

$$\lambda^2\equiv f^2/c_\alpha^2\tag{8.83}$$

消除式(8.82)中的 ω'_2,得

$$\begin{cases}\left(\dfrac{\partial}{\partial t}+\bar{u}_1\dfrac{\partial}{\partial x}\right)\left(\dfrac{\partial^2\phi'_1}{\partial x^2}+\lambda^2\phi'_3\right)-\lambda^2\left(\dfrac{\partial}{\partial t}+\bar{u}_3\dfrac{\partial}{\partial x}\right)\phi'_1+\beta\dfrac{\partial\phi'_1}{\partial x}=0\\\left(\dfrac{\partial}{\partial t}+\bar{u}_3\dfrac{\partial}{\partial x}\right)\left(\dfrac{\partial^2\phi'_3}{\partial x^2}+\lambda^2\phi'_1\right)-\lambda^2\left(\dfrac{\partial}{\partial t}+\bar{u}_1\dfrac{\partial}{\partial x}\right)\phi'_3+\beta\dfrac{\partial\phi'_3}{\partial x}=0\end{cases}\tag{8.84}$$

设 ϕ'_1 和 ϕ'_3 的任意单波解为

$$\begin{pmatrix}\phi'_1\\\phi'_3\end{pmatrix}=\begin{pmatrix}\hat{\phi}_1\\\hat{\phi}_3\end{pmatrix}\exp[\mathrm{i}k(x-ct)]\tag{8.85}$$

代入式(8.84),得

$$\begin{cases}[k^2(c-\bar{u}_1)+\lambda^2(c-\bar{u}_3)+\beta]\hat{\phi}_1-\lambda^2(c-\bar{u}_1)\hat{\phi}_3=0\\-\lambda^2(c-\bar{u}_3)\hat{\phi}_1+[k^2(c-\bar{u}_3)+\lambda^2(c-\bar{u}_1)+\beta]\hat{\phi}_3=0\end{cases}\tag{8.86}$$

这是一个关于 $\hat{\phi}_1$ 和 $\hat{\phi}_3$ 的线性齐次代数方程组,其非零解的必要条件是系数行列式为零

$$\begin{vmatrix}k^2(c-\bar{u}_1)+\lambda^2(c-\bar{u}_3)+\beta & -\lambda^2(c-\bar{u}_1)\\-\lambda^2(c-\bar{u}_3) & k^2(c-\bar{u}_3)+\lambda^2(c-\bar{u}_1)+\beta\end{vmatrix}=0\tag{8.87}$$

展开该式可得

$$\hat{A}c^2+\hat{B}c+\hat{C}=0\tag{8.88}$$

式中,各系数定义为

$$\begin{cases}\hat{A}\equiv k^2(k^2+2\lambda^2)\\\hat{B}\equiv -k^2(k^2+2\lambda^2)(\bar{u}_1+\bar{u}_3)+2\beta(k^2+\lambda^2)\\\hat{C}\equiv k^4\bar{u}_1\bar{u}_3+\lambda^2k^2(\bar{u}_1^2+\bar{u}_3^2)-\beta(k^2+\lambda^2)(\bar{u}_1+\bar{u}_3)+\beta^2\end{cases}\tag{8.89}$$

从式(8.88)可解出 c

$$c=\bar{u}_2-\frac{\beta(\lambda^2+k^2)}{k^2(2\lambda^2+k^2)}\pm\sqrt{\frac{\beta^2\lambda^4}{k^4(2\lambda^2+k^2)^2}-\frac{2\lambda^2-k^2}{2\lambda^2+k^2}\bar{u}_T^2}\tag{8.90}$$

其中

$$\bar{u}_T\equiv\frac{\bar{u}_3-\bar{u}_1}{2}\tag{8.91}$$

为基本流的垂直切变(即热成风)。

作为一个特例,考虑 $\bar{u}_T=0$(正压大气)的情形,则式(8.90)的两个解可分别表示为

$$c_1=\bar{u}_2-\frac{\beta}{k^2} \tag{8.92}$$

$$c_2=\bar{u}_2-\frac{\beta}{2\lambda^2+k^2} \tag{8.93}$$

式中,c_1 就是第 7 章中求得过的正压大气中罗斯贝波的频散关系[见式(7.148)];c_2 中包含了层结对罗斯贝波波移速的影响,如果设 $\lambda=\infty$(中性层结),则 $c_2=\bar{u}_2$。由此可见,如果基本气流没有垂直切变($\bar{u}_T=0$),则不存在不稳定的斜压罗斯贝波。

在一般情况下,由式(8.90)可知,稳定性判据可表示为

$$\text{当}\frac{\beta^2\lambda^4}{k^4(2\lambda^2+k^2)^2}-\frac{2\lambda^2-k^2}{2\lambda^2+k^2}\bar{u}_T^2\begin{cases}\geqslant 0 & \text{稳定}\\ <0 & \text{不稳定}\end{cases} \tag{8.94}$$

因此,要有不稳定波,必须

$$2\lambda^2-k^2>0 \tag{8.95}$$

即波长 L 必须满足

$$L^2>\frac{2\pi^2}{\lambda^2}\equiv L_c^2 \tag{8.96}$$

式中,L_c 称为临界波长,在中纬度,$L_c\approx 3.6\times10^3$ km。同时,由式(8.94)可知,对于不稳定波,还须

$$\bar{u}_T^2>\frac{\beta^2\lambda^4}{k^4(4\lambda^4-k^4)}\equiv\bar{u}_{TC}^2 \tag{8.97}$$

式中,$\bar{u}_{TC}$ 为基本气流垂直切变的临界值。概括起来说,大气长波斜压不稳定的充分必要条件可表示为

$$L>L_c\text{,且 }\bar{u}_T^2>\bar{u}_{TC}^2 \tag{8.98}$$

对于不稳定波,波速的实部(移速)和虚部可分别表示为

$$c_r=\bar{u}_2-\frac{\beta(\lambda^2+k^2)}{k^2(2\lambda^2+k^2)} \tag{8.99}$$

$$c_i=\sqrt{\frac{2\lambda^2-k^2}{2\lambda^2+k^2}\bar{u}_T^2-\frac{\beta^2\lambda^4}{k^4(2\lambda^2+k^2)^2}} \tag{8.100}$$

注意,式(8.100)中的根号前取了正号,负号对应衰减波。

由式(8.97)可知,基本气流的临界垂直切变值为

$$\bar{u}_{TC}\equiv\frac{\beta\lambda^2}{k^2\sqrt{4\lambda^4-k^4}} \tag{8.101}$$

显然,它与波数 k(或波长 L)有关。图 8.6 是($\bar{u}_T$,L)平面上的临界曲线 $\bar{u}_{TC}$(实线)及

斜压稳定性区划的示意图。图中阴影区为斜压不稳定区，双虚线为最不稳定线，即 c_i 达最大值的线，其方程可由条件$\partial c_i/\partial k=0$ 确定为

$$\bar{u}_T^2=\frac{\lambda^2\beta^2(\lambda^2+k^2)}{k^6(2\lambda^2+k^2)} \tag{8.102}$$

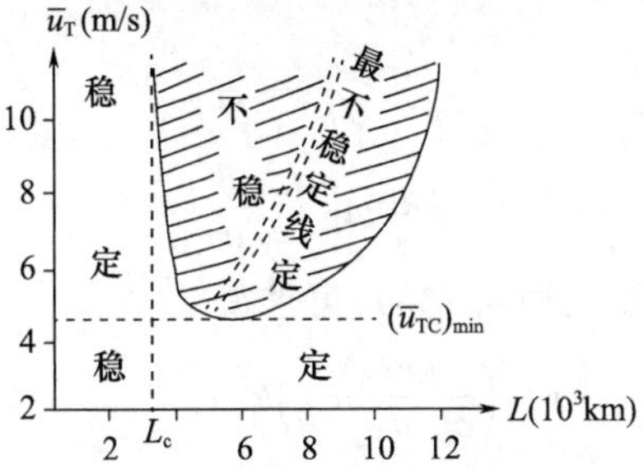

图 8.6　斜压不稳定临界线(实线)

概括上述讨论，可见大气长波的斜压稳定性有如下基本特征：

(1)当 $L<L_c$ 或 $\bar{u}_T<(\bar{u}_{TC})_{min}$时，所有的波都是稳定的。

(2)$\bar{u}_T$ 较大(斜压性较强)时，不稳定波段较宽。

(3)对于波长较长的波，必须有足够大的垂直风切变(即足够大的 $\bar{u}_T$)，才可能出现不稳定。

(4)地球旋转产生的 β 效应起着有利于大气长波稳定的作用。

图 8.6 中，$(\bar{u}_{TC})_{min}$表示基本气流临界垂直切变($\bar{u}_{TC}$)的最小值。由式(8.101)和条件$\partial \bar{u}_{TC}/\partial k=0$，可求得

$$(\bar{u}_{TC})_{min}=\frac{\beta}{2\lambda^2}，当\ k^2=\sqrt{2}\lambda^2 \tag{8.103}$$

在中纬度对流层，$(\bar{u}_{TC})_{min}\approx 4$ m/s，对应波长 $L=2\pi/k\approx 4000$ km。中纬度天气尺度系统的观测特征与斜压不稳定假说大体是吻合的。即中纬度天气尺度系统可以是叠加在斜压不稳定基流上的微小扰动发展的结果。尽管实际大气中，有许多其他因素可影响天气系统的发展，例如，惯性不稳定、有限振幅扰动的非线性相互作用和潜热释放等，但是，从观测研究、实验室模拟和数值模拟等所得到的证据都表明，斜压不稳定是中纬度天气尺度波动发展的主要机制。

8.4.2　斜压不稳定大气长波的结构

8.4.2.1　位势场的垂直结构

由式(8.86)，有

$$\hat{\phi}_3=\frac{k^2(c-\bar{u}_1)+\lambda^2(c-\bar{u}_3)+\beta}{\lambda^2(c-\bar{u}_1)}\hat{\phi}_1 \tag{8.104}$$

若令

$$a+\mathrm{i}b\equiv\frac{k^2(c-\bar{u}_1)+\lambda^2(c-\bar{u}_3)+\beta}{\lambda^2(c-\bar{u}_1)} \tag{8.105}$$

及

$$\hat{\phi}_3\equiv r\exp(\mathrm{i}k\delta)\hat{\phi}_1 \tag{8.106}$$

则应有

$$r=\sqrt{a^2+b^2} \tag{8.107}$$

$$k\delta=\tan^{-1}\frac{b}{a} \tag{8.108}$$

将式(8.99)和式(8.100)代入式(8.105),可求得

$$\begin{cases}a=\left(\dfrac{k^2/\lambda^2}{2k^2\bar{u}_\mathrm{T}-\beta}\right)k^2\bar{u}_\mathrm{T}\\ b=\left(\dfrac{k^2/\lambda^2}{2k^2\bar{u}_\mathrm{T}-\beta}\right)(2\lambda^2+k^2)c_\mathrm{i}\end{cases} \tag{8.109}$$

代入式(8.107)和式(8.108),得

$$r\equiv\sqrt{\frac{2\bar{u}_\mathrm{T}+\beta^2/k^2}{2\bar{u}_\mathrm{T}-\beta^2/k^2}} \tag{8.110}$$

$$k\delta\equiv\tan^{-1}\left[\frac{(2\lambda^2+k^2)c_\mathrm{i}}{k^2\bar{u}_\mathrm{T}}\right] \tag{8.111}$$

ϕ'_1 和 ϕ'_3 则可分别表示为

$$\phi'_1=\hat{\phi}_1\exp(kc_\mathrm{i}t)\exp[\mathrm{i}k(x-c_\mathrm{r}t)] \tag{8.112}$$

$$\phi'_3=r\hat{\phi}_1\exp(kc_\mathrm{i}t)\exp[\mathrm{i}k(x-c_\mathrm{r}t+\delta)] \tag{8.113}$$

由式(8.110)可见,$r>1$,因此,高层位势场波动(ϕ'_3)的振幅大于低层位势场(ϕ'_1);另一方面,式(8.111)表明,$\delta>0$,故高空位势扰动的位相落后于低层,即通常所说的高空槽(脊)落后于低空槽(脊)。换言之,斜压不稳定大气长波的槽、脊线是随高度向西倾斜的(图 8.7b)。

8.4.2.2 平均层温压场和垂直环流

令

$$\phi'_2=\hat{\phi}_2\exp(\mathrm{i}k\delta_\phi)\exp(kc_\mathrm{i}t)\exp[\mathrm{i}k(x-c_\mathrm{r}t)] \tag{8.114}$$

式中,$k\delta_\phi$ 为平均层位势扰动的初位相。另一方面,利用式(8.112)和式(8.113),有

$$\phi'_2\equiv\frac{\phi'_1+\phi'_3}{2}=\frac{1}{2}\hat{\phi}_1[1+r\exp(\mathrm{i}k\delta)]\exp(kc_\mathrm{i}t)\exp[\mathrm{i}k(x-c_\mathrm{r}t)] \tag{8.115}$$

比较式(8.114)与式(8.115),可得如下式成立

$$\hat{\phi}_2\exp(\mathrm{i}k\delta_\phi)=\frac{1}{2}\hat{\phi}_1[1+r\exp(\mathrm{i}k\delta)] \tag{8.116}$$

将上式实部和虚部分离并利用式(8.110)和式(8.111),可求得

$$\begin{cases}\hat{\phi}_2=\dfrac{1}{2}\hat{\phi}_1\sqrt{\dfrac{2\bar{u}_T(2\lambda^2+k^2)}{\lambda^2(2\bar{u}_T-\beta/k^2)}}\\ \tan(k\delta_\phi)=\dfrac{\sqrt{(4-k^4/\lambda^4)\bar{u}_T^2-\beta^2/k^4}}{(k^2/\lambda^2+2)\bar{u}_T-\beta/k^2}\end{cases}\tag{8.117}$$

在平均层($p_2=500$ hPa)上，扰动温度可表示为

$$\begin{aligned}T'_2&=\frac{p_2\alpha_2}{R}=-\frac{p_2}{R}\left(\frac{\partial\phi'}{\partial p}\right)_2=\frac{1}{R}(\phi'_3-\phi'_1)\\&=\frac{1}{R}\hat{\phi}_1[r\exp(\mathrm{i}k\delta)-1]\exp(kc_\mathrm{i}t)\exp[\mathrm{i}k(x-c_\mathrm{r}t)]\end{aligned}\tag{8.118}$$

类似于式(8.114)，令

$$T'_2\equiv\hat{T}_2\exp(\mathrm{i}k\delta_\mathrm{T})\exp(kc_\mathrm{i}t)\exp[\mathrm{i}k(x-c_\mathrm{r}t)]\tag{8.119}$$

式中，$k\delta_T$ 为平均层温度扰动的初位相。比较上面两式，应有

$$\hat{T}_2\exp(\mathrm{i}k\delta_\mathrm{T})=\frac{1}{R}\hat{\phi}_1[r\exp(\mathrm{i}k\delta)-1]\tag{8.120}$$

利用式(8.110)和式(8.111)，可求得

$$\begin{cases}\hat{T}_2=\dfrac{1}{R}\hat{\phi}_1\sqrt{\dfrac{2\bar{u}_T(2-k^2/\lambda^2)}{2\bar{u}_T-\beta/k^2}}\\ \tan(k\delta_\mathrm{T})=\dfrac{\sqrt{(4-k^4/\lambda^4)\bar{u}_T^2-\beta^2/k^4}}{(k^2/\lambda^2-2)\bar{u}_T+\beta/k^2}\end{cases}\tag{8.121}$$

于是，由式(8.117)和式(8.121)，有

$$\frac{\tan(k\delta_\mathrm{T})}{\tan(k\delta_\phi)}=\frac{\dfrac{k^2}{\lambda^2}\bar{u}_T+\left(2\bar{u}_T-\dfrac{\beta}{k^2}\right)}{\dfrac{k^2}{\lambda^2}\bar{u}_T-\left(2\bar{u}_T-\dfrac{\beta}{k^2}\right)}>1\tag{8.122}$$

因此，平均温度槽(脊)落后于平均高度槽(脊)(图 8.7a)。

类似于 ϕ'_2 和 T'_2，将平均层的 p 铅直速度 ω'_2 表示为

$$\omega'_2\equiv\hat{\omega}_2\exp(\mathrm{i}k\delta_\omega)\exp(kc_\mathrm{i}t)\exp[\mathrm{i}k(x-c_\mathrm{r}t)]\tag{8.123}$$

式中，$k\delta_\omega$ 为平均层扰动 p 铅直速度的初位相。由式(8.82)可求得

$$\hat{\omega}_2=\frac{P_0}{f^2}k^3\hat{\phi}_1\sqrt{\frac{2\bar{u}_T(2\bar{u}_T+\beta/k^2)}{2+k^2/\lambda^2}}\tag{8.124}$$

及

$$\tan(k\delta_\omega)=-\frac{(2+k^2/\lambda^2)\bar{u}_T+\beta/k^2}{\sqrt{(4-k^4/\lambda^4)\bar{u}_T^2-\beta^2/k^4}}\tag{8.125}$$

于是有

$$\frac{\tan(k\delta_\omega)}{-\cot(k\delta_\mathrm{T})}=\frac{\tan(k\delta_\omega)}{\tan(k\delta_\mathrm{T}+\pi/2)}=\frac{\dfrac{\beta}{k^2}+\dfrac{k^2}{\lambda^2}\bar{u}_T+2\bar{u}_T}{\dfrac{\beta}{k^2}+\dfrac{k^2}{\lambda^2}\bar{u}_T-2\bar{u}_T}>1\tag{8.126}$$

因此，平均层上的 p 铅直运动(ω'_2)落后于温度扰动(T'_2)$\pi/2$ 以上($k\delta_\omega>k\delta_\mathrm{T}+\pi/2$)；

二者近于负相关(反位相),即冷空气下沉,暖空气上升(图 8.7b)。由能量转换规律可知,温度场与垂直运动的这种配置关系,有利于扰动有效位能向扰动动能转换,即有利于波的不稳定发展。

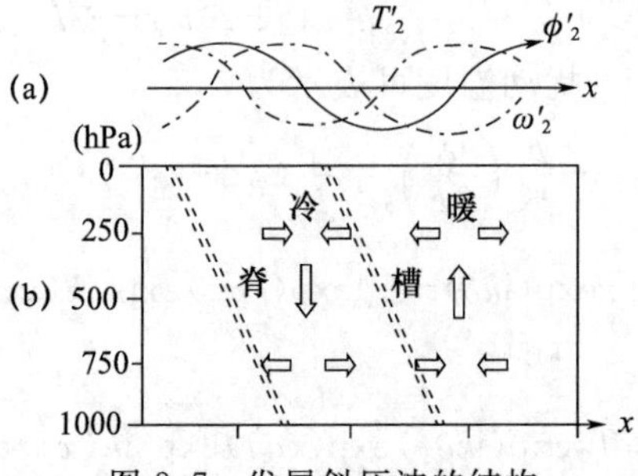

图 8.7　发展斜压波的结构

(a)平均层温、压场和 p 铅直运动的水平结构示意图;

(b)发展斜压波的槽、脊线(双虚线)及垂直环流(空心箭头)的垂直剖面

习　题

1. 什么情况下称基本气流是稳定的,什么情况下称基本气流是不稳定或扰动是不稳定的?

2. 标准波型法(或正规模法)是如何处理大气波动的稳定性的?不稳定波的增长率与传播速度分别是如何定义的?

3. 什么叫惯性不稳定?惯性不稳定的判据是什么?

4. 分别说明北半球西风急流与东风急流中的惯性稳定区和可能的惯性不稳定区位于何处?

5. 对称不稳定条件(判据)是什么?并由此说明有利于对称不稳定的条件有哪些?

6. 大气长波正压不稳定的必要条件是什么?

7. 分别说明基本气流斜压性(热成风 $\bar{u}_T$ 的大小)和地球旋转的 β 效应对大气长波稳定性的影响如何?

8. 概述斜压不稳定大气长波的结构特征如何?

9. 已知无摩擦的线性化的扰动方程组可表示为

$$\begin{cases}\left(\dfrac{\partial}{\partial t}+\bar{u}\dfrac{\partial}{\partial x}\right)u'+v'\dfrac{\partial\bar{u}}{\partial y}-fv'=-\dfrac{\partial\phi'}{\partial x}\\ \left(\dfrac{\partial}{\partial t}+\bar{u}\dfrac{\partial}{\partial x}\right)v'+fu'=-\dfrac{\partial\phi'}{\partial y}\\ \dfrac{\partial u'}{\partial x}+\dfrac{\partial v'}{\partial y}=0\end{cases}$$

式中，$\bar{u}=\bar{u}(y)$为只有经向切变的纬向基本气流。假定东西向通道模式的南北边界上法向(经向)速度分量为零，即

$$v'=0,\quad 当\ y=\pm D,$$

试证明扰动动能平衡方程可表示为

$$\frac{\mathrm{d}}{\mathrm{d}t}\int_{-D}^{D}\frac{\overline{u'^2+v'^2}}{2}\mathrm{d}y=-\int_{-D}^{D}\overline{u'v'}\,\frac{\partial\bar{u}}{\partial y}\mathrm{d}y$$

式中，$\overline{(\quad)}\equiv L^{-1}\int_0^L(\quad)\mathrm{d}x$ 为一个纬向波长上的平均值。

10. 证明：当 $\beta=0$ 时，不稳定斜压大气长波的临界波长为 $L_c=\pi\sqrt{2}/\lambda$，即波长大于 L_c 的所有长波都是不稳定的。这里，$\lambda^2\equiv f^2/c_a^2$；$c_a^2\equiv R^2\overline{T}(\gamma_d-\gamma)/g$ 为静力稳定度参数。

第9章　大气边界层

9.1　大气边界层概论

大气边界层位于大气圈与地球表面交界区，即邻近地球(行星)表面，故亦称行星边界层。它是直接受地面影响的，最低的一层大气。大气边界层的厚度随地理条件和气象条件而有时空变化，由稳定层结下的几十米到不稳定层结下的几千米。在一般情况下，可将大气边界层看成为影响平均量铅直廓线的湍流层，并以离地面1～1.5 km高度以下的气层定为大气边界层。

由于大气边界层受下垫面热力和动力的影响，使边界层大气运动具有明显的湍流状态。边界层大气动力学问题，实质上是发生在旋转坐标系的，具有复杂边界条件的层结流体的边界层湍流力学问题。在大气边界层中，铅直湍流应力的数值一般可与气压梯度力和科里奥利力相比。根据湍流应力作用的情况，可将大气边界层分为黏性副层、近地面层和埃克曼层(Ekman layer)三层。黏性副层是紧靠地面的一薄层，该层内分子黏性力比湍流应力大得多，即切应力可看成由分子黏性造成。由于黏性副层的典型厚度为一厘米，故对所有的实际问题而言，在目前的讨论中均不单独考虑。近地面层简称为近地层，指的是从黏性副层到50～100 m高度这一层大气，约占大气边界层厚度的十分之一。这层大气的运动呈明显的湍流性质，它的特点是所有铅直湍流输送通量密度近似常值，因而，又称为常通量层。埃克曼层是从近地层以上到1～1.5 km高度的大气层。这一层的特点是湍流应力、气压梯度力和科里奥利力具有相当的数量级。

根据观测，入射于地气系统的太阳能约有43%被地面吸收，这些被吸收的能量，将以潜热(23%)、感热(6%)和辐射(14%)的形式进入大气边界层和通过大气边界层传输到自由大气。整层大气中，热量和水分主要集中在下垫面，而动量则主要集中在高层。通过垂直方向的湍流输送过程，下垫面上的热量和水汽可以输送到大气中，大气边界层几乎接受所有水汽，并通过水汽向大气提供约50%的内能，作为大气中的一部分能量来源。同时，高层的动量也可以输送到低层，以补偿大气边界层和下垫面不光滑所造成的动量摩擦消耗。可见,大气边界层是大气主要的能量源和动量汇。因此,对大气边界层中动量、能量、水分和热量等的输送和平衡问题的研究,已经成为研究大气环流的一种重要方法,并对于大气污染、大气成分的垂直分布、电离层的形成等研究也具有重大的意义。此外,大气边界层是人类活动的直接环境,所以,大气边界层不但对人类生活,而且对军事、工业、农业、运输或能源等许多方面都产生直接影响。

9.2　动量、热量和水汽的湍流输送

由于大气边界层具有明显的湍流状态,而湍流运动的特点之一就是它有明显的混合现象。这种混合现象表现为湍流脉动速度部分所引起的属性量的输送。比如,在具有水平平均速度的流体运动中,由于垂直方向有脉动速度 w',空气微团在垂直地穿过平均水平运动方向运动时,就会把某一层的动量或其他属性量输送到另一层。这种由脉动速度引起的动量输送过程,不但影响输送方向的动量分布,而且也影响平均运动的规律。湍流脉动所引起的属性量的输送过程与分子不规则运动中的属性量输送过程类似,后一种过程输送属性量的最小单体是分子,而前一种过程输送属性量的最小单体是由靠得很紧的空气微团组合成的“湍涡”。

9.2.1　湍流输送通量密度

为了定量地研究大气边界层中的属性量输送,我们引入属性量输送的通量密度。在任一高度 z 上取一水平面,在它上面取一单位面积,设空气密度为 ρ,垂直运动为 w,因而单位时间内通过该单位面积的空气质量为 ρw,又设 S 为通过 z 高度的单位面积时单位质量空气所含的某属性量的值。所以,在单位时间内通过单位面积向上输送的该属性量值为 ρwS。垂直方向任一属性量输送的通量密度 Q 即单位时间内平均通过单位水平面积的该属性量的值。则对 z 高度上足够大的面积 σ 取平均,即得到该属性量的湍流输送通量密度为

$$Q=\overline{\rho wS}^{\sigma}=\frac{1}{\sigma}\int_{\sigma}\rho wS\,\mathrm{d}\sigma \tag{9.1}$$

上式即计算垂直方向任意属性量输送通量密度的普遍公式,取向上的输送通量为正。属性量输送通量密度是表征足够大面积上属性量的平均输送性质。因为在 $Q=\overline{\rho wS}^{\sigma}$ 中,对一足够大面积的 ρwS 进行平均,即对各种可能的 ρ, w, S 的乘积求平均值。因此这一平均量一般不代表瞬时真正在单位时间内通过面上任一指定单位面积的属性量值。

将 ρ, w, S 都表示为平均量与脉动量之和,平均量用“-”表示,脉动量用“$'$”表示,

即 $w=\overline{w}+w'$,$S=\overline{S}+S'$,$\rho=\overline{\rho}+\rho'$,忽略密度的涨落,令 $\rho'=0$,$\rho=\overline{\rho}$,则

$$Q=\rho\overline{(\overline{w}+w')(\overline{S}+S')}=\rho\overline{w}\,\overline{S}+\rho\overline{w'S'}=Q_1+Q_2 \tag{9.2}$$

式中,Q_1 表示由平均垂直运动 $\overline{w}$ 引起的对平均属性量值 $\overline{S}$ 的输送,即平流项;Q_2 表示由湍流垂直脉动引起的对属性量脉动值的输送。边界层气象学关心的是动量、热量、水汽、质量和污染物等属性量的湍流输送,即

$$Q_2=\rho\overline{w'S'}$$

为方便,常写为

$$Q=\rho\overline{w'S'} \tag{9.3}$$

式(9.3)是计算垂直方向湍流输送通量密度时常用的公式。

9.2.2 近地层中动量、热量和水汽的湍流输送

取 x 轴与水平运动的方向一致,则垂直方向的水平运动动量、热量和水汽的湍流输送通量密度分别为

$$Q_M=\rho\overline{w'u'} \tag{9.4}$$

$$Q_H=\rho\overline{w'c_pT'} \tag{9.5}$$

$$Q_E=\rho\overline{w'q'} \tag{9.6}$$

由于密度和热量很少直接测量,因此引进通量的运动学形式

$$\widetilde{Q}_M=\frac{Q_M}{\rho}=\frac{\rho\overline{w'u'}}{\rho}=\overline{w'u'} \tag{9.7}$$

$$\widetilde{Q}_H=\frac{Q_H}{\rho c_p}=\frac{\rho\overline{w'c_pT'}}{\rho c_p}=\overline{w'T'} \tag{9.8}$$

$$\widetilde{Q}_E=\frac{Q_E}{\rho}=\frac{\rho\overline{w'q'}}{\rho}=\overline{w'q'} \tag{9.9}$$

9.2.3 普朗特混合长理论

普朗特(Prandtl)在 1925 年模仿分子平均自由路程,引入"混合长"的概念。讨论简单的情形,单位质量湍流微团含有某种属性量 S,设 $\overline{w}=0$,由于 x 轴取为平均运动方向,故 $\overline{v}=0$,平均运动由 u 决定,设 z 高度的平均属性量为$\overline{S}_z$。设开始位于$(z-l)$高度的湍流微团与周围流体具有相同的属性量,即平均值$\overline{S}_{z-l}$,当湍流微团向上移动时,$w'>0$,当其运行距离不超过 l 时,其属性量的数值保持不变,当其移动距离达 l 时,立刻与周围空气发生混合,l 称为混合长。这时引起 z 高度上属性量 S 的脉动值为

$$S'=S_z-\overline{S}_z=\overline{S}_{z-l}-\overline{S}_z \tag{9.10}$$

利用泰勒级数展开,有

$$S'=-l\frac{\partial\overline{S}}{\partial z}+\frac{1}{2}l^2\frac{\partial^2\overline{S}}{\partial z^2}+\cdots \tag{9.11}$$

设 l 很小，则式(9.11)右端只保留第一项，有

$$S'=-l\frac{\partial\overline{S}}{\partial z} \tag{9.12}$$

反过来，当湍流微团向下移动时，$w'<0$，则

$$S'=l\frac{\partial\overline{S}}{\partial z} \tag{9.13}$$

综合式(9.12)和式(9.13)有

$$|S'|=l\left|\frac{\partial\overline{S}}{\partial z}\right| \tag{9.14}$$

式(9.14)表示属性量的脉动值与属性量平均值的梯度成线性比，其比例系数即为混合长，这是普朗特湍流半经验理论的主要特征。

9.2.4 近地层中动量、热量和水汽湍流输送的计算

当属性量为水平运动动量 u 时，则

$$u'=\pm l\frac{\partial\overline{u}}{\partial z} \tag{9.15}$$

根据对近地面层的风速观测，从 20 m 左右的高度开始，各方向的湍流脉动速度的大小近似相等，即

$$|u'|\cong|w'|$$

为具有普遍性，取

$$|w'|\propto|u'| \tag{9.16}$$

即

$$|w'|=c|u'|=cl\left|\frac{\partial\overline{u}}{\partial z}\right| \tag{9.17}$$

式中，c 为正实数。

由于湍流应力 τ_{zx} 与平均速度垂直梯度 $\frac{\partial\overline{u}}{\partial z}$ 同号，即 $\frac{\partial\overline{u}}{\partial z}>0$ 时，$\tau_{zx}>0$，故

$$\tau_{zx}=-\rho\overline{w'u'}=\rho\overline{cl^2}\left|\frac{\partial\overline{u}}{\partial z}\right|\frac{\partial\overline{u}}{\partial z}$$

为书写简单，将 $\overline{cl^2}$ 仍写为 l^2，则

$$\tau_{zx}=-\rho\overline{w'u'}=\rho l^2\left|\frac{\partial\overline{u}}{\partial z}\right|\frac{\partial\overline{u}}{\partial z} \tag{9.18}$$

令

$$K_M=l^2\left|\frac{\partial\overline{u}}{\partial z}\right| \tag{9.19}$$

式中，K_M 称为湍流动量交换系数，可见 K_M 与平均风速梯度的绝对值成正比，与混

合长的平方成正比。则

$$\tau_{zx} = -\rho\overline{w'u'} = \rho K_M \frac{\partial \overline{u}}{\partial z} \tag{9.20}$$

而湍流动量通量为

$$Q_M = \rho\overline{w'u'} = -\rho K_M \frac{\partial \overline{u}}{\partial z} \tag{9.21}$$

推广到一般,则湍流热量和水汽通量为

$$Q_H = \rho\overline{w'c_pT'} = -\rho K_H \frac{\partial \overline{T}}{\partial z} \tag{9.22}$$

$$Q_E = \rho\overline{w'q'} = -\rho K_E \frac{\partial \overline{q}}{\partial z} \tag{9.23}$$

相应地,湍流动量、热量和水汽通量的运动学形式为

$$\widetilde{Q}_M = \overline{w'u'} = -K_M \frac{\partial \overline{u}}{\partial z} \tag{9.24}$$

$$\widetilde{Q}_H = \overline{w'T'} = -K_H \frac{\partial \overline{T}}{\partial z} \tag{9.25}$$

$$\widetilde{Q}_E = \overline{w'q'} = -K_E \frac{\partial \overline{q}}{\partial z} \tag{9.26}$$

为了加深对湍流通量输送的理解,举一个热量输送的例子。白天,近地层位温廓线通常呈超绝热递减分布,湍流运动使一部分空气从高度 z 向下混合,$w'<0$,而另一部分空气从高度 $z-l$ 向上混合到 z。由 z 向下运动到 $z-l$ 高度的气块温度比周围空气低,$T'<0$,因此其 $w'T'>0$,而向上运动到 z 高度的气块温度比周围空气高,$T'>0$,其 $w'T'>0$。即向上和向下运动的空气都导致正的 $w'T'$,因此平均值 $\overline{w'T'}>0$,即垂直方向热通量为正。在这种情况下,湍流向上输送热量,结果递减率比绝热递减率更大,层结更不稳定。夜间,温度分布呈稳定递减率。这时湍流混合向上移动的气块比周围空气冷,$w'T'<0$,向下运动的气块比周围空气暖,$w'T'<0$,结果 $\overline{w'T'}<0$,即湍流混合使热量向下输送。图 9.1 是理想化的边界层湍流动量、热量和水汽通量廓线分布图。由图可见,边界层内的湍流输送具有以下几个特点:

(1)白天混合层内的湍流通量随高度呈线性变化;夜间稳定边界层内湍流通量比白天弱得多,且随高度的增加而变小。

(2)白天,太阳辐射使地面增温,从而热通量向上输送;夜间,地面辐射冷却,湍流混合使高层水平动量向下输送。边界层内水汽输送方向与热量输送方向相同。

(3)无论白天还是夜晚,在 z 方向输送的 x 方向的动量通量都为负,这表示边界层内的湍流混合使高层水平动量向下输送。

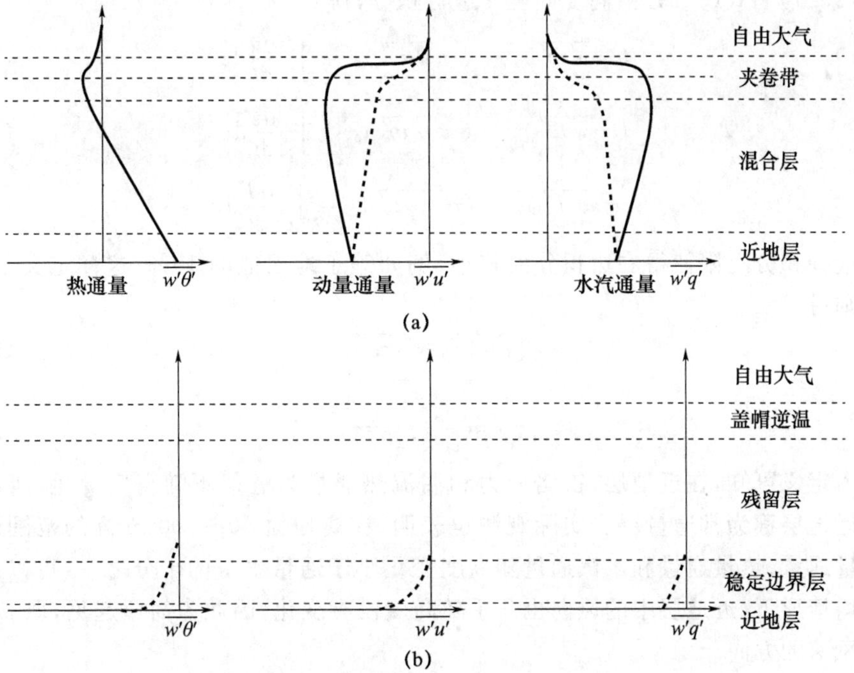

图 9.1　理想状态下湍流通量垂直廓线分布图(引自 Stull,1991)
(a)对流混合层;(b)稳定边界层

9.3　近地面层中平均风速、温度及水汽的垂直分布

由第 1 章的知识知道,大气边界层的运动除受到气压梯度力和科氏力的作用外,还受到湍流黏性力的作用,因此风场不满足地转平衡,其风场的特点是非地转运动。因为瞬时风速、温度和水汽的垂直分布规律性差,带有很大的偶然性,因此以下只讨论平均情形下的风速、温度和水汽的垂直分布。

近地层中气压梯度力、科氏力、分子黏性力与湍流应力相比都小得多,因此可以略去。水平方向的湍流应力比垂直方向的湍流应力也要小得多,通常也可略去。于是,对于不可压缩流体,近地层水平运动方程和热量方程可以近似写成

$$\frac{d\bar{u}}{dt}\approx\frac{\partial}{\partial z}(-\overline{u'w'}) \tag{9.27}$$

$$\frac{d\bar{v}}{dt}\approx\frac{\partial}{\partial z}(-\overline{v'w'}) \tag{9.28}$$

$$\frac{d\overline{T}}{dt}\approx\frac{\partial}{\partial z}(-\overline{w'T'}) \tag{9.29}$$

对式(9.27)—式(9.29)由高度0至z进行积分,得

$$(-\overline{u'w'})_z-(-\overline{u'w'})_0=\int_0^z\frac{\mathrm{d}\bar{u}}{\mathrm{d}t}\mathrm{d}z \tag{9.30}$$

$$(-\overline{v'w'})_z-(-\overline{v'w'})_0=\int_0^z\frac{\mathrm{d}\bar{v}}{\mathrm{d}t}\mathrm{d}z \tag{9.31}$$

$$(-\overline{w'T'})_z-(-\overline{w'T'})_0=\int_0^z\frac{\mathrm{d}\overline{T}}{\mathrm{d}t}\mathrm{d}z \tag{9.32}$$

选择积分上限使得右边积分值较小,例如等于地面值的10%,这样定义了近地层。则有

$$\overline{u'w'}\,|_0\approx\overline{u'w'}\,|_z \tag{9.33}$$

$$\overline{v'w'}\,|_0\approx\overline{v'w'}\,|_z \tag{9.34}$$

$$\overline{w'T'}\,|_0\approx\overline{w'T'}\,|_z \tag{9.35}$$

由定义可知,在近地层,雷诺应力和湍流热通量为近似不随高度变化,所以,常常把近地层称为常通量层。实际观测也表明,在离地面50～100 m高的范围内,湍流动量通量、热量通量和水汽通量随高度变化小于通量本身的十分之一,可以忽略。在平均情形下,近地层中的风向也几乎随高度没有变化,因此为简便起见,取x轴沿平均风速的方向。

近地层大气中,风速、温度和湿度等物理量随高度迅速变化,而且其变化特征与大气层结稳定度有关。了解不同层结大气中这些物理量的垂直分布对大气湍流、大气扩散、建筑物安全、飞行器发射等具有重要意义。

根据流体力学中的湍流半经验理论,将湍流通量与平均场的梯度相联系,以z方向输送的通量为例,它们之间的关系为

$$\tau_{zx}=-\rho\overline{u'w'}=\rho K_M\frac{\partial\bar{u}}{\partial z} \tag{9.20}$$

$$Q_H=\rho\overline{w'c_pT'}=-\rho K_H\frac{\partial\overline{T}}{\partial z} \tag{9.22}$$

$$Q_E=\rho\overline{w'q'}=-\rho K_E\frac{\partial\bar{q}}{\partial z} \tag{9.23}$$

将Q_H式中的气温用位温θ来表示,则有

$$Q_H=\rho\overline{w'\theta'}=-\rho K_H\frac{\partial\bar{\theta}}{\partial z} \tag{9.36}$$

式中,K_M,K_H和K_E分别为湍流动量、热量和水汽交换系数,$-\rho\overline{u'w'}$是湍流应力。引进湍流交换系数后,只要已知K,就能使运动方程闭合求解,因此也称这种半经验理论为K理论。运用K理论的关键是正确地确定K。

上节中,由普朗特混合长理论将湍流交换系数与混合长l和平均场梯度相联系,则

$$K_M = l^2 \left| \frac{\partial \bar{u}}{\partial z} \right| \tag{9.19}$$

因此,如果根据不同情况对 l 作出适当的假设,就能产生相应的 K 和相应的运动方程解。下面分别来讨论中性层结和非中性层结的情况。

1. 中性层结

根据稳定度定义,中性层结条件下,$\frac{\partial \bar{\theta}}{\partial z}=0$,位温 θ 不随高度变化。因为在近地面层中,$p \approx 1000$ hPa,故 $\theta \cong T$,$\frac{\partial \bar{\theta}}{\partial z} \cong \frac{\partial \bar{T}}{\partial z}$,温度随高度基本不变,可作等温看待。下面来求解近地层风廓线。

对不同温度层结,l 随 z 的变化是不同的。在中性层结时,采用普朗特的假设

$$l = \kappa z \tag{9.37}$$

式中,κ 为冯·卡曼(von Karman)常数,其值由风洞实验或野外试验资料确定,范围在 0.35～0.43 之间,一般取 0.4。将式(9.37)代入式(9.19)得

$$K_M = \kappa^2 z^2 \left| \frac{\partial \bar{u}}{\partial z} \right|, \tag{9.38}$$

再将式(9.38)代入式(9.20)得

$$\tau_{zx} = \rho \kappa^2 z^2 \left| \frac{\partial \bar{u}}{\partial z} \right| \frac{\partial \bar{u}}{\partial z}$$

即

$$\frac{\tau_{zx}}{\rho} = \kappa^2 z^2 \left(\frac{\partial \bar{u}}{\partial z} \right)^2 \tag{9.39}$$

由前面的分析可知,在近地层 $\overline{u'w'}\mid_0 \approx \overline{u'w'}\mid_z$,即 $\frac{\tau_{zx}}{\rho}$ 不随高度发生变化,$\sqrt{\frac{\tau_{zx}}{\rho}}$ 具有速度的因次,它是表征湍流性质的一个特征尺度,定义为摩擦速度或特征速度,用 u_* 表示,故式(9.39)可写成

$$\frac{\partial \bar{u}}{\partial z} = \frac{u_*}{\kappa z} \tag{9.40}$$

对式(9.40)从 z_0 到 z 进行积分,取边界条件为 $z=z_0$ 时,$\bar{u}=0$;当高度为 z 时,其速度为 $\bar{u}$,则得到平均风速的垂直廓线

$$\bar{u} = \frac{u_*}{\kappa} \ln \frac{z}{z_0} \tag{9.41}$$

式(9.41)表明中性层结条件下近地层风速廓线的典型形式是对数风廓线。摩擦速度 u_* 的量级为 0.05～0.3 m/s。z_0 是风速等于零的高度,称为地面粗糙度长度,简称粗糙度。粗糙度 z_0 是表征下垫面粗糙状况的一个特征长度,取决于地面粗糙因子,如粗糙元的几何高度、形状和分布密度。不同的下垫面具有不同的 z_0,z_0 的值可由风洞实验或野外观测的风廓线资料求取。表 9.1 是根据 Stull(1991)和 Pielke

(1990)提供的资料综合得出的各类下垫面 z_0 的典型值。显然,粗糙因子越高,z_0 也越大,然而,z_0 总小于粗糙因子的几何高度。

表 9.1　各类下垫面的 z_0 值

下垫面类型	z_0(m)
冰面、滑泥地	$\sim 10^{-5}$
雪面	$5\times10^{-5}\sim10^{-4}$
广阔水域	$10^{-4}\sim10^{-3}$
平坦沙漠	$3\times10^{-4}\sim10^{-3}$
短草(2～10 cm)、平坦草原	$10^{-3}\sim2\times10^{-2}$
长草(60～70 cm),庄稼	$2\times10^{-2}\sim10^{-1}$
城郊、小城镇	0.1～0.6
果园	0.5～1
大镇、城市中心、森林、丘陵、中等山区	1～6

将式(9.40)代入式(9.38),就可获得近地层中性条件下的动量交换系数表达式

$$K_M=\kappa u_* z \tag{9.42}$$

可见,交换系数随高度呈线性增加。

由于对水汽湍流交换系数 K_E 研究得较少,而 K_M,K_H 和 K_E 的量值大致相同,故设 $K_E=K_M=\kappa u_* z$,代入式(9.23),则

$$Q_E=-\rho\kappa u_* z\frac{\partial\overline{q}}{\partial z} \tag{9.43}$$

对式(9.43)进行积分,便得到湿度廓线表达式

$$\overline{q}=-\frac{Q_E}{\rho\kappa u_*}\ln z+c'$$

或

$$\overline{q}-\overline{q}_0=-\frac{Q_E}{\rho\kappa u_*}\ln\frac{z}{z_0} \tag{9.44}$$

式中,$\overline{q}_0$ 是 $z=z_0$ 处的比湿。

类似于摩擦速度 u_*,引入湍流特征温度 θ_*(也称摩擦温度)和特征比湿 q_*(也称摩擦湿度)。

近地面向上湍流热量通量定义为

$$Q_H=\rho\overline{w'\theta'}=-\rho u_*\theta_*$$

即

$$\theta_*=-\frac{Q_H}{\rho u_*}=-\frac{\overline{w'\theta'}}{u_*} \tag{9.45}$$

近地面向上湍流水汽通量定义为

$$Q_E=\rho\overline{w'q'}=-\rho u_* q_*$$

即
$$q_* = -\frac{Q_E}{\rho u_*} = -\frac{\overline{w'q'}}{u_*} \tag{9.46}$$

则
$$\bar{q} = \frac{q_*}{\kappa}\ln z + c'$$

或
$$\bar{q} - \bar{q}_0 = \frac{q_*}{\kappa}\ln\frac{z}{z_0} \tag{9.47}$$

由于近地层为常通量层，因此，在近地层 q_* 也是不随高度变化的常值。式(9.47)表明，中性层结条件下，近地层大气的湿度分布也是对数廓线。

在中性层结条件下，测得边界层任意两个高度上的风速值即可求得摩擦速度 u_* 和粗糙度 z_0。例如，测得 $z=z_1$ 处，$\bar{u}=\bar{u}_1$；$z=z_2$ 处，$\bar{u}=\bar{u}_2$，其中 $z_2>z_1$。由于

$$\bar{u}_1 = \frac{u_*}{\kappa}\ln\left(\frac{z_1}{z_0}\right) \tag{9.48}$$

$$\bar{u}_2 = \frac{u_*}{\kappa}\ln\left(\frac{z_2}{z_0}\right) \tag{9.49}$$

式(9.49)减式(9.48)，得

$$\bar{u}_2 - \bar{u}_1 = \frac{u_*}{\kappa}\left(\ln\left(\frac{z_2}{z_0}\right) - \ln\left(\frac{z_1}{z_0}\right)\right)$$

即有
$$\bar{u}_2 - \bar{u}_1 = \frac{u_*}{\kappa}\ln\left(\frac{z_2}{z_1}\right)$$

所以

$$u_* = \kappa\frac{\bar{u}_2 - \bar{u}_1}{\ln(z_2/z_1)} \tag{9.50}$$

式(9.49)除以式(9.48)，得

$$\frac{\bar{u}_2}{\bar{u}_1} = \frac{\ln z_2 - \ln z_0}{\ln z_1 - \ln z_0}$$

所以
$$\ln z_0 = \frac{\bar{u}_1\ln z_2 - \bar{u}_2\ln z_1}{\bar{u}_1 - \bar{u}_2}$$

则
$$z_0 = \exp\left(\frac{\bar{u}_1\ln z_2 - \bar{u}_2\ln z_1}{\bar{u}_1 - \bar{u}_2}\right)$$

由于两个高度的测风记录不能很好地反映风的垂直分布状态，误差很大。因此，如果测得多个高度的资料，则用图解法或用曲线拟合法来求出 u_* 和 z_0。

2. 非中性层结

在非中性层结条件下，近地层风、温、湿廓线除受到动力因子的影响外，还受到热力因子的作用，情况比中性层结条件下复杂得多。非中性层结风廓线偏离对数分布，稳定层结呈上凸型，不稳定层结呈下凹型。图 9.2 中的三条风廓线表示了典型的风速分布的日变化。清晨或傍晚，近中性层结，风廓线接近对数律，白天太阳辐射强，温度超绝热递减，不稳定层结，风廓线为下凹型；夜晚地面辐射降温，稳定层结，

风廓线为上凸型。

确定近地层风、温、湿廓线的一种方法是采用半经验理论,具体的半经验模式的形式很多,这里介绍指数律和综合乘幂律两种模式。

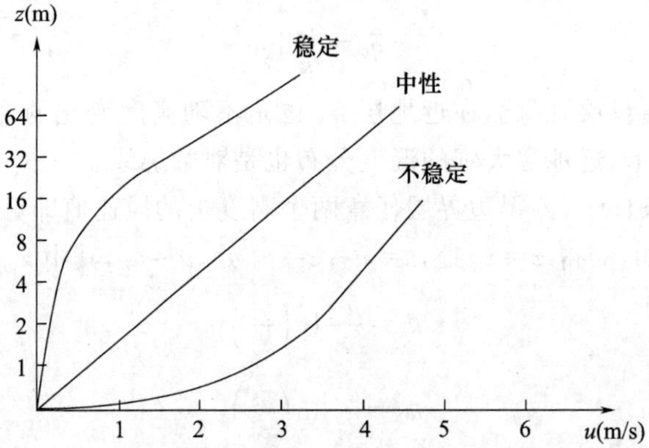

图 9.2 不同层结风廓线示意图(引自赵鸣 等,1991)

(1)指数律

设

$$l=l_0 z^p \tag{9.51}$$

式中,l_0 为 $z=1$ m 的混合长,p 与稳定度有关($p\neq1$),将其代入式(9.19),则

$$K_M=l_0^2 z^{2p}\left|\frac{\partial\bar{u}}{\partial z}\right| \tag{9.52}$$

将式(9.52)代入式(9.20)得

$$\tau_{zx}=\rho l_0^2 z^{2p}\left|\frac{\partial\bar{u}}{\partial z}\right|\frac{\partial\bar{u}}{\partial z} \tag{9.53}$$

则

$$u_*^2=\frac{\tau_{zx}}{\rho}=l_0^2 z^{2p}\left(\frac{\partial\bar{u}}{\partial z}\right)^2$$

即

$$u_*=l_0 z^p\frac{\partial\bar{u}}{\partial z} \tag{9.54}$$

积分式(9.54),令 $1-p=n$,并取边界条件:$z=0$ 时,$\bar{u}=0$,则有

$$\bar{u}=\frac{u_*}{l_0 n}z^n \tag{9.55}$$

取某一观测高度 $z=z_1$ 时,$\bar{u}=\bar{u}_1$,便可得 $z=z_1$ 高度上的风速

$$\bar{u}_1=\frac{u_*}{l_0 n}z_1^n \tag{9.56}$$

式(9.55)和式(9.56)相比得

$$\frac{\bar{u}}{\bar{u}_1}=\left(\frac{z}{z_1}\right)^n,\quad 0<n<1 \tag{9.57}$$

这就是常用的近地层指数律风廓线表达式。式中 n 是稳定度参数,其值随着稳定度的增加而增加,此外,它还与风速和粗糙度有关。此时

$$K_M=l_0 z^p u_* \tag{9.58}$$

交换系数随高度也呈指数变化。

取 K_H,K_E 值与 K_M 相等,分别代入式(9.36)和式(9.23),则

$$Q_H=-\rho l_0 z^p u_* \frac{\partial\bar{\theta}}{\partial z} \tag{9.59}$$

$$Q_E=-\rho l_0 z^p u_* \frac{\partial\bar{q}}{\partial z} \tag{9.60}$$

即

$$\frac{\partial\bar{\theta}}{\partial z}=\frac{\theta_*}{l_0 z^p} \tag{9.61}$$

$$\frac{\partial\bar{q}}{\partial z}=\frac{q_*}{l_0 z^p} \tag{9.62}$$

分别对式(9.61)和式(9.62)积分,则有

$$\bar{\theta}=\frac{\theta_*}{l_0 n}z^n+c_1$$

$$\bar{q}=\frac{q_*}{l_0 n}z^n+c_2$$

取边界条件 $z=0$ 时,$\bar{\theta}=\bar{\theta}_0$,$\bar{q}=\bar{q}_0$,则

$$\bar{\theta}-\bar{\theta}_0=\frac{\theta_*}{l_0 n}z^n \tag{9.63}$$

$$\bar{q}-\bar{q}_0=\frac{q_*}{l_0 n}z^n \tag{9.64}$$

取某一观测高度 $z=z_1$ 时,$\bar{\theta}=\bar{\theta}_1$,$\bar{q}=\bar{q}_1$,则有

$$\bar{\theta}_1-\bar{\theta}_0=\frac{\theta_*}{l_0 n}z_1^n \tag{9.65}$$

$$\bar{q}_1-\bar{q}_0=\frac{q_*}{l_0 n}z_1^n \tag{9.66}$$

式(9.63)除以式(9.65),式(9.64)除以式(9.66)得

$$\frac{\bar{\theta}-\bar{\theta}_0}{\bar{\theta}_1-\bar{\theta}_0}=\left(\frac{z}{z_1}\right)^n \tag{9.67}$$

$$\frac{\bar{q}-\bar{q}_0}{\bar{q}_1-\bar{q}_0}=\left(\frac{z}{z_1}\right)^n \tag{9.68}$$

式(9.67)和式(9.68)即位温和比湿的指数律分布形式。

(2)综合乘幂律

以上所述指数律形式简单、应用方便,但是它不适用于紧靠地面处,而且在中性和近中性层结条件下不如对数律更合适。苏联学者拉依赫特曼(Лайхтман)对此作

了改进,他设

$$l=Az^{1-\varepsilon} \tag{9.69}$$

式中,ε 为层结参数,$A=A(\varepsilon)$是 ε 的函数。

将式(9.69)代入式(9.19),得

$$K_M=A^2z^{2(1-\varepsilon)}\left|\frac{\partial \bar{u}}{\partial z}\right| \tag{9.70}$$

将式(9.70)代入式(9.20),得

$$\tau_{zx}=\rho A^2z^{2(1-\varepsilon)}\left|\frac{\partial \bar{u}}{\partial z}\right|\frac{\partial \bar{u}}{\partial z} \tag{9.71}$$

则 有 $$u_*^2=\frac{\tau_{zx}}{\rho}=A^2z^{2(1-\varepsilon)}\left(\frac{\partial \bar{u}}{\partial z}\right)^2 \tag{9.72}$$

即 $$u_*=Az^{1-\varepsilon}\frac{\partial \bar{u}}{\partial z} \tag{9.73}$$

积分式(9.73),取边界条件:$z=z_0$ 时,$\bar{u}=0$,即得

$$\bar{u}=\frac{u_*}{A\varepsilon}(z^\varepsilon-z_0^\varepsilon) \tag{9.74}$$

$$\bar{u}_1=\frac{u_*}{A\varepsilon}(z_1^\varepsilon-z_0^\varepsilon) \tag{9.75}$$

式(9.74)除以式(9.75),则得风速的综合幂次律公式

$$\bar{u}=\bar{u}_1\ \frac{z^\varepsilon-z_0^\varepsilon}{z_1^\varepsilon-z_0^\varepsilon} \tag{9.76}$$

式(9.76)对 z 分别求一阶和二阶偏导,则有

$$\frac{\partial \bar{u}}{\partial z}=\frac{\varepsilon\bar{u}_1}{z_1^\varepsilon-z_0^\varepsilon}z^{\varepsilon-1} \tag{9.77}$$

$$\frac{\partial^2 \bar{u}}{\partial z^2}=\frac{\varepsilon(\varepsilon-1)\bar{u}_1}{z_1^\varepsilon-z_0^\varepsilon}z^{\varepsilon-2} \tag{9.78}$$

综合幂次律中的稳定度参数 ε 可正可负。根据观测,在逆温时,即层结稳定时,ε 为正,其值范围为 $0<\varepsilon<0.5$;在不稳定时,ε 为负,其值范围为 $-0.5<\varepsilon<0$;中性时 $\varepsilon=0$,这时式(9.76)将转化为对数律,因此它比简单乘幂律好,但其计算比指数律复杂。

这时的交换系数表达式为

$$K_M=Au_*z^{1-\varepsilon} \tag{9.79}$$

或 $$K_M=K_{M_1}\left(\frac{z}{z_1}\right)^{1-\varepsilon} \tag{9.80}$$

交换系数随高度呈幂次律变化。比较中性层结与非中性层结时的交换系数,有

$$\frac{K_{M中性}}{K_{M非中性}}=\frac{\kappa u_*z}{Au_*z^{1-\varepsilon}}=\frac{\kappa}{A}z^\varepsilon \tag{9.81}$$

式中，z 远大于1。当层结稳定时，ε 为正，故 $K_{M中性}>K_{M稳定}$；当层结不稳定时，ε 为负，故 $K_{M中性}<K_{M不稳定}$。可见层结稳定时，湍流交换系数值小；层结不稳定时，湍流交换系数大。K 随时间的变化主要是由于温度层结不同的作用所致：当午后层结不稳定时，湍流容易发展，K 的数值较大；晚上层结稳定或逆温的温度层结，湍流运动受到阻碍，K 的数值也较小。K 的日变化明显地反映在风速大小和风速垂直梯度的日变化上。

取 K_H，K_E 与 K_M 相等，分别代入式(9.36)和式(9.23)，有

$$Q_H=-\rho Au_* z^{1-\varepsilon}\frac{\partial\overline{\theta}}{\partial z} \tag{9.82}$$

$$Q_E=-\rho Au_* z^{1-\varepsilon}\frac{\partial\overline{q}}{\partial z} \tag{9.83}$$

即

$$\theta_*=Az^{1-\varepsilon}\frac{\partial\overline{\theta}}{\partial z} \tag{9.84}$$

$$q_*=Az^{1-\varepsilon}\frac{\partial\overline{q}}{\partial z} \tag{9.85}$$

对式(9.84)和式(9.85)进行积分，取边界条件 $z=z_0$ 时，$\overline{\theta}=\overline{\theta}_0$，$\overline{q}=\overline{q}_0$，则

$$\overline{\theta}-\overline{\theta}_0=\frac{\theta_*}{A\varepsilon}(z^{\varepsilon}-z_0^{\varepsilon}) \tag{9.86}$$

$$\overline{q}-\overline{q}_0=\frac{q_*}{A\varepsilon}(z^{\varepsilon}-z_0^{\varepsilon}) \tag{9.87}$$

取 z_1 和 z_2 高度处的位温和比湿为$\overline{\theta}_1$、$\overline{\theta}_2$ 和$\overline{q}_1$、$\overline{q}_2$，就可得位温和湿度的综合幂次律分布公式

$$\frac{\overline{\theta}-\overline{\theta}_1}{\overline{\theta}_2-\overline{\theta}_1}=\frac{z^{\varepsilon}-z_1^{\varepsilon}}{z_2^{\varepsilon}-z_1^{\varepsilon}} \tag{9.88}$$

$$\frac{\overline{q}-\overline{q}_1}{\overline{q}_2-\overline{q}_1}=\frac{z^{\varepsilon}-z_1^{\varepsilon}}{z_2^{\varepsilon}-z_1^{\varepsilon}} \tag{9.89}$$

下面来决定 $A(\varepsilon)$的确切形式。拉依赫特曼认为，近地面层温度层结对空气运动的影响只在离开下垫面一定高度以上才变得显著。在此高度以内，下垫面刚体边界对于空气运动的限制作用胜过热力作用的影响。因此，在紧靠近地面附近必定有很薄的一层，其中的空气可以当成均匀的介质。这种看法有事实根据：近地面层中的梯度观测表明，不管温度层结的稳定或不稳定，紧靠近地面附近的气象要素分布都满足对数定律。据此，在下垫面附近可以引用流体力学中对于均匀流体的湍流运动的一般结果。拉依赫特曼用了卡曼(Karman)相似原理研究均匀不可压缩流体时得到的混合长关系来计算 z_0 高度(z_0 很小)的混合长，因而决定了 $A(\varepsilon)$。卡曼所得结果为

$$l=\kappa\left|\frac{\dfrac{\partial\bar{u}}{\partial z}}{\dfrac{\partial^2\bar{u}}{\partial z^2}}\right| \tag{9.90}$$

式中,κ 即前面的冯·卡曼常数,$\kappa=0.4$,结合式(9.77)和式(9.78)得到 z_0 高度上的混合长

$$l_0=\frac{\kappa z_0}{1-\varepsilon} \tag{9.91}$$

由式(9.69)得

$$l_0=Az_0^{1-\varepsilon} \tag{9.92}$$

则由式(9.91)和式(9.92)得

$$Az_0^{1-\varepsilon}=\frac{\kappa z_0}{1-\varepsilon}$$

则

$$A=\frac{\kappa z_0^{\varepsilon}}{1-\varepsilon} \tag{9.93}$$

9.4 定常条件下边界层风速、温度和湿度的垂直分布

前面讨论了近地层内气象要素的分布问题,近地层是处于大气下部,只占整个大气边界层的一部分,它也是目前大气边界层中研究得比较透彻的部分。整个大气边界层的平均厚度为 1～1.5 km,随着生产实践和科学研究的进一步发展,人们愈来愈需要了解整个大气边界层内气象要素的变化规律,如大气污染、航空、建筑、天气预报及气象学等的其他领域,要求研究整个大气边界层则更为迫切。

整个大气边界层由于高度范围较大,气象要素的时空分布非常复杂,实际观测资料若不经过以一定理论为依据,进行模式加工,是很难看出其规律性的。为了能定量地了解气象要素的分布规律,人们往往采用在分析大量观测资料的基础上,建立起各种理论模式,并用实际观测资料对模式进行验证,使之完整化,从而总结出规律,为预报大气边界层的气象要素的时空分布服务。本节考虑气象要素不随时间变化的问题,即讨论定常情况下大气边界层的气象要素的分布问题。

9.4.1 埃克曼方程

在大气边界层中,气压梯度力、科氏力和湍流黏性力同量级。假设平均气流为水平运动的情况下,可看作不存在上升或下沉气流;再假设水平均匀,略去水平平流项,则运动方程的水平分量为以下形式

$$\frac{\partial\bar{u}}{\partial t}-f\bar{v}=-\frac{1}{\rho}\frac{\partial\bar{p}}{\partial x}+\nu\frac{\partial^2\bar{u}}{\partial z^2}-\frac{\partial}{\partial z}(\overline{u'w'}) \tag{9.94}$$

$$\frac{\partial \bar{v}}{\partial t}+f\bar{u}=-\frac{1}{\rho}\frac{\partial \bar{p}}{\partial y}+\nu\frac{\partial^2 \bar{v}}{\partial z^2}-\frac{\partial}{\partial z}(\overline{v'w'}) \tag{9.95}$$

大气边界层中，离地面 5～10 cm 以上，分子黏性力比湍流作用项小两个量级，可以略去。因而式(9.94)和式(9.95)可写成

$$\frac{\partial \bar{u}}{\partial t}-f\bar{v}=-\frac{1}{\rho}\frac{\partial \bar{p}}{\partial x}-\frac{\partial}{\partial z}(\overline{u'w'}) \tag{9.96}$$

$$\frac{\partial \bar{v}}{\partial t}+f\bar{u}=-\frac{1}{\rho}\frac{\partial \bar{p}}{\partial y}-\frac{\partial}{\partial z}(\overline{v'w'}) \tag{9.97}$$

考虑正压大气，边界层内的气压梯度力不随高度变化，可以用边界层以上自由大气中的地转风分量代替

$$u_g=-\frac{1}{\rho f}\frac{\partial \bar{p}}{\partial y} \tag{9.98}$$

$$v_g=\frac{1}{\rho f}\frac{\partial \bar{p}}{\partial x} \tag{9.99}$$

则运动方程可写为

$$\frac{\partial \bar{u}}{\partial t}-f(\bar{v}-v_g)=-\frac{\partial}{\partial z}(\overline{u'w'}) \tag{9.100}$$

$$\frac{\partial \bar{v}}{\partial t}+f(\bar{u}-u_g)=-\frac{\partial}{\partial z}(\overline{v'w'}) \tag{9.101}$$

利用湍流半经验理论，有

$$-\frac{\tau_{zx}}{\rho}=\overline{u'w'}=-K_M\frac{\partial \bar{u}}{\partial z} \tag{9.102}$$

$$-\frac{\tau_{zy}}{\rho}=\overline{v'w'}=-K_M\frac{\partial \bar{v}}{\partial z} \tag{9.103}$$

式中，K_M 为湍流动量交换系数。若将 K_M 写成 K，则有

$$\frac{\partial \bar{u}}{\partial t}-f(\bar{v}-v_g)=\frac{\partial}{\partial z}\left(K\frac{\partial \bar{u}}{\partial z}\right) \tag{9.104}$$

$$\frac{\partial \bar{v}}{\partial t}+f(\bar{u}-u_g)=\frac{\partial}{\partial z}\left(K\frac{\partial \bar{v}}{\partial z}\right) \tag{9.105}$$

在定常条件下，并取 x 轴与地转风一致，有 $v_g=0$，则

$$f\bar{v}+\frac{\partial}{\partial z}\left(K\frac{\partial \bar{u}}{\partial z}\right)=0 \tag{9.106}$$

$$-f(\bar{u}-u_g)+\frac{\partial}{\partial z}\left(K\frac{\partial \bar{v}}{\partial z}\right)=0 \tag{9.107}$$

设湍流交换系数 K 为常数，则有以下方程

$$f\bar{v}+K\frac{\partial^2 \bar{u}}{\partial z^2}=0 \tag{9.108}$$

$$-f(\bar{u}-u_g)+K\frac{\partial^2 \bar{v}}{\partial z^2}=0 \tag{9.109}$$

引入复速度

$$\widetilde{V}=\bar{u}+\mathrm{i}\bar{v} \tag{9.110}$$

则

$$K\frac{\mathrm{d}^2\widetilde{V}}{\mathrm{d}z^2}+f(-\mathrm{i}\bar{u}+\bar{v})+\mathrm{i}fu_g=0$$

即

$$K\frac{\mathrm{d}^2\widetilde{V}}{\mathrm{d}z^2}-\mathrm{i}f\widetilde{V}=-\mathrm{i}fu_g \tag{9.111}$$

也即二次常系数非齐次方程

$$K\frac{\mathrm{d}^2(\widetilde{V}-u_g)}{\mathrm{d}z^2}-\mathrm{i}f(\widetilde{V}-u_g)=0 \tag{9.112}$$

其通解形式为

$$\widetilde{V}-u_g=B_1\mathrm{e}^{\sqrt{\frac{\mathrm{i}f}{K}}z}+B_2\mathrm{e}^{-\sqrt{\frac{\mathrm{i}f}{K}}z} \tag{9.113}$$

式中,B_1 和 B_2 是待定常数。

忽略近地层的影响,则下边界条件为 $z=0$ 时,$\bar{u}=\bar{v}=0$,即 $\widetilde{V}=0$;当风远离地面时,上边界条件为 $z\to\infty$时,$\bar{u}=u_g$,$\bar{v}=0$,即 $\widetilde{V}=u_g$。则由上边界得 $B_1=0$,由下边界得 $B_2=-u_g$。所以

$$\widetilde{V}=u_g\left(1-\mathrm{e}^{-\sqrt{\frac{\mathrm{i}f}{K}}z}\right) \tag{9.114}$$

根据复数运算规则 $\sqrt{\mathrm{i}}=\frac{1}{\sqrt{2}}(1+\mathrm{i})$,故

$$\widetilde{V}=u_g\left(1-\mathrm{e}^{-\sqrt{\frac{f}{2K}}(1+\mathrm{i})z}\right) \tag{9.115}$$

式(9.115)分解为实部和虚部,得

$$\bar{u}=u_g\left[1-\mathrm{e}^{-\sqrt{\frac{f}{2K}}z}\cos\sqrt{\frac{f}{2K}}z\right] \tag{9.116}$$

$$\bar{v}=u_g\mathrm{e}^{-\sqrt{\frac{f}{2K}}z}\sin\sqrt{\frac{f}{2K}}z \tag{9.117}$$

记

$$\gamma=\sqrt{\frac{f}{2K}} \tag{9.118}$$

则

$$\bar{u}=u_g(1-\mathrm{e}^{-\gamma z}\cos\gamma z) \tag{9.119}$$

$$\bar{v}=u_g\mathrm{e}^{-\gamma z}\sin\gamma z \tag{9.120}$$

式(9.118)—式(9.120)称为埃克曼公式。若已知 f 和 K,可通过埃克曼公式求出各高度上风的分量。而各高度上风速大小 $\overline{V}$ 和地转风的偏角 α 为

$$\overline{V}=(\overline{u}^2+\overline{v}^2)^{\frac{1}{2}}=u_g\left(1-2e^{-\sqrt{\frac{f}{2K}}z}\cos\sqrt{\frac{f}{2K}}z+e^{-2\sqrt{\frac{f}{2K}}z}\right)^{\frac{1}{2}} \tag{9.121}$$

$$\alpha=\arctan\frac{\overline{v}}{\overline{u}}=\arctan\frac{e^{-\sqrt{\frac{f}{2K}}z}\sin\sqrt{\frac{f}{2K}}z}{1-e^{-\sqrt{\frac{f}{2K}}z}\cos\sqrt{\frac{f}{2K}}z} \tag{9.122}$$

当$\sqrt{\frac{f}{2K}}$已经给定(指定纬度和给定湍流交换系数 K),根据式(9.121)和式(9.122)则可决定各高度上风速的大小和方向。

9.4.2　埃克曼螺线及性质

从式(9.121)和式(9.122)可看出,风矢量是随高度变化的。把各高度上的风矢量投影到同一平面内,其矢端的连线称为埃克曼螺线(Ekman spiral),如图 9.3。埃克曼螺线有以下性质:

(1)螺旋线经过原点。因为 $z=0$ 时,$\overline{u}=\overline{v}=0$。

(2)在地面上,$z=0$,$\tan\alpha=\lim\limits_{z\to 0}\frac{e^{-\sqrt{\frac{f}{2K}}z}\sin\sqrt{\frac{f}{2K}}z}{1-e^{-\sqrt{\frac{f}{2K}}z}\cos\sqrt{\frac{f}{2K}}z}$ $=1$,这时,即地面上风向和等压线的夹角为 45°。

(3)风速随高度增加而增大,并逐渐趋于地转风。

(4)在北半球,实际风偏向于地转风的左方。随高度增加,风逐渐向右偏转,α 逐渐变小,最后为地转风方向。

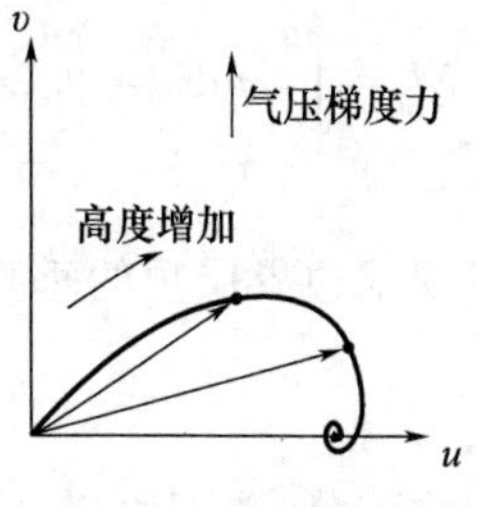

图 9.3　埃克曼螺线示意图

(5)在北半球背风而立,高压在右后方,低压在左前方。

9.4.3　边界层顶的高度

由于自由大气中空气运动近似为地转风,因此,在通常情况下令 $\alpha=0$ 时的高度为边界层顶的高度。这时有

$$\sqrt{\frac{f}{2K}}z=n\pi,\quad n=0,1,2,3\cdots \tag{9.123}$$

一般情况下 $z>0$,取第一次($n=1$)出现与地转风平行时的高度 H 为大气边界层上界的高度(埃克曼层厚度),即

$$H=\pi\sqrt{\frac{2K}{f}} \tag{9.124}$$

取 $f=10^{-4}\ \mathrm{s^{-1}}$,$K=5\ \mathrm{m^2/s}$,则 $H\approx10^3$ m。以上是 K 为常数时的结论。

9.4.4 埃克曼抽吸作用及次级环流

在北半球自由大气中,风向平行于等压线,高压在右,低压在左。在埃克曼层中由于有摩擦,边界层风速小于地转风,风穿过等压线有指向低压的分量。

当等压线成曲线时(不是平行状),如低压中心,风穿过等压线,气流分量在边界层产生辐合,低压系统出现上升气流;高压区则相反,垂直气流向下并辐散。这种由边界层摩擦诱发产生的垂直运动过程就叫作埃克曼抽吸作用(Ekman suction)。抽吸把质量、热量、动量和水汽等带向自由大气,如台风登陆后的迅速填塞就是地面摩擦加大,使穿越等压线的气流加强所致。

利用埃克曼螺线公式可以求得大气边界层上界的垂直速度,这是一个很重要的物理量。在理想的埃克曼螺旋解中,因 x 轴与等压线平行,风的 u 分量对空气穿越等压线无贡献。在某一高度 z,δz 厚度里,单位时间穿越单位长度等压线,向低压一侧输送的空气质量为 $\rho v\delta z$。在边界层内 $0\sim H$ 高度,单位面积气柱向低压方向输送的空气质量为

$$M=\int_0^H\rho v\mathrm{d}z=\int_0^H\rho u_g\mathrm{e}^{-\sqrt{\frac{f}{2K}}z}\sin\sqrt{\frac{f}{2K}}z\mathrm{d}z=\frac{1}{2}\rho\sqrt{\frac{2K}{f}}u_g(1+\mathrm{e}^{-\pi})\approx\frac{1}{2}\rho\sqrt{\frac{2K}{f}}u_g \tag{9.125}$$

现求边界层顶的垂直速度 $\overline{W}_H$。由质量连续方程

$$\frac{\partial\overline{W}}{\partial z}=-\left(\frac{\partial\bar{u}}{\partial x}+\frac{\partial\bar{v}}{\partial y}\right)$$

对上式积分,取下边界 $z=0$ 时,$\overline{W}=0$。则

$$\overline{W}_H=-\int_0^H\left(\frac{\partial\bar{u}}{\partial x}+\frac{\partial\bar{v}}{\partial y}\right)\mathrm{d}z \tag{9.126}$$

由于 x 轴与等压线平行,气压 p 沿 x 轴方向即等压线方向不变,由式(9.98)可得

$$\frac{\partial u_g}{\partial x}=\frac{\partial}{\partial x}\left(-\frac{1}{\rho f}\frac{\partial\bar{p}}{\partial y}\right)=-\frac{1}{\rho f}\frac{\partial}{\partial y}\left(\frac{\partial\bar{p}}{\partial x}\right)=0 \tag{9.127}$$

所以

$$\frac{\partial\bar{u}}{\partial x}=\frac{\partial u_g}{\partial x}\left(1-\mathrm{e}^{-\sqrt{\frac{f}{2K}}z}\cos\sqrt{\frac{f}{2K}}z\right)=0 \tag{9.128}$$

这样,有

$$\begin{aligned}\overline{W}_H&=-\int_0^H\frac{\partial\bar{v}}{\partial y}\mathrm{d}z=-\frac{\partial}{\partial y}\int_0^H v\mathrm{d}z=-\frac{1}{\rho}\frac{\partial M}{\partial y}=-\frac{1}{2}\sqrt{\frac{2K}{f}}\frac{\partial u_g}{\partial y}\\&=\frac{1}{2}\sqrt{\frac{2K}{f}}\zeta_g=\frac{1}{2\pi}\zeta_g H\end{aligned} \tag{9.129}$$

式中,ζ_g 为地转涡度,当 $\zeta_g>0$ 时,$\overline{W}_H>0$,边界层内有水平辐合,自由大气有水平辐散;当 $\zeta_g<0$ 时,$\overline{W}_H<0$,边界层内有水平辐散,自由大气有水平辐合。若取 $\zeta_g\sim10^{-5}$ 秒$^{-1}$,$H\sim1$ km,$f\sim10^{-4}\,\mathrm{s}^{-1}$,则 $\overline{W}_H$ 约为 $0.5\times10^{-2}\,\mathrm{cm\cdot s^{-1}}$ 的量级。

式(9.129)表明，边界层顶的垂直速度与地转涡度 ζ_g 成正比。这就说明，当边界层上界的地转风具有涡度时就会在边界层内部激发出强迫的铅直环流，即所谓的边界层次级环流。一级环流则是自由大气中的地转风运动，这里的次级环流是由摩擦引起的。通过 $\overline{W}_H$，自由大气与边界层进行质量和物理量的交换，自由大气中动量大的空气通过 $\overline{W}_H<0$ 被吸入边界层中；边界层中动量小的空气通过 $\overline{W}_H>0$ 被抽入自由大气中。这种作用称为埃克曼抽吸。

9.4.5　对下边界条件进行修正后的边界层风廓线及边界层高度

以上结果所选取的下边界条件显然是不合理的，因为取 $z=0$ 时，$\bar{u}=\bar{v}=0$，等于将上述理论扩展到近地面层。但是由前面的讨论，近地面层中湍流系数 K 随高度的改变或呈线性增加或呈指数增加，因此与开始取 K 为常数的假设显然不合。为了在理论中不包含近地面层，可将下边界条件取在近地面层的上界上。根据前面所说的近地面层的性质，因在平均情形下，近地面层中风向不随高度改变，而风速随高度增加，故一直到近地面层上界，风速垂直梯度 $\dfrac{\partial\widetilde{V}}{\partial z}$ 的方向也保持不变，而且和这层中的风向一致。因此，令起始高度上的边界条件为：当 $z=0$ 时，$\dfrac{\partial\widetilde{V}}{\partial z}$ 和 $\widetilde{V}$ 的方向相同。用这一边界条件可确定式(9.113)中的常数 B_2。因

$$\frac{\partial\widetilde{V}}{\partial z}=-B_2\sqrt{\frac{\mathrm{i}f}{K}}\,\mathrm{e}^{-\sqrt{\frac{\mathrm{i}f}{K}}z} \tag{9.130}$$

当 $z=0$ 时，

$$\left.\frac{\partial\widetilde{V}}{\partial z}\right|_{z=0}=-B_2\sqrt{\frac{\mathrm{i}f}{K}}=-B_2\sqrt{\frac{f}{2K}}(1+\mathrm{i}) \tag{9.131}$$

式中，B_2 设为复数，令

$$B_2=B_0\mathrm{e}^{\mathrm{i}\nu} \tag{9.132}$$

注意到

$$-(1+\mathrm{i})=\sqrt{2}\,\mathrm{e}^{-\frac{3\pi\mathrm{i}}{4}}$$

可得

$$\left.\frac{\partial\widetilde{V}}{\partial z}\right|_{z=0}=-B_0\mathrm{e}^{\mathrm{i}\nu}\sqrt{\frac{f}{2K}}(1+\mathrm{i})=B_0\sqrt{\frac{f}{K}}\,\mathrm{e}^{\mathrm{i}\left(\nu-\frac{3}{4}\pi\right)} \tag{9.133}$$

令地面风向和等压线之间的偏角为 β，则由式(9.133)，$\left(\nu-\dfrac{3}{4}\pi\right)$ 角度的方向和 β 角度的方向一致，即

$$\nu-\frac{3}{4}\pi=\beta$$

得

$$\nu=\frac{3}{4}\pi+\beta \tag{9.134}$$

又当 $z=0$ 时,有

$$\widetilde{V}|_{z=0}=u_g+B_0\mathrm{e}^{\mathrm{i}\nu} \tag{9.135}$$

则边界层下边界复速度如图 9.4 所示。

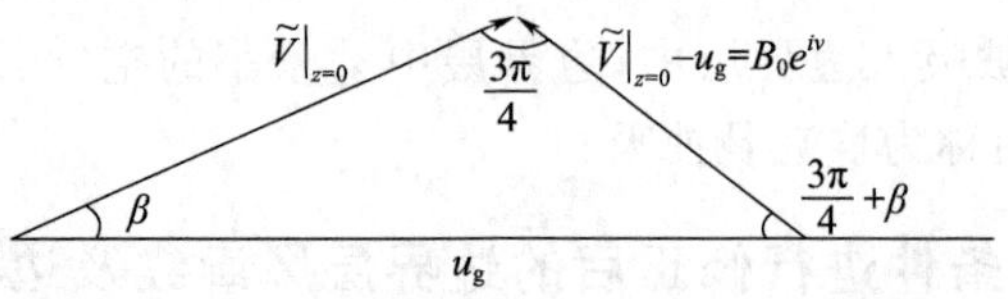

图 9.4 边界层下边界复速度示意图

对式(9.135)作变换,有

$$\widetilde{V}|_{z=0}=u_g+B_0(\cos\nu+\mathrm{i}\sin\nu)=u_g+B_0\cos\nu+\mathrm{i}B_0\sin\nu \tag{9.136}$$

由式(9.136)、图 9.4 和正弦定理,可得

$$\tan\beta=\frac{B_0\sin\nu}{u_g+B_0\cos\nu} \tag{9.137}$$

$$B_0=\sqrt{2}\,u_g\sin\beta \tag{9.138}$$

将式(9.134)和式(9.138)代入式(9.132),得

$$B_2=\sqrt{2}\,u_g\sin\beta\mathrm{e}^{\mathrm{i}\left(\frac{3}{4}\pi+\beta\right)} \tag{9.139}$$

于是有

$$\widetilde{V}=u_g+\sqrt{2}\,u_g\sin\beta\mathrm{e}^{-\sqrt{\frac{f}{2K}}z+\mathrm{i}\left(\frac{3}{4}\pi+\beta-\sqrt{\frac{f}{2K}}z\right)} \tag{9.140}$$

即

$$\bar{u}=u_g+\sqrt{2}\,u_g\sin\beta\mathrm{e}^{-\sqrt{\frac{f}{2K}}z}\cos\left(\frac{3}{4}\pi+\beta-\sqrt{\frac{f}{2K}}z\right) \tag{9.141}$$

$$\bar{v}=\sqrt{2}\,u_g\sin\beta\mathrm{e}^{-\sqrt{\frac{f}{2K}}z}\sin\left(\frac{3}{4}\pi+\beta-\sqrt{\frac{f}{2K}}z\right) \tag{9.142}$$

因 B_0 为正值,由式(9.138)可得 $\sin\beta$ 为正值。因此根据现在的边界条件,地面风向和等压线所成的角度 β 可以为小于 π 的任何角度。又由于边界层顶 H 处,$\bar{v}=0$,故由式(9.142)得

$$\sin\left(\frac{3}{4}\pi+\beta-\sqrt{\frac{f}{2K}}H\right)=0 \tag{9.143}$$

则

$$\frac{3}{4}\pi+\beta-\sqrt{\frac{f}{2K}}H=0$$

即

$$H=\sqrt{\frac{2K}{f}}\left(\frac{3}{4}\pi+\beta\right) \tag{9.144}$$

实际上,从理论上要使其解不包括近地面层,还可采用低层某高度上的实测风速作为起始条件,从而确定风速的表达式中的积分常数 B_2。

9.4.6 K 不为常数时的边界层风廓线

前面讨论的是 K 为常数时的情形。当 K 不为常数时，由方程(9.106)和式(9.107)可知，若已知 K，即可求得方程的解。对 K 的研究有许多尝试，例如假定 K 为常数，导出埃克曼螺线；假定 K 在大气下层随高度线性增加，到某一高度后 K 为常值，即折断模式：

当 $z \leqslant Z_1$ 时，$K=(a-bz)^2$

当 $z \geqslant Z_1$ 时，$K=(a-bZ_1)^2$

式中，Z_1 表示近地面层以上摩擦层中的某高度，a 和 b 为常数，a，b 和 Z_1 都随时间地点而改变，根据实际的测风数据来决定。也有假定 $K=z^n$ 和 $K=e^{az}$，等等。事实上，前面提到湍流系数 K 除随高度改变外，也随时间改变。K 随时间的变化主要是由于温度层结的作用。因此，这些模式对于 K 的分布有人为的性质及局限性，不能反映大气的真实情况。近年来由于计算机技术的发展，人们可以基于湍流理论来求出 K，把 K 作为未知函数和方程一起解出。这样就客观得多，其解也符合实际。以下我们将介绍一种方法，与近地层类似，应用混合长理论将 K 与混合长联系。

1. 中性层结

将近地层中的 K 推广成

$$K=l^2\left[\left(\frac{\partial \bar{u}}{\partial z}\right)^2+\left(\frac{\partial \bar{v}}{\partial z}\right)^2\right]^{\frac{1}{2}} \tag{9.145}$$

对上式的 l 作适当假设，就能使方程组闭合。

Blackadar(1962)根据观测事实(K 从地面开始增加，至某高度后达最大，以后又逐渐减小)假设

$$\begin{cases} l=\dfrac{\kappa(z+z_0)}{1+\dfrac{\kappa(z+z_0)}{\lambda}} \\ \lambda=\dfrac{27\times 10^{-5}V_g}{f} \end{cases} \tag{9.146}$$

式中，V_g 为地转风。而 l 取

$$l=\frac{\kappa(z+z_0)}{1+33.63\left(\dfrac{zf}{\kappa u_*}\right)} \tag{9.147}$$

将方程(9.145)和(9.146)或方程(9.145)和(9.147)与运动方程(9.106)和(9.107)联合，考虑边界条件 $z=z_0$ 时，$\bar{u}=\bar{v}=0$；$z=H$ 时，$\bar{u}=u_g$，$\bar{v}=0$，则组成闭合方程组，它是一个非线性方程组，故只能用数值方法求解，其解法也各不相同。Blackadar(1962)求出的风矢端迹图如图 9.5 所示。可见，z_0 较大时，风与等压线的交角较大，风速随高度增加也较慢。

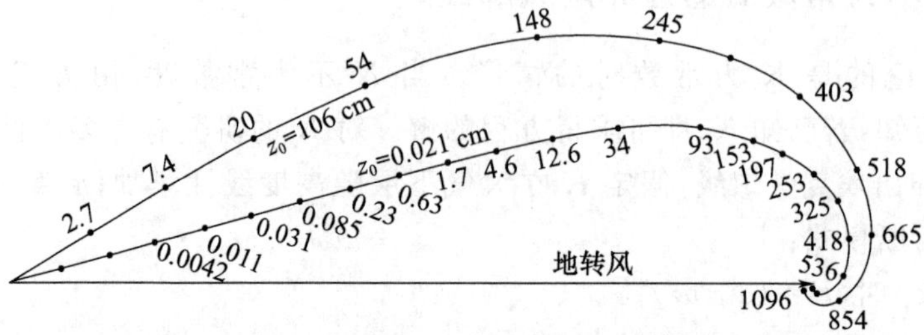

图 9.5 边界层风矢端迹图(Blackadar,1962)

(图中两条线分别为 $z_0=0.021$ cm 和 $z_0=106$ cm 的情况,线上的数字表示高度,单位 m)

2. 非中性层结

在非中性层结条件下,可以将层结对 K 的影响直接放到 K 的表达式中。非中性层结条件下,考虑层结影响的 K 模式已有不少,归纳起来大致可分为两类。一种是对 K 作经验假设,其中大部分在中性层结 K 模式中加入稳定度因子项(或浮力项);另一种是将非中性近地层大气中的 K 经过适当处理推广到全边界层。

首先介绍第一种方法,列出几种 K 的经验假设。

(1)苏联学者采用

$$K=l^2\left[\left(\frac{\partial\bar{u}}{\partial z}\right)^2+\left(\frac{\partial\bar{v}}{\partial z}\right)^2-\alpha_{\mathrm{h}}\frac{g}{\bar{\theta}}\frac{\partial\bar{\theta}}{\partial z}\right]^{\frac{1}{2}} \tag{9.148}$$

式中,l 取中性层结时的值,$\alpha_{\mathrm{h}}=K_H/K_M$。

(2)Estoque 等(1969)取

$$K=\begin{cases}l^2\left|\dfrac{\partial\mathbf{V}}{\partial z}\right|(1-\alpha_c S) & \dfrac{\partial\bar{\theta}}{\partial z}<0\\ l^2\left|\dfrac{\partial\mathbf{V}}{\partial z}\right|(1+\alpha_c S) & \dfrac{\partial\bar{\theta}}{\partial z}\geqslant 0\end{cases} \tag{9.149}$$

式中,$S=\dfrac{(gl)^{\frac{1}{2}}}{\bar{\theta}}\cdot\dfrac{\dfrac{\partial\bar{\theta}}{\partial z}}{\left|\dfrac{\partial\mathbf{V}}{\partial z}\right|}$,$\alpha_c$ 是经验常数。

Estoque 等(1969)还提出另外一个 K 模式

$$K=\begin{cases}l^2\left|\dfrac{\partial\mathbf{V}}{\partial z}\right|(1+\alpha R_i)^2 & R_i<0\\ l^2\left|\dfrac{\partial\mathbf{V}}{\partial z}\right|(1-\alpha R_i)^{-2} & R_i\geqslant 0\end{cases} \tag{9.150}$$

式中,l 取式(9.146),α 取为-3。

(3) Yamamoto 等(1966)同时考虑动力和热力因子对 K 的影响后推出

$$K=\begin{cases} K^2 z^2\left[\left|\dfrac{\partial \mathbf{V}}{\partial z}\right|+\left(\dfrac{g}{\theta}\left|\dfrac{\partial \bar{\theta}}{\partial z}\right|\right)^{\frac{1}{2}}\right] \\ K^2 z^2\left[\left|\dfrac{\partial \mathbf{V}}{\partial z}\right|-\left(\dfrac{L}{\sigma z}\right)^{p}\left(\dfrac{\sigma g}{\theta}\left|\dfrac{\partial \bar{\theta}}{\partial z}\right|\right)^{\frac{1}{2}}\right] \end{cases} \tag{9.151}$$

式中，L 为莫宁－奥布霍夫长度，$L=\dfrac{-\overline{\theta_v} u_*^3}{\kappa g\ (\overline{w'\theta'_v})_s}$；$\sigma$ 为经验常数，$\sigma=15\pm3$；$p=1/6$。

下面介绍第二种方法(Yamamoto et al.，1968)。

将运动方程写成

$$\frac{1}{\rho}\frac{\partial \tau_{zx}}{\partial z}+f(\bar{v}-v_g)=0 \tag{9.152}$$

$$\frac{1}{\rho}\frac{\partial \tau_{zy}}{\partial z}-f(\bar{u}-u_g)=0 \tag{9.153}$$

$$\frac{\tau_{zx}}{\rho}=K\frac{\partial \bar{u}}{\partial z} \tag{9.154}$$

$$\frac{\tau_{zy}}{\rho}=K\frac{\partial \bar{v}}{\partial z}, \tag{9.155}$$

在近地层，根据半经验 K 理论关系

$$-\rho\overline{u'w'}=\tau_{zx}=\text{常数}$$

以及无因次风切变函数

$$\Phi_m=\frac{\kappa z}{u_*}\frac{\partial \bar{u}}{\partial z} \tag{9.156}$$

即可得

$$K=\frac{\kappa u_* z}{\Phi_m} \tag{9.157}$$

按 Yamamoto 本人的研究，Φ(以下用 Φ 代替 Φ_m)满足

$$\Phi^4-|\zeta|^{1-2p}\Phi^3-2\Phi^2+1=0 \tag{9.158}$$

式中，$\zeta=\dfrac{\sigma z}{L}$，$\sigma$ 为常数，其值等于 15 左右，p 是与稳定度有关的常数，不稳定时 $p=0$，稳定时 $p=\dfrac{1}{6}$。但是在近地层以上，u_* 已不为常数，因此以 $\left|\dfrac{\tau}{\rho}\right|^{\frac{1}{2}}$ 代替 u_*，K 即可推广应用到全边界层，这时

$$K=\kappa z\left|\frac{\tau}{\rho}\right|^{\frac{1}{2}}\frac{1}{\Phi} \tag{9.159}$$

$$\zeta=\frac{-\sigma\kappa z\dfrac{g}{\theta}Q_H}{\left|\dfrac{\tau}{\rho}\right|^{\frac{3}{2}}} \tag{9.160}$$

并且,认为式(9.160)中的 Q_H 随高度而变。若 Q_H 随高度变化的函数已知,就可以知道 θ 的分布,则方程组(9.152)—(9.155)和(9.158)—(9.160)闭合可解。Yamamoto 对 Q_H 随 z 的变化作适当假设后,得出 θ 分布及对应的中性和稳定层结下的风螺旋。稳定层结下,低层风随高度的变化比中性的慢,但在中上层其变化却比中性时快;另外,稳定时在较低的高度就能达地转风,等压线与地面风之间的夹角也较中性时大。

习 题

1. 大气边界层分为几层?简述各层的特点。

2. 什么是混合长?普朗特混合长理论的主要特征是什么?

3. 边界层内的湍流输送有何特点?

4. 在中性层结条件下,有如下观测数据:$z=0.25$ m 处,$u=3.49$ m/s;$z=0.5$ m 处,$u=4.62$ m/s,试求下垫面粗糙度参数 z_0,摩擦速度 u_*,1 m 处的风速及中性层结下湍流动量交换系数。

5. 埃克曼螺线有哪些性质?

6. 假定 $\varphi=40°$N 处,$u_g=10$ m/s,$K_M=5$ m²/s,利用埃克曼公式分别求出 $z=100$ m,$z=200$ m,$z=400$ m 和 $z=1000$ m 处的水平风速和风向偏角,并利用这些高度的水平风绘制埃克曼螺线图。

7. 什么是埃克曼抽吸?假定 $\varphi=40°$N 处,$\zeta_g=10^{-5}\ \mathrm{s^{-1}}$ m/s,$K=5$ m²/s,$H=1000$ m,求埃克曼层顶的垂直速度,并说明由此引起的次级环流的情况。

假定 $\varphi=40°$N 处,$u_g=10$ m/s,$K=5$ m²/s,当 $z=0$ m 时,风速和风速垂直梯度的方向相同,并有地面风向和等压线之间的夹角为 $\beta=40°$,试求 $z=100$ m 处的水平风速和风向偏角。

第 10 章　大气能量学

能量守恒原理是大气运动必须遵循的一个基本物理原理。任何大气过程总是与一定的能量过程相联系的。天气系统的发生、发展和消亡的过程总是一种或几种能量的制造、相互转换和耗散的结果。从能量学的角度分析和阐明大气运动的特征和性质，是深入认识大气运动规律的又一重要途径。本章将讨论大气中除辐射能之外的主要能量形式及能量变化、转换与平衡的规律。

10.1　大气中的能量及能量平衡方程

10.1.1　基本能量形式及其平衡方程

除了辐射能外，大气中的基本能量形式主要有内能、重力位能、动能和潜热能等，本小节将讨论单位质量空气的基本能量形式及能量变化的支配方程或能量平衡方程。

10.1.1.1　内能

单位质量空气的内能 I（又称比内能）定义为

$$I \equiv c_v T \tag{10.1}$$

式中，c_v 为空气的比定容热容；T 为气温（K）。

热力学第一定律可表示为

$$c_v \frac{\mathrm{d}T}{\mathrm{d}t} = \hat{Q} - p\frac{\mathrm{d}\alpha}{\mathrm{d}t} \tag{10.2}$$

式中，$\hat{Q} \equiv \delta Q/\delta t$ 为对单位质量空气的非绝热加热率；p 和 α 分别为空气的压力和比容。单位质量空气的内能平衡方程则可表示为

$$\frac{\mathrm{d}I}{\mathrm{d}t} = \hat{Q} - p\frac{\mathrm{d}\alpha}{\mathrm{d}t} \tag{10.3}$$

或

$$\frac{\mathrm{d}I}{\mathrm{d}t} = \hat{Q} - \frac{p}{\rho}\nabla \cdot \boldsymbol{V} \tag{10.4}$$

可见,单位质量空气的内能变化率($\mathrm{d}I/\mathrm{d}t$)取决于它所接收到的非绝热加热率($\hat{Q}$)和它对抗压力场(p)所产生的压缩或膨胀功率($p\mathrm{d}\alpha/\mathrm{d}t$)。非绝热加热($\hat{Q}>0$)将使气块内能增大($\mathrm{d}I/\mathrm{d}t>0$),伴随升温;非绝热冷却($\hat{Q}<0$)则使气块内能减小($\mathrm{d}I/\mathrm{d}t<0$),伴随降温。当气块被压缩($\mathrm{d}\alpha/\mathrm{d}t<0$)时,其内能将增大,而当气块膨胀($\mathrm{d}\alpha/\mathrm{d}t>0$)时,其内能将减小。

10.1.1.2　位能

假定在海平面上($z=0$)重力位能为零,则在 z 高度上,单位质量空气的重力位能(简称为位能)ϕ 可表示为

$$\phi\equiv gz \tag{10.5}$$

式中,g 为重力加速度。ϕ 就是单位质量空气从海平面($z=0$)上升到 z 高度时必须克服重力($\boldsymbol{g}$)所做的功。上式对时间微分,有

$$\frac{\mathrm{d}\phi}{\mathrm{d}t}=gw \tag{10.6}$$

或

$$\frac{\mathrm{d}\phi}{\mathrm{d}t}=-\boldsymbol{g}\cdot\boldsymbol{V} \tag{10.7}$$

式中,$\boldsymbol{g}\equiv-g\boldsymbol{k}$ 是重力加速度矢;$\boldsymbol{V}=u\boldsymbol{i}+v\boldsymbol{j}+w\boldsymbol{k}$ 为全风速矢,$w\equiv\mathrm{d}z/\mathrm{d}t$ 为空气运动的铅直(z 方向)速度分量,u 和 v 则分别为 x 和 y 方向(水平方向)的速度分量,$\boldsymbol{i},\boldsymbol{j}$ 和 $\boldsymbol{k}$ 分别为 x,y 和 z 方向上的单位矢量。式(10.7)即单位质量空气微团的重力位能平衡方程。它表明,空气微团的位能变化率($\mathrm{d}\phi/\mathrm{d}t$)等于克服重力对该空气微团做功的功率($-\boldsymbol{g}\cdot\boldsymbol{V}$)。

10.1.1.3　动能

单位质量空气的动能 K 定义为

$$K\equiv\frac{1}{2}V^2 \tag{10.8}$$

式中

$$V\equiv|\boldsymbol{V}|=\sqrt{u^2+v^2+w^2} \tag{10.9}$$

为风速矢的模(全风速)。单位质量空气的运动方程可表示为

$$\frac{\mathrm{d}\boldsymbol{V}}{\mathrm{d}t}=-\frac{1}{\rho}\nabla p-2\boldsymbol{\Omega}\times\boldsymbol{V}+\boldsymbol{g}+\boldsymbol{F}_{\mathrm{r}} \tag{10.10}$$

式中,$\boldsymbol{F}_{\mathrm{r}}$ 为摩擦力。用 $\boldsymbol{V}$ 点乘上式,可得动能平衡方程

$$\frac{\mathrm{d}K}{\mathrm{d}t}=-\frac{1}{\rho}\boldsymbol{V}\cdot\nabla p+\boldsymbol{V}\cdot\boldsymbol{g}+\boldsymbol{V}\cdot\boldsymbol{F}_{\mathrm{r}} \tag{10.11}$$

右边三项分别为气压梯度力、重力和摩擦力对单位质量空气的做功率。

10.1.1.4 潜热能

单位质量空气的潜热能 H 为

$$H \equiv Lq \tag{10.12}$$

式中，L 为水汽的凝结潜热；q 为空气的比湿。空气的水汽质量守恒方程可表示为

$$\frac{\mathrm{d}q}{\mathrm{d}t} = S \tag{10.13}$$

式中，S 为水汽源或汇，即在单位时间内，单位质量湿空气通过水汽的相变、传输和扩散过程所获得(或损失)的水汽。由以上两式可得潜热能平衡方程为

$$\frac{\mathrm{d}H}{\mathrm{d}t} = LS \tag{10.14}$$

10.1.2 组合能量及其平衡方程

在大气科学的理论研究或应用分析中，有时可能会采用由两种或两种以上基本能量组合而成的能量，即组合能量。常见的组合能量有感热能、全位能、温湿能、静力能和总能量等。下面将讨论单位质量空气的几种组合能量的定义及其平衡方程。

10.1.2.1 感热能

单位质量空气的感热能 h 定义为

$$h \equiv I + RT = c_p T \tag{10.15}$$

式中，c_p 为空气的比定压热容。感热能即是单位质量空气的焓，它只与空气的温度有关，相对于“潜热”能而言，称之为“感热”能或“显热”能。由热力学第一定律，可得感热能的平衡方程为

$$\frac{\mathrm{d}h}{\mathrm{d}t} = \hat{Q} + \alpha \frac{\mathrm{d}p}{\mathrm{d}t} \tag{10.16}$$

可见，在等压过程($\mathrm{d}p/\mathrm{d}t=0$)中，非绝热加热将完全用于感热能(焓)的增加。

10.1.2.2 全位能

全位能 P 定义为内能与重力位能之和

$$P \equiv I + \phi = c_v T + gz \tag{10.17}$$

由式(10.4)与式(10.6)，可得全位能的平衡方程

$$\frac{\mathrm{d}P}{\mathrm{d}t} = \hat{Q} - \frac{p}{\rho} \nabla \cdot \mathbf{V} + gw \tag{10.18}$$

10.1.2.3 温湿能

单位质量空气的温湿能 h_{m} 定义为

$$h_{\mathrm{m}} \equiv c_p T + Lq \tag{10.19}$$

此即感热能与潜热能之和,又称湿焓。由式(10.14)和式(10.16)可得温湿能的平衡方程为

$$\frac{\mathrm{d}h_{\mathrm{m}}}{\mathrm{d}t} = \hat{Q} + \alpha \frac{\mathrm{d}p}{\mathrm{d}t} + LS \tag{10.20}$$

10.1.2.4 静力能

单位质量干空气和湿空气的静力能(不含动能)分别定义为

$$M_{\mathrm{d}} \equiv c_p T + gz \tag{10.21}$$

和

$$M_{\mathrm{m}} \equiv c_p T + gz + Lq \tag{10.22}$$

式中,M_{d} 又称为蒙哥马利(Montgomery)位势或蒙哥马利流函数,M_{m} 则称为湿蒙哥马利位势。静力能的平衡方程可分别表示为

$$\frac{\mathrm{d}M_{\mathrm{d}}}{\mathrm{d}t} = \hat{Q} + \alpha \frac{\mathrm{d}p}{\mathrm{d}t} + gw \tag{10.23}$$

$$\frac{\mathrm{d}M_{\mathrm{m}}}{\mathrm{d}t} = \hat{Q} + \alpha \frac{\mathrm{d}p}{\mathrm{d}t} + gw + LS \tag{10.24}$$

10.1.2.5 总能量

所有基本能量的总和称为总能量。干空气的总能量 E_{d} 定义为

$$E_{\mathrm{d}} \equiv c_p T + gz + \frac{1}{2}V^2 \tag{10.25}$$

湿空气的总能量 E_{m} 则为

$$E_{\mathrm{m}} \equiv c_p T + gz + Lq + \frac{1}{2}V^2 \tag{10.26}$$

利用(10.11)和(10.23)式,可得干空气的总能量平衡方程为

$$\frac{\mathrm{d}E_{\mathrm{d}}}{\mathrm{d}t} = \hat{Q} + \alpha \frac{\partial p}{\partial t} + \boldsymbol{V} \cdot \boldsymbol{F}_{\mathrm{r}} \tag{10.27}$$

类似地,利用式(10.11)和式(10.24),可得湿空气的总能量平衡方程为

$$\frac{\mathrm{d}E_{\mathrm{m}}}{\mathrm{d}t} = \hat{Q} + LS + \alpha \frac{\partial p}{\partial t} + \boldsymbol{V} \cdot \boldsymbol{F}_{\mathrm{r}} \tag{10.28}$$

10.1.3 能量守恒原理

若大气运动满足下列条件:

(1)过程是绝热的,$\hat{Q}=0$;

(2)压力是定常的,$\partial p/\partial t=0$;

(3)无摩擦,$\boldsymbol{F}_r=0$。

则由式(10.27)可知,干空气的总能量守恒。即有

$$\frac{\mathrm{d}E_{\mathrm{d}}}{\mathrm{d}t}=0 \tag{10.29}$$

或

$$E_d \equiv c_p T + gz + \frac{1}{2}V^2 = 常数 \tag{10.30}$$

对于湿空气,如果除了满足上述条件外,还满足

(4)水汽源汇为零,$S=0$。

则湿空气的总能量亦守恒,即有

$$\frac{\mathrm{d}E_{\mathrm{m}}}{\mathrm{d}t}=0 \tag{10.31}$$

或

$$E_{\mathrm{m}} \equiv c_p T + gz + Lq + \frac{1}{2}V^2 = 常数 \tag{10.32}$$

10.2　铅直气柱中的能量

本节将计算单位水平面积的铅直气柱中的各种能量,并比较各种能量的相对大小。

10.2.1　单位水平面积铅直气柱中的能量

1. 内能

设空气密度为 $\rho(\equiv 1/\alpha)$,则单位体积空气的内能为 $\rho c_v T$,任意体积 τ 上的总内能 I^* 可用体积 τ 上的积分表示为

$$I^* = \int_\tau \rho I \,\mathrm{d}\tau = \int_\tau \rho c_v T \,\mathrm{d}\tau \tag{10.33}$$

式中,上标“ * ”号表示任一有限体积 τ 中的能量(下同);I 为由式(10.1)定义的单位质量空气的内能。利用静力平衡关系,单位水平截面积、整个铅直气柱的内能可表示为

$$I^* \equiv \int_0^\infty \rho c_v T \,\mathrm{d}z = g^{-1}\int_0^{p_0} c_v T \,\mathrm{d}p \tag{10.34}$$

式中,p_0 为海平面($z=0$)气压。

2. 位能

位于高度 z 处的单位体积空气的重力位能为 $\rho g z \,\mathrm{d}z$,体积 τ 上的位能 ϕ^* 为

$$\phi^* = \int_\tau \rho g z \,\mathrm{d}\tau \tag{10.35}$$

单位水平截面铅直气柱中的重力位能则可表示为

$$\phi^* = \int_\tau \rho \phi \,\mathrm{d}\tau = \int_0^\infty \rho g z \,\mathrm{d}z \tag{10.36}$$

利用静力平衡关系和如下的上边界条件

$$\lim_{\substack{z\to\infty\\ p\to 0}}(zp)=0 \tag{10.37}$$

可由式(10.36)求得

$$\phi^* \equiv g^{-1}\int_0^{p_0} RT\,\mathrm{d}p \tag{10.38}$$

可见,在静力平衡条件下,铅直气柱中的重力位能(ϕ^*)与内能(I^*)类似,都是只由气柱的温度 T 决定。随着气柱温度的升降,二者会同步变化(增大或减小)。在气象学中,有时将位能与内能合并在一起,称之为“全位能”。

3. 全位能

按定义,体积 τ 上的全位能 P^* 为

$$P^* = \int_\tau \rho P\,\mathrm{d}\tau = \int_\tau \rho(I+\phi)\,\mathrm{d}\tau \tag{10.39}$$

单位水平截面铅直气柱中的全位能则可表示为

$$P^* \equiv I^* + \phi^* = \frac{1}{g}\int_0^{p_0} c_p T\,\mathrm{d}p \tag{10.40}$$

式中,$c_p \equiv c_v + R$ 为空气的比定压热容。

4. 动能

单位体积空气的动能为 $\rho V^2/2$,体积 τ 上空气的总动能则为

$$K^* = \int_\tau \rho K\,\mathrm{d}\tau = \int_\tau \frac{1}{2}\rho V^2\,\mathrm{d}\tau \tag{10.41}$$

单位水平截面铅直气柱的动能为

$$K^* \equiv \int_0^\infty \frac{1}{2}\rho V^2\,\mathrm{d}z = g^{-1}\int_0^{p_0}\frac{1}{2}V^2\,\mathrm{d}p \tag{10.42}$$

5. 潜热能

单位体积空气的潜热能为 ρLq,体积 τ 上的总潜热能则为

$$H^* = \int_\tau \rho H\,\mathrm{d}\tau = \int_\tau \rho Lq\,\mathrm{d}\tau \tag{10.43}$$

单位水平截面铅直气柱的潜热能为

$$H^* \equiv \int_0^\infty \rho Lq\,\mathrm{d}z = g^{-1}\int_0^{p_0} Lq\,\mathrm{d}p \tag{10.44}$$

10.2.2 铅直气柱中各种能量的相对大小

1. 位能与内能之比

单位水平截面铅直气柱的位能与内能的比为

$$\frac{\phi^*}{I^*} = \frac{g^{-1}\int_0^{p_0} RT\,\mathrm{d}p}{g^{-1}\int_0^{p_0} c_v T\,\mathrm{d}p} = \frac{R}{c_v} \approx 0.4 \tag{10.45}$$

这里，取了比气体常数 $R=6.88\times10^{-2}\,\mathrm{cal/(g\cdot K)}$，比定容热容 $c_v=0.17\,\mathrm{cal/(g\cdot K)}$。式(10.45)表明，铅直气柱中的位能与内能成正比。位能约为内能的40%。

2. 全位能中内能与位能的相对大小

铅直气柱中内能和位能与全位能的比可分别表示为

$$\frac{I^*}{P^*}=\frac{g^{-1}\int_0^{p_0}c_vT\mathrm{d}p}{g^{-1}\int_0^{p_0}c_pT\mathrm{d}p}=\frac{c_v}{c_p}\approx0.7 \tag{10.46}$$

$$\frac{\phi^*}{P^*}=\frac{g^{-1}\int_0^{p_0}RT\mathrm{d}p}{g^{-1}\int_0^{p_0}c_pT\mathrm{d}p}=\frac{R}{c_p}\approx0.3 \tag{10.47}$$

这里，取了比定压热容 $c_p=0.24\,\mathrm{cal/(g\cdot K)}$。由此可见，铅直气柱的全位能中，内能是主要的，约占总量的70%，而位能只约占总量的30%。

3. 潜热能与全位能之比

铅直气柱中的潜热能与全位能的比可近似地估算为

$$\frac{H^*}{P^*}=\frac{g^{-1}\int_0^{p_0}Lq\mathrm{d}p}{g^{-1}\int_0^{p_0}c_pT\mathrm{d}p}\approx\frac{L\overline{q}}{c_p\overline{T}} \tag{10.48}$$

式中，$\overline{q}$ 与 $\overline{T}$ 分别为铅直气柱的平均比湿和气温。若取 $\overline{q}=0.02\mathrm{g/g}$，$\overline{T}=250\,\mathrm{K}$，$L=600\,\mathrm{cal/g}$，则有

$$H^*\approx0.2P^* \tag{10.49}$$

即，一般而言，潜热能仅约为全位能的20%。但是，某些特殊情况下，例如，在积云对流或热带气旋系统中，潜热能所占比重会大大增加，因此潜热能也是一种不可忽略的能量。

4. 动能与全位能之比

单位水平截面铅直气柱中的动能与全位能之比可估算为

$$\frac{K^*}{P^*}=\frac{g^{-1}\int_0^{p_0}\frac{1}{2}V^2\mathrm{d}p}{g^{-1}\int_0^{p_0}c_pT\mathrm{d}p}=\frac{R}{2c_v}\frac{\int_0^{p_0}V^2\mathrm{d}p}{\int_0^{p_0}\kappa RT\mathrm{d}p}\approx\frac{R\overline{V}^2}{2c_vc_\mathrm{L}^2} \tag{10.50}$$

式中，$\kappa\equiv c_p/c_v\approx1.41$，$c_\mathrm{L}\equiv\sqrt{\kappa RT}$ 为拉普拉斯声速，$\overline{V}$ 为气柱中的平均风速。若取 $c_\mathrm{L}\approx300\,\mathrm{m/s}$，$\overline{V}=15\,\mathrm{m/s}$，则有

$$\frac{K^*}{P^*}\approx\frac{1}{2000} \tag{10.51}$$

可见，动能在大气能量中所占分量是非常小的，只是全位能的二千分之一，大气全位能的数量相当大，能量主要是以全位能的形式储存在大气中。

10.3 有效位能

大气运动的根本能源是太阳辐射能。太阳辐射能先是通过一定的方式转变为大气的全位能,而后再由全位能转化为大气运动的动能。上述分析表明,相对而言,动能的数值是很微小的,因此,并非所有的全位能都能自动转换为动能,而是只有很小一部分全位能可释放出来,转化为动能。这部分可以转换为动能的全位能即所谓的“有效位能”。本节将讨论全位能与动能的转换和有效位能的概念。

10.3.1 全位能与动能间的转换

利用质量连续方程,可以证明,对于任一场变量 F,有如下积分公式成立

$$\frac{\mathrm{d}}{\mathrm{d}t}\int_{\tau}\rho F\delta\tau=\int_{\tau}\rho\,\frac{\mathrm{d}F}{\mathrm{d}t}\delta\tau \tag{10.52}$$

式中,τ 为积分区域的体积,$\delta\tau$ 表示积分的体积微元。利用式(10.52),可由式(10.39)和式(10.41)求得区域 τ 上全位能和动能的变化方程分别为

$$\frac{\mathrm{d}P^*}{\mathrm{d}t}=\int_{\tau}\rho\,\frac{\mathrm{d}P}{\mathrm{d}t}\delta\tau \tag{10.53}$$

和

$$\frac{\mathrm{d}K^*}{\mathrm{d}t}=\int_{\tau}\rho\,\frac{\mathrm{d}K}{\mathrm{d}t}\delta\tau \tag{10.54}$$

利用单位质量空气的全位能平衡方程式(10.18),可将式(10.53)改写为

$$\begin{aligned}\frac{\mathrm{d}P^*}{\mathrm{d}t}&=\int_{\tau}\rho\hat{Q}\delta\tau-\int_{\tau}p\ \nabla\cdot\boldsymbol{V}\delta\tau+\int_{\tau}\rho g w\delta\tau\\&=\int_{\tau}\rho\hat{Q}\delta\tau-\int_{\tau}\nabla\cdot(p\boldsymbol{V})\delta\tau+\int_{\tau}\boldsymbol{V}\cdot\nabla p\delta\tau+\int_{\tau}\rho g w\delta\tau\end{aligned}$$

利用高斯体积分与曲面积分的转换公式,上式可进一步改写为

$$\frac{\mathrm{d}P^*}{\mathrm{d}t}=\int_{\tau}\boldsymbol{V}\cdot\nabla p\delta\tau+\int_{\tau}\rho g w\delta\tau-\oint\!\!\oint_{S}pV_n\delta s+\int_{\tau}\rho\hat{Q}\delta\tau \tag{10.55}$$

式中,S 为包围体积 τ 的封闭曲面。利用单位质量空气的动能平衡方程(10.11),可将式(10.54)改写为

$$\frac{\mathrm{d}K^*}{\mathrm{d}t}=-\int_{\tau}\boldsymbol{V}\cdot\nabla p\delta\tau-\int_{\tau}\rho g w\delta\tau+\int_{\tau}\rho\boldsymbol{V}\cdot\boldsymbol{F}_r\delta\tau \tag{10.56}$$

式(10.55)和式(10.56)分别是区域 τ 上的全位能和动能平衡方程。它们定量地表述了全位能和动能的各自变化和相互转换的物理机制。影响全位能变化的物理过程可概述如下:

(1)非绝热加热(冷却)作用。式(10.55)右边最后一项代表非绝热加热($\hat{Q}>0$)或冷却($\hat{Q}<0$)对全位能的变化的影响。大气运动的根本能源来自太阳辐射加热,但是,

大气直接吸收太阳的短波辐射能是很少的，太阳辐射能主要是首先加热下垫面，然后通过长波辐射、水的相变、湍流热输送和分子热传导等过程，使大气的全位能增加。

(2)压缩或膨胀功的作用。式(10.55)右边第三项代表由于边界上的法向速度($V_n \neq 0$)引起空气块膨胀(或被压缩)时反抗压力场做功(或压力场对空气块做功)而使全位能减小(或增大)的作用。

(3)全位能与动能之间的转换。式(10.55)右边第一和第二项分别与式(10.56)右边第一和第二项大小相等，符号相反，它们是全位能与动能间的转换项。右边第一项是气压梯度力做功的功率。当 $-\int_\tau \boldsymbol{V} \cdot \nabla p \delta\tau > 0$ 时，压力梯度力对空气块做功，有全位能转换为动能，空气运动的动能增大($\mathrm{d}K^*/\mathrm{d}t > 0$)，全位能减小($\mathrm{d}P^*/\mathrm{d}t < 0$)；而当 $-\int_\tau \boldsymbol{V} \cdot \nabla p \delta\tau < 0$ 时，空气块反抗气压梯度力做功，消耗动能($\mathrm{d}K^*/\mathrm{d}t < 0$)，即动能转换为全位能，全位能增大($\mathrm{d}P^*/\mathrm{d}t > 0$)。右边第二项是空气有铅直运动时，重力的做功功率。当 $-\int_\tau \rho g w \delta\tau > 0$（下沉运动主导）时，重力对气块做功，有全位能转换为动能，即动能增大，全位能减小；反之，若有 $-\int_\tau \rho g w \delta\tau < 0$（上升运动主导），则是气块反抗重力做功而消耗动能，使全位能增大，即有动能转换为全位能。

式(10.56)右边第三项代表动能的摩擦消耗。为了补偿摩擦消耗，必须有全位能不断地转换为动能，才能维持大气不停顿的运动。

10.3.2　有效位能

实际大气中，只有极少部分全位能可以转换位动能，这部分全位能即所谓的“有效位能”(Lorenz，1955)。具体说来，有效位能是指系统的全位能与该系统经绝热调整到正压及静力平衡状态(一种参考状态)时所具有的全位能(即最小全位能)之差(图 10.1)。若设单位水平截面铅直气柱的全位能为 P^*，相应的参考状态下的全位能为 $P^*_{\min}$，则铅直气柱的有效位能 A^* 定义为

$$A^* \equiv P^* - P^*_{\min} \tag{10.57}$$

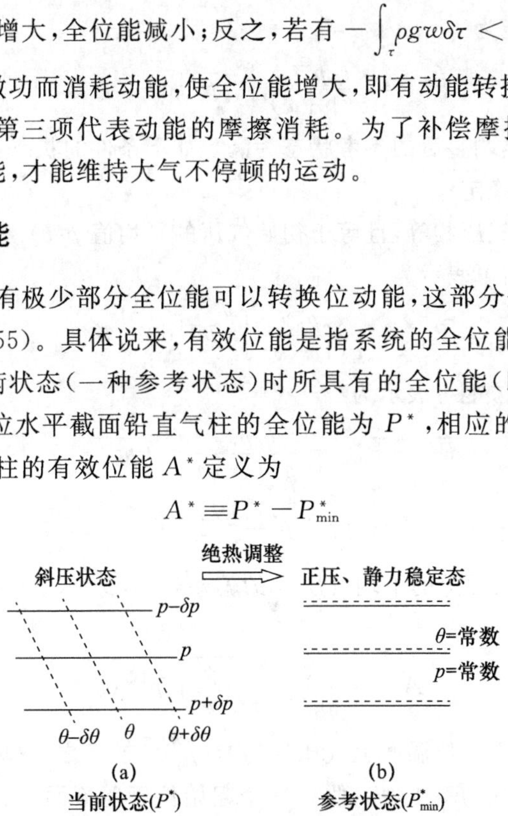

图 10.1　有效位能

按定义,位温可表示为

$$\theta \equiv T\left(\frac{1000}{p}\right)^{\kappa} \tag{10.58}$$

式中,$\kappa \equiv R/c_p \approx 0.286$。不考虑地形,取 $p_0=1000$ hPa,则(10.40)式可改写为

$$P^* = \frac{c_p}{g}\int_0^{p_0}\theta\left(\frac{p}{p_0}\right)^{\kappa}\mathrm{d}p = \frac{c_p p_0^{-\kappa}}{g(1+\kappa)}\int_0^{p_0}\theta\mathrm{d}p^{\kappa+1}$$

分部积分上式可得

$$P^* = \frac{c_p p_0^{-\kappa}}{g(1+\kappa)}\int_{\theta_0}^{\infty}p^{\kappa+1}\mathrm{d}\theta + \text{常数} \tag{10.59}$$

式中,用了如下边界条件

$$p=p_0,\theta=\theta_0;\quad p=0,\theta=\infty \tag{10.60}$$

若定义水平面积平均为

$$\overline{(\quad)} \equiv \frac{1}{S}\iint_S(\quad)\mathrm{d}x\mathrm{d}y \tag{10.61}$$

式中,S 为积分区域的水平面积,则对式(10.59)求面积平均,可得单位水平截面积铅直气柱的平均全位能为

$$\overline{P}^* = \frac{c_p p_0^{-\kappa}}{g(1+\kappa)}\int_{\theta_0}^{\infty}\overline{p^{\kappa+1}}\mathrm{d}\theta + \text{常数} \tag{10.62}$$

若取系统经绝热调整后的参考状态为满足如下条件的状态:

(1)正压且静力稳定;

(2)等 θ 面上的气压相等,且等于初始气压的平均值 $\overline{p}(\theta)$。

则系统的最小全位能可表示为

$$\overline{P}^*_{\min} = \frac{c_p p_0^{-\kappa}}{g(1+\kappa)}\int_{\theta_0}^{\infty}\overline{p}^{\kappa+1}\mathrm{d}\theta + \text{常数} \tag{10.63}$$

于是,区域平均有效位能可表示为

$$\overline{A}^* \equiv \overline{P}^* - \overline{P}^*_{\min} = \frac{c_p p_0^{-\kappa}}{g(1+\kappa)}\int_{\theta_0}^{\infty}(\overline{p^{1+\kappa}} - \overline{p}^{1+\kappa})\mathrm{d}\theta \tag{10.64}$$

令

$$p=\overline{p}+p'=\overline{p}\left(1+\frac{p'}{\overline{p}}\right) \tag{10.65}$$

式中,p' 为气压对等 θ 面上的平均气压 $\overline{p}$ 的偏差,且有 $\overline{p'}=0$。将 $p^{1+\kappa}$ 作二项式展开,略去高阶小项,可得

$$\overline{A}^* = \frac{R}{2gp_0^{\kappa}}\int_{\theta_0}^{\infty}\overline{\left(\frac{p'}{\overline{p}}\right)^2}\,\overline{p}^{1+\kappa}\mathrm{d}\theta \tag{10.66}$$

可见,有效位能取决于等位温面上气压的离差 $\overline{(p')^2}$,换言之,取决于等压面上的位温(或温度)离差,即大气的斜压性。假设一个起始位于等 θ 面上、气压为 $\overline{p}(\theta)$ 的空气微团绝热铅直位移到达等 $\theta+\delta\theta$ 面上,气压离差可估算为

$$p' = \overline{p}(\theta) - \overline{p}(\theta + \delta\theta) = -\frac{\partial \overline{p}}{\partial \theta}\delta\theta = \frac{\partial \overline{p}}{\partial \theta}\theta' \tag{10.67}$$

式中，$\theta' \equiv \theta - (\theta + \delta\theta) = -\delta\theta$ 为位温离差。令 $\overline{\theta}$ 和 $\overline{T}$ 分别表示等压面上的位温和温度的平均值，将上式代入式(10.66)，利用静力平衡关系，并注意，在等压面上，近似地有

$$\frac{\theta'}{\overline{\theta}} \approx \frac{T'}{\overline{T}} \approx \frac{\alpha'}{\overline{\alpha}}$$

式中，α 为空气的比容，可求得

$$\overline{A}^* = \frac{1}{2}\int_0^{p_0} \frac{g}{N^2} \overline{\left(\frac{\theta'}{\overline{\theta}}\right)^2} \mathrm{d}p \tag{10.68}$$

或

$$\overline{A}^* = \frac{1}{2}\int_0^{p_0} \frac{g}{N^2} \overline{\left(\frac{T'}{\overline{T}}\right)^2} \mathrm{d}p \tag{10.69}$$

或

$$\overline{A}^* = \frac{1}{2}\int_0^{p_0} \frac{g}{N^2} \overline{\left(\frac{\alpha'}{\overline{\alpha}}\right)^2} \mathrm{d}p \tag{10.70}$$

其中

$$N^2 \equiv \frac{g}{\overline{\theta}}\frac{\partial \overline{\theta}}{\partial z} = \frac{g}{\overline{T}}(\gamma_d - \gamma) \tag{10.71}$$

式中，N 为布伦特-维赛拉频率；γ 和 γ_d 分别为大气的层结温度递减率和干绝热减温率。由式(10.68)—式(10.70)可见，有效位能取决于等压面上的位温离差(θ')或温度离差(T')或比容离差(α')。对于正压大气，有 $\theta' = T' = \alpha' = 0$，于是 $\overline{A}^* = 0$，即有效位能为零，全位能达其最小值，再不可能有全位能转变为其他形式的能量了。

若在式(10.71)中取 $\gamma \approx 2\gamma_d/3$，$\overline{T'^2} = (15\ \mathrm{K})^2$，$\overline{T} \approx 270\ \mathrm{K}$，则有效位能与全位能的比可估计为

$$\frac{\overline{A}^*}{\overline{P}^*} \approx \frac{3}{2}\overline{\left(\frac{T'}{\overline{T}}\right)^2} \approx \frac{1}{200} \tag{10.72}$$

动能与有效位能的比则为

$$\frac{\overline{K}^*}{\overline{A}^*} = \left(\frac{\overline{K}^*}{\overline{P}^*}\right)\left(\frac{\overline{P}^*}{\overline{A}^*}\right) \approx \frac{1}{10} \tag{10.73}$$

可见，全位能中，只有约二百分之一是可以释放(有效)的；而这些可释放的位能中，只有大约十分之一转变成了动能。因此，若将大气视为一部由太阳辐射能所驱动的"热机"，太阳辐射能首先转变为全位能，然后再由全位能转变为大气运动的动能，那么可以说，大气是一部效率非常低的"热机"。

10.4 大尺度大气运动的能量转换与能量循环

在大尺度运动研究中，人们常将任一物理量 q 分解为沿纬圈平均的基本部分与扰动部分之和

$$q = \overline{q} + q' \tag{10.74}$$

其中

$$\overline{q} \equiv \frac{1}{2\pi}\int_0^{2\pi} q \mathrm{d}\lambda \tag{10.75}$$

为 q 沿纬圈的平均值,即运动的基本部分(基本量),λ 为经度;q'为 q 对于基本部分的偏差,即运动的扰动(或涡动)部分。回顾第一章的讨论,在湍流运动研究中,任一物理量可分解为平均部分和脉动部分之和。注意,式(10.74)与第 1 章的式(1.134)类似,只是平均值与偏差的含义不同而已。本节旨在分别建立基本场能量和扰动能量的平衡方程,并由此讨论能量转换与能量循环的规律。

10.4.1 纬向平均能量、基流能量与扰动能量的定义

按式(10.74),空气运动的水平风速 u 和 v 可分别表示为

$$u = \overline{u} + u', v = \overline{v} + v' \tag{10.76}$$

单位质量空气的水平运动动能为

$$K \equiv \frac{1}{2}(u^2 + v^2) = \frac{1}{2}(\overline{u}^2 + \overline{v}^2 + u'^2 + v'^2) + \overline{u}u' + \overline{v}v'$$

对上式进行纬向平均,得

$$\overline{K} = K_m + K_p \tag{10.77}$$

式中

$$K_m \equiv \frac{1}{2}(\overline{u}^2 + \overline{v}^2) \tag{10.78}$$

$$K_p \equiv \frac{1}{2}(\overline{u'^2} + \overline{v'^2}) \tag{10.79}$$

式中,$\overline{K}$ 为单位质量空气运动的纬向平均总动能;K_m 和 K_p 分别为单位质量空气运动的基(本)流动能和平均扰动动能。在包含空气质量为 M 的有限区域 τ 上的基流动能和平均扰动动能则可分别表示为

$$K_m^* = \int_\tau \rho K_m \mathrm{d}\tau = \int_M K_m \mathrm{d}m \tag{10.80}$$

$$K_p^* = \int_\tau \rho K_p \mathrm{d}\tau = \int_M K_p \mathrm{d}m \tag{10.81}$$

式中,$\mathrm{d}m \equiv \rho \mathrm{d}\tau$ 为积分微元体积 $\mathrm{d}\tau$ 中所含的空气质量。

定义单位质量空气的有效位能为

$$A \equiv \frac{1}{2\sigma}\left(\frac{\partial \phi}{\partial p}\right)^2 \tag{10.82}$$

其中

$$\sigma \equiv -\frac{1}{\rho_s}\frac{\partial \ln\theta_s}{\partial p} \tag{10.83}$$

为静力稳定度参数,设为常数;ρ_s 和 θ_s 分别为参考状态(如静力状态)的空气密度和位温。式(10.82)取纬向平均,可将纬向平均有效位能 $\overline{A}$ 表示为

$$\overline{A}=A_m+A_p \tag{10.84}$$

式中

$$A_m\equiv\frac{1}{2\sigma}\left(\frac{\partial\overline{\phi}}{\partial p}\right)^2 \tag{10.85}$$

$$A_p\equiv\frac{1}{2\sigma}\overline{\left(\frac{\partial\phi'}{\partial p}\right)^2} \tag{10.86}$$

分别为基流和扰动有效位能。区域 τ 上的基流和扰动有效位能则可分别表示为

$$A_m^*\equiv\int_\tau\rho A_m\mathrm{d}\tau=\int_M A_m\mathrm{d}m \tag{10.87}$$

$$A_p^*\equiv\int_\tau\rho A_p\mathrm{d}\tau=\int_M A_p\mathrm{d}m \tag{10.88}$$

10.4.2 能量平衡方程

采用 p 坐标系,大气运动基本方程组可表示为

$$\begin{cases}\dfrac{\partial u}{\partial t}+u\dfrac{\partial u}{\partial x}+v\dfrac{\partial u}{\partial y}+\omega\dfrac{\partial u}{\partial p}-fv=-\dfrac{\partial\phi}{\partial x}+F_x & (10.89)\\[2ex] \dfrac{\partial v}{\partial t}+u\dfrac{\partial v}{\partial x}+v\dfrac{\partial v}{\partial y}+\omega\dfrac{\partial v}{\partial p}+fu=-\dfrac{\partial\phi}{\partial y}+F_y & (10.90)\\[2ex] \dfrac{\partial\phi}{\partial p}=-\dfrac{RT}{p} & (10.91)\\[2ex] \dfrac{\partial u}{\partial x}+\dfrac{\partial v}{\partial y}+\dfrac{\partial\omega}{\partial p}=0 & (10.92)\\[2ex] \dfrac{\partial}{\partial t}\left(\dfrac{\partial\phi}{\partial p}\right)+u\dfrac{\partial}{\partial x}\left(\dfrac{\partial\phi}{\partial p}\right)+v\dfrac{\partial}{\partial y}\left(\dfrac{\partial\phi}{\partial p}\right)+\omega\dfrac{\partial}{\partial p}\left(\dfrac{\partial\phi}{\partial p}\right)+\omega\sigma=-\dfrac{R\hat{Q}}{pc_p} & (10.93)\end{cases}$$

式中,F_x 和 F_y 分别代表 x 和 y 方向的摩擦力分量。我们将从这个支配方程组出发,建立各种能量的平衡方程。

10.4.2.1 纬向平均动能平衡方程

用 u 和 v 分别乘式(10.89)和式(10.90)后两式相加,可得如下单位质量空气的动能方程

$$\frac{\partial K}{\partial t}+u\frac{\partial K}{\partial x}+v\frac{\partial K}{\partial y}+\omega\frac{\partial K}{\partial p}=-\left(u\frac{\partial\phi}{\partial x}+v\frac{\partial\phi}{\partial y}\right)+uF_x+vF_y \tag{10.94}$$

利用连续方程(10.92),上式可改写为

$$\frac{\partial K}{\partial t}+\frac{\partial uK}{\partial x}+\frac{\partial vK}{\partial y}+\frac{\partial\omega K}{\partial p}=-\left(\frac{\partial u\phi}{\partial x}+\frac{\partial v\phi}{\partial y}+\frac{\partial\omega\phi}{\partial p}\right)+\omega\frac{\partial\phi}{\partial p}+uF_x+vF_y$$

假定,在区域 τ 的边界上运动速度分量(或能量通量)为零,积分上式,可得

$$\frac{\partial K^*}{\partial t}=\int_M\omega\frac{\partial\phi}{\partial p}\mathrm{d}m+\int_M(uF_x+vF_y)\mathrm{d}m, \tag{10.95}$$

上式取纬向平均,可得区域 τ 上的纬向平均动能方程为

$$\frac{\partial \overline{K^*}}{\partial t}=\int_M \bar{\omega}\frac{\partial\bar{\phi}}{\partial p}\mathrm{d}m+\int_M \overline{\omega'\frac{\partial\phi'}{\partial p}}\mathrm{d}m+\int_M(\bar{u}\,\overline{F}_x+\bar{v}\,\overline{F}_y)\mathrm{d}m+\int_M(\overline{u'F'_x}+\overline{v'F'_y})\mathrm{d}m \tag{10.96}$$

10.4.2.2 纬向平均有效位能平衡方程

用$(1/\sigma)\partial\phi/\partial p$ 乘式(10.93),并利用连续方程,可得

$$\frac{\partial A}{\partial t}+\frac{\partial uA}{\partial x}+\frac{\partial vA}{\partial y}+\frac{\partial \omega A}{\partial p}=-\omega\frac{\partial\phi}{\partial p}-\frac{R\hat{Q}}{\sigma p c_p}\frac{\partial\phi}{\partial p}$$

式中,A 为式(10.82)定义的有效位能。在区域 τ 上积分上式,并取纬向平均,可得纬向平均有效位能的平衡方程为

$$\frac{\partial \overline{A^*}}{\partial t}=-\int_M \bar{\omega}\frac{\partial\bar{\phi}}{\partial p}\mathrm{d}m-\int_M \overline{\omega'\frac{\partial\phi'}{\partial p}}\mathrm{d}m+\overline{G} \tag{10.97}$$

其中

$$G\equiv-\int_M\frac{R\hat{Q}}{\sigma p c_p}\frac{\partial\phi}{\partial p}\mathrm{d}m \tag{10.98}$$

代表非绝热加热产生的位能制造率。

10.4.2.3 基流与扰动动能平衡方程

水平运动方程(10.89)和式(10.90)的纬向平均分别为

$$\frac{\partial\bar{u}}{\partial t}+\bar{v}\frac{\partial\bar{u}}{\partial y}+\bar{\omega}\frac{\partial\bar{u}}{\partial p}+\overline{u'\frac{\partial u'}{\partial x}}+\overline{v'\frac{\partial u'}{\partial y}}+\overline{\omega'\frac{\partial u'}{\partial p}}-f\bar{v}=\overline{F}_x \tag{10.99}$$

$$\frac{\partial\bar{v}}{\partial t}+\bar{v}\frac{\partial\bar{v}}{\partial y}+\bar{\omega}\frac{\partial\bar{v}}{\partial p}+\overline{u'\frac{\partial v'}{\partial x}}+\overline{v'\frac{\partial v'}{\partial y}}+\overline{\omega'\frac{\partial v'}{\partial p}}+f\bar{u}=-\frac{\partial\bar{\phi}}{\partial y}+\overline{F}_y \tag{10.100}$$

连续方程(10.92)的纬向平均为

$$\frac{\partial\bar{v}}{\partial y}+\frac{\partial\bar{\omega}}{\partial p}=0 \tag{10.101}$$

由连续方程减去其纬向平均式(10.101),得扰动连续方程

$$\frac{\partial u'}{\partial x}+\frac{\partial v'}{\partial y}+\frac{\partial\omega'}{\partial p}=0 \tag{10.102}$$

用$\bar{u}$ 和$\bar{v}$ 分别乘式(10.99)和式(10.100)并利用式(10.101)和式(10.102),可得单位质量空气的基流动能平衡方程为

$$\frac{\partial K_m}{\partial t}+\frac{\partial\bar{v}K_m}{\partial y}+\frac{\partial\bar{\omega}K_m}{\partial p}+\bar{u}\left(\frac{\partial\overline{u'v'}}{\partial y}+\frac{\partial\overline{u'\omega'}}{\partial p}\right)+\bar{v}\left(\frac{\partial\overline{v'^2}}{\partial y}+\frac{\partial\overline{v'\omega'}}{\partial p}\right)$$
$$=-\frac{\partial\bar{v}\bar{\phi}}{\partial y}-\frac{\partial\bar{\omega}\bar{\phi}}{\partial p}+\bar{\omega}\frac{\partial\bar{\phi}}{\partial p}+\bar{u}\,\overline{F}_x+\bar{v}\,\overline{F}_y \tag{10.103}$$

在区域 τ 上积分上式，可得 τ 上基流动能平衡方程为

$$\frac{\partial K_m^*}{\partial t}=\int_M\left(\overline{u'v'}\frac{\partial\bar{u}}{\partial y}+\overline{u'\omega'}\frac{\partial\bar{u}}{\partial p}+\overline{v'^2}\frac{\partial\bar{v}}{\partial y}+\overline{v'\omega'}\frac{\partial\bar{v}}{\partial p}\right)\mathrm{d}m+\int_M\bar{\omega}\frac{\partial\bar{\phi}}{\partial p}\mathrm{d}m+\int_M(\bar{u}\bar{F}_x+\bar{v}\bar{F}_y)\mathrm{d}m \tag{10.104}$$

为了求得扰动动能平衡方程，在区域 τ 上积分式(10.77)并对时间微分，有

$$\frac{\partial K_p^*}{\partial t}=\frac{\partial\overline{K^*}}{\partial t}-\frac{\partial K_m^*}{\partial t} \tag{10.105}$$

将式(10.96)和式(10.104)代入式(10.105)右边，得扰动动能平衡方程为

$$\frac{\partial K_p^*}{\partial t}=-\int_M\left(\overline{u'v'}\frac{\partial\bar{u}}{\partial y}+\overline{u'\omega'}\frac{\partial\bar{u}}{\partial p}+\overline{v'^2}\frac{\partial\bar{v}}{\partial y}+\overline{v'\omega'}\frac{\partial\bar{v}}{\partial p}\right)\mathrm{d}m+\int_M\overline{\omega'\frac{\partial\phi'}{\partial p}}\mathrm{d}m+\int_M(\overline{u'F'_x}+\overline{v'F'_y})\mathrm{d}m \tag{10.106}$$

比较式(10.104)与式(10.106)可见，两式右边第一项大小相同，但符号相反，这一项代表基气流与扰动之间的动能转换项。

10.4.2.4　基流与扰动有效位能平衡方程

热力学方程(10.93)的纬向平均可表示为

$$\frac{\partial}{\partial t}\left(\frac{\partial\bar{\phi}}{\partial p}\right)+\bar{u}\frac{\partial}{\partial x}\left(\frac{\partial\bar{\phi}}{\partial p}\right)+\bar{v}\frac{\partial}{\partial y}\left(\frac{\partial\bar{\phi}}{\partial p}\right)+\bar{\omega}\frac{\partial}{\partial p}\left(\frac{\partial\bar{\phi}}{\partial p}\right)+\sigma\bar{\omega}\overline{u'\frac{\partial}{\partial x}\left(\frac{\partial\phi'}{\partial p}\right)}+\overline{v'\frac{\partial}{\partial y}\left(\frac{\partial\phi'}{\partial p}\right)}+\overline{\omega'\frac{\partial}{\partial p}\left(\frac{\partial\phi'}{\partial p}\right)}=-\frac{R\bar{Q}}{pc_p} \tag{10.107}$$

基流和扰动静力学方程可分别表示为

$$\frac{\partial\bar{\phi}}{\partial p}=-\frac{R\bar{T}}{p} \tag{10.108}$$

$$\frac{\partial\phi'}{\partial p}=-\frac{RT'}{p} \tag{10.109}$$

用 $(1/\sigma)\partial\bar{\phi}/\partial p$ 乘式(10.107)，在区域 τ 上积分，并注意利用式(10.108)和式(10.109)，可得如下基流有效位能平衡方程

$$\frac{\partial A_m^*}{\partial t}=\int_M\frac{R^2}{p^2\sigma}\left(\overline{v'T'}\frac{\partial\bar{T}}{\partial y}+\overline{\omega'T'}\frac{\partial\bar{T}}{\partial p}\right)\mathrm{d}m-\int_M\bar{\omega}\frac{\partial\bar{\phi}}{\partial p}\mathrm{d}m-\int_M\frac{R}{p\sigma c_p}\bar{Q}\frac{\partial\bar{\phi}}{\partial p}\mathrm{d}m \tag{10.110}$$

比较式(10.104)和式(10.110)可见，式(10.110)右边第二项是基流有效位能与基流动能间的转换项。

在区域 τ 上积分式(10.84)并对时间微分，有

$$\frac{\partial A_p^*}{\partial t}=\frac{\partial\overline{A^*}}{\partial t}-\frac{\partial A_m^*}{\partial t} \tag{10.111}$$

将式(10.97)和式(10.110)代入上式右边,可得扰动有效位能平衡方程为

$$\frac{\partial A_p^*}{\partial t}=-\int_M \frac{R^2}{p^2\sigma}\left(\overline{v'T'}\frac{\partial \overline{T}}{\partial y}+\overline{\omega'T'}\frac{\partial \overline{T}}{\partial p}\right)\mathrm{d}m-\int_M \overline{\omega'\frac{\partial \phi'}{\partial p}}\mathrm{d}m-\int_M \frac{R}{p\sigma c_p}\overline{\hat{Q}'\frac{\partial \phi'}{\partial p}}\mathrm{d}m \tag{10.112}$$

显然,上式右边第一项是扰动有效位能与基流有效位能之间的转换项;右边第二项则是扰动有效位能与扰动动能间的转换项。

10.4.3 能量转换与能量平衡

前面建立了大气运动的基流与扰动的能量平衡方程,本小节将在此基础上进一步讨论大气运动中的能量转换规律和机理。概括起来,基流与扰动的动能与有效位能方程可分别表示为

$$\frac{\partial K_m^*}{\partial t}=\{K_p,K_m\}+\{A_m,K_m\}+D_m \tag{10.113}$$

$$\frac{\partial K_p^*}{\partial t}=-\{K_p,K_m\}+\{A_p,K_p\}+D_p \tag{10.114}$$

$$\frac{\partial A_m^*}{\partial t}=-\{A_m,A_p\}-\{A_m,K_m\}+G_m \tag{10.115}$$

$$\frac{\partial A_p^*}{\partial t}=\{A_m,A_p\}-\{A_p,K_p\}+G_p \tag{10.116}$$

其中

$$D_m\equiv\int_M(\overline{u}\,\overline{F}_x+\overline{v}\,\overline{F}_y)\mathrm{d}m \tag{10.117}$$

$$D_p\equiv\int_M(\overline{u'F'_x}+\overline{v'F'_y})\mathrm{d}m \tag{10.118}$$

$$G_m\equiv\frac{1}{c_p}\int_M\left(\frac{R}{\hat{\sigma}}\right)^2\overline{\hat{Q}}\overline{T}\mathrm{d}m\quad(\hat{\sigma}^2\equiv p^2\sigma) \tag{10.119}$$

$$G_p\equiv\frac{1}{c_p}\int_M\left(\frac{R}{\hat{\sigma}}\right)^2\overline{\hat{Q}'T'}\mathrm{d}m \tag{10.120}$$

式中,D_m 和 D_p 分别为由于内摩擦(分子或湍流黏性)引起的运动基流和扰动动能的损耗率;G_m 和 G_p 则是由于非绝热加热(或冷却)引起运动基流和扰动有效位能的生成率(或损失率)。

式(10.113)—(10.116)中的其他诸项各自代表某两种能量之间的转换(率),下面将逐一讨论它们。

10.4.3.1 扰动与基流间的动能转换

扰动与基流间的动能转换项定义为

$$\{K_p,K_m\}\equiv\int_M\left(\overline{u'v'}\frac{\partial \overline{u}}{\partial y}+\overline{u'\omega'}\frac{\partial \overline{u}}{\partial p}+\overline{v'^2}\frac{\partial \overline{v}}{\partial y}+\overline{v'\omega'}\frac{\partial \overline{v}}{\partial p}\right)\mathrm{d}m \tag{10.121}$$

当$\{K_p,K_m\}>0$时，表示有扰动动能转换为基流动能，若$\{K_p,K_m\}<0$，则相反，表示基流动能向扰动动能转换。通常，大气运动基流部分的经向分量$\bar{v}$远小于其纬向分量$\bar{u}$，式(10.121)右边第三和第四项相对较小。下面仅讨论式(10.121)右边第一和第二项的作用。

式(10.121)右边第一项的贡献可表示为

$$\{K_p,K_m\}_1 \equiv \int_M \overline{u'v'}\,\frac{\partial \bar{u}}{\partial y}\mathrm{d}m \tag{10.122}$$

这一项取决于基流纬向速度的经向分布$\partial \bar{u}/\partial y$和平均的涡动西风动量的经向输送$\overline{u'v'}$。在西风急流轴的北侧，有$\partial \bar{u}/\partial y<0$，在西风急流轴的南侧，应有$\partial \bar{u}/\partial y>0$(图 10.2)。中纬度大气长波的螺旋结构可引起涡动西风动量的经向输送，在曳式槽(图 10.3a)和导式槽(图 10.3b)的情形，平均而言，分别有$\overline{u'v'}>0$和$\overline{u'v'}<0$，对应涡动西风动量向北和向南输送。因此，对于急流北侧的导式槽或急流南侧的曳式槽的情形，有$\{K_p,K_m\}_1>0$，即这一项的作用使扰动动能向基流动能转换；而在急流北的曳式槽或急流南的导式槽中，平均有$\{K_p,K_m\}_1<0$，即基流向扰动提供动能。

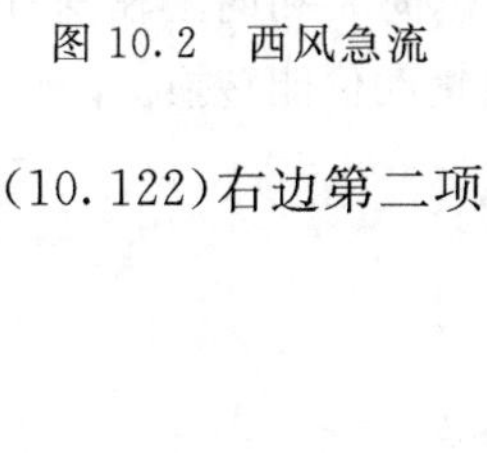

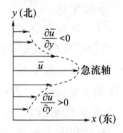

图 10.2　西风急流

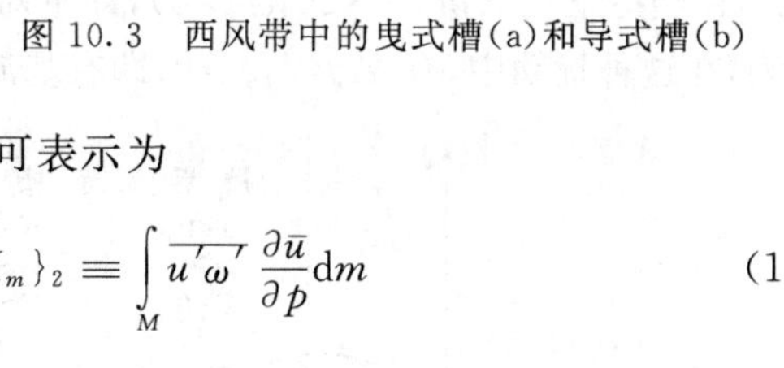

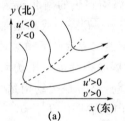

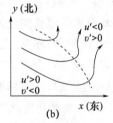

图 10.3　西风带中的曳式槽(a)和导式槽(b)

式(10.122)右边第二项的作用可表示为

$$\{K_p,K_m\}_2 \equiv \int_M \overline{u'\omega'}\,\frac{\partial \bar{u}}{\partial p}\mathrm{d}m \tag{10.123}$$

这一项取决于纬向基流的垂直切变$\partial \bar{u}/\partial p$和平均涡动西风动量的垂直输送$\overline{u'\omega'}$。在西风急流上方(下方)，对应有$\partial \bar{u}/\partial p>0$($\partial \bar{u}/\partial p<0$)；在经度-高度剖面中的导式(曳式)槽中，平均而言，有$\overline{u'\omega'}>0$ ($\overline{u'\omega'}<0$)(图 10.4)，对应涡动西风动量向下(上)输送。因此，在急流下方的曳式槽或急流上方的导式槽的情形，有$\{K_p,K_m\}_2>0$，这一项的作用使扰动动能向基流动能转换；而在急流下方的导式槽或急流上方的曳式槽中，则有$\{K_p,K_m\}_2<0$，基流动能向扰动动能转换。

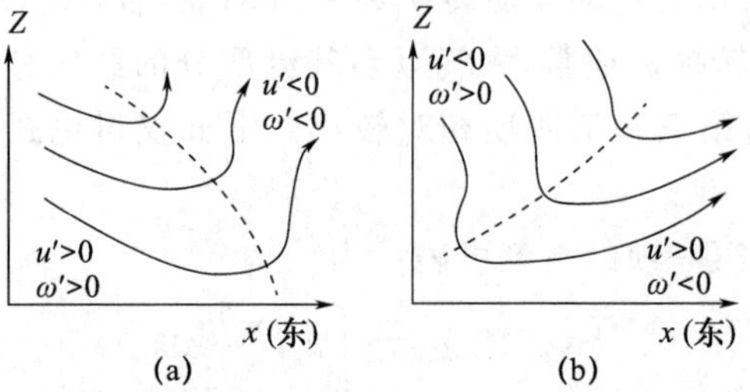

图 10.4　经度-高度剖面中的导式槽(a)和曳式槽(b)

10.4.3.2　基流与扰动间的有效位能转换

基流与扰动间的位能转换项定义为

$$\{A_m, A_p\} \equiv -\int_M \left(\frac{R}{\hat{\sigma}}\right)^2 \left(\overline{v'T'}\frac{\partial \overline{T}}{\partial y} + \overline{\omega'T'}\frac{\partial \overline{T}}{\partial p}\right)\mathrm{d}m \tag{10.124}$$

当$\{A_m, A_p\}>0$时,表示基流位能向扰动位能转换;反之,若$\{A_m, A_p\}<0$,则表明有扰动位能转换为基流位能。在对流层,通常有$\partial\overline{T}/\partial y<0$和$\partial\overline{T}/\partial p>0$,因此,基流与扰动间的位能转换主要取决于平均涡动感热的南北输送($\overline{v'T'}$)和垂直输送($\overline{\omega'T'}$)。一般说来,当平均有涡动感热向北输送($\overline{v'T'}>0$)或感热向上输送($\overline{\omega'T'}<0$)时,有利于基流位能向扰动位能转换;相反,当感热向南及向下输送时,有利于扰动位能向基流位能转换。例如,在北半球的一个典型发展的中纬度斜压扰动的情形(图 10.5),温度槽(虚线)落后于流场槽(实线);在流场槽前,通常是扰动南风($v'>0$)伴随有暖空气上升($T'>0$, $\omega'<0$),即有涡动感热向北和向上输送($\overline{v'T'}>0$, $\overline{\omega'T'}<0$);在流场槽后,对应有扰动北风($v'<0$)伴随冷空气下沉($T'<0$, $\omega'>0$),即也对应于感热向北和向上输送;因此,总体上说来,在这种扰动中,有$\{A_m, A_p\}>0$,即有基流位能向扰动位能转换。

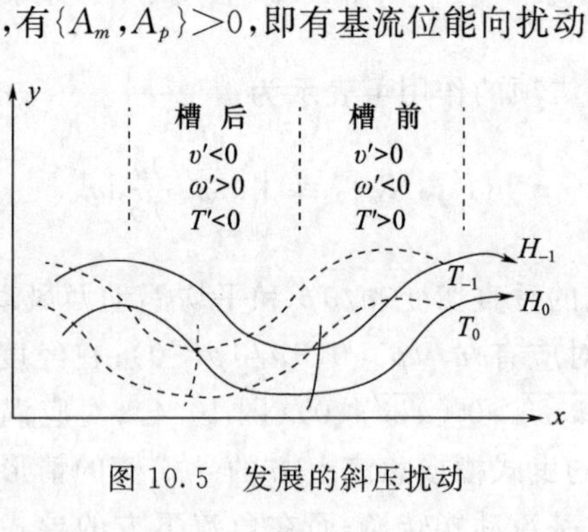

图 10.5　发展的斜压扰动

10.4.3.3　基流位能与基流动能间的转换

基本气流的位能与动能间的转换项定义为

$$\{A_m, K_m\} \equiv \int_M \bar{\omega} \frac{\partial \bar{\phi}}{\partial p} \mathrm{d}m = -\int_M \frac{R}{p} \bar{T}\, \bar{\omega} \mathrm{d}m \tag{10.125}$$

这一项代表由平均垂直环流引起基流感热的垂直输送所决定的基流位能与动能之间的转换率。当$\{A_m, K_m\}>0$时，表示有位能向动能转换；相反，若$\{A_m, K_m\}<0$，代表有动能向位能转换。考虑平均经圈环流的情形，就北半球而言，有三个平均经圈环流：低纬地区和高纬地区均为正环流（哈得来环流，Hadley cell）（暖空气上升，冷空气下沉），中纬地区则为反环流（费雷尔环流，Ferrel cell）。因为较低纬度的平均气温通常高于较高纬度的平均气温，所以，平均而言，在正环流的情形（图 10.6a），有感热向上输送，对应有$\{A_m, K_m\}>0$，即基流位能向动能转换；而在反环流的情形（图 10.6b），平均有感热向下输送，$\{A_m, K_m\}<0$，即基流动能向位能转换。

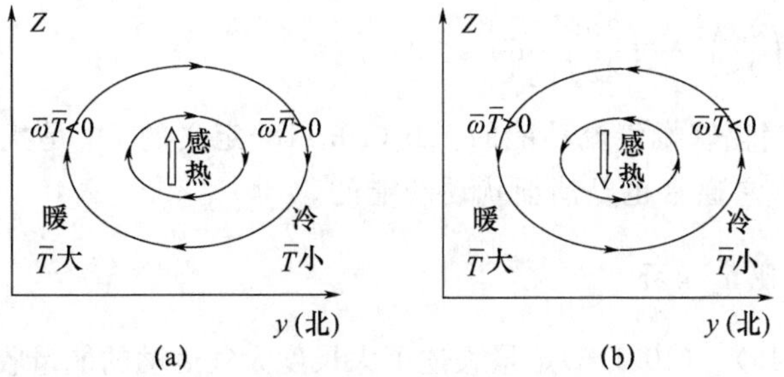

图 10.6 哈得来环流（正）(a)和费雷尔环流（反）(b)

10.4.3.4 扰动位能与扰动动能间的转换

扰动位能与扰动动能间的转换项定义为

$$\{A_p, K_p\} \equiv \int_M \overline{\omega' \frac{\partial \phi'}{\partial p}} \mathrm{d}m = -\int_M \frac{R}{p} \overline{\omega' T'} \mathrm{d}m \tag{10.126}$$

它代表涡动感热垂直输送引起的扰动位能与扰动动能间的转换率。一般而言，若平均有涡动感热向上输送（$\overline{\omega' T'}<0$），例如，暖空气（$T'>0$）上升（$\omega'<0$）、冷空气（$T'<0$）下沉（$\omega'<0$）的情形，应有$\{A_p, K_p\}>0$，扰动有效位能向扰动动能转换；相反，如果平均有涡动感热向下输送，如冷空气上升、暖空气下沉的情形，则对应有扰动动能向扰动位能转换。

10.4.3.5 非绝热加热与摩擦作用

由式(10.119)定义的G_m是纬向平均非绝热加热所产生的基流有效位能。通常是，低纬（气温较高）加热，高纬冷却，平均有$G_m>0$，即纬向非绝热加热使基流有效位能增大。由式(10.120)定义的G_p是涡动非绝热加热产生的扰动有效位能。若高温处加热，低温处冷却，则平均有$G_p>0$，使扰动有效位能增大。

由式(10.117)是定义的 D_m 是基流动能的摩擦损耗率。考虑湍流雷诺应力的作用,按照混合长理论,水平摩擦力分量可分别表示为

$$F_x \equiv k\frac{\partial^2 u}{\partial z^2},\quad F_y \equiv k\frac{\partial^2 v}{\partial z^2} \tag{10.127}$$

式中,k 为湍流黏性系数,这里将取为常数。于是有

$$\begin{aligned} D_m &\equiv \int_M (\bar{u}\overline{F}_x + \bar{v}\overline{F}_y)\mathrm{d}m \\ &= \int_M \left(k\bar{u}\frac{\partial^2 \bar{u}}{\partial z^2} + k\bar{v}\frac{\partial^2 \bar{v}}{\partial z^2}\right)\mathrm{d}m \\ &= k\int_M \left[\frac{\partial}{\partial z}\left(\bar{u}\frac{\partial \bar{u}}{\partial z}\right) + \frac{\partial}{\partial z}\left(\bar{v}\frac{\partial \bar{v}}{\partial z}\right)\right]\mathrm{d}m - k\int_M \left[\left(\frac{\partial \bar{u}}{\partial z}\right)^2 + \left(\frac{\partial \bar{v}}{\partial z}\right)^2\right]\mathrm{d}m \\ &= -k\int_M \left[\left(\frac{\partial \bar{u}}{\partial z}\right)^2 + \left(\frac{\partial \bar{v}}{\partial z}\right)^2\right]\mathrm{d}m < 0 \end{aligned} \tag{10.128}$$

即湍流摩擦总是消耗基本气流动能的。式(10.118)定义的 D_p 是扰动动能的摩擦损耗率,与 D_m 类似,它通常也是消耗扰动动能的。

10.4.3.6　大气能量循环

方程组(10.113)—(10.116)定量表述了大尺度大气运动的能量收支平衡与循环规律。图 10.7 是 Oort(1974)根据实际资料计算得到的北半球对流层中的大气能量收支示意图。方框中的数值是该种能量的年平均值,单位为 $10^5\ \mathrm{J/m^2}$;箭头表示能量的转换方向、能量的制造或消耗,箭头旁边的数字为对应能量收/支,单位为 $\mathrm{W/m^2}$。

太阳辐射能是大气运动的根本能源,但是,大气主要还不是通过直接吸收太阳的短波辐射获取能量,而是通过地球表面吸收太阳辐射后向大气放射长波辐射,大气则主要靠吸收地球表面发射的长波辐射而获取能量。地球表面接收到的太阳辐射加热是非均匀的,低纬加热比高纬多,与辐射平衡条件下的温度场相适应,旋转地球大气运动形成了东西风带、平均经圈环流和纬向基本气流的水平和垂直切变,并产生与这些切变相联系的正压和斜压不稳定,决定了大气运动中的能量过程。

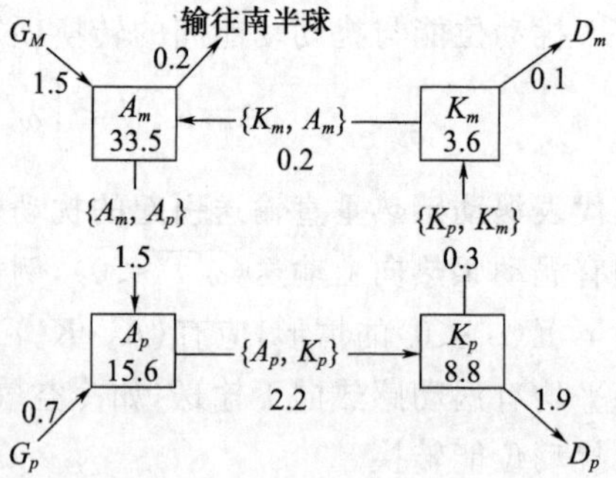

图 10.7　北半球大气能量循环

从图 10.7 可见,大气运动能量收支和转换具有如下基本特征:

(1)由于纬向平均的太阳辐射加热的纬向分布是非均匀的,热带为净辐射加热,极地为净辐射冷却,于是形成了基本气流(纬向平均)的有效位能。

(2) 非均匀的加热决定了纬向平均的大气温度分布特征，在对流层，低纬温度高于高纬，低空温度高于高空；中纬度的斜压扰动，温度槽落后于流场槽的结构，有利于涡动感热向北和向高空输送，使部分基流有效位能转变为扰动有效位能。

(3)平均经圈环流包括哈得来环流和费雷尔环流，在基本流有效位能与动能的转换中，这两种环流的作用是相反的，但是，实际大气中，这两种环流的净作用是使基本流动能向基本流有效位能转换。

(4)通过斜压扰动中暖空气上升、冷空气下沉，扰动有效位能向扰动动能转换。

(5)在有水平切变和垂直切变的纬向基本风带中的螺旋罗斯贝波导致涡动西风动量向北、向上输送，使扰动动能向基本流动能转换，即扰动动能成了基本流动能的能源。这与经典的湍流黏性中湍涡总是从基本流获取能量(即消耗基本流能量)的现象大相径庭，在大气环流中，这种基本流从扰动获取能量的现象被称为“负黏性”现象。

(6)基本流和扰动动能都由于摩擦作用而损耗。

10.5　大气运动稳定度与能量变化的关系

大气运动的稳定性理论认为，运动系统的发生和发展是某种大气不稳定性的结果，并且，通常都可借助各种稳定度判据来判别不稳定发生的可能性。从大气能量学的角度看来，大气运动过程总是与一定的能量过程相联系的，大气扰动的发生和发展也必然是某种能量过程的结果。大气稳定度必然与大气能量过程有着密切的联系，本节将讨论几种大气稳定度与大气能量过程的关系。

10.5.1　静力稳定度

静力稳定度是在不考虑基本气流作用的情况下，讨论层结大气中垂直受扰气块或整层空气的稳定性问题。这时，运动发展的能量来源只能是大气的有效位能。静力稳定度可分为三种情况：干空气静力稳定度、饱和湿空气静力稳定度和位势稳定度，下面分别予以讨论。

干空气的静力稳定度是关于干空气在层结内力(重力与浮力的合力)作用下，受到垂直扰动后的稳定性问题，垂直受扰气块的运动趋势可能有三种情况：返回平衡位置、随遇平衡或加速离开平衡位置，分别称这三种情形下的大气层结是静力稳定、中性和不稳定的。干空气的静力稳定度判据可表示为

$$\gamma-\gamma_d \begin{cases} <0 & \text{静力稳定} \\ =0 & \text{中性} \\ >0 & \text{不稳定} \end{cases} \tag{10.129}$$

式中，$\gamma\equiv-\partial T/\partial z$ 为大气垂直层结温度递减率，T 为空气温度；$\gamma_d\equiv-\mathrm{d}T/\mathrm{d}z$ 为空气

的干绝热减温率。

干空气的静力能可表示为(参见式(10.21)):$M_d \equiv c_p T + gz$。由此可得

$$\frac{\partial M_d}{\partial z} = c_p \frac{\partial T}{\partial z} + g = c_p \left(\frac{g}{c_p} + \frac{\partial T}{\partial z} \right) = -c_p (\gamma - \gamma_d) \quad (10.130)$$

比较式(10.129)和式(10.130)可知,干空气的静力稳定度判据可用干静力能表示为

$$\frac{\partial M_d}{\partial z} \begin{cases} >0 & 静力稳定 \\ =0, & 中性 \\ <0 & 不稳定 \end{cases} \quad (10.131)$$

在层结内力作用下,饱和湿空气垂直受扰后的稳定性称为饱和湿空气的静力稳定度,其判据可表示为

$$\gamma - \gamma_m \begin{cases} <0 & 稳定 \\ =0, & 中性 \\ >0 & 不稳定 \end{cases} \quad (10.132)$$

式中

$$\gamma_m \approx \gamma_d + \frac{L}{c_p} \frac{\partial q_s}{\partial z} \quad (10.133)$$

为饱和湿空气的垂直减温率,q_s 为空气的饱和比湿。饱和湿空气的静力能可表示为(参见式(10.22)):$M_{ms} \equiv c_p T + gz + Lq_s$,由此可得

$$\begin{aligned} \frac{\partial M_{ms}}{\partial z} &= c_p \left(\frac{\partial T}{\partial z} + \frac{g}{c_p} + \frac{L}{c_p} \frac{\partial q_s}{\partial z} \right) = c_p \left(\gamma_d - \gamma + \frac{L}{c_p} \frac{\partial q_s}{\partial z} \right) \\ &= c_p \left(\gamma_d - \gamma + \frac{L}{c_p} \frac{\partial q_s}{\partial z} \right) \\ &= -c_p (\gamma - \gamma_m) \end{aligned} \quad (10.134)$$

因此,饱和湿空气的静力稳定度判据可表示为

$$\frac{\partial M_{ms}}{\partial z} \begin{cases} >0 & 稳定 \\ =0, & 中性 \\ <0 & 不稳定 \end{cases} \quad (10.135)$$

位势稳定度指整层空气被抬升到凝结高度达到饱和情形下的静力稳定度。位势稳定度判据可表示为

$$\frac{\partial \theta_{se}}{\partial z} \begin{cases} >0 & 位势稳定 \\ =0, & 中性 \\ <0 & 不稳定 \end{cases} \quad (10.136)$$

式中

$$\theta_{se} \approx \theta e^{\frac{Lq}{c_p T}} \quad (10.137)$$

为假相当位温。其铅直导数可表示为

$$\frac{\partial \theta_{se}}{\partial z} = \theta_{se} \left[\frac{1}{\theta} \frac{\partial \theta}{\partial z} + \frac{\partial}{\partial z} \left(\frac{Lq}{c_p T} \right) \right] \approx \frac{\theta_{se}}{T} \left(\gamma_d - \gamma + \frac{L}{c_p} \frac{\partial q}{\partial z} \right) \quad (10.138)$$

湿空气的静力能可表示为[式(10.22)]:$M_m \equiv c_p T + gz + Lq$,由此可得

$$\frac{\partial M_{\mathrm{m}}}{\partial z}=c_p\left(\frac{\partial T}{\partial z}+\frac{g}{c_p}+\frac{L}{c_p}\frac{\partial q}{\partial z}\right)=c_p\left(\gamma_{\mathrm{d}}-\gamma+\frac{L}{c_p}\frac{\partial q}{\partial z}\right) \tag{10.139}$$

因此,位势稳定度判据又可用湿静力能表示为

$$\frac{\partial M_{\mathrm{m}}}{\partial z}\begin{cases}>0 & \text{位势稳定}\\ =0, & \text{中性}\\ <0 & \text{不稳定}\end{cases} \tag{10.140}$$

10.5.2　动力稳定度

概括地说,动力稳定度指某种基本气流背景上的扰动的发展趋势,扰动发展的能源主要来自基本气流的能量供应。动力稳定性种类很多,这里将只限于讨论几种最普遍而又重要的稳定性问题,如惯性稳定度、正压和斜压稳定度等。

惯性稳定度讨论的是具有水平切变,且满足地转平衡的纬向基流中受到南北扰动的气块在气压梯度力与科氏力共同作用下的稳定性问题。惯性稳定度的判据可表示为

$$\bar{\zeta}_{\mathrm{a}}\equiv f+\bar{\zeta}=f-\frac{\partial \bar{u}}{\partial y}\begin{cases}>0 & \text{惯性稳定}\\ =0, & \text{中性}\\ <0 & \text{不稳定}\end{cases} \tag{10.141}$$

式中,$\bar{u}=\bar{u}(y)$为纬向基本气流;$\bar{\zeta}\equiv-\partial\bar{u}/\partial y$ 和 $\bar{\zeta}_{\mathrm{a}}$ 分别为基本气流的相对和绝对涡度(铅直)分量;f 为牵连涡度(科氏参数)。现在,基本气流的动能为:$K_m\equiv\bar{u}^2/2$,由此可得

$$\frac{\partial K_m}{\partial y}=\bar{u}\,\frac{\partial \bar{u}}{\partial y}$$

及

$$f\bar{u}-\frac{\partial K_m}{\partial y}=\bar{u}\left(f-\frac{\partial \bar{u}}{\partial y}\right)=\bar{u}\,\bar{\zeta}_{\mathrm{a}}$$

在西风带中,通常有 $\bar{u}>0$,因此,惯性稳定度判据式(10.141)又可表示为

$$\frac{\partial K_m}{\partial y}-f\bar{u}\begin{cases}<0 & \text{惯性稳定}\\ =0, & \text{中性}\\ >0 & \text{不稳定}\end{cases} \tag{10.142}$$

正压稳定度指正压旋转大气中、具有水平切变的纬向带状基本流中大气长波(罗斯贝波)的稳定性。假定,带状纬向基本流为 $\bar{u}=\bar{u}(y)$,正压准地转的线性化扰动涡度方程可表示为

$$\left(\frac{\partial}{\partial t}+\bar{u}\,\frac{\partial}{\partial y}\right)\nabla^2\psi+\frac{\partial\bar{\zeta}_{\mathrm{a}}}{\partial y}\frac{\partial \psi}{\partial x}=0 \tag{10.143}$$

式中,ψ 为准地转扰动流函数;$\bar{\zeta}_{\mathrm{a}}\equiv f-\partial\bar{u}/\partial y$ 为基本流的绝对涡度。令式(10.143)的波形解为

$$\psi=\Phi(y)\exp[ik(x-ct)] \tag{10.144}$$

式中,$\mathrm{i}\equiv\sqrt{-1}$;$\Phi(y)$为波的复振幅;$k$ 和 c 分别为 x 方向的波数和波速。将式(10.144)代入式(10.143),并假定在通道模式的边界 $y=\pm d$ 上,满足扰动法向速度分量为零的边界条件[即 $\Phi(d)=\Phi(-d)=0$],不难证明下式成立[参见式(8.66)]

$$kc_{\mathrm{i}}=\frac{-\int_{-d}^{d}\overline{u'v'}\frac{\partial\bar{u}}{\partial y}\mathrm{d}y}{2\int_{-d}^{d}\frac{\overline{u'^2+v'^2}}{2}\mathrm{d}y} \tag{10.145}$$

式中,u'和v'分别为 x 和 y 方向的扰动水平速度分量;c_{i} 为罗斯贝波相速的虚部,kc_{i} 为波动的增长率。上式右边的分母正比于扰动动能,恒非负;分子代表正压、通道模式中基本气流动能与扰动动能间的转换函数[参见式(10.122)]

$$\{K_p,K_m\}\equiv\int_{-d}^{d}\overline{u'v'}\frac{\partial\bar{u}}{\partial y}\mathrm{d}y \tag{10.146}$$

可见,正压稳定度判据可表示为

$$\{K_p,K_m\}\begin{cases}>0 & \text{正压稳定}\\ =0, & \text{中性}\\ <0 & \text{不稳定}\end{cases} \tag{10.147}$$

在现在的情形,不存在有效位能的供应,扰动不稳定增长(发展)的能量来源只能由基本气流动能转换而来($\{K_p,K_m\}<0$)。应当顺便指出的是,在 20 世纪 80 年代以前,没有一个类似于式(10.147)或前几种稳定度判据的正压稳定度判据。不管是经典流体力学中的平行流稳定性的瑞利定理(Rayleigh,1880),还是针对旋转平行流稳定性的郭晓岚定理(Kuo,1949),都只是给出了扰动可能出现不稳定增长的一个必要条件而已,既不能决定正压扰动发展、维持或衰减的充分条件,也未能揭示扰动发展的能量机制。

斜压稳定度问题是有垂直切变的基本气流(斜压大气)中大气长波的稳定性问题。自由大气的准地转的位势涡度方程可表示为

$$\left(\frac{\partial}{\partial t}+\mathbf{V}_{\mathrm{h}}\cdot\nabla\right)q=0 \tag{10.148}$$

其中
$$q\equiv\nabla^2\psi+f+\frac{\partial}{\partial p}\left(\frac{f_0^2}{\sigma}\frac{\partial\psi}{\partial y}\right) \tag{10.149}$$

为位势涡度;$\psi\equiv\phi/f_0$ 为准地转流函数,ϕ 为重力位势,f_0(=常数)为参考纬度的科氏参数;∇和∇^2分别为 p 坐标系中水平梯度和拉普拉斯算子。

为了能把正压稳定度作为特例包括进来,假定基本气流为有水平和垂直切变的、满足准热成风平衡的纬向带状流 $\bar{u}=\bar{u}(y,p)$。令

$$u=\bar{u}+u',v=v',q=\bar{q}+q',\psi=\bar{\psi}+\psi'$$

则线性化扰动位涡方程可表示为

$$\left(\frac{\partial}{\partial t}+\bar{u}\frac{\partial}{\partial x}\right)q'+v'\frac{\partial \bar{q}}{\partial y}=0 \tag{10.150}$$

设扰动流函数的波形解为

$$\psi'=\Phi(y,p)\exp[\mathrm{i}k(x-ct)] \tag{10.151}$$

代入式(10.150),不计地形影响,并假定在区域边界($y=\pm d, p=p_0, p=0$)上扰动为零,则不难证明(贺海晏,1983),波动增长率为

$$kc_{\mathrm{i}}=\frac{\int_0^{p_0}\int_{-d}^{d}\left[\overline{u'v'}\frac{\partial \bar{u}}{\partial y}+\left(\frac{1}{\sigma}\right)\overline{\frac{\partial \phi'}{\partial x}\frac{\partial \phi'}{\partial p}}\frac{\partial \bar{u}}{\partial p}\right]\mathrm{d}y\mathrm{d}p}{2\int_0^{p_0}\int_{-d}^{d}\left[\frac{\overline{u'^2+v'^2}}{2}+\frac{1}{2\sigma}\overline{\left(\frac{\partial \phi'}{\partial p}\right)^2}\right]\mathrm{d}y\mathrm{d}p} \tag{10.152}$$

利用地转风和热成风公式,上式可改写为

$$kc_{\mathrm{i}}=\frac{-\int_0^{p_0}\int_{-d}^{d}\left[\overline{u'v'}\frac{\partial \bar{u}}{\partial y}+\left(\frac{R}{\hat{\sigma}}\right)^2\overline{v'T'}\frac{\partial \overline{T}}{\partial y}\right]\mathrm{d}y\mathrm{d}p}{2\int_0^{p_0}\int_{-d}^{d}\left[\frac{\overline{u'^2+v'^2}}{2}+\frac{1}{2\sigma}\overline{\left(\frac{\partial \phi'}{\partial p}\right)^2}\right]\mathrm{d}y\mathrm{d}p} \tag{10.153}$$

或

$$kc_{\mathrm{i}}=\frac{-\{K_p,K_m\}_1+\{A_m,A_p\}_1}{2(K_p^*+A_p^*)} \tag{10.154}$$

其中

$$\{K_p,K_m\}_1\equiv\int_0^{p_0}\int_{-d}^{d}\overline{u'v'}\frac{\partial \bar{u}}{\partial y}\mathrm{d}y\mathrm{d}p \tag{10.155}$$

是扰动动能与基流动能间的转换函数(参见式(10.122))。

$$\{A_m,A_p\}_1\equiv-\int_0^{p_0}\int_{-d}^{d}\left[\left(\frac{R}{\hat{\sigma}}\right)^2\overline{v'T'}\frac{\partial \overline{T}}{\partial y}\right]\mathrm{d}y\mathrm{d}p \tag{10.156}$$

属于基流有效位能与扰动有效位能间的转换函数(参见式(10.124))。由式(10.154)可见,斜压稳定度判据可表示为

$$\{A_m,A_p\}_1-\{K_p,K_m\}_1 \begin{cases} <0 & \text{斜压稳定} \\ =0, & \text{中性} \\ >0 & \text{不稳定} \end{cases} \tag{10.157}$$

在现在的情况下,扰动的发展能源来自基本流的动能和有效位能向扰动能量的转换。当基本气流只有水平切变、没有垂直切变(即$\partial \bar{u}/\partial p=0$)时,$\{A_m,A_p\}=0$,式(10.157)退化为正压稳定度判据式(10.147),即正压稳定度只是式(10.157)的特例。

习 题

1. 大气能量包含哪几种基本形式和组合形式?

2. 分别说明单位质量干、湿空气总能量守恒原理。

3. 单位水平截面铅直气柱中的大气内能、位能、全位能、潜热能和动能的相对大小如何?

4. 根据能量平衡方程分别说明气压梯度力和重力如何影响有限区域中的全位能与动能间的相互转换?

5. 何谓有效位能?它占全位能的分量有多大?

6. 以北半球对流层为例,说明大尺度大气能量的循环过程及各种能量之间的转换机制。

7. 证明:若运动满足地转平衡和静力平衡,则闭合系统内的动能和全位能的转换率为零,即

$$\{P^*, K^*\}=0$$

其中

$$K\equiv(u^2+v^2)/2$$

$$K^*\equiv\iiint_M K\,\mathrm{d}m,\quad P^*\equiv\iiint_M c_pT\,\mathrm{d}m$$

式中,M 为系统总质量。

8. 如满足静力平衡,证明以地面为底(气压为 p_s),高为 h(气压为 p_h)的单位截面积气柱,其位能 ϕ^*,内能 I^*,全位能 P^* 及动能 K^* 之间满足以下关系:

$$\phi^*=-hp_h+(R/c_v)I^*$$

$$P^*=-hp_h+(c_p/c_v)I^*$$

$$K^*=(1/2)(c_p/c_v)(c_p/c_v-1)Ma^2I^*$$

最后一个关系式仅仅是数量上的近似关系。其中,$Ma=\overline{V}/\bar{c}_L$ 为马赫数,及

$$\overline{V}=\frac{1}{p_s-p_h}\int_{p_h}^{p_s}V\mathrm{d}p,\quad \bar{c}_L=\frac{1}{p_s-p_h}\int_{p_h}^{p_s}c_L\mathrm{d}p,\quad c_L=\sqrt{(c_p/c_v)RT}$$

第11章　热带大气动力学

前面的章节主要侧重热带外区域(从30°纬度向极区域)的大气环流系统的动力学。本章则讨论热带地区的大气运动。热带大气环流动力学是相对复杂的,由于热带大气运动具有明显的非地转特性,到目前为止,还没有适用于全面了解热带大尺度运动,类似于准地转理论那样简单的理论框架。

观测表明,热带区域的天气系统和中高纬度的天气系统彼此是相互联系和影响的。因此,研究中纬度天气系统的演变过程,就要求我们对热带环流也要有足够的认识。另外,太阳辐射是驱动大气环流最根本的能源,而太阳辐射能的大部分是在低纬热带区域被地球表面吸收,然后传输给大气。热带区域也是水汽的主要源地,水汽的凝结导致的潜热加热对大气环流有显著的影响。所以,热带大气运动对全球大气环流中的能量输送等有非常重要的作用,进行热带大气动力学的研究有着非常重要的意义。

11.1　热带大气环流系统

首先我们对热带大气环流系统作简单的介绍。

1. 热带云团

热带云团是由中小尺度的对流云系组成,云团的直径为几百千米,它通常与热带对流层低层波状扰动的槽或与热带辐合带相联系,并沿盛行风向移动。

2. 热带气旋

热带气旋包括热带低压、热带风暴、强热带风暴及台风(位于太平洋)或飓风(位于大西洋),是热带非常重要的天气系统。其低层流场呈气旋式旋转,具有暖心和眼区结构,水平直径一般为几百千米。它在洋面上常常维持许多天,同时伴随有强风和暴雨天气。

3. 热带辐合带

热带辐合带(inter-tropical convergence zones,ITCZ)又称赤道辐合带。在卫星云图上,它表现为赤道附近的一条完整的东西向对流云带,横跨大西洋和太平洋,一般由许多云团所组成,云团的水平尺度约几百千米,云团之间为相对的晴空区。热带辐合带的强度和位置是多变的,它一般持续出现在大西洋和太平洋 5°—10°N 纬带,有时也会出现在 5°—10°S 的西太平洋。

观测表明,在热带辐合带区,降水大大超过了下垫面洋面蒸发供给的水汽。因此,大量维持热带辐合带的对流所需的水汽应该是由对流层低层辐合信风提供的。通过这种过程,大尺度气流提供了维持对流所需的潜热供应,对流加热又反过来导致了对流层中层的温度扰动和通过静力调整产生高低层的气压扰动,并进一步维持了低层的辐合流场。

4. 热带波动

在热带对流层低层,大尺度波动主要是向西移动的罗斯贝波即东风波(移速约 10 m/s,周期为 4～5 d)和向东传播的惯性－重力波(移速约 30 m/s,周期为 4～5 d 或 14～15 d)。在热带对流层上层和平流层,大尺度波动主要有两种:一种是向西传播的混合罗斯贝－重力波,周期 4～5 d,移速 20 m/s,波长约 10000 km,垂直波长 6 km,纬向风关于赤道反对称,经向风关于赤道对称;另一种波动是东传的开尔文波,周期 12～18 d,移速约 30 m/s,波长约 20000 km,垂直波长 8 km,纬向风关于赤道对称,经向风为零。

11.2 热带大尺度运动的尺度分析

观测表明,热带天气系统具有许多与中高纬天气系统不同的特点。尺度分析是分析大气运动系统特征较为有效的方法之一,所以本节将对热带天气尺度运动进行尺度分析,以揭示热带大气运动的主要特征。

为了分析方便,下面采用对数压力坐标系下的大气运动方程组对热带大气运动进行尺度分析。在这种坐标系中,垂直坐标 z^* 定义为

$$z^* \equiv -H\ln(p/p_s) \tag{11.1}$$

式中,p_s 为标准参考气压(取 1000 hPa),H 为大气标高,$H=R\overline{T}/g$,$\overline{T}$ 为全球大气平均温度。对温度为 $\overline{T}$ 的等温大气,z^* 等于实际几何高度 Z,这时大气的密度垂直分布可表示为

$$\rho(z^*)=\rho_s\exp(-z^*/H)$$

式中,ρ_s 是 $z^*=0$ 处的密度。对实际的大气而言,z^* 只是近似等于实际高度,而在对流层,这种差别通常是非常小的。

根据 p 坐标系的运动方程组,可很容易得到对数压力坐标系下的运动方程组形式

$$
\begin{cases}
\dfrac{\partial \boldsymbol{V}}{\partial t}+\boldsymbol{V}\cdot\nabla\boldsymbol{V}+w^{*}\dfrac{\partial \boldsymbol{V}}{\partial z^{*}}+f\boldsymbol{k}\times\boldsymbol{V}=-\nabla\phi \\
\dfrac{\partial \phi}{\partial z^{*}}=\dfrac{RT}{H} \\
\dfrac{\partial u}{\partial x}+\dfrac{\partial v}{\partial y}+\dfrac{\partial w^{*}}{\partial z^{*}}-\dfrac{w^{*}}{H}=0 \\
\dfrac{\partial T}{\partial t}+\boldsymbol{V}\cdot\nabla T+w^{*}\dfrac{N^{2}H}{R}=\dfrac{1}{c_p}\dfrac{\delta Q}{\delta t}
\end{cases}
\tag{11.2}
$$

式中，w^{*} 为 z^{*} 坐标系的垂直速度，N^2 为层结大气浮力振荡频率的平方，$N^2\approx 4\times 10^{-4}\ \mathrm{s}^{-2}$，它们的表达式为

$$w^{*}\equiv \mathrm{d}z^{*}/\mathrm{d}t=-\omega H/p \tag{11.3}$$

$$N^2\equiv (R/H)(\partial T/\partial z^{*}+RT/(c_pH))=(R/H)(T/\theta)\partial\theta/\partial z^{*} \tag{11.4}$$

从方程组(11.2)可看出，这种坐标系类似于 p 坐标系，密度不直接出现在运动方程组中，而静力稳定度参数 N^2 在对流层中随高度变化较小，近于常数，所以它具有 z 坐标系和 p 坐标系两者的优点。

参考采用第 2 章尺度分析中所用的符号，取热带天气尺度运动的特征尺度如下：

$D\sim H\sim 10^4\,\mathrm{m}$	垂直厚度尺度
$L\sim 10^6\,\mathrm{m}$	水平尺度
$U\sim 10\ \mathrm{m/s}$	水平速度尺度
$\tau\sim L/U\sim 10^5\,\mathrm{s}$	水平平流时间尺度
W	垂直速度尺度
$\Delta\Phi$	位势变动尺度
ΔT^{*}	温度变动尺度

以上给出的水平尺度和水平速度的特征值对热带和中纬度天气尺度系统都是适用的。但是，在热带，地转参数 $f\leqslant 10^{-5}\,\mathrm{s}^{-1}$，比中纬度地转参数要小一个量级；而热带地区的地转参数随纬度的变化率 $\beta=\partial f/\partial y=2\Omega\cos\varphi/a\sim 10^{-11}\,\mathrm{s}^{-1}\cdot\mathrm{m}^{-1}$，也与中高纬度的 $\beta\leqslant 10^{-11}\ \mathrm{s}^{-1}\cdot\mathrm{m}^{-1}$ 相近或稍大。因此，在下面的讨论将会看到，地转参数的量级对热带大气运动具有显著的影响。

在热带，垂直运动特征尺度的上限同样受连续方程的约束。第 2 章已指出

$$\frac{\partial u}{\partial x}+\frac{\partial v}{\partial y}\leqslant\frac{U}{L}$$

而对于垂直厚度尺度与大气标高 H 相当的运动，有

$$\frac{\partial w^{*}}{\partial z^{*}}-\frac{w^{*}}{H}\sim\frac{W}{H}$$

因此由连续方程可知，垂直速度尺度应该满足约束条件

$$W\leqslant UH/L \tag{11.5}$$

位势变动尺度 $\Delta\Phi$ 可以通过对式(11.2)中的水平运动方程各项进行尺度分析而得到。为此,可以将水平惯性加速度项的量级

$$\mathbf{V}\cdot\nabla\mathbf{V}\sim U^2/L$$

与其他项的大小比较如下

$$|\partial\mathbf{V}/\partial t|/|\mathbf{V}\cdot\nabla\mathbf{V}|\sim(U/\tau)/(U^2/L)=1 \tag{11.6}$$

$$|w^*\partial\mathbf{V}/\partial z^*|/|\mathbf{V}\cdot\nabla\mathbf{V}|\sim WL/UH\leqslant 1 \tag{11.7}$$

$$|f\mathbf{k}\times\mathbf{V}|/|\mathbf{V}\cdot\nabla\mathbf{V}|\sim fL/U=Ro^{-1}\leqslant 1 \tag{11.8}$$

$$|\nabla\phi|/|\mathbf{V}\cdot\nabla\mathbf{V}|\sim(\Delta\Phi/L)/(U^2/L)=\Delta\Phi/U^2 \tag{11.9}$$

以上的量级比较表明,热带地区的罗斯贝数 $Ro=U/(fL)\geqslant 1$,科氏力的量级较小,表明热带大气运动的非地转特征较明显,水平运动方程各项中以惯性加速度项的量级最大,故水平气压梯度力项应与该项相平衡,即式(11.9)的比值应为1,因此

$$\Delta\Phi\sim U^2\sim 10^2\ \mathrm{m^2\cdot s^{-2}} \tag{11.10}$$

在第2章曾指出,对中纬度的天气尺度运动,其水平运动方程的最低阶近似是科氏力与气压梯度力相互平衡,即 $\Delta\Phi\sim fUL\sim 10^3\ \mathrm{m^2\cdot s^{-2}}(f\sim 10^{-4}\mathrm{s^{-1}})$。由此可见,热带天气尺度扰动的位势变动特征尺度要比中纬度天气尺度位势变动的特征尺度小一个量级。

热带地区位势扰动特征尺度的量级对该地区的天气尺度系统的结构有显著的影响,这种影响可以通过对热力学方程的尺度分析来理解。首先,我们来估算温度变动特征尺度。对于垂直尺度为 H 的系统而言,由方程组(11.2)的第二式静力学方程可得

$$\delta T=\frac{H}{R}\frac{\partial\delta\phi}{\partial z^*}\sim\frac{\Delta\Phi}{R}\sim\frac{U^2}{R}\cong 0.3\ \mathrm{K} \tag{11.11}$$

因此,深厚的热带天气系统的温度水平变化尺度很小,水平温度场分布较均匀,大气近于正压状态。对这样的系统,由热力学方程可有

$$\frac{\partial T}{\partial t}+\mathbf{V}\cdot\nabla T\sim\frac{U\Delta T^*}{L}\sim 0.3\ \mathrm{K\cdot d^{-1}} \tag{11.12}$$

在没有降水的情况下,大气的非绝热加热主要由使大气冷却的向外发射的长波辐射决定,其中冷却率的量级为

$$\frac{1}{c_p}\left(\frac{\delta Q}{\delta t}\right)\sim 1\ \mathrm{K\cdot d^{-1}} \tag{11.13}$$

但由式(11.12)可知,实际的温度变化较小,因此长波辐射冷却必须由绝热下沉增温相平衡。于是作为最低阶近似,热力学方程变为 w^* 的一个诊断关系式

$$w^*\frac{N^2H}{R}=\frac{1}{c_p}\frac{\delta Q}{\delta t} \tag{11.14}$$

在热带对流层,$N^2H/R\sim 3\ \mathrm{K\cdot km^{-1}}$,故垂直运动尺度为

$$W\sim\frac{R}{c_pN^2H}\frac{\delta Q}{\delta t}\sim 0.3\ \mathrm{cm\cdot s^{-1}} \tag{11.15}$$

因此，在无降水情况下，热带地区的垂直运动尺度较小，甚至比中纬度的天气尺度系统的垂直运动尺度还要小。这样，水平运动方程的垂直平流项量级较水平平流项小，可略去，即热带天气尺度运动是准水平的。另外，由连续方程可知，水平散度的量级为 $3\times10^{-7}\,s^{-1}$，表明运动是准无辐散的。

如果用无辐散风$\mathbf{V}_\psi$ 代替水平运动方程中的 $\mathbf{V}$，并略去量级较小的垂直平流项，那么可得到适用于无降水情况的天气尺度运动系统的近似水平运动方程

$$\frac{\partial \mathbf{V}_\psi}{\partial t}+\mathbf{V}_\psi\cdot\nabla\mathbf{V}_\psi+f\boldsymbol{k}\times V_\psi=-\nabla\phi \tag{11.16}$$

用第5章中求涡度方程的方法类似地对上式进行运算，可得以下涡度方程

$$\left(\frac{\partial}{\partial t}+\mathbf{V}_\psi\cdot\nabla\right)(\zeta+f)=0 \tag{11.17}$$

该方程表明，垂直厚度与均质大气标高相当又没有凝结加热作用的热带天气尺度运动具有正压和无辐散特征，随无辐散水平流场运动的气块的绝对涡度守恒。这种热带扰动系统不可能将位能转换为动能，它们只可能由平均流动能的正压转换或由中纬度系统或有降水的热带扰动的侧向耦合所驱动。

对有降水的热带天气尺度系统，上述的尺度分析结果则需要修改。热带天气尺度系统的降水率一般为 $20\ \mathrm{mm\cdot d^{-1}}$，这表示在水平面积为 $1\ \mathrm{m^2}$ 的空气柱中，每天可凝结出 $m_w=20$ kg 的水。由于水的凝结潜热为 $L\approx2.5\times10^6\ \mathrm{J\cdot kg^{-1}}$，由降水导致的潜热加热供给空气柱的能量为 $m_wL\sim5\times10^7\ \mathrm{J\cdot m^{-2}\cdot d^{-1}}$。这部分热量如果均匀分布到质量为 $p_0/g\approx10^4\,\mathrm{kg\cdot m^{-2}}$ 的空气柱中，则单位质量空气的增温率为

$$\frac{1}{c_p}\frac{\delta Q}{\delta t}\approx\frac{Lm_w}{c_p p_0/g}\sim5\ \mathrm{K\cdot d^{-1}} \tag{11.18}$$

在实际情形中，凝结潜热并不是均匀地分布到整个气柱，而是在 300～400 hPa 层之间的加热率最大，其加热率可高达 $10\ \mathrm{K\cdot d^{-1}}$。在这种情况下，由简化的热力学方程(11.14)可知，有降水的热带天气尺度系统中，只有当垂直速度的量级为 $W\sim3\ \mathrm{cm\cdot s^{-1}}$ 时，由该上升运动产生的绝热冷却率才能与 300～400 hPa 层之间的凝结加热率相平衡。因此，热带降水区扰动的平均垂直运动的量级要比降水区外的垂直运动大一个量级。在这样的扰动中的气流会存在相当大的辐散分量，使得散度项的量级较大，因此，正压涡度方程(11.17)已不能合理地描述天气系统的动力特性，这时只能用原始方程组来分析天气系统。

11.3 凝结潜热加热

前一节尺度分析结果表明，由降水过程引起的凝结潜热加热对热带天气系统的垂直运动大小有非常重要的影响。大气中的水汽凝结过程可分为由天气尺度的强

迫抬升造成的水汽凝结过程和由深厚的积云对流引起的水汽凝结过程。前者通常与中纬度天气系统相联系,并且其作用可以非常容易通过天气尺度的场变量在热力学能量方程中反映出来。然而,用大尺度变量来表示由许多积云的共同作用造成的大尺度加热场却要困难得多。本节将对这些问题作一些简单的讨论。

11.3.1 相当位温和条件不稳定

热带地区的大气是由比湿较大的湿空气组成。而用相当位温 θ_e 场来讨论湿空气动力学是非常方便的。θ_e 可定义为气块从其原来高度绝热上升,直至水汽全部凝结并掉落,所释放的潜热加热气块,然后再绝热压缩下降到 1000 hPa 层所具有的温度。因为假设凝结出的水掉落,所以气块在下降压缩过程中是按干绝热递减率增温的,气块回到原来高度时的气温将比原始温度高。这种过程是不可逆的。这类上升过程称为假绝热(或湿绝热)上升过程,因为凝结的水掉离气块时会带走少量的热量。

θ_e 的数学表达式的推导较为复杂,但在许多情况下,可应用其近似表达式。这种近似表达式可直接由以熵的形式表示的热力学第一定律导出。热力学第一定律为

$$c_p \frac{\mathrm{d}\ln\theta}{\mathrm{d}t}=\frac{1}{T}\frac{\delta Q}{\delta t} \tag{11.19}$$

设 w_s 为饱和空气块中单位质量干空气中的水汽含量,也称为饱和混合比,则单位质量空气的凝结潜热加热率为

$$\frac{\delta Q}{\delta t}=-L\frac{\mathrm{d}w_s}{\mathrm{d}t}$$

式中,L 为水汽凝结潜热。一般 $w_s\cong q_s$,q_s 为饱和比湿。所以热力学方程又可写为

$$c_p \frac{\mathrm{d}\ln\theta}{\mathrm{d}t}=-\frac{L}{T}\frac{\mathrm{d}q_s}{\mathrm{d}t} \tag{11.20}$$

对于假绝热上升的饱和气块,其 q_s 的变化率要远大于 T 或 L 的变化率,故有

$$\mathrm{d}\ln\theta\approx-\mathrm{d}(Lq_s/c_pT) \tag{11.21}$$

对式(11.21)从初态(θ,q_s,T)积分到终态$(\theta_e,0,T)$,得

$$\ln\left(\frac{\theta}{\theta_e}\right)\cong-\frac{Lq_s}{c_pT}$$

或

$$\theta_e\cong\theta\exp\left(\frac{Lq_s}{c_pT}\right) \tag{11.22}$$

这就是饱和气块的相当位温的近似表达式。式(11.22)也可以用来计算未饱和气块的相当位温,但需要用气块绝热膨胀到饱和状态的温度 T_{LCL} 代替式中的温度 T,并用初始状态实际比湿代替式中的饱和比湿。由相当位温的定义可知,气块的相当位温在干绝热和假绝热过程中是守恒的。

由热力学方程(11.20)可推导饱和空气块的假绝热(湿绝热)过程的温度递减率。由位温 θ 的定义,式(11.20)可以改写为

$$\frac{\mathrm{d}\ln T}{\mathrm{d}z}-\frac{R}{c_p}\frac{\mathrm{d}\ln p}{\mathrm{d}z}=-\frac{L}{c_pT}\frac{\mathrm{d}q_s}{\mathrm{d}z}$$

注意到 q_s 是 T 和 p 的函数，并利用静力学方程和状态方程，上式可以表示为

$$\frac{\mathrm{d}T}{\mathrm{d}z}+\frac{g}{c_p}=-\frac{L}{c_p}\left[\left(\frac{\partial q_s}{\partial T}\right)_p\frac{\mathrm{d}T}{\mathrm{d}z}-\left(\frac{\partial q_s}{\partial p}\right)_T\rho g\right] \tag{11.23}$$

由于 $q_s\cong 0.622e_s/p$，并注意到利用克劳修斯－克拉珀龙方程，$\mathrm{d}e_s/e_s$ 可通过温度表示为如下形式(Curry，1999)

$$\frac{\mathrm{d}e_s}{\mathrm{d}T}=\frac{L\mu_v e_s}{R^* T^2}$$

式中，R^* 为通用气体常数，μ_v 为水汽的分子量，水汽气体常数 $R_v=R^*/\mu_v$，$R/R_v=0.622$，我们可以将式(11.23)中的偏微分项表示为

$$\left(\frac{\partial q_s}{\partial p}\right)_T\approx-\frac{q_s}{p},\quad \left(\frac{\partial q_s}{\partial T}\right)_p\approx\frac{0.622}{p}\frac{\partial e_s}{\partial T}=\frac{(0.622)^2Le_s}{pRT^2}=\frac{0.622Lq_s}{RT^2}$$

将上述偏微分关系式代入式(11.23)，并注意干绝热递减率 $\gamma_d=g/c_p$，可得假绝热递减率的表达式

$$\gamma_s\equiv-\frac{\mathrm{d}T}{\mathrm{d}z}=\gamma_d\frac{1+Lq_s/(RT)}{1+0.622L^2q_s/(c_pRT^2)} \tag{11.24}$$

γ_d 的实际观测值可从暖湿的对流层低层 0.4 K/100 m 到对流层中层的 0.6～0.7 K/100 m。

对干绝热运动而言，如果实际大气的环境温度递减率 $\gamma=-\partial T/\partial z$ 小于干绝热递减率 γ_d(即位温随高度是增加的)，则大气是层结稳定的。如果温度递减率 γ 小于干绝热递减率 γ_d，而大于湿绝热递减率 γ_s(即 $\gamma_s<\gamma<\gamma_d$)，那么大气层结对干空气块作干绝热上升运动是稳定的，但对饱和湿空气块作假绝热上升运动则是不稳定的，这种情形称为条件性不稳定。

条件性不稳定判据可用相当位温的垂直梯度表示。假设具有实际大气的热力结构的假想饱和大气的相当位温为 θ_e^*(可理解为环境空气保持等温状态达到饱和时的相当位温；对饱和空气有 $\theta_e^*=\theta_e$，对不饱和的空气 $\theta_e^*\neq\theta_e$)，则

$$\theta_e^*\cong\theta\exp\left(\frac{Lq_s}{c_pT}\right)$$

或

$$\mathrm{d}\ln\theta_e^*=\mathrm{d}\ln\theta+\mathrm{d}\left(\frac{Lq_s}{c_pT}\right) \tag{11.25}$$

式中，T 是实际温度，而不是如式(11.22)中经过绝热过程达饱和时的温度。考虑一饱和气块的运动，设环境大气在 z_0 高度上的位温是 θ_0，在高度 $z_0-\delta z$ 层未受扰动的环境大气位温为 $\theta_0-(\partial\theta/\partial z)\delta z$。设饱和气块在 $z_0-\delta z$ 高度上的位温与环境位温相同，则其上升到 z_0 高度上具有的位温为

$$\theta_1=\left(\theta_0-\frac{\partial\theta}{\partial z}\delta z\right)+\delta\theta$$

式中,$\delta\theta$ 是气块垂直上升了 δz 高度由于凝结潜热释放造成的位温改变量。假设上升运动为假绝热过程,则由式(11.21)有

$$\frac{\delta\theta}{\theta}\approx-\delta\left(\frac{Lq_s}{c_pT}\right)\approx-\frac{\partial}{\partial z}\left(\frac{Lq_s}{c_pT}\right)\delta z$$

于是当气块到达 z_0 高度时,其受到的浮力正比于

$$\frac{\theta_1-\theta_0}{\theta_0}\approx-\left[\frac{1}{\theta}\frac{\partial\theta}{\partial z}+\frac{\partial}{\partial z}\left(\frac{Lq_s}{c_pT}\right)\right]\delta z\approx-\frac{\partial\ln\theta_e^*}{\partial z}\delta z \tag{11.26}$$

上式最后的表达式的推导用到式(11.25)。假设 $\theta_1>\theta_0$,则在 z_0 高度上,饱和气块的温度要比环境温度高,气块所受浮力向上,大气层结不稳定;当 $\theta_1<\theta_0$,则在 z_0 高度上,饱和气块的温度要比环境温度低,大气层结稳定。因此,对饱和气块而言,条件稳定度的判据为

$$\frac{\partial\theta_e^*}{\partial z}\begin{cases}<0 & \text{条件不稳定}\\ =0 & \text{饱和中性}\\ >0 & \text{条件稳定}\end{cases} \tag{11.27}$$

11.3.2 凝结潜热加热

首先我们简单来说明如何考虑由大尺度强迫抬升造成的凝结潜热加热。假设这一过程是假绝热过程,则由式(11.20)得到的近似热力学方程为

$$\frac{\mathrm{d}\ln\theta}{\mathrm{d}t}\cong-\frac{L}{c_pT}\frac{\mathrm{d}q_s}{\mathrm{d}t} \tag{11.28}$$

因 q_s 随运动的变化量主要由上升运动造成,故可近似地认为

$$\begin{cases}\dfrac{\mathrm{d}q_s}{\mathrm{d}t}\cong w\partial q_s/\partial z & w>0\\[2ex] \dfrac{\mathrm{d}q_s}{\mathrm{d}t}\cong 0 & w<0\end{cases} \tag{11.29}$$

对于 $w>0$ 的上升运动区域,式(11.28)可以表示为

$$\left(\frac{\partial}{\partial t}+\mathbf{V}\cdot\nabla\right)\ln\theta+w\left(\frac{\partial\ln\theta}{\partial z}+\frac{L}{c_pT}\frac{\partial q_s}{\partial z}\right)\cong0 \tag{11.30}$$

但是,由式(11.22)有

$$\frac{\partial\ln\theta_e}{\partial z}\cong\frac{\partial\ln\theta}{\partial z}+\frac{L}{c_pT}\frac{\partial q_s}{\partial z}$$

于是,无论对上升运动还是对下沉运动,式(11.30)可以写成

$$\left(\frac{\partial}{\partial t}+\mathbf{V}\cdot\nabla\right)\theta+w\gamma_e\cong0 \tag{11.31}$$

式中,γ_e 称为相当静力稳定度,其定义为

$$\gamma_e \equiv \begin{cases} \theta \dfrac{\partial \ln\theta_e}{\partial z} & q \geqslant q_s \text{ 且 } w > 0 \\ \dfrac{\partial \theta}{\partial z} & q < q_s \text{ 或 } w < 0 \end{cases}$$

因此，对于由大尺度强迫抬升($\gamma_e > 0$)导致的凝结潜热加热过程，其热力学方程形式上与绝热过程的热力学方程是一样的，只是将静力稳定度换成了相当静力稳定度。由式(11.31)可知，由大尺度强迫抬升运动($\gamma_e > 0$)造成的湿空气温度局地变化，要比同样温度递减率下干空气抬升运动所造成的温度局地变化小。

但是，对条件不稳定大气($\gamma_e < 0$)，凝结主要是积云对流引起的。这种情况下，式(11.29)仍然是成立的，但式中的垂直速度应是积云单体中的上升气流速度，而不是天气尺度的 w。因此，不可能得到一个仅用天气尺度变量描述的简单热力学能量方程形式，但我们还是可以在一定程度上简化热力学方程。我们知道，热带地区的温度的变动较小，绝热上升导致的冷却应为非绝热加热项所抵消。因此，式(11.28)可近似为

$$w \frac{\partial \ln\theta}{\partial z} \cong -\frac{L}{c_p T} \frac{\mathrm{d}q_s}{\mathrm{d}t} \tag{11.32}$$

式中天气尺度的 w 是活跃的对流单体中强的垂直速度和周围环境中弱的垂直速度加权平均的结果。如果用 w' 表示积云体中的垂直速度，用 $\overline{w}$ 表示环境大气的垂直速度，则有

$$w = aw' + (1-a)\overline{w} \tag{11.33}$$

式中，a 是对流体所占的面积比例。借助式(11.29)，我们可以将式(11.32)改写为

$$w \frac{\partial \ln\theta}{\partial z} \cong -\frac{L}{c_p T} a w' \frac{\partial q_s}{\partial z} \tag{11.34}$$

下面的问题是如何用大尺度变量来表述式(11.34)右边的凝结潜热加热作用。这就是积云对流参数化问题。

积云对流加热参数化是热带气象中最具挑战性的领域之一。已成功应用到一些理论研究的一种简单参数化方案是，由于云中的水含量是相当少的，所以可假设总的垂直积分凝结潜热加热率应近似正比于降水率

$$-\int_{z_B}^{z_T} (\rho a w' \partial q_s / \partial z) \mathrm{d}z = P \tag{11.35}$$

式中，z_B 和 z_T 分别代表云底和云顶高度，P 代表降水率($\mathrm{kg \cdot m^{-2} \cdot s^{-1}}$)。

由于大气的比湿(或水汽混合比)的变化相对较小，故降水率近似等于气柱中的水汽辐合量和地表蒸发之和

$$P = -\int_0^{z_m} \nabla \cdot (\rho q \mathbf{V}) \mathrm{d}z + E \tag{11.36}$$

式中，E 为蒸发率($\mathrm{kg \cdot m^{-2} \cdot s^{-1}}$)，$z_m$ 为大气湿层顶的高度(对热带海洋而言 $z_m \approx$

2 km)。把含 q 的近似连续方程

$$\nabla \cdot (\rho q \mathbf{V}) + \frac{\partial(\rho q w)}{\partial z} \approx 0$$

代入式(11.36),可得

$$P = (\rho w q)_{z_{\mathrm{m}}} + E \tag{11.37}$$

这样,利用式(11.37),就可以把垂直平均加热率与天气尺度变量 $w(z_{\mathrm{m}})$ 和 $q(z_{\mathrm{m}})$ 联系起来。

但是,我们还需要确定加热的垂直分布。最普遍的方法是采用一种以观测事实为基础的经验性垂直分布。在这种方法中,可把式(11.30)写成

$$\left(\frac{\partial}{\partial t} + \mathbf{V} \cdot \nabla\right)\ln\theta + w\frac{\partial \ln\theta}{\partial z} = \frac{L}{\rho c_p T}\eta(z)\left[(\rho w q)_{z_{\mathrm{m}}} + E\right] \tag{11.38}$$

式中,$\eta(z)$是权重函数,当 $z < z_{\mathrm{B}}$ 和 $z > z_{\mathrm{T}}$ 时,$\eta(z) = 0$,当 $z_{\mathrm{B}} < z < z_{\mathrm{T}}$ 时,满足

$$\int_{z_{\mathrm{B}}}^{z_{\mathrm{T}}} \eta(z)\,\mathrm{d}z = 1$$

如式(11.32)所示,热带地区非绝热加热应为绝热上升导致的冷却项近似抵消,所以从式(11.38)可知,$\eta(z)$有着与大尺度的垂直质量通量 ρw 相似的垂直分布。观测表明,在许多热带天气尺度扰动中,$\eta(z)$约在 400 hPa 层达最大值。

上述参数化方法是针对平均的热带状况。在实际情形中,非绝热加热的垂直分布可由局地的云高来确定。所以,云高是积云参数化中最关键的一个参数。Arakawa 和 Schubert 在 1974 年曾提出一种用大尺度变量描述潜热加热的垂直分布的积云参数化方案。另外也还有一些其他的参数化方法,这里不再一一描述。

11.4 赤道波动

赤道波动是热带大气中一类重要的东西向传播的扰动。在有组织的热带对流活动中产生的非绝热加热可以激发出这类的赤道波动。赤道大气波动的传播可导致对流性风暴的影响作用在相当长的纬向距离里得以持续,并因此而产生对局地加热的遥响应现象。另外,通过影响低层水汽辐合流场,赤道大气波动还可以部分调控着对流加热的时空分布特征。赤道大气波动主要有混合罗斯贝-重力波和开尔文波。

11.4.1 混合罗斯贝-重力波

为了简单方便,可利用正压浅水模式来讨论赤道大气波动。考虑基本态气流静止、平均厚度为 H 的热带大气,取赤道 β 平面近似,则线性化正压浅水模式方程组为

$$\frac{\partial u'}{\partial t}-\beta y v'=-\frac{\partial \phi'}{\partial x} \tag{11.39}$$

$$\frac{\partial v'}{\partial t}+\beta y u'=-\frac{\partial \phi'}{\partial y} \tag{11.40}$$

$$\frac{\partial \phi'}{\partial t}+gH\left(\frac{\partial u'}{\partial x}+\frac{\partial v'}{\partial y}\right)=0 \tag{11.41}$$

式中，$\beta=2\Omega/a$，Ω 为地球自转角速度，a 为地球半径，$\phi'=gh'$，带撇号(′)的变量为扰动量。令

$$\begin{pmatrix} u' \\ v' \\ \phi' \end{pmatrix}=\begin{pmatrix} U(y) \\ V(y) \\ \Phi(y) \end{pmatrix}\mathrm{e}^{\mathrm{i}(kx-\omega t)} \tag{11.42}$$

将式(11.42)代入式(11.39)—(11.41)，得

$$-\mathrm{i}\omega U-\beta y V=-\mathrm{i}k\Phi \tag{11.43}$$

$$-\mathrm{i}\omega V+\beta y U=-\mathrm{d}\Phi/\mathrm{d}y \tag{11.44}$$

$$-\mathrm{i}\omega\Phi+gH(\mathrm{i}kU+\mathrm{d}V/\mathrm{d}y)=0 \tag{11.45}$$

用式(11.43)消去式(11.44)和式(11.45)的 U，得

$$(\beta^2 y^2-\omega^2)V=\mathrm{i}k\beta y\Phi+\mathrm{i}\omega\mathrm{d}\Phi/\mathrm{d}y \tag{11.46}$$

$$(\omega^2-gHk^2)\Phi+\mathrm{i}\omega gH\left(\frac{\mathrm{d}V}{\mathrm{d}y}-\frac{k}{\omega}\beta y V\right)=0 \tag{11.47}$$

上述方程组消去 Φ，得到 V 的二阶常微分方程

$$\frac{\mathrm{d}^2V}{\mathrm{d}y^2}+\left[\left(\frac{\omega^2}{gH}-k^2-\frac{k}{\omega}\beta\right)-\frac{\beta^2 y^2}{gH}\right]V=0 \tag{11.48}$$

由于我们研究的是赤道波动，可认为在远离赤道的区域波动衰减消失，故边界条件可取为

$$\begin{cases} y\rightarrow\pm\infty \\ V(y)\rightarrow 0 \end{cases} \tag{11.49}$$

上述边界条件对赤道 β 平面近似也是必要，因为赤道 β 平面近似只在热带低纬地区是成立的。可以证明(Matsuno，1966)，方程(11.48)满足边界条件式(11.49)具有非零解的条件为

$$\frac{\sqrt{gH}}{\beta}\left(-\frac{k}{\omega}\beta-k^2+\frac{\omega^2}{gH}\right)=2n+1 \quad (n=0,1,2,\cdots) \tag{11.50}$$

令 $y^*=(\beta/\sqrt{gH})^{1/2}y$，则相应的非零解为

$$V(y^*)=V_0H_n(y^*)\mathrm{e}^{-(y^*)^2/2} \tag{11.51}$$

式中，V_0 为常数，$H_n(y^*)$ 为 n 阶埃尔米特(Hermite)多项式。头几阶埃尔米特多项式分别为 $H_0=1$，$H_1(y^*)=2y^*$ 和 $H_2(y^*)=4(y^*)^2-2$。本征值 n 相当于 V 沿经向分布的波节点数。

频率方程(11.50)是 ω 的三次方程,下面分别对不同的 n 进行讨论。

当 $n\geqslant 1$ 时,对于低频波(ω 的小根),方程(11.50)中 ω^2 项可以忽略,则有 ω 的近似值

$$\omega_1 \cong -\frac{\beta k}{k^2+(2n+1)\beta/\sqrt{gH}} \quad (n\geqslant 1) \tag{11.52}$$

显然,上式表征的是低纬罗斯贝波的频率。若考虑基本气流 $\bar{u}$,则由上式求得低纬罗斯贝波的波速为

$$c_1 \cong \bar{u}-\frac{\beta}{k^2+(2n+1)\beta/\sqrt{gH}} \tag{11.53}$$

因低纬副热带高压南侧盛行偏东风,$\bar{u}<0$,则由上式算得的 $c<0$,这就是低纬罗斯贝波被称为东风波的缘故。对于高频波(ω 的大根),方程(11.50)中 $-\beta k/\omega$ 项可以忽略,则有 ω 的近似值

$$\omega_{2,3} \cong \pm\sqrt{k^2 gH+(2n+1)\beta\sqrt{gH}} \quad (n\geqslant 1) \tag{11.54}$$

它表示的是惯性－重力外波的频率。若考虑基本气流 $\bar{u}$,则由上式可得惯性－重力外波的波速为

$$c_{2,3} \cong \bar{u}\pm\sqrt{gH+\frac{(2n+1)\beta\sqrt{gH}}{k^2}} \tag{11.55}$$

由于 $\bar{u}\ll\sqrt{gH}$,故上式表明惯性－重力外波可以向东西方向双向传播。

当 $n=0$ 时,频率方程(11.50)可因式分解为

$$\left(\frac{\omega}{\sqrt{gH}}-\frac{\beta}{\omega}-k\right)\left(\frac{\omega}{\sqrt{gH}}+k\right)=0 \tag{11.56}$$

上式的根 $\omega=-\sqrt{gH}k$ 是不合理的,因为由式(11.46)和式(11.47)消去 Φ 时是不允许 $\omega=-\sqrt{gH}k$。由式(11.56)左边第一个括号为零得到的两个根为

$$\omega_{1,2}=\frac{k\sqrt{gH}}{2}\left[1\pm\left(1+\frac{4\beta}{k^2\sqrt{gH}}\right)^{1/2}\right] \tag{11.57}$$

相应的相速为

$$c_{1,2}=\frac{\sqrt{gH}}{2}\left[1\pm\left(1+\frac{4\beta}{k^2\sqrt{gH}}\right)^{1/2}\right] \tag{11.58}$$

上式取正平方根的解 c_1 对应着东传的赤道惯性重力波;而负平方根解 c_2 对应着一种西传的波动,当 k 很小时,该波动类似惯性重力波,当 k 很大时,该波动类似罗斯贝波。这类波动称为混合罗斯贝-重力波(mixed Rossby-gravity wave),其水平结构如图 11.1 所示。图 11.2 是热带波动的圆频率与纬向波数的关系图。

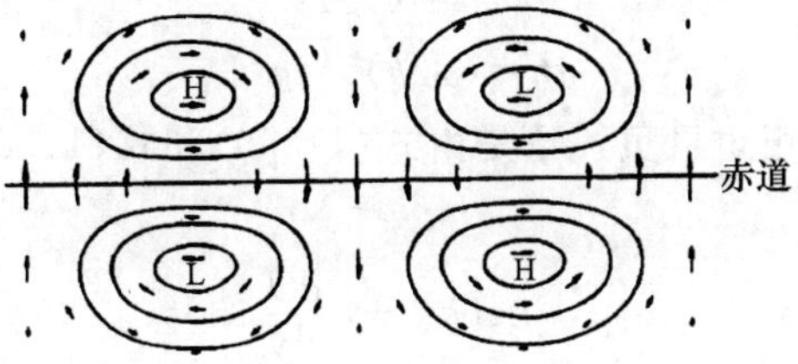

图 11.1　混合罗斯贝-重力波的气压和速度场的水平结构

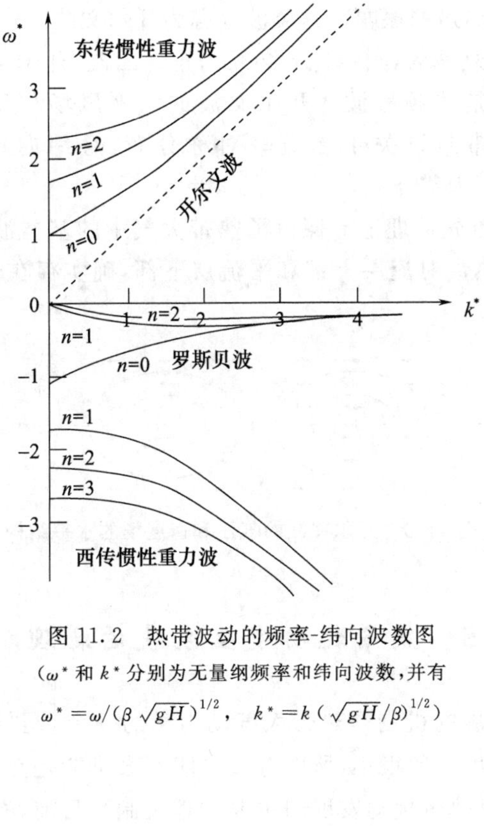

图 11.2　热带波动的频率-纬向波数图

（ω^* 和 k^* 分别为无量纲频率和纬向波数，并有

$\omega^*=\omega/(\beta\sqrt{gH})^{1/2}$，　$k^*=k(\sqrt{gH}/\beta)^{1/2}$）

11.4.2　开尔文波

尽管第 7 章已讨论到开尔文波（Kelvin wave），但为了本节内容的系统性，下面还是重复但简明地给出开尔文波的讨论。当经向速度扰动量为零时，这时方程组(11.43)—(11.45)可简化为

$$-\mathrm{i}\omega U=-\mathrm{i}k\Phi \tag{11.59}$$

$$\beta yU=-\mathrm{d}\Phi/\mathrm{d}y \tag{11.60}$$

$$-\mathrm{i}\omega\Phi+gH(\mathrm{i}kU)=0 \tag{11.61}$$

由式(11.59)和式(11.61)消去 Φ 可得

$$\omega^2 = k^2 gH \tag{11.62}$$

或相速为

$$c^2 = (\omega/k)^2 = gH \tag{11.63}$$

根据上式，相速 c 既可正也可负。可是由式(11.59)和式(11.60)消去 Φ 可得一阶微分方程

$$\beta y U = -c\frac{\mathrm{d}U}{\mathrm{d}y} \tag{11.64}$$

对上式积分可得

$$U = U_0 \mathrm{e}^{(-\beta y^2/2c)} \tag{11.65}$$

式中，U_0 为纬向风在赤道的振幅。这类波动称为开尔文波。式(11.65)表明，如果要使解在远离赤道时是衰减的，则相速 c 必须为正。因此，开尔文波是向东传播的，且以重力波相速东传，是非频散波。开尔文波的水平风场与位势场的水平结构如图 11.3 所示，位势、纬向风关于赤道呈对称分布，且纬向风满足地转平衡[见式(11.60)]，经向风恒为零。

Matsuno(1966)首先从理论上探讨了热带大气中的基本波动，后来人们从观测资料分析中发现，在热带对流层上部和平流层下部，确实存在开尔文波和混合罗斯贝-重力波。

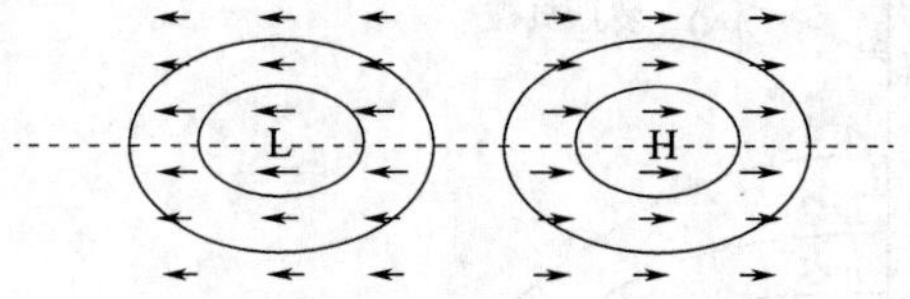

图 11.3　开尔文波的气压和速度场的水平结构

11.5　热带扰动发生发展的物理机制

热带扰动发生发展的机制是热带大气动力学的一个重要研究内容。热带地区的水平温度的南北梯度一般很小，所以有效位能不太可能是热带扰动发展的能量来源，即斜压不稳定不是热带扰动发展的主要物理机制。目前，有关研究表明，热带扰动发展的基本物理机制有三种：基本气流的侧向切变导致的正压不稳定(见第 8 章有关内容)；有组织积云对流引起的第二类条件不稳定(conditional instability of second kind, CISK)；风驱表面热量交换(wind-induced surface heat exchange, WISHE)。

观测表明，热带辐合带是北半球东北信风和赤道西南风之间的辐合带，北非大陆上空东风急流以南的纬向风也存在明显的切变，这些热带区域平均纬向气流的侧向切变为热带大气的正压不稳定的发生提供了必要条件。基本气流及其切变越强，

则越可能出现正压不稳定。里德(Reed et al.,1977)曾利用观测到的700 hPa上的北非东风急流的风速廓线,数值求解正压扰动涡度方程,结果发现,东风急流对扰动确实是不稳定的,最不稳定的波动的结构与观测事实基本一致。由此推断,东风急流的正压不稳定是非洲热带波状扰动发生发展的主要机制。扰动动能来源于平均纬向气流动能的转换。

尽管正压不稳定是非洲热带波状扰动发生的主要机制,它对太平洋的热带波状扰动的发生也起作用,但在无强的侧向切变区域也能观测到热带波状扰动,因此,热带扰动的发生发展应该还存在其他机制。

在热带区域,凝结潜热释放对热带天气尺度扰动发展具有重要影响。但是,由于凝结潜热释放主要发生在深厚的对流云中,而积云对流是一种小尺度环流。因此,如何解释小尺度对流中的凝结潜热为天气尺度扰动的发展提供能量是热带大气动力学中一个十分重要的问题。观测表明,热带大气一般并不是饱和的,甚至在行星边界层之中也是如此,对条件不稳定的热带大气而言,对流要发展必须有强迫抬升作用,这就要求大尺度运动在对流层低层形成水平辐合。所谓的第二类条件不稳定(CISK)就是指积云对流与天气尺度扰动间的相互作用,从而使热带天气尺度扰动处于不稳定发展的过程。其物理含义是:由于摩擦的作用,在边界层产生向低压中心的大尺度水平辐合,并通过埃克曼抽吸作用,使处于条件不稳定的湿空气强迫抬升,从而产生有组织的积云对流。由有组织的积云对流产生的凝结潜热释放使得低压上空的气温比四周要高,因此有$\overline{T'w'}>0$,使有效位能转换为扰动动能从而使大尺度扰动处于不稳定的发展过程;在低压上空增温的同时,地面气压下降,使得低压中心的辐合增强,从而使得局地涡度增强,气旋性环流增强。增强的气旋环流反过来又加剧了埃克曼抽吸作用,促使积云对流进一步发展。这样,低层辐合,强迫抬升、凝结增温,地面气压下降……,往复循环,导致了积云对流和大尺度扰动之间的正反馈,于是出现了大尺度扰动的不稳定发展过程。但到目前为止,应用CISK机制来解释热带气旋(飓风)的发展过程还不够令人满意,因为并没有证据表明这样的相互作用能导致热带气旋的最大增长率达到飓风中观测到的量级。

还有一种不同的解释热带大气扰动(热带气旋)发生发展的机制便是WISHE机制。根据WISHE理论(Emanuel,1988,2000),热带气旋的位能来自大气和下面海洋间的热力不平衡,即与海气之间的熵差有关。在提供位能用于平衡摩擦耗散的海气相互作用的有效性依赖于海洋向大气的潜热输送率。这是海表风所致的结果:强的海表风会导致较粗糙的海表面,从而大大地增加海表蒸发率。因此,诸如赤道波动这样有限振幅的初始扰动的出现会通过反馈过程,提供产生强蒸发所需的风,从而增强飓风的发展。给定适当的初始扰动,就可能发生反馈过程:向内的螺旋表面风的增大会增强海表的蒸发率,使得对流增强,从而进一步增强次级环流。然而似乎观测到的热带气旋生成个例需要有限振幅的初始扰动,其原因很可能是这些扰动需要较短的时间就达到成熟。当初始扰动的振幅减小时,热带气旋达到成熟所需的时间就会增多,这样破坏热带气旋发展过程的各种不利环境因素出现的可能性也因此会增大。

有许多环境因素会减慢或阻碍热带气旋的发展过程,但其中最重要的是垂直风切变和干空气。垂直风切变可以导致对流"倾斜",使得加热不能维持在垂直方向上。另外,垂直风切变还会导致关于初始扰动的垂直运动偶极子,而它会使得环流不再保持轴对流特征,并在对流层中层风暴的风切变上游一侧产生干空气。干空气会被卷挟进入对流中,造成强的下沉气流,该气流把低熵空气输送到地面,从而使条件不稳定性减弱。因此,如果干空气持续地被输送到正在发展的风暴上方的对流层中层,将会使得风暴的发展受到极大的抑制。由此可见,层次深厚且随扰动移动并具有闭合流线的系统对其发展是最有利的,因为空气被截陷在扰动内而不会被较干的环境空气所替换,这样对流会通过逸出过程使对流层变得湿润。

习 题

1. 热带地区有哪些主要环流系统?

2. 对数压力坐标如何定义?它有什么优点?

3. 说明低纬大尺度运动的特征。在有降水和无降水这两种情形下,低纬大尺度运动在性质上有什么差异?

4. 开尔文波和混合罗斯贝-重力波有哪些主要性质?

5. 什么叫第二类条件不稳定(CISK)?这类不稳定扰动增长的能量来源是什么?

6. 设赤道附近的纬向东风分布为

$$\bar{u}(y)=-u_0\sin^2[l(y-y_0)]$$

式中,u_0,y_0和l为常数,y为距赤道的距离,试确定正压不稳定的必要条件。

第 12 章　中尺度大气动力学

中尺度天气系统包括飑线、超级单体、中尺度重力波等介于大尺度和小尺度之间的天气系统。它们相比长波、副热带高压等大尺度天气系统，水平尺度较小，生命史较短，容易导致暴雨、冰雹、大风等灾害性天气，对人类生活和社会经济造成巨大影响。因此，加深对中尺度天气发生发展规律和动力机制的认识，有利于提高灾害性天气的预报预警水平。本章主要介绍中尺度大气运动的基本特征、控制方程，并着重介绍中尺度对流(如超级单体)和中尺度重力波的相关动力过程。

12.1　中尺度大气运动的基本特征

大气运动按照尺度来划分，可以分为以行星波和气旋为代表的大尺度运动(>2000 km)，以单站观测的积云单体为代表的小尺度运动(<2 km)，以及介于这两者之间的常利用雷达探测到的以飑线、超级单体为代表的中尺度运动(2～2000 km)。Orlanski (1975)将中尺度进一步细分为 α,β,γ 三类：α 中尺度水平尺度为10^2～10^3 km，时间尺度为 1～5 d，如热带气旋、中尺度对流复合体等；β 中尺度水平尺度为10^1～10^2 km，时间尺度为 3 h～1 d，如超级单体、飑线、地形重力波等；γ 中尺度水平尺度为 10^0～10^1 km，时间尺度为 1～3 h，如雷暴、下击暴流等。

另外，大气波动频率也可以用来区分大气运动的尺度，包括与重力内波相关的布伦特-维赛拉(Brunt-Väisälä)频率 N 和与惯性波相关的惯性频率 f。中尺度运动的波动频率 ω 介于局地科氏参数 f 和和布伦特-维赛拉频率 N 之间，说明浮力和科氏力均是中尺度环流的重要物理量；而在大尺度运动中，科氏力的作用相对重要，浮力则可以忽略；在小尺度运动中，浮力的作用相对重要，科氏力则可以忽略。我们常用罗斯贝数$\left(Ro=\dfrac{U}{fL}\right)$和里查森数(Richardson number)$\left(Ri=\dfrac{N^2}{U_z^2}\text{，其中}U_z\text{为垂直风切}\right)$这两个无量纲数来区分科氏力和浮力的相对大小。当 Ro 和 Ri 均在 1 附近时，代表中尺度运动。此外，罗斯贝变形半径($L_R=\dfrac{NH}{f}$，其中 H 为标高)也能反映地球旋转与静力稳定度的相对大小,对于中尺度运动$L<L_R$,一般是气压场向风场适应。

在水平方向上,中尺度天气系统中气象要素(如气压、温度等)的水平梯度远大于大尺度天气系统。其散度和涡度的量级,不仅比大尺度运动提高了1到几个量级,而且两者的比值更接近于1,说明中尺度运动中辐合辐散运动与涡旋运动具有同等重要的作用。

在垂直方向上,有些中尺度运动是非静力平衡的,而有些中尺度运动是准静力平衡的,这取决于垂直运动方程中$\frac{\partial w}{\partial t}$和$-\frac{1}{\rho}\frac{\partial p'}{\partial z}$的相对大小。$w$的尺度可以用连续性方程来估算,即$w\sim\frac{UD}{L}$。$\delta p'$的尺度用水平运动方程$\left(\frac{\mathrm{d}u}{\mathrm{d}t}=-\frac{1}{\rho}\frac{\partial p'}{\partial x}\right)$来估算,即$\delta p'\sim\frac{UL\rho}{T}$。因此$\frac{\partial w}{\partial t}$和$-\frac{1}{\rho}\frac{\partial p'}{\partial z}$的量纲之比为$\frac{UD/LT}{UL/DT}=\left(\frac{D}{L}\right)^2$。对于中尺度运动,$D/L$可为$\sim 1$或者$\ll 1$。比如雷暴,$\frac{D}{L}\sim\frac{10\ \mathrm{km}}{10\ \mathrm{km}}\sim 1$,因此雷暴的上升运动是非静力平衡的。又比如雷暴所产生的冷池,$\frac{D}{L}\sim\frac{1\ \mathrm{km}}{10\ \mathrm{km}}\ll 1$,因此冷池出流是准静力平衡的。

因此,中尺度运动具有水平尺度较小、生命期较短、气象要素梯度大、天气强烈以及非(或准)静力平衡的基本特征。

12.2 中尺度大气运动的控制方程

在大气运动的基本方程的基础上,针对中尺度大气运动的基本特征作合理假设和简化,可得到描述中尺度大气运动的控制方程。

在局地直角坐标系中,绝热无摩擦的基本大气方程组可表示为

$$\begin{cases}\dfrac{\mathrm{d}u}{\mathrm{d}t}=-\dfrac{1}{\rho}\dfrac{\partial p}{\partial x}+fv\\ \dfrac{\mathrm{d}v}{\mathrm{d}t}=-\dfrac{1}{\rho}\dfrac{\partial p}{\partial y}-fu\\ \dfrac{\mathrm{d}w}{\mathrm{d}t}=-\dfrac{1}{\rho}\dfrac{\partial p}{\partial z}-g\\ \dfrac{\mathrm{d}\rho}{\mathrm{d}t}+\rho\left(\dfrac{\partial u}{\partial x}+\dfrac{\partial v}{\partial y}+\dfrac{\partial w}{\partial z}\right)=0\\ p=\rho RT\\ \theta=T\left(\dfrac{1000}{p}\right)^{R/c_p}\\ \dfrac{\mathrm{d}\theta}{\mathrm{d}t}=0\end{cases}\tag{12.1}$$

式中,任意热力控制变量(p,ρ,θ,T)可以分为大尺度基本态(用"—"表示)和中尺度

扰动(用“$'$”表示)。通过合理假设,对各方程简化如下。

(1)水平运动方程

对于中尺度水平运动方程,由于大气密度在水平方向变化小,可以用$\frac{1}{\bar{\rho}}$近似代替$\frac{1}{\rho}$。由于中尺度水平气压梯度力远大于大尺度基本态的水平气压梯度力,可将$-\frac{1}{\rho}\frac{\partial \bar{p}}{\partial x}$略去。因此水平运动方程[方程组(12.1)中第 1、第 2 方程]可简化为

$$\begin{cases} \frac{\mathrm{d}u}{\mathrm{d}t}=-\frac{1}{\bar{\rho}}\frac{\partial p'}{\partial x}+fv \\ \frac{\mathrm{d}v}{\mathrm{d}t}=-\frac{1}{\bar{\rho}}\frac{\partial p'}{\partial y}-fu \end{cases} \tag{12.2}$$

(2)垂直运动方程

相比水平方向上密度的变化,垂直方向上的密度变化较大,且可通过浮力产生垂直运动。因此在垂直运动方程中,密度扰动 ρ'很重要。则方程(12.1)中第三式可简化为

$$\frac{\mathrm{d}w}{\mathrm{d}t}=-\frac{1}{\rho}\frac{\partial p}{\partial z}-g=-\frac{1}{\bar{\rho}+\rho'}\left(\frac{\partial \bar{p}+p'}{\partial z}\right)-g=-\frac{1}{\bar{\rho}+\rho'}\frac{\partial p'}{\partial z}-\frac{\rho'}{\bar{\rho}+\rho'}g\cong-\frac{1}{\bar{\rho}}\frac{\partial p'}{\partial z}-\frac{\rho'}{\bar{\rho}}g \tag{12.3}$$

式中,$-\frac{\rho'}{\bar{\rho}}g$ 表示由于密度扰动引起的浮力作用。因此,方程中保留了与重力相联系的密度扰动,但在垂直气压梯度力中忽略密度扰动。

(3)连续方程

根据第 2.3 节中连续方程的尺度分析和简化,中尺度大气运动的一级简化为

$$\frac{\partial u}{\partial x}+\frac{\partial v}{\partial y}+\frac{1}{\rho}\frac{\partial \rho w}{\partial z}=0 \tag{12.4}$$

若假定流体只限制在一薄层内(如浅对流中尺度运动的情况),密度 ρ 的垂直变化相比 w 的垂直变化比较小,可将 $w\frac{\partial \ln\rho}{\partial z}$略去,连续性方程(12.4)可进一步简化为

$$\frac{\partial u}{\partial x}+\frac{\partial v}{\partial y}+\frac{\partial w}{\partial z}=0 \tag{12.5}$$

这一关系式常称为不可压缩性假设,相应地滤去了由于空气可压缩性而产生的声波。

(4)状态方程

将 $p=\bar{p}+p'$,$T=\bar{T}+T'$,$\rho=\bar{\rho}+\rho'$代入 $p=\rho RT$,方程两边取对数并结合$\bar{p}=\bar{\rho}R\bar{T}$,得

$$\ln\left(1+\frac{p'}{\bar{p}}\right)=\ln\left(1+\frac{\rho'}{\bar{\rho}}\right)+\ln\left(1+\frac{T'}{\bar{T}}\right) \tag{12.6}$$

由于 $\ln\left(1+\frac{p'}{\bar{p}}\right)\approx\frac{p'}{\bar{p}}$,$\ln\left(1+\frac{\rho'}{\bar{\rho}}\right)\approx\frac{\rho'}{\bar{\rho}}$,$\ln\left(1+\frac{T'}{\bar{T}}\right)\approx\frac{T'}{\bar{T}}$,则

$$\frac{p'}{\overline{p}} \approx \frac{\rho'}{\overline{\rho}} + \frac{T'}{\overline{T}} \tag{12.7}$$

考虑中尺度运动中$\frac{p'}{\overline{p}} \ll \frac{T'}{\overline{T}}$,状态方程可以进一步简化为

$$\frac{\rho'}{\overline{\rho}} \approx -\frac{T'}{\overline{T}} \tag{12.8}$$

因此,垂直运动方程(12.3)中浮力项$-\frac{\rho'}{\overline{\rho}}g$ 也可以用$\frac{T'}{\overline{T}}g$ 来表示。

(5)位温方程

将 $\theta=\overline{\theta}+\theta'$,$T=\overline{T}+T'$代入$\theta=T\left(\frac{1000}{p}\right)^{R/c_p}$,并取对数后作上述类似简化,得

$$\frac{\theta'}{\overline{\theta}} \approx \frac{T'}{\overline{T}} - \frac{c_p}{R}\frac{p'}{\overline{p}} \text{或} \frac{\theta'}{\overline{\theta}} \approx \frac{T'}{\overline{T}} \tag{12.9}$$

(6)热力方程

将 $\theta=\overline{\theta}+\theta'$代入$\frac{\mathrm{d}\theta}{\mathrm{d}t}=0$,考虑$\overline{\theta}$主要为 z 的函数,得

$$\frac{\mathrm{d}\theta'}{\mathrm{d}t} + \frac{\partial\overline{\theta}}{\partial z}w = 0 \tag{12.10}$$

综上,根据中尺度大气运动的特点,对基本大气方程组采取了一系列合理近似和简化,这种简化称为布西内斯克近似(Boussinesq approximation):(1)部分考虑密度扰动,在方程中保留与温度扰动有关的密度扰动,略去与气压扰动有关的部分;(2)在连续方程中将大气当作不可压缩气体,不考虑由于空气压缩性而产生的声波;(3)假定流体限制在一薄层内,一般适用于积云浅对流、海陆风环流等浅层中尺度运动。因此,经过布西内斯克近似的中尺度大气运动方程组总结为

$$\begin{cases} \frac{\mathrm{d}u}{\mathrm{d}t} = -\frac{1}{\overline{\rho}}\frac{\partial p'}{\partial x} + fv \\ \frac{\mathrm{d}v}{\mathrm{d}t} = -\frac{1}{\overline{\rho}}\frac{\partial p'}{\partial y} - fu \\ \frac{\mathrm{d}w}{\mathrm{d}t} = -\frac{1}{\overline{\rho}}\frac{\partial p'}{\partial z} - \frac{\rho'}{\overline{\rho}}g \\ \frac{\partial u}{\partial x} + \frac{\partial v}{\partial y} + \frac{\partial w}{\partial z} = 0 \\ \frac{\rho'}{\overline{\rho}} \approx -\frac{T'}{\overline{T}} \text{或} \frac{p'}{\overline{p}} \approx \frac{\rho'}{\overline{\rho}} + \frac{T'}{\overline{T}} \\ \frac{\theta'}{\overline{\theta}} \approx \frac{T'}{\overline{T}} - \frac{c_p}{R}\frac{p'}{\overline{p}} \text{或} \frac{\theta'}{\overline{\theta}} \approx \frac{T'}{\overline{T}} \\ \frac{\mathrm{d}\theta'}{\mathrm{d}t} + \frac{\partial\overline{\theta}}{\partial z}w = 0 \end{cases} \tag{12.11}$$

上述简化的方程组保留了在中尺度运动中起重要作用的层结(浮力)效应,即与重力相关联的项中保留密度扰动作用。通过在连续性方程中忽略弹性的影响,滤掉高频声波,既在数学上简化了方程组,又在物理上突出了中尺度运动的层结效应特征。

若对于深对流的中尺度运动,则需要考虑平均密度在垂直方向的变化,不能假定流体只限制在一薄层内,因此连续性方程则为

$$\frac{\partial u}{\partial x}+\frac{\partial v}{\partial y}+\frac{1}{\rho}\frac{\partial \rho w}{\partial z}=0 \tag{12.12}$$

这种简化也称为滞弹性近似。

12.3　中尺度对流的动力过程

中尺度对流既包含单一对流云团的孤立对流,也包括多个单体对流组成的中尺度对流系统。当孤立对流发展很强时可能会发展成为以气旋性旋转为主的超级单体风暴。下面我们以超级单体风暴为例介绍相关中尺度对流的动力过程。

根据 12.2 节介绍的布西内斯克近似,并忽略科氏力的作用,式(12.11)的水平和垂直运动方程可以简化为如下矢量形式

$$\frac{\partial \mathbf{V}}{\partial t}+\mathbf{V}\cdot\nabla\mathbf{V}=-\frac{1}{\bar{\rho}}\nabla p'+B\boldsymbol{k} \tag{12.13}$$

式中,$B=-\frac{\rho'}{\bar{\rho}}g$ 为浮力项,$\mathbf{V}=(u,v,w)$。分别对式(12.13)两边作散度运算,得

$$\frac{\partial}{\partial t}\nabla\cdot\mathbf{V}+\nabla\cdot(\mathbf{V}\cdot\nabla\mathbf{V})=-\frac{1}{\bar{\rho}}\nabla^2 p'+\frac{\partial B}{\partial z} \tag{12.14}$$

由于布西内斯克近似中$\nabla\cdot\mathbf{V}=0$,因此

$$\begin{aligned}\frac{1}{\bar{\rho}}\nabla^2 p'&=-\nabla\cdot(\mathbf{V}\cdot\nabla\mathbf{V})+\frac{\partial B}{\partial z}\\&=-\left[\left(\frac{\partial u}{\partial x}\right)^2+\left(\frac{\partial v}{\partial y}\right)^2+\left(\frac{\partial w}{\partial z}\right)^2\right]-2\left(\frac{\partial v}{\partial x}\frac{\partial u}{\partial y}+\frac{\partial w}{\partial x}\frac{\partial u}{\partial z}+\frac{\partial w}{\partial y}\frac{\partial v}{\partial z}\right)+\frac{\partial B}{\partial z}\end{aligned} \tag{12.15}$$

进一步设 $u=\bar{u}(z)+u'$,$v=\bar{v}(z)+v'$,$w=w'$,并考虑到$\nabla^2 p'\propto -p'$,则式(12.15)为

$$\begin{aligned}p'\propto&\left[\left(\frac{\partial u'}{\partial x}\right)^2+\left(\frac{\partial v'}{\partial y}\right)^2+\left(\frac{\partial w'}{\partial z}\right)^2\right]+2\left(\frac{\partial v'}{\partial x}\frac{\partial u'}{\partial y}+\frac{\partial w'}{\partial x}\frac{\partial u'}{\partial z}+\frac{\partial w'}{\partial y}\frac{\partial v'}{\partial z}\right)+\\&2\left(\frac{\partial w'}{\partial x}\frac{\partial \bar{u}}{\partial z}+\frac{\partial w'}{\partial y}\frac{\partial \bar{v}}{\partial z}\right)-\frac{\partial B}{\partial z}\end{aligned} \tag{12.16}$$

式中,$\left[\left(\frac{\partial u'}{\partial x}\right)^2+\left(\frac{\partial v'}{\partial y}\right)^2+\left(\frac{\partial w'}{\partial z}\right)^2\right]$为伸展项,$2\left(\frac{\partial v'}{\partial x}\frac{\partial u'}{\partial y}+\frac{\partial w'}{\partial x}\frac{\partial u'}{\partial z}+\frac{\partial w'}{\partial y}\frac{\partial v'}{\partial z}\right)$为非线性动力气压扰动项,$2\left(\frac{\partial w'}{\partial x}\frac{\partial \bar{u}}{\partial z}+\frac{\partial w'}{\partial y}\frac{\partial \bar{v}}{\partial z}\right)$为线性动力气压扰动项,$-\frac{\partial B}{\partial z}$为浮力气压项。

若主要关注垂直涡旋运动,忽略变形运动和水平涡旋运动,则

$$\frac{\partial v'}{\partial x}+\frac{\partial u'}{\partial y}=\frac{\partial w'}{\partial y}+\frac{\partial v'}{\partial z}=\frac{\partial w'}{\partial x}+\frac{\partial u'}{\partial z}=0,\frac{\partial w'}{\partial y}-\frac{\partial v'}{\partial z}=\frac{\partial u'}{\partial z}-\frac{\partial w'}{\partial x}=0 \quad (12.17)$$

根据式(12.17)则$\frac{\partial w'}{\partial x}\frac{\partial u'}{\partial z}+\frac{\partial w'}{\partial y}\frac{\partial v'}{\partial z}=0$,因此非线性动力气压扰动项可以进一步简化为

$$2\frac{\partial v'}{\partial x}\frac{\partial u'}{\partial y}=\frac{1}{2}\left(\frac{\partial v'}{\partial x}+\frac{\partial u'}{\partial y}\right)^2-\frac{1}{2}\left(\frac{\partial v'}{\partial x}-\frac{\partial u'}{\partial y}\right)^2=-\frac{1}{2}\left(\frac{\partial v'}{\partial x}-\frac{\partial u'}{\partial y}\right)^2=-\frac{1}{2}\zeta'^2 \quad (12.18)$$

可见,非线性动力气压扰动项可简化为旋转项$-\frac{1}{2}\zeta'^2$。因此,不论是气旋性旋转还是反气旋性旋转,在涡旋中心都存在一个负的气压扰动。

线性动力气压扰动项可写成

$$2\left(\frac{\partial w'}{\partial x}\frac{\partial \bar{u}}{\partial z}+\frac{\partial w'}{\partial y}\frac{\partial \bar{v}}{\partial z}\right)=2\boldsymbol{S}\cdot\nabla_h w' \quad (12.19)$$

式中,$\boldsymbol{S}=\frac{\partial \boldsymbol{V}_h}{\partial z}$为垂直风切。如图 12.1 所示,上升运动的上风切方向会产生高压扰动,而下风切方向则会产生低压扰动。

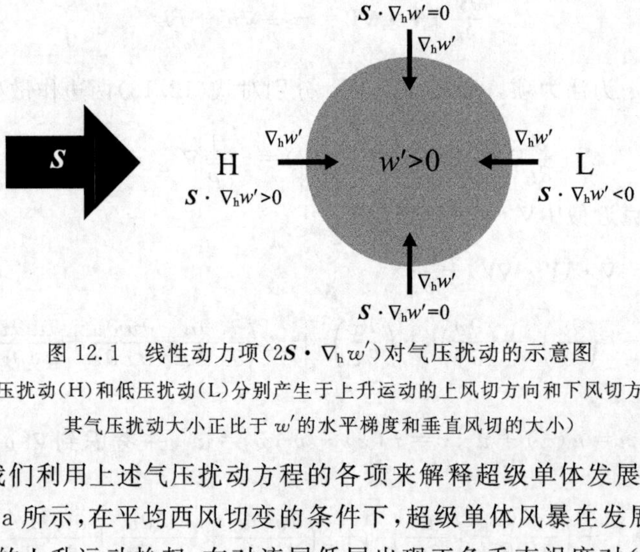

图 12.1 线性动力项($2\boldsymbol{S}\cdot\nabla_h w'$)对气压扰动的示意图

(高压扰动(H)和低压扰动(L)分别产生于上升运动的上风切方向和下风切方向,

其气压扰动大小正比于w'的水平梯度和垂直风切的大小)

接下来,我们利用上述气压扰动方程的各项来解释超级单体发展的相关动力过程。如图 12.2a 所示,在平均西风切变的条件下,超级单体风暴在发展过程中,水平涡管被风暴里的上升运动抬起,在对流层低层出现正负垂直涡度对(对应涡度方程(5.36)中的扭转项)。考虑非线性动力气压扰动项(即旋转项)效应,在对流层中层(正负垂直涡度对)则会形成负气压扰动。负气压扰动则通过垂直气压梯度力造成上升运动加速,从而加强风暴中心上升气流。随后,由于降水在上升气流位置产生下沉气流,造成风暴的分裂,从而形成左右(南北)上升运动核心(图 12.2b)。

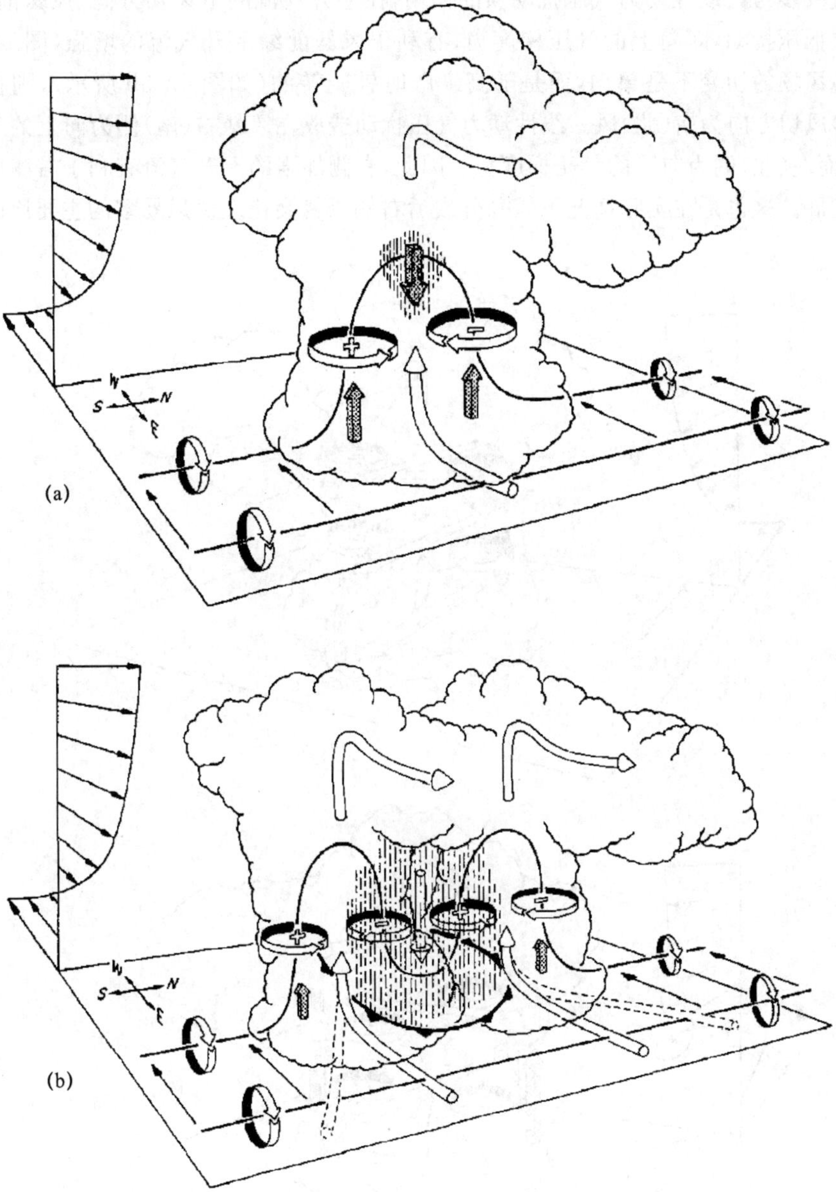

图 12.2　在西风切变的条件下对流单体分裂过程示意图(引自 Klemp,1987)

(a)在初始阶段,与西风切变相关的水平涡管(粗实线,其上的环形箭头代表旋转方向)被对流单体里的垂直上升运动所“挑起”(扭转),从而形成正负垂直涡度对。由于非线性动力气压扰动项,在正负垂直涡度对位置产生低气压扰动,从而增强垂直上升运动。(b)在分裂阶段,对流单体中的降水的下沉运动进一步将涡管扭转,从而形成两对正负垂直涡度对。

进一步考虑线性动力气压扰动项的作用，在上升气流的下风切方向(风暴前缘)产生中层低压扰动，即向上的气压梯度力，有利于风暴前缘上升气流的增强(图 12.3a)。若环境风场的切变不是单向，而是随高度顺时针旋转的(如图 12.3b 所示)，则在低层(高层)风切方向为南(北)风。线性动力气压扰动造成在风暴右(南)侧为向上的气压梯度力，而左(北)侧为向下的气压梯度力。因此，右侧加强的上升气流有利于右侧风暴单体的发展。这也是在实际情况下风暴分裂后右侧风暴会比左侧风暴多的主要原因。

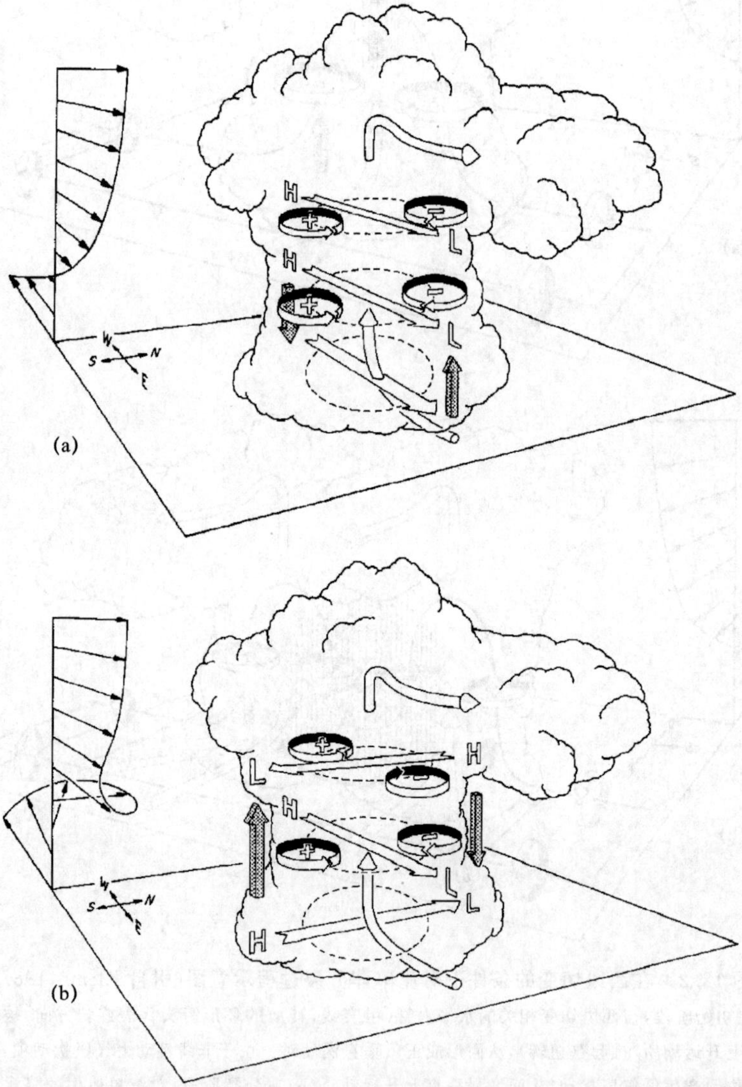

图 12.3　环境垂直风切与对流单体中的上升运动作用产生气压扰动(引自 Klemp,1987)

(a)为风切方向不随高度变化，(b)为风切方向随高度顺时针旋转。宽空心箭头表示为风切矢量，H 和 L 分别代表高压扰动和低压扰动。阴影箭头代表垂直气压梯度力的方向。

12.4 中尺度重力波的动力过程

重力波是大气中基本波动之一，是最基本的中尺度运动之一，在大气中发生非常普遍。气流过山、密度流侵入稳定层、对流发展、大气运动不平衡等情形都可以产生重力波。重力波通常向上传播能量，所以导致重力波的振幅在波源水平方向不远的地方急剧减小。然而，若稳定度或者风切随高度变化，向上传播的能量则在一定情况下能够被反射回低层，使重力波振幅得以维持或加强，并可以水平传播，因此重力波被“截陷”在一定高度内。我们将这种大振幅的截陷波动叫做中尺度重力波。中尺度重力波对天气具有重要影响，如大振幅的重力波可以提供上升运动使气块饱和或者使其突破自由对流高度。

在 7.4.2.2 节的基础上我们进一步考虑具有基本气流为 $\bar{u}$ 的重力内波控制方程组

$$\left(\frac{\partial}{\partial t}+\bar{u}\frac{\partial}{\partial x}\right)u+w\frac{\partial \bar{u}}{\partial z}=-\frac{\partial}{\partial x}\left(\frac{p'}{\bar{\rho}}\right) \tag{12.20}$$

$$\left(\frac{\partial}{\partial t}+\bar{u}\frac{\partial}{\partial x}\right)w=-\frac{\partial}{\partial z}\left(\frac{p'}{\bar{\rho}}\right)+g\frac{\theta'}{\bar{\theta}} \tag{12.21}$$

$$\left(\frac{\partial}{\partial t}+\bar{u}\frac{\partial}{\partial x}\right)\left(g\frac{\theta'}{\bar{\theta}}\right)+N^2 w=0 \tag{12.22}$$

$$\frac{\partial u}{\partial x}+\frac{\partial w}{\partial z}=0 \tag{12.23}$$

消除式(12.20)—(12.23)中其他变量，可得到关于 w 的单变量方程

$$\left(\frac{\partial}{\partial t}+\bar{u}\frac{\partial}{\partial x}\right)^2\left(\frac{\partial^2}{\partial x^2}+\frac{\partial^2}{\partial z^2}\right)w-\left(\frac{\partial}{\partial t}+\bar{u}\frac{\partial}{\partial x}\right)\frac{\mathrm{d}^2\bar{u}}{\mathrm{d}z^2}\frac{\partial w}{\partial x}+N^2\frac{\partial^2 w}{\partial x^2}=0 \tag{12.24}$$

设 $w=\hat{w}(z)\mathrm{e}^{\mathrm{i}(kx-\omega t)}$，并代入式(12.24)得

$$\frac{\mathrm{d}^2\hat{w}}{\mathrm{d}z^2}+\left[\frac{N^2k^2}{(\omega-\bar{u}k)^2}+\frac{k}{\omega-\bar{u}k}\frac{\mathrm{d}^2\bar{u}}{\mathrm{d}z^2}-k^2\right]\hat{w}=0 \tag{12.25}$$

亦即

$$\frac{\mathrm{d}^2\hat{w}}{\mathrm{d}z^2}+\left[\frac{N^2}{(c-\bar{u})^2}+\frac{1}{c-\bar{u}}\frac{\mathrm{d}^2\bar{u}}{\mathrm{d}z^2}-k^2\right]\hat{w}=0 \tag{12.26}$$

可得到

$$\hat{w}=A\,e^{imz}+B\,\mathrm{e}^{-\mathrm{i}mz}$$

式中

$$m=\sqrt{\frac{N^2}{(c-\bar{u})^2}+\frac{1}{c-\bar{u}}\frac{\mathrm{d}^2\bar{u}}{\mathrm{d}z^2}-k^2}$$

因此

$$w=A\mathrm{e}^{\mathrm{i}(kx+mz-\omega t)}+B\mathrm{e}^{\mathrm{i}(kx-mz-\omega t)} \tag{12.27}$$

式中，波振幅 A 和 B 均为复数。w 随着垂直方向 z 的变化情况取决于 m 为实数还是虚数，若 m 为实数，则波动解是一个水平和垂直两个方向的二维波动。若 m 为虚

数,此时令 $m=\mathrm{i}\mu$,其中 μ 为实数,则 $w=A\mathrm{e}^{-\mu z}\mathrm{e}^{\mathrm{i}(kx-\omega t)}+B\mathrm{e}^{\mu z}\mathrm{e}^{\mathrm{i}(kx-\omega t)}$。由于波动振幅在物理上随垂直高度变化是有限的,因此 $B=0$。此时波动振幅随着垂直高度呈指数衰减,则波动解为耗损波,波动无法垂直传播。

12.4.1 地形波

在稳定层结(且 N 为常数)大气中,平均速度为 $\bar{u}>0$ 的基本气流(定常风)翻越正弦型地形时,气块在平衡位置上下交替运动,出现浮力振荡。由于地形强迫静止不动,因此产生相对于地表静止的波动解,即为定常波。波动解 w 仅依赖于 x 和 z,以及相速 $c=0$。式(12.26)则简化为

$$\frac{\mathrm{d}^2\hat{w}}{\mathrm{d}z^2}+\left[\frac{N^2}{\bar{u}^2}-k^2\right]\hat{w}=0 \tag{12.28}$$

波动解为

$$\hat{w}=A\mathrm{e}^{\mathrm{i}(kx+mz)}+B\mathrm{e}^{\mathrm{i}(kx-mz)} \tag{12.29}$$

式中,$m=\sqrt{\frac{N^2}{\bar{u}^2}-k^2}$。如果 m 为实数($N^2>\bar{u}^2k^2$),波动解为 $x-z$ 平面二维波。如果 m 为虚数($N^2<\bar{u}^2k^2$),则波动解在垂直方向上呈指数衰减,不出现垂直传播的波动。因此,越稳定的层结、宽阔的山脊(山脊越宽,波长越长,波数越小)和相对较弱的基本气流是形成垂直传播地形波的有利条件。

首先讨论 m 为正实数的情况。根据上述频散关系 $m^2=\frac{N^2}{(c-\bar{u})^2}-k^2$,有

$$ck=\bar{u}k\pm\frac{Nk}{\sqrt{k^2+m^2}}=\bar{u}k+\Omega=0 \tag{12.30}$$

因为 $N>0$ 和 $\bar{u}>0$,则上式 Ω 只能为

$$\Omega=-\frac{Nk}{\sqrt{k^2+m^2}} \tag{12.31}$$

式中,Ω 为本征频率。当风速越大时,地形波的频率越大。

因为波动能量来自地形,所以能量向上传输,即垂直方向群速度 $c_{gz}=\frac{\partial\Omega}{\partial m}=\frac{Nkm}{(k^2+m^2)^{3/2}}>0$,则 $k>0$,$\Omega<0$。垂直方向相速度的传播方向则向下($c_z=\frac{\Omega}{m}<0$),相对基本气流的相速度 $c_x=\frac{\Omega}{k}=-\frac{N}{\sqrt{k^2+m^2}}<0$ 的方向则朝西,而相对基本气流的群速度 $c_{gx}=\frac{\partial\Omega}{\partial k}=-\frac{Nm^2}{(k^2+m^2)^{3/2}}<0$ 的方向也朝西。根据相速度和群速度的方向,得到等相位线随着高度应向西倾斜。波动解中 A 部分对应等相位线随着高度向西倾斜($kx+mz=0$),而 B 部分对应等相位线随着高度向东倾斜($kx-mz=0$),因此波动解

简化为

$$\hat{w}=Ae^{i(kx+mz)} \tag{12.32}$$

式中，A 由正弦型地形边界条件 $h_t(x)=h_m\sin kx$ 决定。

$$\hat{w}(z=0)=\bar{u}\frac{\partial h_t}{\partial x}=\bar{u}k\,h_m\cos kx \tag{12.33}$$

进一步参考式(12.32)，$A=\bar{u}kh_m$，则

$$\hat{w}=\mathrm{Re}\{\bar{u}kh_m e^{i(kx+mz)}\}=\bar{u}kh_m\cos(kx+mz) \tag{12.34}$$

图 12.4a 清楚地展示了上述这种情况的气流越山的情形。

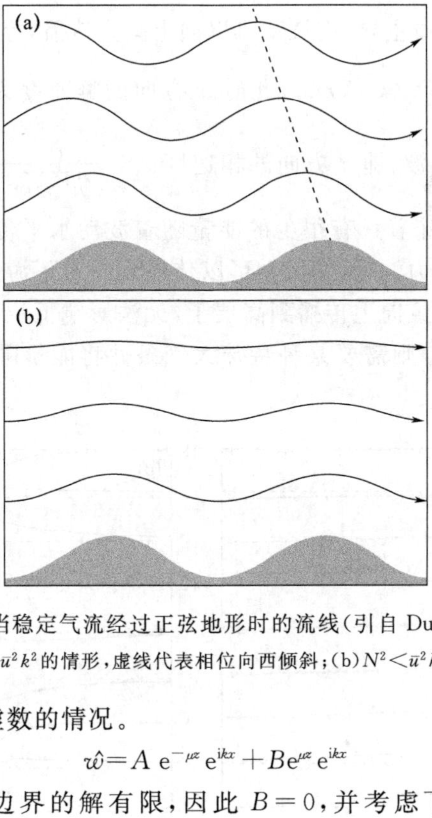

图 12.4　当稳定气流经过正弦地形时的流线(引自 Durran，1990)

(a) $N^2>\bar{u}^2k^2$ 的情形，虚线代表相位向西倾斜；(b) $N^2<\bar{u}^2k^2$ 的情形

接下来讨论 m 为虚数的情况。

$$\hat{w}=A\,e^{-\mu z}e^{ikx}+Be^{\mu z}e^{ikx} \tag{12.35}$$

式中，$m=i\mu$。考虑上边界的解有限，因此 $B=0$，并考虑下边界条件 $h_t(x)=h_m\sin kx$，则

$$\hat{w}=\bar{u}kh_m e^{-\mu z}\cos kx \tag{12.36}$$

图 12.4b 清楚地展示了上述这种情况的气流越山的情形，并与 m 为实数的情形(图 12.4a)形成鲜明对比。

在实际情况下，山不一定表现为单个正弦函数(或单个傅里叶谐波)。若地形为一个独立的山脊，则可以将独立山脊的函数用一组傅里叶谐波之和来表示，即

$$h_t(x) = \sum_{s=1}^{\infty} h_s e^{ik_s x}$$

因此,翻越单个山脊的气流的波函数也可以用一组傅里叶谐波之和来表示,即

$$\hat{w} = \sum_{s=1}^{\infty} w_s e^{i(k_s x + m_s z)} \tag{12.37}$$

式中,$w_s = ik_s\bar{u}h_s$,$m_s^2 = \frac{N^2}{\bar{u}^2} - k_s^2$。根据$m_s$是实数还是虚数(主要取决于 k_s^2 与$\frac{N^2}{\bar{u}^2}$的相对大小),决定单个傅里叶谐波分量对全波解是产生垂直传播的贡献还是垂直衰减的贡献。如图 12.5 所示,对于狭窄山脊,大波数 k_s 占主导,则波动随高度衰减。对于宽阔山脊,小波数 k_s 占主导,则波动可以向上垂直传播,等相位线也随高度向上游倾斜。在静力平衡假设下($k_s \ll m_s$),此时 x 方向的群速度为 $\bar{u} - \frac{Nm_s^2}{(k_s^2 + m_s^2)^{3/2}} \approx \bar{u} - \frac{N}{m_s}$。由于地形波为静止波,即 x 方向的相速度 $\bar{u} - \frac{N}{\sqrt{k_s^2 + m_s^2}} \approx \bar{u} - \frac{N}{m_s} = 0$,则 x 方向的群速度趋向 0。这意味着只有很少的能量随着波动水平传播离开地形,能量以垂直传播为主。若为非静力波动,则波动可以传播到山脉下游,但即使这样,波动传播到下游较远处时能量已经向上传播到高层了,无法影响低层大气。如果地形波要影响山脉下游的低层大气,则需要某种特殊大气条件将能量限制在低层,我们将这种波动叫作背风波。

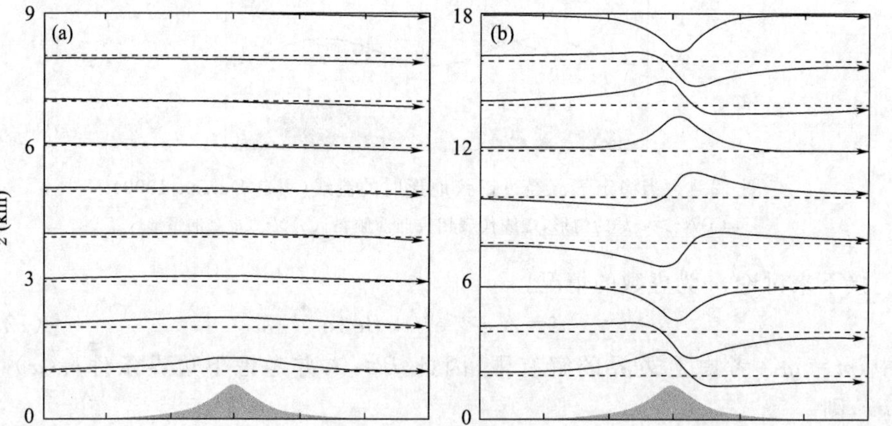

图 12.5　当稳定气流经过单个(a)狭窄山脊和(b)宽山脊地形时的流线

(引自 Durran,1990)

12.4.2　背风波

如果 $\bar{u}$ 和 N 随高度变化，式(12.26)则简化为

$$\frac{d^2\hat{w}}{dz^2}+[l^2-k^2]\hat{w}=0 \tag{12.38}$$

$$l^2=\frac{N^2}{\bar{u}^2}-\frac{1}{\bar{u}}\frac{d^2\bar{u}}{dz^2} \tag{12.39}$$

式中，l 定义为 Scorer 参数。如果考虑两层流体，其中高层 $l_U{}^2-k^2<0$，而下层 $l_L{}^2-k^2>0$，根据上一小节的讨论，则波动可以在低层流体里垂直传播，而在高层流体里发生衰减。在这种情况下，低层的垂直传播波动到达高层时会被反射回来，形成“截陷”背风波(trapped lee wave)，如图 12.6 所示。当高层风切比低层风切大，或者高层 N 比低层 N 小时，更容易满足上述关系。

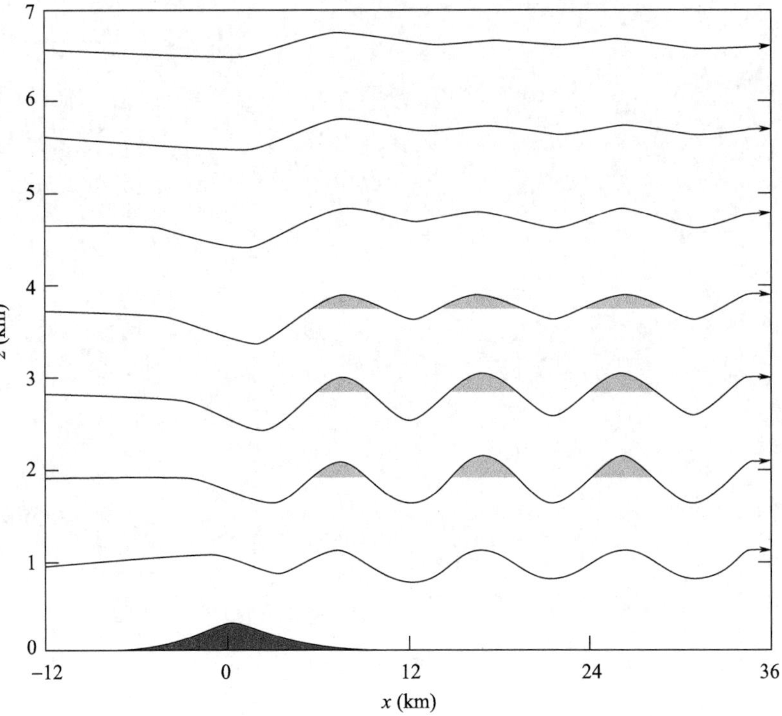

图 12.6　当 Scorer 参数随高度变化时，稳定气流翻越单峰地形时在背风方向上形成“截陷”背风波

(引自 Durran，1990)

习 题

1. 什么是布西内斯克近似？滞弹性近似与布西内斯克近似有何区别？

2. 给出 Orlanski 对中尺度运动的分类标准。

3. 中尺度大气运动有哪些基本特征？

4. 在宽单峰山脊($k_s \ll m_s$)条件下，证明定常气流翻越山脊时，群速度矢量向上，因此能量不能向山脊的上游或下游传播。

5. 简述单体风暴分裂后右侧涡旋会比左侧涡旋更容易发展的主要原因。

参考文献

贺海晏,1982. 关于旋转平行流稳定性理论的注记[J]. 气象学报,40(4):409-415.

贺海晏,1983. 扰动不稳定发展的能量判据及其移动规律的物理分析[J]. 中山大学学报(自然科学版),22(4):95-109.

蒋维楣,徐玉貌,于洪彬,1994. 边界层气象学[M]. 南京:南京大学出版社.

李崇银,等,1985. 动力气象学概论[M]. 北京:气象出版社.

李崇银,刘喜迎,2017. 高等动力气象学[M]. 北京:气象出版社.

刘式适,刘式达,1991. 大气动力学(上,下册)[M]. 北京:北京大学出版社.

吕美仲,侯志明,周毅,2004. 动力气象学[M]. 北京:气象出版社.

寿绍文,励申申,寿亦萱,2009. 中尺度大气动力学[M]. 北京:高等教育出版社.

吴望一,1983. 流体力学(上,下册)[M]. 北京:北京大学出版社.

伍荣生,党人庆,余志豪,等,1983. 动力气象学[M]. 上海:上海出科学技术版社.

杨大升,刘余滨,刘式适,1983. 动力气象学(修订本)[M]. 北京:气象出版社.

余志豪,杨大升,贺海晏,等,1996. 地球物理流体动力学[M]. 北京:气象出版社.

曾中一,1984. 动力预报的基本方程[M]. 台北:物理研究所.

赵鸣,苗曼倩,王彦昌,1991. 边界层气象学教程[M]. 北京:气象出版社.

中国大百科全书总编辑委员会,1987. 中国大百科全书:大气科学·海洋科学·水文科学卷;物理学卷;力学卷;天文学卷[M]. 北京:中国大百科全书出版社.

朱炳海,王鹏飞,束家鑫,1985. 气象学词典[M]. 上海:上海辞书出版社.

ARAKAWA A,SCHUBERT W,1974. Interaction of a cumulus cloud ensemble with the large-scale environment Part I. [J]. J Atmos Sci,31: 674-701.

BLACKADAR A K,1962. The vertical distribution of wind and turbulent exchange in a neutral atmosphere[J]. JGeophys Res,67:3095-3102.

CURRY J A,WEBSTER P J,1999. Thermodynamics of Atmospheres and Ocean[M]. San Diego: Acadmeic Press:108.

DURRAN D R,1990. Mountain waves and downslope winds[R]// BLUMEN B W eds. Atmospheric processes over complex terrain . Meteorological Monographs,23. American Meteorological Society,Boston,MA:59-81.

EMANUELK A,1988. Toward a general theory of hurricanes[J]. Am Sci,76:370-379.

EMANUEL K A, 2000. Quasi-equilibrium thinking [M]//Randall D A eds. Genaral Circulation Model Development. New York:Academic Press:225-255.

ESTOQUE M A,BHURAMLKAR C M,1969. Flow over localized heat source[J]. Mon Wea Rev,

97:850-859.

HOLTON J R,HAKIM G J,2013. An Introduction to Dynamic Meteorology(Fifth Edition)[M]. Singapore:Elsevier Academic Press.

HOLTON J R,HAKIM G J,2019. 动力气象学引论[M]. 5 版. 段明铿,王文,刘毅庭,译. 北京:电子工业出版社.

KLEMP J B,1987. Dynamics of tornadic thunderstorms[J]. Annual Review of Fluid Mechanics,19(1):369-402.

KUO H L,1949. Dynamic instability of two-dimensional nondivergent flow in barotropic atmosphere [J]. J Atmos Sci,6(2): 105-122.

LORENZ E N,1955. Available potential energy maintenance of the general circulation [J]. Tellus,7:157-167.

MATSUNO T 1966. Quasi-geostrophic motions in the equatorial area [J]. J Meteor Soc Jpn,44:25-43.

OORT A H,PEIXOTOJ P,1974. The annual cycle of the energetics of the atmosphere on a planetary scale[J]. J Geophys Res,79(18):2705-2719.

ORLANSKI I,1975. A rational subdivision of scales for atmospheric processes[J]. Bull Amer Meteor Soc,56,527-530.

PEDLOSKY J,1987. Geophysical Fluid Dynamics[M]. 2 edition. New York:Springer-Verlag.

PIELKE R A,1990. 中尺度气象模拟[M]. 张杏珍,杨长新,译. 北京:气象出版社.

RAYLEIGH L,1880. On the stability,or instability,of certain fluid motions [J]. Proceedings of the London Mathematical Society,11: 57-70.

REED R J,NORQUIST D C,RECKER EE,1977. The structure and properties of African wave disturbances as observed during Phase III of GATE [J]. Mon Wea Rev,105:317-333.

STULL R B,1991. 边界层气象学导论[M]. 杨长新,译. 北京:气象出版社.

YAMAMOTO G,SHIMANUKIA,1966. Turbulent transfer in diabatic conditions[J]. J Meteor Soc Japan,44:301-307.

YAMAMOTO G,YASUDA N,SHIMANUKI A,1968. Effect of thermal stratification on the Ekman layer[J]. J Meteor Soc Japan,46:442-455.

附录A 常用物理量常数

太阳常数	$S_0=1367\ \mathrm{W/m^2}$
光速(真空)	$c=2.9979\times10^8\ \mathrm{m/s}$
普朗克常数	$h=6.626\times10^{-34}\ \mathrm{J\cdot s}$
玻尔兹曼常数	$k=1.381\times10^{-23}\ \mathrm{J/K}$
司蒂芬·玻尔兹曼常数蒂芬·玻尔兹曼常数	$\sigma=5.6696\times10^{-8}\ \mathrm{W/(m^2\cdot K^4)}$
万有引力常数	$G=6.672\times10^{-8}\ \mathrm{cm^3/(g\cdot s^2)}$
热功当量	$J=4.1868\ \mathrm{J/cal}$
功热当量	$A=0.23885\ \mathrm{cal/J}$
地球平均半径	$a=6371.004\times10^3\ \mathrm{m}$
地球赤道半径	$a_e=6378.160\times10^3\ \mathrm{m}$
地球极半径	$a_p=6356.755\times10^3\ \mathrm{m}$
地球质量	$M=5.976\times10^{27}\ \mathrm{g}$
地球自转角速度	$\Omega=7.292\times10^{-5}\ \mathrm{rad/s}$
标准重力加速度	$g=980.665\ \mathrm{cm/s^2}$
地球赤道重力加速度	$g=978.032\ \mathrm{cm/s^2}$
地球极地重力加速度	$g=983.218\ \mathrm{cm/s^2}$
45°海平面上重力加速度	$g=980.616\ \mathrm{cm/s^2}$
均质大气高度(标准状态)	$H=7991\ \mathrm{m}$
干绝热直减率	$\gamma_d=0.976\ \mathrm{K/(100\ m)}$
平均气温直减率(对流层)	$\gamma=0.65\ \mathrm{K/(100\ m)}$
纯水面上的饱和水汽压(0 ℃)	$E_0=6.11\ \mathrm{hPa}$

干空气密度(标准状态)	$\rho_d = 1.2928 \times 10^3$ g/m^3
通用气体常数	$R^* = 8.314$ J/(mol · K)
干空气分子量	$\mu_d = 28.966$ g/mol
水(冰或水汽)分子量	$\mu_w = 18.016$ g/mol
干空气比气体常数	$R_d = 2.870 \times 10^{-1}$ J/(g · K)
水汽比气体常数	$R_v = 4.615 \times 10^{-1}$ J/(g · K)
干空气比定压热容	$c_{pd} = 1.005$ J/(g · K)
水汽比定压热容	$c_{pv} = 1.846$ J/(g · K)
干空气比定容热容	$c_{vd} = 0.718$ J/(g · K)
水汽比定容热容	$c_{vv} = 1.385$ J/(g · K)
水的比热 (15 ℃)	$c_w = 4.187$ J/(g · K)
冰的比热(−10 ℃)	$c_i = 2.031$ J/(g · K)
水的汽化(或水汽凝结)潜热(0 ℃)	$L_{wv} = 2500.6$ J/g
水的冻结(冰的融解)潜热	$L_{iw} = 333.6$ J/g
冰的升华(或汽化)潜热(0 ℃)	$L_{iv} = 2834.2$ J/g

附录B　基本量度单位和常用物理量换算

B.1　米制量度单位的定义

米制计量单位又称为公制计量单位，是国际单位制(Le Système International d'Unités,SI)之一。对于每个被测量的量如长度、容积和重量等，都采用一套基本单位：米、升和克。其余单位称为导出单位，它们或者是基本单位的10倍、100倍、1000倍等或者是基本单位的1/10、1/100、1/1000等。

B.1.1　长度的基本单位——米

1960年以前的定义：1米等于在标准大气压和0℃时、保存在法国巴黎国际度量衡局的国际米原器上的两条规定刻线间的距离。

1960年以后的定义：1米等于氪86原子在真空中发射的橙黄线波长的1650763.73倍。

在1983年第17届国际计量大会上正式通过利用真空光速值作为“米”的新定义：“米是光在真空中，在1/299 792 458 s时间间隔内运行路程的长度。”

B.1.2　容积基本单位——升

1升(又称公升)是质量为1千克的纯水在标准大气压和最大密度(4 ℃)时所占有的体积。1升≈1立方分米＝1000立方厘米(严格地说，1升＝1.000028立方分米＝1000.028立方厘米)。

B.1.3　质量基本单位——克

1克是1立方厘米的纯水在4 ℃的温度下在北纬78°52′地方的质量；1千克是法国巴黎国际度量衡局保存的一个用铂铱合金制成的圆柱体(千克原器)的质量。

B.2 计量单位换算

表 B.1 长度

	海里(n mile)	英里(mile)	千米(km)	米(m)	英尺(ft)	英寸(in)	厘米(cm)
1 n mile	1	1.150779	1.852	1852	6076.11549	72913.386	185200
1 mile	0.8689762	1	1.609344	1609.344	5280	63360	160934.4
1 km	0.5399568	0.6213699	1	10^3	3280.8399	39370.079	10^5
1 m	5.39×10^{-4}	6.21×10^{-4}	10^{-3}	1	3.2808399	39.370079	10^2
1 ft	1.65×10^{-4}	1.89×10^{-4}	3.05×10^{-4}	0.304794	1	12	30.4794
1 in	1.37×10^{-5}	1.58×10^{-5}	2.54×10^{-5}	0.025399	0.083333	1	2.5399
1 cm	5.39×10^{-6}	6.21×10^{-6}	10^{-5}	10^{-2}	0.0328084	0.3937008	1

注:海里,与 SI 并用的非 SI 单位。英里、英尺、英寸,非 SI 单位。

表 B.2 容积

	立方米(m^3)	立方分米(dm^3)	升(L)	立方英尺(ft^3)	立方英寸(in^3)	立方厘米(cm^3)
1 m^3	1	10^3	10^3	35.31467	61023.75	10^6
1 dm^3	10^{-3}	1	1	0.035315	61.02375	10^3
1 L	10^{-3}	1	1	0.035315	61.02375	10^3
1 ft^3	0.028317	28.31685	28.31685	1	1728	28316.8
1 in^3	1.639×10^{-5}	1.639×10^{-2}	1.639×10^{-2}	5.787×10^{-4}	1	16.3862
1 cm^3	10^{-6}	10^{-3}	10^{-3}	3.531×10^{-5}	0.061024	1

注:立方英尺、立方英寸,非 SI 单位。

表 B.3 质量

	吨(t)	千克(kg)	磅(lb)	克(g)
1 t	1	10^3	2204.622622	10^6
1 kg	10^{-3}	1	2.204622622	10^3
1 lb	4.535924×10^{-4}	0.45359237	1	453.59237
1 g	10^{-6}	10^{-3}	2.204622×10^{-3}	1

注:磅:非 SI 单位。

B.3 常用物理量的换算

表 B.4 力

	千克力(kgf)	牛顿(N)(千克·米/秒²)	磅力(lbf)	克力(gf)	达因(dyn)(克·厘米/秒²)
1 kgf	1	9.80665	2.204622622	10^3	980665
1 N	0.1019716213	1	0.2248089431	101.9716213	10^5
1 lbf	0.45359237	4.448221615261	1	453.59237	444822.1615261
1 gf	10^{-3}	0.980665×10^{-2}	2.20462×10^{-3}	1	980.665
1 dyn	1.0197×10^{-6}	10^{-5}	2.248×10^{-6}	1.0197×10^{-3}	1

注:千克力,非 SI 单位,供参考的其他单位。磅力,非 SI 单位。达因,非 SI 单位,具有专门名称的厘米克秒制单位。

表 B.5 压力,压强

	巴(bar)	千克力/厘米²(kgf/cm²)	毫米汞柱(mmHg)	百帕(hPa)	帕(Pa)	达因/厘米²(dyn /cm²)
1 bar	1	1.019716	750.1875	10^3	10^5	10^6
1 kgf/cm²	0.980665	1	735.5595	980.6649	98066.49	980664.9
1 mmHg	1.333×10^{-3}	1.3595×10^{-3}	1	1.333224	133.3224	1333.224
1 hPa	10^{-3}	1.02×0^{-3}	0.750062	1	10^2	10^3
1 Pa	10^{-5}	1.02×10^{-5}	7.50×10^{-3}	10^{-2}	1	10
1 dyn /cm²	10^{-6}	1.02×10^{-6}	7.50×10^{-4}	10^{-3}	0.1	1

注:巴,非 SI 单位,早先气象学中常用毫巴,后改用等值的国际单位百帕,1 mbar=1 hPa。千克力/厘米²,供参考的其他单位。毫米汞柱,供参考的其他单位。达因/厘米²,非 SI 单位,具有专门名称的厘米克秒制单位。

表 B.6 功/能

	千克力·米/秒(kgf·m/s)	焦耳(牛顿·米)J(N·m)	尔格(达因·厘米)erg(dyn·cm)	卡(热能)(cal_{IT})
1 kgf·m/s	1	9.81	9.81×10^7	2.343079
1 J(N·m)	0.102	1	10^7	0.238846
1 erg	1.02×10^{-8}	10^{-7}	1	0.239×10^{-7}
1 cal_{IT}	0.42705	4.1868	4.1868×10^7	1

注:千克力·米/秒,非 SI 单位,供参考的其他单位。尔格,非 SI 单位,具有专门名称的厘米克秒制单位。卡,非 SI 单位,供参考的其他单位。

表 B.7 功率

	千瓦 (kW)	[米制]马力 (hp)	千克力·米/秒 (kgf·m/s)	瓦(W) (J/s)	尔格/秒 (erg/s)
1 kW	1	1.358696	102	10^3	10^{10}
1 hp	0.736	1	75	735.75	0.736×10^{10}
1 kgf·m/s	0.981×10^{-2}	1.333×10^{-2}	1	9.81	9.81×10^7
1 W (J/s)	10^{-3}	1.359×10^{-3}	0.102	1	10^7
1 erg/s	10^{-10}	1.36×10^{-10}	1.02×10^{-8}	10^{-7}	1

注:[米制]马力,非 SI 单位,供参考的其他单位。千克力·米/秒,非 SI 单位,供参考的其他单位。尔格/秒,非 SI 单位,具有专门名称的厘米克秒制单位。

附录C 常用矢算公式

C.1 矢量乘法

设 $\boldsymbol{A}$,$\boldsymbol{B}$,和 $\boldsymbol{C}$ 均为任意矢量,在直角坐标系(x,y,z)中,任一矢量(以 $\boldsymbol{A}$ 为例)可表示为

$$\boldsymbol{A}=A_x\boldsymbol{i}+A_y\boldsymbol{j}+A_z\boldsymbol{k} \tag{C.1}$$

式中,$\boldsymbol{i}$,$\boldsymbol{j}$ 和 $\boldsymbol{k}$ 分别为沿 x,y 和 z 轴方向的单位矢;A_x,A_y和 A_z分别为矢量$\boldsymbol{A}$ 在 x,y 和 z 轴向的投影(分量)。矢量乘积可分为数性积(点乘)、矢性积(叉乘)和“混合积”等,它们可分别表示为如下计算方式。

(1)点乘(·)

$$\boldsymbol{A}\cdot\boldsymbol{B}=\boldsymbol{B}\cdot\boldsymbol{A}\equiv A_xB_x+A_yB_y+A_zB_z \tag{C.2}$$

$$\boldsymbol{A}\cdot\boldsymbol{A}=A_x^2+A_y^2+A_z^2\equiv|\boldsymbol{A}|^2 \tag{C.3}$$

(2)叉乘(×)

$$\boldsymbol{A}\times\boldsymbol{B}=-\boldsymbol{B}\times\boldsymbol{A}=\begin{vmatrix}\boldsymbol{i} & \boldsymbol{j} & \boldsymbol{k}\\ A_x & A_y & A_z\\ B_x & B_y & B_z\end{vmatrix}$$

$$=\boldsymbol{i}(A_yB_z-A_zB_y)+\boldsymbol{j}(A_zB_x-A_xB_z)+\boldsymbol{k}(A_xB_y-A_yB_x) \tag{C.4}$$

$$\boldsymbol{A}\times(\boldsymbol{B}\times\boldsymbol{C})=\boldsymbol{B}(\boldsymbol{A}\cdot\boldsymbol{C})-\boldsymbol{C}(\boldsymbol{A}\cdot\boldsymbol{B}) \tag{C.5}$$

(3)混合积

$$\boldsymbol{A}\cdot(\boldsymbol{B}\times\boldsymbol{C})=\boldsymbol{B}\cdot(\boldsymbol{C}\times\boldsymbol{A})=\boldsymbol{C}\cdot(\boldsymbol{A}\times\boldsymbol{B})=\begin{vmatrix}A_x & A_y & A_z\\ B_x & B_y & B_z\\ C_x & C_y & C_z\end{vmatrix} \tag{C.6}$$

C.2 直角坐标系中的梯度、散度、旋度(涡度)和拉普拉斯算式

直角坐标系中的矢量微分算子∇(梯度算子)定义为

$$\nabla\equiv\boldsymbol{i}\frac{\partial}{\partial x}+\boldsymbol{j}\frac{\partial}{\partial y}+\boldsymbol{k}\frac{\partial}{\partial z} \tag{C.7}$$

(1)任一标量场 $F(x,y,z,t)$ 的梯度可表示为

$$\nabla F \equiv \boldsymbol{i}\frac{\partial F}{\partial x}+\boldsymbol{j}\frac{\partial F}{\partial y}+\boldsymbol{k}\frac{\partial F}{\partial z} \tag{C.8}$$

(2)任一矢量场 $\boldsymbol{A}(x,y,z,t)$ 的散度为

$$\nabla\cdot\boldsymbol{A}=\frac{\partial A_x}{\partial x}+\frac{\partial A_y}{\partial y}+\frac{\partial A_z}{\partial z} \tag{C.9}$$

(3)任一矢量场 $\boldsymbol{A}$ 的旋度(涡度)为

$$\nabla\times\boldsymbol{A}=\begin{vmatrix}\boldsymbol{i} & \boldsymbol{j} & \boldsymbol{k}\\ \dfrac{\partial}{\partial x} & \dfrac{\partial}{\partial y} & \dfrac{\partial}{\partial z}\\ A_x & A_y & A_z\end{vmatrix}$$

$$=\boldsymbol{i}\left(\frac{\partial A_z}{\partial y}-\frac{\partial A_y}{\partial z}\right)+\boldsymbol{j}\left(\frac{\partial A_x}{\partial z}-\frac{\partial A_z}{\partial x}\right)+\boldsymbol{k}\left(\frac{\partial A_y}{\partial x}-\frac{\partial A_x}{\partial y}\right) \tag{C.10}$$

(4)拉普拉斯算子定义为

$$\nabla^2\equiv\nabla\cdot\nabla=\frac{\partial^2}{\partial x^2}+\frac{\partial^2}{\partial y^2}+\frac{\partial^2}{\partial z^2} \tag{C.11}$$

任一标量场 F 的拉普拉斯算式为

$$\nabla^2 F\equiv\frac{\partial^2 F}{\partial x^2}+\frac{\partial^2 F}{\partial y^2}+\frac{\partial^2 F}{\partial z^2} \tag{C.12}$$

C.3 常用向量恒等式

$$\nabla\times\nabla F=0 \tag{C.13}$$

$$\nabla\cdot(\nabla\times\boldsymbol{A})=0 \tag{C.14}$$

$$\nabla\cdot(F\boldsymbol{A})=\boldsymbol{A}\cdot\nabla F+F\,\nabla\cdot\boldsymbol{A} \tag{C.15}$$

$$\nabla\times(F\boldsymbol{A})=\nabla F\times\boldsymbol{A}+F\,\nabla\times\boldsymbol{A} \tag{C.16}$$

$$\nabla\times(\nabla\times\boldsymbol{A})=\nabla(\nabla\cdot\boldsymbol{A})-\nabla^2\boldsymbol{A} \tag{C.17}$$

$$(\nabla\times\boldsymbol{A})\times\boldsymbol{A}=(\boldsymbol{A}\cdot\nabla)\boldsymbol{A}-\nabla\left(\frac{\boldsymbol{A}\cdot\boldsymbol{A}}{2}\right) \tag{C.18}$$

$$\nabla\times(\boldsymbol{A}\times\boldsymbol{B})=\boldsymbol{A}(\nabla\cdot\boldsymbol{B})-\boldsymbol{B}(\nabla\cdot\boldsymbol{A})-(\boldsymbol{A}\cdot\nabla)\boldsymbol{B}+(\boldsymbol{B}\cdot\nabla)\boldsymbol{A} \tag{C.19}$$

$$\nabla\cdot(\boldsymbol{A}\times\boldsymbol{B})=\boldsymbol{B}\cdot\nabla\times\boldsymbol{A}-\boldsymbol{A}\cdot\nabla\times\boldsymbol{B} \tag{C.20}$$

$$\iiint_\tau \nabla\cdot\boldsymbol{A}\,\mathrm{d}\tau=\iint_S \boldsymbol{A}\cdot\boldsymbol{n}\,\mathrm{d}s \quad \text{(高斯定理)} \tag{C.21}$$

式中,S 为包围体积 τ 的封闭曲面;$\boldsymbol{n}$ 为曲面 S 的外法线方向单位矢量;$\mathrm{d}\tau$ 和 $\mathrm{d}s$ 分别为体积和面积元素。

$$\iint_S(\nabla\times\boldsymbol{A})\cdot\boldsymbol{n}\,\mathrm{d}S=\oint_C\boldsymbol{A}\cdot\mathrm{d}\boldsymbol{r} \quad \text{(斯托克斯定理)} \tag{C.22}$$

式中,C 为环绕曲面 S 的封闭曲线;$\mathrm{d}\boldsymbol{r}$ 沿曲线 C 的矢量元弧,方向与 C 的正向一致。

C.4　球坐标系(λ,φ,r,t)

在球坐标系(参见第1章图1.13)中,设

$\boldsymbol{i}$:经向(经度λ增大的方向)单位矢量。

$\boldsymbol{j}$:纬向(纬度φ增大的方向)单位矢量。

$\boldsymbol{k}$:径向(离球心的距离r增大的方向)单位矢量。

(1)球坐标系的梯度算子

$$\nabla\equiv\boldsymbol{i}\frac{1}{r\cos\varphi}\frac{\partial}{\partial\lambda}+\boldsymbol{j}\frac{1}{r}\frac{\partial}{\partial\varphi}+\boldsymbol{k}\frac{\partial}{\partial r} \tag{C.23}$$

(2)球坐标系中单位矢量的微分

$$\begin{cases}\dfrac{\partial\boldsymbol{i}}{\partial\lambda}=\boldsymbol{j}\sin\varphi-\boldsymbol{k}\cos\varphi, & \dfrac{\partial\boldsymbol{i}}{\partial\varphi}=0, & \dfrac{\partial\boldsymbol{i}}{\partial r}=0\\ \dfrac{\partial\boldsymbol{j}}{\partial\lambda}=-\boldsymbol{i}\sin\varphi, & \dfrac{\partial\boldsymbol{j}}{\partial\varphi}=-\boldsymbol{k}, & \dfrac{\partial\boldsymbol{j}}{\partial r}=0\\ \dfrac{\partial\boldsymbol{k}}{\partial\lambda}=\boldsymbol{i}\cos\varphi, & \dfrac{\partial\boldsymbol{k}}{\partial\varphi}=\boldsymbol{j}, & \dfrac{\partial\boldsymbol{k}}{\partial r}=0\end{cases} \tag{C.24}$$

$$\nabla\cdot\boldsymbol{i}=0,\quad \nabla\cdot\boldsymbol{j}=-\frac{1}{r}\tan\varphi,\quad \nabla\cdot\boldsymbol{k}=\frac{2}{r} \tag{C.25}$$

$$\nabla\times\boldsymbol{i}=\boldsymbol{j}\frac{1}{r}+\boldsymbol{k}\frac{1}{r}\tan\varphi,\quad \nabla\times\boldsymbol{j}=-\boldsymbol{i}\frac{1}{r},\quad \nabla\times\boldsymbol{k}=0 \tag{C.26}$$

(3)任一标量场$F(\lambda,\varphi,r,t)$的梯度

$$\nabla F\equiv\boldsymbol{i}\frac{1}{r\cos\varphi}\frac{\partial F}{\partial\lambda}+\boldsymbol{j}\frac{1}{r}\frac{\partial F}{\partial\varphi}+\boldsymbol{k}\frac{\partial F}{\partial r} \tag{C.27}$$

(4)任一矢量场$\boldsymbol{A}(\lambda,\varphi,r,t)$的散度

$$\begin{aligned}\nabla\cdot\boldsymbol{A}&=\nabla\cdot(\boldsymbol{i}A_\lambda+\boldsymbol{j}A_\varphi+\boldsymbol{k}A_r)\\&=\boldsymbol{i}\cdot\nabla A_\lambda+\boldsymbol{j}\cdot\nabla A_\varphi+\boldsymbol{k}\cdot\nabla A_r+A_\lambda\nabla\cdot\boldsymbol{i}+A_\varphi\nabla\cdot\boldsymbol{j}+A_r\nabla\cdot\boldsymbol{k}\\&=\frac{1}{r\cos\varphi}\frac{\partial A_\lambda}{\partial\lambda}+\frac{1}{r\cos\varphi}\frac{\partial}{\partial\varphi}(\cos\varphi A_\varphi)+\frac{1}{r^2}\frac{\partial(r^2A_r)}{\partial r}\end{aligned} \tag{C.28}$$

式中,A_λ,A_φ和A_r分别为矢量$\boldsymbol{A}$的经向、纬向和径向分量。

(5)任一矢量场$\boldsymbol{A}(\lambda,\varphi,r,t)$的旋度(涡度)

$$\begin{aligned}\nabla\times\boldsymbol{A}&=\nabla\times(\boldsymbol{i}A_\lambda+\boldsymbol{j}A_\varphi+\boldsymbol{k}A_r)\\&=\nabla A_\lambda\times\boldsymbol{i}+\nabla A_\varphi\times\boldsymbol{j}+\nabla A_r\times\boldsymbol{k}+A_\lambda\nabla\times\boldsymbol{i}+A_\varphi\nabla\times\boldsymbol{j}+A_r\nabla\times\boldsymbol{k}\\&=\boldsymbol{i}\frac{1}{r}\left(\frac{\partial A_r}{\partial\varphi}-\frac{\partial rA_\varphi}{\partial r}\right)+\boldsymbol{j}\frac{1}{r}\left(\frac{\partial rA_\lambda}{\partial r}-\frac{1}{\cos\varphi}\frac{\partial A_r}{\partial\lambda}\right)+\\&\quad\ \boldsymbol{k}\frac{1}{r\cos\varphi}\left(\frac{\partial A_\varphi}{\partial\lambda}-\frac{\partial\cos\varphi A_\lambda}{\partial\varphi}\right)\end{aligned} \tag{C.29}$$

(6)球坐标系中的拉普拉斯算式

任一标量场 $F(\lambda,\varphi,r,t)$的拉普拉斯算式为

$$\nabla^2 F\equiv\frac{1}{r^2\cos^2\varphi}\frac{\partial^2 F}{\partial\lambda^2}+\frac{1}{r^2\cos\varphi}\frac{\partial}{\partial\varphi}\left(\cos\varphi\frac{\partial F}{\partial\varphi}\right)+\frac{1}{r^2}\frac{\partial}{\partial r}\left(r^2\frac{\partial F}{\partial r}\right) \tag{C. 30}$$

C. 5 圆柱坐标系 (r,θ,z,t)

如图 C. 1 所示,圆柱坐标系中的单位矢量分别为

$\boldsymbol{i}$:径向(极半径 r 增大的方向)单位矢量。

$\boldsymbol{j}$:切向(极角 θ 增大的方向)单位矢量。

$\boldsymbol{k}$:z 轴方向单位矢量。

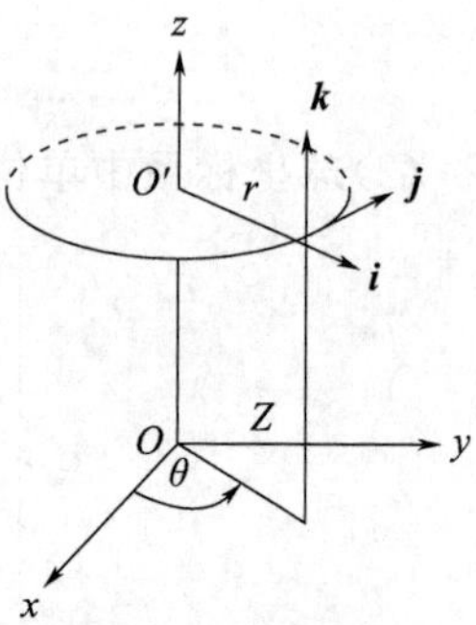

图 C. 1 圆柱坐标系

(1)圆柱坐标系的梯度算子

$$\nabla\equiv\boldsymbol{i}\frac{\partial}{\partial r}+\boldsymbol{j}\frac{1}{r}\frac{\partial}{\partial\theta}+\boldsymbol{k}\frac{\partial}{\partial z} \tag{C. 31}$$

(2)圆柱坐标系中单位矢量的微分

$$\frac{\partial\boldsymbol{i}}{\partial r}=0,\quad \frac{\partial\boldsymbol{i}}{\partial\theta}=\boldsymbol{j},\quad \frac{\partial\boldsymbol{i}}{\partial z}=0 \tag{C. 32}$$

$$\frac{\partial\boldsymbol{j}}{\partial r}=0,\quad \frac{\partial\boldsymbol{j}}{\partial\theta}=-\boldsymbol{i},\quad \frac{\partial\boldsymbol{j}}{\partial z}=0 \tag{C. 33}$$

$$\frac{\partial\boldsymbol{k}}{\partial r}=0,\quad \frac{\partial\boldsymbol{k}}{\partial\theta}=0,\quad \frac{\partial\boldsymbol{k}}{\partial z}=0 \tag{C. 34}$$

$$\nabla\cdot\boldsymbol{i}=\frac{1}{r},\quad \nabla\cdot\boldsymbol{j}=0,\quad \nabla\cdot\boldsymbol{k}=0 \tag{C. 35}$$

$$\nabla\times\boldsymbol{i}=0,\quad \nabla\times\boldsymbol{j}=\boldsymbol{k}\frac{1}{r},\quad \nabla\times\boldsymbol{k}=0 \tag{C. 36}$$

(3) 任一标量场 $F(r,\theta,z,t)$的梯度

$$\nabla F\equiv\boldsymbol{i}\frac{\partial F}{\partial r}+\boldsymbol{j}\frac{1}{r}\frac{\partial F}{\partial\theta}+\boldsymbol{k}\frac{\partial F}{\partial z} \tag{C. 37}$$

(4)任一矢量场 $\mathbf{A}(r,\theta,z,t)$的散度

$$\nabla\cdot\mathbf{A}=\frac{1}{r}\frac{\partial rA_r}{\partial r}+\frac{1}{r}\frac{\partial A_\theta}{\partial\theta}+\frac{\partial A_z}{\partial z} \tag{C. 38}$$

式中,A_r,A_θ和 A_z分别为矢量$\mathbf{A}$ 在柱坐标系中的径向、切向和 z 方向的分量。

(5)任一矢量场 $\mathbf{A}(r,\theta,z,t)$的旋度(涡度)

$$\nabla\times\mathbf{A}=\boldsymbol{i}\left(\frac{1}{r}\frac{\partial A_z}{\partial\theta}-\frac{\partial A_\theta}{\partial z}\right)+\boldsymbol{j}\left(\frac{\partial A_r}{\partial z}-\frac{\partial A_z}{\partial r}\right)+\boldsymbol{k}\frac{1}{r}\left(\frac{\partial rA_\theta}{\partial r}-\frac{\partial A_r}{\partial\theta}\right) \tag{C. 39}$$

(6)圆柱坐标系中任一标量场 $F(r,\theta,z,t)$的拉普拉斯算式

$$\nabla^2 F=\frac{1}{r}\frac{\partial}{\partial r}\left(r\frac{\partial F}{\partial r}\right)+\frac{1}{r^2}\frac{\partial^2 F}{\partial\theta^2}+\frac{\partial^2 F}{\partial z^2} \tag{C. 40}$$